Politics of Armaments

軍備の政治学

制約のダイナミクスと米国の政策選択

齊藤孝祐 著

東京 白桃書房 神田

はしがき

　冷戦後，特に湾岸戦争を契機として，急速に発展する情報通信技術や無人化技術，宇宙利用などを背景とした米国の優位が認識されるようになると，米国をモデルにした各国の装備調達戦略が新たな展開を見せるようになった。先端技術の積極的な導入は一方で，軍事的能力の著しい向上をもたらし，一部では武力行使のあり方を大きく変化させた。しかしそれは同時に，多くの国が厳しい財政圧力の中，装備品の高度化に伴う価格高騰や技術開発をめぐるリスク管理の問題など，多様な制約への対処をこれまで以上に迫られることも意味するようになった。軍事力の形成・変容をめぐる現代的問題を理解するには，イノベーションがもたらす国際的なパワー変容の結果だけでなく，このような制約の中で展開される政策マネジメントのプロセスがその結果にどういった形で影響するのか，という側面に目を向けることの重要性も高まってきているのであろう。

　もとより，冷戦後の軍事力形成の出発点となった米国の政策転換は，それ自体が強い政策制約の中で進められたものであった。ソ連の脅威は1980年代末に大きく後退し，軍備への投資はそれまで支配的であった正当化の根拠を失っていった。と同時に，レーガン政権期までに蓄積した財政赤字は，国防予算の縮小を求める圧力となっていった。しかしそこで取られた政策は，こうした制約にあわせて自国の軍事力を単純に縮小していこうというものではなかった。米国は調達分野を中心に国防予算を大きく減らしながら，研究開発分野に投資を集中させようと試みた。科学技術上の優越に裏打ちされた冷戦後の米国の軍事力は，この時の装備調達投資をめぐる政策選択によって形成された側面を持っている。

　脅威が後退する中でなお先端技術を追求していく冷戦末期の米国の政策選択を，単にアナーキーな国際システムの性質ゆえ，と断じることはたやすい。しかし実際に展開された政策論理を見てみると，軍事力のハイテク化が必ずしも自明の方針であったとは思われない。装備調達の問題は，軍事安全保障だけでなく，財政，経済産業，科学技術など，さまざまな要素によって構成される複合的な政策領域である。それゆえに実際の政策選択に際しても，さまざまな要素を勘案しながら，どの政策目標を重視し，その実現のために何を犠牲にするのかが問題となる。特に強い制約がかかる局面では，こうした

問題は大きく前景化する。そのような状況の中でなぜ、いかにして、米国は軍備をめぐる政策を転換し、冷戦後の技術的優越につながるような研究開発への投資を継続していったのか。本書はこの問いに答える作業を通じて、冷戦後の軍事力形成をめぐる政策選択のメカニズムを可能な限り実証的に明らかにしようと試みたものである。

米国は冷戦末期、研究開発への投資を梃子に、直面するさまざまな政策課題への対応を狙った。そこでは、ソ連の脅威の後退が単に軍備の必要性を低下させただけではなく、研究開発に伴うリスクを受容可能なレベルに押し下げていると認識されるようになった。その「機会」を捉え、財政の効率化、第三世界の脅威への対応、肥大化した防衛産業技術基盤の整理、先端技術開発の加速といったさまざまな政策目標の実現が試みられたのである。新たな技術への政治的期待を背景に展開されたそれは、少なくとも当時の文脈では合理的な決定といえるものであった。しかし後に明らかになっていくように、装備調達のコスト・リスク管理や、テロリズムに代表される新たな脅威への対処能力のミスマッチなどの問題は、意思決定の際の狙いから大きく外れるものであった。冷戦終焉からすでに20年以上が経過した今、当時の政策選択の帰結がある程度明らかになったことをふまえて、あえてその意図を改めて振り返ることで、現代の軍事力形成の問題について考察できることも多いのではないだろうか。

また、冷戦末期の米国の事例を追っていく作業は、時代や国の違いを超えて、日本の安全保障政策を装備調達の観点から考える助けにもなろう。日本では近年、防衛装備移転三原則の成立や産官学民にまたがる防衛産業技術基盤の再編、防衛装備庁の設置など、軍備をめぐる政策に動きが生じている。そこでは賛否を含むさまざまな議論が展開されているが、いずれにせよ、その前提には装備調達政策をめぐるグローバルトレンドの変化を含め、米国の政策動向から生じる直接、間接の影響がみられる。むろん、日本の政策分析に際しては、改めて固有の因果プロセスを見出す必要があると思われるが、少なくとも近年の政策変化やそのマネジメントを考察するに際して、本書が取り上げる米国の意思決定から読み取れることは良くも悪くも多岐にわたる。本書では当時の米国の軍事力形成・変容をめぐる政策選択の過程を詳細にたどることで、こうした問題を考えるための材料を提供できればと考えている。

こうした政策的関心に加えて、本書は次のような理論的含意も狙っている。

一つは，国際政治学における軍拡問題を単にその推進要因を特定することに注力するのではなく，特定の政策が選択されていく過程で制約の問題がいかなる影響を及ぼしているのかを，要因間の連鎖に焦点を当てて示そうとしている点にある。実際のところ，本書が取り上げる政策選択の規定要因は，必ずしも新しいものばかりではない。しかしそこでは，単純に脅威の後退や強い財政制約が政策の帰結に直接的に作用しただけではなく，これらの諸要因が複合・連鎖することによって，異なる因果プロセスが同時に形成されていた。当時の政策転換やその後の軍備政策の履行を規定するようになった，新技術の可能性や，その利用に伴うリスクの問題，あるいは財政効率化といったキーワードは，こうした因果プロセスの中でこそ浮かび上がってくるのである。

　もう一つは，これまでにも大きな関心を集めてきたにもかかわらず，国際政治学の分析では必ずしも中心的な課題とはなってこなかった，政治と技術の関係をめぐる一つの事例研究を提供するという点にある。近年では，冷戦後の情報通信技術の爆発的な普及・発展にはじまり，サイバーや宇宙開発，ロボティクスといった技術領域を含めて，科学技術の発展が国際政治・安全保障の問題に対して与える影響に大きな注目が集まっている。こうした問題を，単に技術をめぐる政治という観点だけでなく，技術発展と政治的意思の共変，そして意図と結果のズレという視点から整理し直すことが，特に昨今の安全保障環境の変容を理解するには重要になってくるのであろう。本書の議論を通じて，こうした問題に関心を持つ研究者に対しても示唆を与えることができればと考えている。

　本書はこのような問題意識に基づいたものであるが，もちろんそれは決して著者自身がひとりでに思いついたものだけで作られているわけではない。そこには，学生時代から現在に至るまでに受けた，さまざまな方々からのご指導や助言が反映されている。それに十分応えられものとなっているかどうかは，読者の判断にゆだねるしかないが，本書が少しでも学術的，社会的な貢献を主張できるものとなっていたとすれば，著者として望外の喜びである。

2017年3月

齊藤孝祐

目次

はしがき……i
図表一覧……ix
略語一覧……x

序章
軍備をめぐるイノベーション
―冷戦終焉と制約下における米国の政策選択―

第1節●問題の所在……………………………………………………………1
(1) 冷戦後における米国の軍事力と技術の発展……1
(2) 技術志向性の高まりと冷戦終焉……3
第2節●軍備をめぐる政策選択の分析…………………………………………5
第3節●本書の構成……………………………………………………………7

第1章
本書の分析視角

第1節●軍備の質的拡大,量的拡大,その選択………………………………14
第2節●先行研究における三つの主要なアプローチ…………………………17
(1) 国際システムレベルのアプローチ―作用・反作用モデルとアナーキー―……17
(2) 国内レベルのアプローチ―軍拡をめぐる選好形成とその制度化―……21
(3) 「技術の要請」アプローチと技術決定論……24
第3節●分析枠組みの提示……………………………………………………28
(1) 問題点の整理……28
(2) 当該期の米国における軍備政策の諸要因……32
(3) 分析枠組みの提示……48

第2章
レーガン軍拡期における通常兵器技術の開発

第1節 ● レーガン軍拡の概観 ………………………………………………………… 64
第2節 ● 通常兵器をめぐる技術開発のコンセプト
　　　　―「競争」と「バランス」― ……………………………………………… 69
(1) 競争戦略における軍事技術開発の位置付け……69
(2) 「バランス・テクノロジー・イニシアティブ」による通常戦力の質的強化……71
第3節 ● 競争戦略の見直し ………………………………………………………… 74
第4節 ● 小括 ………………………………………………………………………… 76

第3章
脅威の変容と軍備の論理―1989年―

第1節 ● 脅威認識と軍事支出の価値 ……………………………………………… 84
(1) 対ソ認識と研究開発・調達の論理……84
(2) 第三世界の動向をめぐる理解……91
(3) 脅威評価の多様化と研究開発・調達……93
第2節 ● 財政をめぐる懸念―軍事的要請とのジレンマ― ……………………… 94
第3節 ● 技術的可能性の高まりと政治的付加価値,そのリスク ……………… 101
第4節 ● 国防予算の維持―議会による予算付与の根拠― ……………………… 107
第5節 ● 小括 ………………………………………………………………………… 109

第4章
脅威の後退と研究開発投資の重点化―1990年―

第1節 ● 軍事的脅威の変容と軍備をめぐる議論 ………………………………… 117
(1) 後退するソ連の脅威,高まる兵力規模縮小への要請……117
(2) 「トレードオフ」関係に置かれる調達と研究開発……122

(3)「ソ連」の脅威から「ソ連型」の脅威へ―第三世界における技術拡散―……124
第2節●能力の向上，多目的化と効率性の論理
　　―技術による付加価値の高まり―……………………………………127
　(1)効率性の追求と技術……127
　(2)議会の反応―軍備の縮小と効率化方針の支持―……131
第3節●産業基盤の縮小への懸念と研究開発………………………………133
　(1)経済的損失への懸念?……133
　(2)産業技術基盤の維持をめぐる安全保障上の懸念……135
第4節●政策転換をめぐるコンセンサス
　　　―調達の削減と研究開発の維持―…………………………………137
　(1)湾岸危機とアスペン演説……137
　(2)議会の予算付与方針とその根拠……138
第5節●小括…………………………………………………………………143

第5章
湾岸戦争と政策転換の加速―1991年―

第1節●湾岸戦争をめぐるホワイトハウスの言説と帰結の乖離………………152
第2節●新たな軍備政策の加速………………………………………………154
　(1)第三世界の脅威の実証と新技術の有効性……155
　(2)人命と技術……160
　(3)湾岸戦争の成果による調達の正当化……162
第3節●ソ連の動向に対する反応……………………………………………163
　(1)さらに後退するソ連の脅威……164
　(2)残されたソ連の脅威としての側面……165
第4節●議会による予算付与の根拠…………………………………………167
　(1)湾岸戦争から得た教訓の反映……168
　(2)産業技術基盤の維持，強化……169
第5節●小括…………………………………………………………………171

第6章
マクロトレンドの変容と個別の政策論争
―研究開発・調達プログラムの分析―

第1節 ● 新兵器開発をめぐる論争―JSTARSとV-22を例に― 180
（1）JSTARS―科学技術による量的縮小の相殺……180
（2）V-22―プログラムの中止要求とその復活……185

第2節 ● 新規開発と先行兵器の調達―ATFとLHXを例に― 196
（1）ATF―新旧システムのバランスと軍備計画の合理化……196
（2）LHX―効率性の追求と従来型兵器のトレードオフ問題……208

第3節 ●「不可欠の能力」への投資はなぜ中止されたのか
　　　　　―A-12開発の「リスク」― 220

第4節 ● 小括 232

第7章
イノベーション志向の装備調達政策
―冷戦終焉後の履行とその定着―

第1節 ● BURの履行と共和党多数議会の成立
　　　　　―1995-1996年度予算をめぐって― 252
（1）BURにおける冷戦後戦略と軍備方針……253
（2）ソマリア介入のフィードバック……257
（3）共和党多数議会の成立と「調達の休日」問題の政治的前景化……259

第2節 ● 近代化問題の高まり―1997-1998年度予算をめぐって― 264
（1）中国の脅威と米軍近代化の遅れ……265
（2）RMAへの積極的対応―Joint Vision 2010の履行とQDR 1997……266
（3）ボスニア介入の影響……271

第3節 ● 財政均衡の達成とコソボ介入
　　　　　―1999-2000年度予算をめぐって― 273
（1）財政均衡と研究開発予算の問題……273

(2) コソボ介入に臨む米国の態度と軍備計画への影響……276
第4節● 小括……………………………………………………………279

終章
軍備をめぐる政策選択の論理

第1節● 米国における政策転換の経緯とその要因……………290
(1) 通常兵器技術に対するレーガン政権期の投資……290
(2) 脅威の変容と研究開発の維持／調達の削減……291
(3) 湾岸戦争による政策転換の「加速」……293
(4) 定着する技術依存型の軍備……294
(5) 各要因の影響とその連鎖……294

第2節● 政策的示唆と今後の課題…………………………………301

主要参考文献……308
あとがき……328

図表一覧

図0-1：	国防総省予算に占める調達費・研究開発費の割合（％）及び絶対額（100万ドル）の変化	3
図1-1：	軍拡をめぐる従来の「マクロモデル」	27
図1-2：	プログラムの同時並行性を示す基本概念図	33
図1-3：	連邦財政赤字と国防総省支出（100万ドル）	40
図1-4：	国防総省予算の対GDP，連邦予算比（％）	42
図1-5：	国防関連産業の雇用（1,000人）と失業率—1946-2006年度—	43
図1-6：	国防総省・軍の雇用（1,000人）と人件費（100万ドル）—1980-2005年度—	44
図1-7：	軍事・民生分野における研究開発投資額の推移（100万ドル）	45
図1-8：	軍備をめぐる制約と選択	51
図8-1：	米国の軍備政策転換をめぐる諸要因と政策論理の関係	300
表1-1：	大統領予算要求の増加率（1983-1988年度／1989-1992年度）	36
表1-2：	行政府による国防予算の見通し—1988-1991年—（10億ドル／予算権限ベース）	37
表1-3：	行政府による調達費及び研究開発費の見通し—1988-1991年—（10億ドル／予算権限ベース）	38
表1-4：	国防予算要求に対する歳出権限／歳出予算の変化率—1985-92年度	38
表2-1：	レーガン政権期の軍事支出①—項目ごとの支出額（100万ドル）—	66
表2-2：	レーガン政権期の軍事支出②—各支出項目の対国防総省予算比（％）—	67
表3-1：	ブッシュ政権期の軍事支出①—項目ごとの支出額（100万ドル）—	83
表3-2：	ブッシュ政権期の軍事支出②—各支出項目の対国防総省予算比（％）—	83
表3-3：	赤字見積もりとGRH法目標との比較（10億ドル）	100
表7-1：	クリントン政権期の軍事支出（100万ドル）	250
表7-2：	行政府による国防予算の見通し—1993-2000年—（10億ドル／予算権限ベース）	250
表7-3：	行政府の調達及び研究開発予算の見通し—1994-2000年—（10億ドル／予算権限ベース）	251

略語一覧

AHIP：Army Helicopter Improvement Program　陸軍ヘリコプター改良プログラム
ATA：Advanced Tactical Aircraft　先進戦術航空機
ATACMS：Army Tactical Missile System　陸軍戦術ミサイルシステム
ATF：Advanced Tactical Fighter　先進戦術戦闘機
AWACS：Airborne Warning and Control System　早期警戒管制機
BTI：Balanced Technology Initiative　バランス・テクノロジー・イニシアティブ
BUR：Bottom-Up Review　ボトム・アップ・レビュー
CAS：Close Air Support　近接航空支援
CBO：Congressional Budget Office　議会予算局
CFE：Conventional Force in Europe　欧州通常戦力（条約）
C^{4}ISR：Command, Control, Communication, Computer, Intelligence, Surveillance, and Reconnaissance　指揮・統制・通信・コンピューター・諜報・監視・偵察
DARPA：Defense Advanced Research Projects Agency　国防高等研究計画局
DBK：Dominant Battlespace Knowledge　支配的戦場認識
EA/SD：Evolutionary Acquisition/Spiral Development　進化的取得・スパイラル開発
FYDP：Five Year Defense Plan　国防五カ年計画
GAO：General Accounting Office [Government Accountability Office]　会計監査院
GRH（法）：Gramm-Rudman-Hollings [Act]　グラム・ラドマン・ホリングス（法）
JCS：Joint Chiefs of Staff　統合参謀本部
JSF：Joint Strike Fighter　統合打撃戦闘機
JSTARS：Joint Surveillance Target Attack Rader System　ジョイントスターズ
JVX：Joint-service Vertical take-off/landing Experimental　統合先進垂直離着陸航空機
JV2010：Joint Vision 2010　ジョイント・ビジョン2010
LH [X]：Light Helicopter [Experimental]　（次期）軽ヘリコプター
LIC：Low Intensity Conflict　低強度紛争
MTR：Military Technical Revolution　軍事技術革命
NATF：Navy Advanced Tactical Fighter　海軍先進戦術戦闘機
NATO：North Atlantic Treaty Organization　北大西洋条約機構
NCW：Network Centric Warfare　ネットワーク中心の戦争
NDAA：National Defense Authorization Act　国防予算権限法
PGM：Precision Guided Munition　精密誘導兵器
PKO：Peace Keeping Operation　平和維持活動
QDR：Quadrennial Defense Review　4年ごとの国防計画見直し
RMA：Revolution in Military Affairs　軍事における革命
R&D：Research and Development　研究開発
RDT&E：Research, Development, Test, and Evaluation　研究・開発・試験・評価
SCOT：Social Construction of Technology　技術の社会構成主義
SDI：Strategic Defense Initiative　戦略防衛構想
START：Strategic Arms Reduction Talks [Treaty]　戦略兵器削減交渉（条約）
TRP：Technology Reinvestment Program　技術再投資プログラム
UAV：Unmanned Aerial Vehicle　無人航空機
WMD：Weapons of Mass Destruction　大量破壊兵器

軍備をめぐるイノベーション
―冷戦終焉と制約下における米国の政策選択―

第1節 問題の所在

(1)冷戦後における米国の軍事力と技術の発展

　冷戦の終焉は，軍拡の終わりを意味しなかった。冷戦後に米国が超大国と評されるようになった理由は，かつて対等な競争相手として存在していたソ連が消えてなくなったということだけではない。それは，米国自身が情報通信分野や宇宙開発，ロボティクス分野をはじめとした技術革新の成果を利用し，軍事力に反映させる試みを続けてきた結果でもあった[1]。米国によるこうした軍備拡張への継続的な試みは，戦術ドクトリンや戦略の見直し，組織の改編ともあいまって，冷戦後の国際システムにおいて米国が突出した軍事力を有するという前提を作り上げてきた[2]。

　2000年代に入ると，米国はイラク戦争での失敗やリーマンショックによる経済，財政状況の悪化，さらにそれらと並行して中国の台頭といった出来事を経験した。しかしそれでもなお，少なくとも軍事的には，米国が国際システムにおいて相対的な優位に置かれた状況が続いている。その中で，イノベーションに基づく軍事力の実態やイメージを米国自身が再生産すると同時に，それを各国が取り入れていくことで現代の国際安全保障環境においても新たな技術競争が促され，場合によっては国家間協力を通じた新技術獲得の試みも加速している。

　冷戦後の軍備問題をめぐるこのような流れは，「軍事における革命（Revolution in Military Affairs：RMA）」と呼ばれる現象の延長線上にある。RMAとは，端的にいえば，軍事技術や組織の革新がもたらす，戦争形態の革命的な変化である[3]。湾岸戦争を契機として注目されるようになった冷戦後

のRMAは，特に情報技術の革新を基礎とする一連の軍変革や，その将来的な可能性を意味している。RMAの進展に伴い，戦場における情報収集能力は過去には想像もできないほどに向上し，一部のプラットフォームはステルス化，無人化が進み，それらに搭載される爆弾やミサイルの精密性は大きく高まった。また，その結果として生じた武力行使の効率化—つまり，兵力投入規模の限定化，戦争における死傷者発生数の抑制，介入期間の著しい短縮の可能性—は一時期，武力行使の敷居を下げつつあるともいわれた[5]。

米国の軍事力をめぐるこのような変化は，ジョージ・W・ブッシュ（George W. Bush）政権下のトランスフォーメーション戦略を通じて，政策としての形をそれまで以上に明確に与えられることとなった。大統領就任前から明らかにされていたように，W・ブッシュ政権は次世代の軍事力構築を目指し，そこで軍事技術とその開発の果たす役割が重要であることを強調した[6]。同時多発テロの発生を受けたアフガニスタン介入や，2003年のイラク戦争を経て打ち出された「新たなアメリカ流の戦争（New American Way of War）[7]」という概念は，湾岸戦争以来のRMAをめぐる議論を総括する形で，軍事作戦における技術の重要性を強調するものであった。その後，さまざまな反省がなされながら，バラク・オバマ（Barack H. Obama）政権においてもロボティクスや宇宙，サイバーを含む科学技術関連の投資を通じて，こうした傾向に拍車がかけられている。

とはいえ，このような現在の米軍を支える科学技術上の成果は，一朝一夕に得られるものではない。実際のところ，米国の軍事力に見られる技術の高度化，あるいは技術依存度の高まりは，ロナルド・レーガン（Ronald W. Reagan）による軍拡期からジョージ・H・W・ブッシュ（George H. W. Bush）政権，ウィリアム・クリントン（William J. Clinton）政権を経て現在に至るまで，一貫してゆるぎないものであった。このことを示すのが，冷戦末期以来の予算推移である。1985年以降，米国における国防予算総額は徐々に低下し，特にそれまで軍事支出項目の中でもっとも大きな割合を占めていた調達（procurement）費は，10年余りの間に半分程度まで減少した。これに対して，米国は研究開発（research and development）予算の減少を最小限に食い止めながら，情報通信分野を中心とした技術革新の成果を軍事的に活用する取り組みを続けた［図0-1］。

図0-1：国防総省予算に占める調達費・研究開発費の割合（％）及び絶対額（100万ドル）の変化

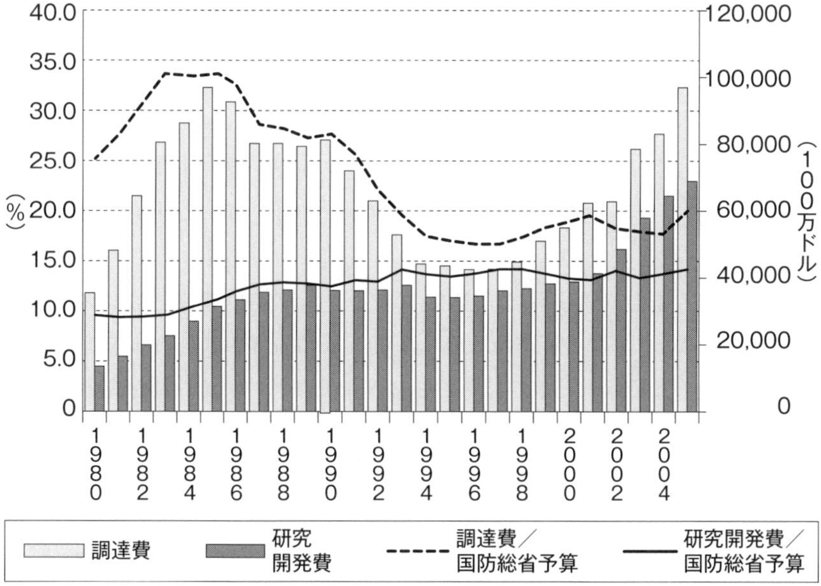

出典：Office of Management and Budget（OMB），"Historical Tables," *Budget of the United States Government*, Fiscal Year 2007, pp.21-22, 55-60.

　こうした継続的な投資の結果，冷戦の終焉以降も国防予算の大規模な削減にもかかわらず，それを軍縮の流れと同一視しえないような状況が生まれた。国防予算や兵力をめぐる「規模」の縮小は必ずしも軍事的な「能力」の縮小につながらず，むしろ先端技術に裏打ちされる形で質的軍拡が進展した。冷戦後の米国安全保障政策における技術志向性を具体的に裏付けているのは，過去20年以上に及ぶ（あるいはそれ以前からの）研究開発への継続的投資と，その結果として得られた技術的蓄積なのである。

（2）技術志向性の高まりと冷戦終焉

　しかしもとより，冷戦終焉をまたいで継続される安全保障分野での研究開発の重点化は，必ずしも自明のことではない。そこには従来の研究に照らし合わせて，いくつかの論点が残されているように思われる。
　第一に，歴史的な経緯についての問題である。冷戦後の米国における技

術志向の高まり,ないしRMAの展開については,湾岸戦争がもたらした影響がしばしば重視される。湾岸戦争では,精密誘導兵器(Precision Guided Munition：PGM)やGPS(Global Positioning System)を中心として,各種の新技術の有効性が広く認知されるようになった。情報通信技術の発達を背景として生じたとされる現在のRMAに関する研究も,湾岸戦争を契機として盛んになっていったところが大きい。その点では,湾岸戦争がその後の米国の研究開発に対する取り組みを理解する上で非常に重要な出来事であったことには違いない。[8]

さらに時代をさかのぼれば,RMAの概念的,戦略的起源として,ソ連において高まった「軍事技術革命(Military Technical Revolution：MTR)」をめぐる議論の影響もまた重要であることが指摘されている。[9]第2章で詳述するが,レーガン政権期にはソ連の軍事力の量的優位を相殺する目的で,冷戦後のRMAの技術的基礎となるいくつかの領域に対して積極的な投資がなされた。また,その際にはソ連がMTRを追求する姿勢を見せていることに対して,米国側で少なからぬ懸念が示されていたことも確かである。湾岸戦争で明らかになった技術や,その開発コンセプトがいかなる起源を持つのかという点に着目するならば,ソ連におけるMTR推進の試みもまた無視しえない問題であった。

しかし同時に,これらの出来事がいずれも,軍事技術開発への投資を重視する米国の軍備政策の一側面を捉えるにとどまっていることにも留意しなければならない。先のグラフに示した予算の変化を見ると,米国の軍事力構築方針の政策レベルでの「転換」は,湾岸戦争以前,東側の脅威の後退が明らかになりつつあった時期に,すでに模索され始めていたものであったことがわかる。実際,第5章でも論じるように,湾岸戦争の重要性は軍備の方針を研究開発重視の方向に「転換」させたというよりは,あくまでもそれを「加速」させたという点にある。また,ソ連のMTRも説明の要因としては十分ではない。MTRが米国におけるRMAのコンセプト形成に重要な役割を果たしたことが確かであったとしても,冷戦の終焉を迎えてなお,米国でこうした軍事技術開発への取り組みが続けられ,RMAが具現化されていった理由を,ソ連の動向のみに帰することはできないからである。

第二に,だとすれば,このような問題に対していかなる角度からアプロー

チすることが可能か，という点にも答える必要があろう。軍事戦略的な視点に基づけば，ソ連の脅威が後退する状況に着目することで，国防予算総額や兵器の量的縮小の動機を明らかにすることは可能であろう。だが，同じくソ連の脅威に着目するだけでは，並行して研究開発が重点化されていく経緯に一貫した説明を与えることは難しい。また軍事的な観点のみならず，国内政治の動向に焦点を当てるにしても，いくつか説明すべき論点が存在する。特に，当時の軍事支出の動向を規定する重要な要因となっていたのが，財政の問題であった。財政の問題は，しばしば軍事支出を抑制する要因と見られる[10]。当該期の米国においても，レーガン政権期に累積した財政赤字は軍事支出を圧迫するもっとも大きな要因の一つとなっていた。さらに，従来はしばしば軍拡の内発的な推進力を高める要因として見られていた，軍事支出に伴う雇用創出や技術の「スピン・オフ（spin-off）[11]」といった経済産業政策上の効果も，1980年代前後からその妥当性を疑問視されるようになってきており，軍事支出をめぐる経済的な利益という観点からの正当性は低下しつつあったのである[12]。

では，いったいなぜ，ソ連の脅威が後退していく状況にもかかわらず，そして強い財政制約の存在，あるいは経済的動機の低下に直面する中で，米国においてこのような技術志向の政策転換が加速したのであろうか。これに対して調達を削減するという決定はいかにして正当化されたのか。さらにその後国内外の条件が徐々に変化していく中で，こうした軍備をめぐる政策転換の方針はいかなる根拠のもとで継続されていったのか。これらの問いに答えていく作業を通じて，国際構造の一極化が進む中で新たな形での軍拡の動機が形成されていく理由を明らかにし，さらにそこで展開される軍備をめぐる政策決定とその履行のメカニズムを探るのが，本書の目的である。

第2節　軍備をめぐる政策選択の分析

本書の分析は，冷戦末期の米国で生じた軍備をめぐる投資パターンの変化を，さまざまな制約の中である種の政策選択が行われた結果として見るところから出発する。冷戦末期から冷戦後にかけての時期，米国は国際システムレベルではソ連の脅威の後退を，国内的には財政的制約や国防支出が持つ経

済効果の見直し論の高まりを経験していた。その中で米国が直面したのはまさに，厳しい制約のもとで何を切って何を残すべきかという選択の問題であり，そこで進められたのが軍事力の「量」を縮小することで「質」を向上させるという決定であった。

　国家による軍備行動に関する研究—特に，冷戦期を中心に展開された軍拡のメカニズムに関する一連の研究群—においては，軍拡の不可避性を前提としながら，国際システムレベル，国内政治レベルでの制度化，あるいは技術の動態に着目したモデルのいずれが高い説明能力を持つか，という点に分析の焦点が当てられがちであった[13]。しかし，第1章で詳述するように，こうしたモデル群を個別に応用することは，軍備をめぐる政策の「選択」メカニズムを論じるに当たり必要ではあるにせよ，十分に有効なものではなさそうである。従来のモデルがそれぞれに妥当性を主張できたのは，冷戦という特殊な状況のもとで，軍備をめぐる意思決定が脅威の文脈から正当化されやすかったという背景に拠るところもあろう。さらにこうした局面では，政策上の矛盾が比較的表面化しにくい，ということも重要である。予算の十分な確保や将来的な拡大が見込める場合には，政策の目的や投資先を厳しく取捨選択していくインセンティブが低下するためである。

　これに対して，本書が対象とする冷戦末期以降の米国の事例では，従来の分析視角があまり触れてこなかった軍拡の制約要因が，二重にも三重にも高まっていたとも位置づけることができる。この場合にはむしろ，どのような制約のもとでいかなる政策目標の達成を優先し，そのために何に投資するか，逆に何を先送りし，場合によっては中止しなければならないのかという選択の問題が前面に現れてくる。とすれば，こうした制約要因に着目した説明を試みることは，当時の米国が進めた軍備をめぐる政策転換の問題をより実態に近い形で捉えなおす上でも重要な作業である。

　本書のもう一つの特徴は，こうした制約要因と従来の軍拡モデルを組み合わせながら，それらの要因の複合的，連鎖的な関係に焦点を当てた分析を行う点である。従来の議論で提起されてきた一連の軍拡モデルに関する研究では，いずれがより説得力を持ちうるかを検討する作業に重きが置かれる一方，それらの結び付きを問うことには相対的にあまり関心が割かれてこなかった。いうまでもなく，あるモデルの他モデルに対する優越性を検証することは，事

象の一般的な決定要因を特定する上でもっとも重要な作業であるとも考えられる。しかしもとより，これらのモデルがそれぞれ重視している国際的，国内的，技術的な軍拡の推進要因というのは，必ずしも相互排除的な関係に置かれているわけではない。

　本書で示す軍事戦略，財政，経済産業面での効用，技術的可能性といった要素は，行政府や立法府の選好を反映しつつ，政策選択の根拠を形成する。ただし，これらの要因がいかなる政策選択につながるかは，必ずしも一義的に決まっているとは限らない。実際には，これらの要因は直接的に政策の帰結に影響するだけでなく，複合的な政策論理を形成し，あるいは別の要因の作用の仕方を規定するような形で連鎖しながら，政策選択の様相に影響を与えている。

　このような観点から，本書では冷戦終焉前後に生じた米国の政策転換の過程を理解するために，従来示されてきた構造的な軍拡モデルを基礎としつつも，それに付随するさまざまな制約要因の作用を特定した上で，諸要因と個々の政策選択との間にある具体的な因果メカニズムを明らかにするための視角を提示する。このような視角から本書が明らかにしようとするのは，当該期の米国における軍事技術開発が，脅威の後退や財政的制約「にもかかわらず」維持されたのではなく，こうした環境の変化が生じた「ゆえに」積極的な投資の対象となっていったメカニズムである。

第3節　本書の構成

　本書の議論は次のように構成されている。第1章ではまず，国際政治学における軍拡理論と，特に米国における兵器システムの開発・調達政策に焦点を当てるいくつかの研究を参照しながら，これらの議論における国際システムレベルと国内レベルの対立軸，及び技術と政治の対立軸を明らかにし，それぞれが異なる説明の射程を持っていることを示す。その上で，軍拡の制約要因を交えた要因間の連鎖に目を向けることの重要性を改めて指摘し，本書の分析枠組みを提示する。

　第2章では，後期レーガン政権下の軍拡における研究開発の戦略的位置づけについて簡潔に整理し，そこでいかなる軍事技術の可能性や技術的コンセ

プトが生まれたのか,また,どのような技術領域に対する投資がなされたのかを明らかにする。レーガン政権期の通常兵器技術開発に対する積極的な投資は,あくまでもソ連の脅威への対応を念頭に置き,米国側の量的劣位を質的優位をもって解消するための取り組みであったが,同時に,ブッシュ政権以降に軍備計画が再検討される際の技術的背景となるという点でも重要である。第2章では,1989年の予算審議において議論された冷戦期の技術開発コンセプトの扱いにも触れ,それが冷戦終焉をまたぐことによって生じた米国内での問題意識についても予備的に考察を進めている。

では,こうしたレーガン政権期の技術的遺産は,ソ連の脅威や第三世界の脅威をめぐる認識が変容し,国防予算の縮小圧力が高まっていく中でどのように引き継がれていったのか。第3章から第5章ではそれぞれ1990年度予算,1991年度,1992年度の国防予算権限法をめぐる議会での議論を対象とした時系列的な分析を行い,冷戦終焉後に向けて政策のマクロトレンドが形成されていく過程を明らかにする。

第3章では,ソ連の脅威を再検討する機運が高まった1990年度の国防予算(1989年策定)[14]をめぐる議論の対立軸を検討する。1989年には,ソ連の変容に伴って脅威評価の見直しが行われた。しかし,最終的に決定された予算において,国防予算総額,研究開発費,調達費のいずれにも大きな変化は生じなかった。その理由を探ることで,1990年以降に生じた変化との差を浮き彫りにするのが,第3章の狙いである。加えてここでは,軍事支出の維持が決定される中で,レーガン政権期から引き続き軍事支出をめぐる大きな制約となっていた財政要因が,なぜこの年には軍事支出の削減という帰結につながらなかったのかという点も観察していく。

第4章では,1989年末の東欧諸国の体制転換と冷戦の終結宣言を受けて,米国内では国防予算削減の流れが不可逆のものとなった1991年度予算(1990年策定)をめぐる議論について,ソ連の脅威の後退が前年度に提起された議論の対立軸にどのような影響を与えたのか,それが兵器調達の予算を削減しつつも新たな能力の創出を目指した研究開発への投資を維持するという決定にいかなる形でつながったのかを論じる。さらにここでは,調達費を中心として軍事支出の大幅な削減が進められる中で,経済産業上の効用を背景に形成された政策論理がなぜそれに抵抗しえなかったのかという点も検討するた

め，調達，研究開発が経済産業的な観点から，それぞれいかなる形で正当化，または非正当化されたのかについても観察していく。

　第5章では，前年度の議論との継続性に焦点を当てつつ，湾岸戦争が技術開発への要請や冷戦後の軍備計画の実行可能性をめぐる議論に対して与えた影響を再評価する。翌年の1992年度予算（1991年策定）では，研究開発への投資を維持する方針が固められる一方，調達費の方は大幅な削減が進められることになった。その一因としてしばしば取り上げられるのが，湾岸戦争である。湾岸戦争は，それ以前にはあくまでも仮説にすぎなかった第三世界の脅威の動向と，それに対する新技術の有効性を実証したという点で，研究開発への投資比重の移行を加速させるという役割を果たした。しかし，湾岸戦争で使用されたのは従来型の兵器が中心であり，それらの効用が認められたことは，調達の縮小に歯止めをかけることもありえたはずである。また，同時期に起こったソ連のバルト三国に対する対応は，ソ連の脅威の揺り戻しに対する懸念を高めたかもしれない。だとすれば，このような状況下にもかかわらず，なぜ調達を削減しながら研究開発を維持するという方針に変化が起こらなかったのかを観察していく必要があるだろう。

　第6章では，ここまでに検討した諸要因が政策選択にいかなる影響を与えているのかをより具体的に明らかにするために，いくつかの兵器システム開発をめぐる議論をプログラム単位で観察していく。本書では特に，当時継続されたE-8（Joint Surveillance Target Attack Rader System：JSTARS），V-22（Osprey），LH［X］（Light Helicopter［Experimental］／RAH-66, Commanche），ATF（Advanced Tactical Fighter／F-22, Raptor）の四つのプログラムと，中止されたATA（Advanced Tactical Aircraft／A-12, Avenger II）の開発プログラムを取り上げる（これらのプログラムの特徴と，事例としての選択理由については，第6章で説明する）[15]。また，同時に調達との間に生じた選択性を検討するために，いくつかの関連する先行プログラムとの関係についても考察していく。これらの作業を通じて，研究開発への投資がいかなる論理のもとに正当化されたのか，調達と研究開発の間の取捨選択がいかにして起こったのかという点をより具体的に検討し，第5章までに明らかにした諸要因の影響の妥当性を検証していくことにしたい。

　このようなプログラム単位の分析は，マクロトレンドの形成に焦点を当て

る第5章までの分析と相互補完的な関係にある。一方で，総体的な国防予算の動きと予算付与の根拠付けを見ていけば，当時の政策をめぐる全体の傾向は理解できるが，このような傾向が個別の予算案件にも当てはまるとは限らない。しかし，プログラム単位の議論に終始してしまうのも問題である。プログラムはそれこそ膨大な数にのぼるため（もちろん有限ではあるが），それら全てを網羅することはできないし，また，プログラムそれぞれに固有の条件があるため，そのうちのいくつかを取り上げて観察を積み重ねたところで，政策の全体像やその決定要因を描き出すことはできない。そのため，プログラムレベルの分析のみに依拠すると，重要な要因はプログラムによって異なるといった，あまり示唆に富んでいるとはいいがたい結論になりかねない。政策のマクロトレンドを明らかにするための分析と，ミクロなプログラム単位の分析を併用することの狙いは，それぞれのプログラムに固有の特徴にもかかわらず，当時の全体的な政策転換の方針がどの程度まで具体的なケースに当てはまるのかを明らかにすると同時に，当てはまらない場合にどのような要因が力を持っていたのかを検討することにある。

　第7章では，冷戦の終焉前後の戦略転換に伴って生じた研究開発，調達予算のトレンドの変化が，その後もなぜ，どのような形で維持されていったのかを，クリントン政権の軍事戦略とそれに基づく予算の付与の根拠を概観することで検討していく。ここでは，技術を重視する軍事戦略や各アクターの選好が，戦略・ドクトリンをめぐる文書の公表やそれをめぐる委員会の審議，さらには対外介入のフィードバックなどの影響を受けながら定着していく過程が論じられる。

　終章では結論として，議論の要点を簡潔にまとめた上で，従来の構造的な軍拡モデルに対して，軍備の選択性とそれを規定する諸要因間の連鎖関係に着目する本書のアプローチが果たして妥当であったかを考察していく。また，このようなアプローチをとることによって見えてくる政策的含意についても，最後に若干の考察を加えることにしたい。

注)

1) 科学技術領域における米国の優越性を指摘する議論には枚挙にいとまがないが、たとえば Posen, Barry R., "Command of the Commons: The Military Foundation of U. S. Hegemony," *International Security*, Vol.28, No.1, 2003, pp.5-46; Paarlberg, Robert L., "Knowledge as Power: Science, Military Dominance, and U. S. Security," *International Security*, Vol.29, No.1, 2004, pp.122-151等を参照。

2) このような理解は冷戦終焉以来、常に揺らぎを伴うものであった。だが、そのような揺らぎの多くは単極の安定性や持続性の見通しに関するものであって、程度の差こそあれ現状が米国の優越状態にあるという認識は、ほぼ共有されていたと言ってよいだろう。たとえば、冷戦終焉直後の米国のパワーの見通しに関しては、Allison, Graham, and Gregory F. Treverton (eds.), *Rethinking America's Security: Beyond Cold War to New World War*, W. W. Norton & Company, 1992を参照。リベラリズムの立場から米国の優越を論じる議論としては、アイケンベリー、G・ジョン（鈴木康雄訳）『アフター・ヴィクトリー——戦後構築の論理と行動—』NTT出版、2004年。ネオリアリズムの立場から、米国の物質的優位を説く議論としては、Wohlforth, William C., "The Stability of a Unipolar World," *International Security*, Vol.24, No.1, 1999, pp.5-41を参照。また、米国の優越性をパワー、経済的グローバリゼーション、正統性（legitimacy）等さまざまな文脈から検討し、他国のバランシング行為を抑制する状況が生まれていることを指摘する近年の議論として、Brooks, Stephen G., and William C. Wohlforth, *World Out of Balance: International Relations and the Challenge of American Primacy*, Princeton University Press, 2008を参照。冷戦終焉直後には、クリストファー・レイン（Christopher Layne）の議論のように米国中心の単極システムが早晩多極化していくとの見方もあった。Layne, Christopher, "The Unipolar Illusion: Why New Great Powers Will Arise," *International Security*, Vol.17, No.4, 1993, pp.5-51. しかし、1990年代末期にかけて、冷戦後の世界が単極システムであるという理解に疑問を呈する論調は徐々に影をひそめていった。こうした変化が、後の帝国論にもつながる素地となったことも指摘されている。山本吉宣『「帝国」の国際政治学—冷戦後の国際システムとアメリカ—』東信堂、2006年。また、特にRMAの展開が冷戦後の国際秩序に与えた影響を論じたものとして、梅本哲也『アメリカの世界戦略と国際秩序—覇権、核兵器、RMA—』ミネルヴァ書房、2010年を参照。

3) このような変化は過去十数回にわたって発生してきたことが指摘されている。過去のRMAの歴史については以下の議論を参照。Krepinevich, Andrew F., Jr., "Cavalry to Computer: The Pattern of Military Revolutions," *The National Interest*, Fall 1994, pp.30-42. ノックス、マクレガー、ウィリアムソン・マーレー（今村伸哉訳）『軍事革命とRMAの戦略史—軍事革命の史的変遷1300～2050年—』芙蓉書房出版、2004年。また、本書では特に断らない限り、RMAの語で現在の事象を指すこととする。

4) 軍事的意味合いにおいて、プラットフォームとはミサイルや爆弾などの運搬、発射母体を指す。たとえば、航空機や艦船などがこれに含まれる。

5) オルム（John Orme）によれば、「情報支配」の確立に伴う兵器の正確性の向上は、より少ない任務での目標達成を可能にし、その結果としてリスクを低下させる。また、センサーの改善は脆弱な地上兵力による索敵の必要性を低下させ、ステルス化されたプラットフォームから精密誘導兵器を発射するタイプの作戦では、最小限のリスクで任務の

遂行が可能となる。これらの軍事的効率性の向上と人命リスクの低減は，対外介入に対する国内の消極的な姿勢を打破する。コソボ介入を考察したイグナティエフ（Michael Ignatieff）の言葉を借りれば，それは，行政府の戦争開始権限に対する制度的なチェック・アンド・バランス機能の形骸化をももたらす可能性があるということになる。Orme, John, "The Utility of Force in a World of Scarcity," *International Security*, Vol.22, No.3, 1997/1998, pp.149-150. マイケル・イグナティエフ（金田耕一他訳）『ヴァーチャル・ウォー—戦争とヒューマニズムの間—』風行社，2003年，193，213-214頁。このような見解に対して，むしろRMAの進展によって武力行使の政治的敷居は高まったという主張もなされている。Gompert, David, "How to Defeat Serbia," *Foreign Affairs*, Vol.73, No.4, 1994, p.42. ランベス，ベンジャミン・S（進藤裕之訳）「実戦に見る現代のエア・パワー—湾岸戦争とコソヴォ紛争—」石津朋之他編著『エア・パワー—その理論と実践—』シリーズ軍事力の本質①，芙蓉書房出版，2005年，258-262頁。

6) Bush, George W., The Citadel, Military College of South Carolina, "A Period Of Consequences," September 23, 1999, 〈http://citadel.edu/r3/pao/addresses/pres_bush.htm〉.

7) たとえば，Cheney, Richard B., Office of the Vice President, "Remarks by the Vice President to the Heritage Foundation," May 1, 2003を参照。また，米国空軍は「アメリカ流の戦争方法の変遷」と題し，特に湾岸戦争以降に航空宇宙兵力が果すようになった決定的な役割を強調している。United States Air Force, *Air Force Basic Doctrine*, Air Force Doctrine Document 1, November 17, 2003, pp.15-16 〈http://www.dtic.mil/doctrine/jel/service_pubs/afdd1.pdf〉. マックス・ブート（Max Boot）の議論に依拠すれば，その特徴は，①情報技術革新を背景とした陸，海，空軍のシームレス統合，②高い機動性，迅速性，柔軟性，そして意外性を備えた兵力の運用，③精密誘導能力を有する火器，特殊部隊，心理戦の重視，④彼我の死傷者の抑制といった要素に集約される。Boot, Max, "The New American Way of War," *Foreign Affairs* Vol.82, No.4, 2003, pp.41-58.

8) たとえばアンドリュー・クレピネヴィッチ（Andrew F. Krepinevich, Jr.）は，RMAの技術的な萌芽はすでに1950年代に認められ，それが湾岸戦争において「オペレーション」のレベルで明らかになったと論じる。Krepinevich, Andrew F., Jr., *The Military-Technical Revolution: A Preliminary Assessment*, the Office of Net Assessment, Center for Strategic and Budgetary Assessments," 1992 [2002], p.8 〈http://www.csbaonline.org/4Publications/Archive/R.20021002.MTR/R.20021002.MTR.pdf〉.

9) Adamsky, Dima P., "Through the Looking Glass: The Soviet Military-Technical Revolution and the American Revolution in Military Affairs," *The Journal of Strategic Studies*, Vol.31, No.2, 2008, pp.257-294.

10) Farrell, Theo, *Weapons without a Cause: The Politics of Weapons Acquisition in the United States*, Macmillan Press Ltd., 1997, pp.178-179. また，やや文脈は異なるが，近年ではマイケル・ホロウィッツ（Michael C. Horowitz）の議論でも，技術拡散の過程を規定する要因の一つとして財政的な許容度の問題が指摘されている。Horowitz, Michael C., *Diffusion of Military Power: Causes and Consequences for International Politics*, Princeton University Press, 2010.

11) 技術のスピン・オフとは，軍事用に開発された諸技術が民生に転用されることを指す。

12) 軍事支出が経済成長に与える効果に関する議論を簡潔に整理したものとして，サンドラー，トッド，キース・ハートレー（深谷庄一監訳）『防衛の経済学』日本評論社，1999

年，第八章を参照。ただし，サンドラーら自身は，軍事支出は経済成長にとって有益ではないと結論付けている。また，米国で軍事支出の経済的効用が低下していることを指摘した1980年代初頭の議論として，ディグラス，ロバート（藤岡惇訳）『アメリカ経済と軍拡―産業荒廃の構図―』ミネルヴァ書房，1987年等を参照。

13) 一般的な軍拡のメカニズムの分析に際して国際システムレベルと国内レベルの分類に触れている議論として，たとえばRussett, Bruce M., *Prisoners of Insecurity: Nuclear Deterrence, the Arms Race and Arms Control*, W. H. Freeman & Co Ltd., 1983, pp.69-86を参照。また，特に質的軍拡の文脈でこれらの分類を取り上げるものとして，たとえばSpinardi, Graham, *From Polaris to Trident: The Development of US Fleet Ballistic Missile Technology*, Cambridge University Press, 1994 [2008], pp.10-14; Evangelista, Matthew, *Innovation and the Arms Race: How the United States and the Soviet Union Develop New Military Technology*, Cornell University Press, 1988; Buzan, Barry, *An Introduction to Strategic Studies*, Palgrave Macmillan, 1987等を参照。スピナルディとブザンは，「技術の要請」アプローチの是非にも触れている。

14) 米国における予算審議は2月の予算教書の提出に始まり，7-9月頃の歳出予算法案の審議までかかる。予算年度（Fiscal Year：FY）は審議が終了した年の10月1日から翌年の9月30日までとなり，年次は予算年度の終了年のものが付される。たとえば1990予算年度とは，1989年10月1日から1990年9月30日までを指し，その予算審議は順調に進んだ場合には1989年9月までに終了する。

15) 兵器の名称については，プログラムの段階が進むにつれて変更される場合がある。たとえば，プログラム開始当初はATFとされていたものが，開発が進んで生産に入る段階ではF-22と改称されたり，当初LHXという名称で立ち上げられた陸軍の先端ヘリコプター開発プログラムは，後にLHと改称され，その後RAH-66（Commanche）と呼ばれるようになっている。本書では特に断りのない限り，兵器システムの名称を資料に記されている通りに用いている。そのため，時期を下るにつれて名称が変わっていくものがいくつかあるが，基本的にそれらは同一のプログラムを指している。

1章 本書の分析視角

　1985年から冷戦終焉を経て，1998年頃までの間，米国はソ連の脅威が後退し，軍事支出に対する財政的な制約を強く受けるようになっていく中で，研究開発費を維持しながら調達費を大幅に削減していった[1]。本書では冷戦の終焉と前後して生じたこのような投資パターンの変化を，軍拡メカニズムの一部を構成する問題，とりわけ軍備をめぐって何を切り，何を残すべきかという選択の問題として捉えている。ではなぜ，米国では冷戦の終焉と前後してソ連を中心とする共産主義勢力の脅威が後退した後もなお，安全保障分野における研究開発への取り組みが維持されていったのであろうか。その一方で，調達の大幅な削減はいかにして正当化され，実施されていったのか。本章では，これらの問いに一貫した説明を与えることを目指し，まず分析の対象となる研究開発と調達の問題を軍備の質と量という観点から改めて整理しつつ，従来の研究において展開されてきた三つの軍拡モデルの有効性と限界について考察する。その上で，そこに政策の制約要因の影響を加味し，それらの諸要因が複合的，連鎖的に政策選択の様相を規定する側面に着目した分析視角を提示することを目指す。

第1節　軍備の質的拡大，量的拡大，その選択

　国家の軍拡行動を理解しようとする際，そこで捉えるべき現象には多様な要素が含まれる。軍事力の問題として捉えられ，それゆえにこれまで軍拡の議論の対象となってきた要素には，直接的に軍備の動向を反映するものだけを取り上げても，国防予算，兵員数，兵器の量や質など，さまざまなものが含まれるためである。軍事力とは，これらの総体として捉えられるものであ

ることには違いない。それだけに，一口に軍拡（あるいは軍縮）といっても，その実態を正確に理解するには困難を伴う。

　実際，冷戦終焉に伴って多くの国家が国防予算の大幅削減，そして兵員数や兵器の保有数の縮小に踏み切る中で，米国もまた例外なくそのような試みを進めた。しかし，このような流れは単純に軍縮の流れとして見ることもできないものであった。なぜなら，国防予算や兵力「規模」の縮小が，必ずしも軍事的「能力」の縮小という議論にならなかったためである。冷戦後における米国の軍事力は，単に投資額や兵器の保有数といった側面に目を向けても依然として突出した水準を保っていることには違いない。だが，より大きな関心を集めてきたのは，米国の軍事力が科学技術上の優越を基礎として，軍事的，政治的な面で質的変化を経験しているという側面であった。米軍は量的な縮小が進められたにもかかわらず，むしろ能力＝質の面では向上しているとさえ理解されるようになったのである。

　サミュエル・ハンティントン（Samuel P. Huntington）によれば，「量的軍拡」が現存する形態の軍事力の数量面での拡張を目指すものである一方，「質的軍拡」は現行の軍事力を新規かつより効果的な形態の軍事力に置き換えることを目指す試みである[2]。研究開発という行為は，このうち質的軍拡の概念にほぼ包含される。他方，調達と量的軍拡という概念は正確に重なるわけではない。米国において，調達予算には開発過程にあるシステムの試作機取得費用や低率初期生産費用，あるいは予備調達費等，実質的には本書でいう質的軍拡の一部として位置づけられる部分もあるためである。さらに，調達予算は古い兵器を比較的新しい兵器によって代替していく，いわゆる軍備の近代化（modernization）にも用いられるため，その点でも質的軍拡の概念と重なる部分がある。これとは逆に，調達予算が量的軍拡の概念と重なるのは，旧式兵器にせよ新型兵器にせよ，その生産が軍事力の規模拡大につながる場合であるということになる。

　以上を踏まえて，本書でいう軍備をめぐる政策選択とは，冷戦末期に米国の軍備計画や予算付与の方針をめぐって生じた次の現象を指している。すなわち，米国が研究開発予算を維持しながら調達予算を大幅に削減し，それによって軍事力の規模縮小を進めていったという意味での，軍備の質と量との間で行われた選択である。このことは，国際システムの変容が一国のパワー

の動向に影響を与えるとは言っても、また、当時の米国において財政赤字の増大に伴う支出抑制傾向が強まっていたとしても、それらが必ずしも軍事力の量的側面と質的側面に同様の影響を与えるとは限らないことを示唆している。

もちろん、これを選択の問題として見るには、以下の三つの点で若干の注意が必要である。第一に、現行の兵器の量的な拡充を目指す調達は、他国の脅威動向に対して柔軟に変化するものと見られる一方、技術開発は将来のリスクをヘッジするための投資という側面が強い。つまり、調達と研究開発の機能はそれぞれ異なっているため、一般的に見れば両者の間に選択的関係が成り立っているかどうかは自明ではない。本書ではまず、軍備をめぐる政策論議の中で調達の削減と研究開発の維持がトレードオフの関係に置かれていたことを実証的に示し、その上で機能の違いにもかかわらず両者がそのような状況に置かれたのはなぜなのかを検討していく必要がある。

第二に、質的軍拡の進め方に関する問題である。この時期に米国の研究開発予算が維持されたという結果からは、総体的には質的軍拡を進める動機は強かったことが見てとれる。だが、それはあらゆる新技術への投資を一様に説明可能であることを意味するわけではない。個々の研究開発プログラムに目を向ければ、先端技術であることが必ずしも投資の理由として十分ではないこと、場合によっては先端技術への投資よりも従来型の兵器の生産が優先される局面があることも明らかになる。こうした技術選択の根拠を検討することからも、当時の政策転換のメカニズムを理解する際に有用な知見を得ることができよう[3]。

第三に、このような技術の取捨選択の問題に加えて、質的軍拡の動向を理解する際にはプログラムの同時並行性（concurrency）、つまり同一プログラム内における研究開発段階と生産段階の重複の程度をめぐる問題も無視しえない現象である。兵器の新規開発プログラムには研究開発費のみならず、テストや先行配備のための調達予算も付与されることがある。こうした問題は、国際レベルでは脅威の動向、国内レベルでは財政や技術的リスクの評価の問題といったさまざまな要因に、かなりの程度左右されている。それゆえ、同時並行性をめぐる選好の変化は研究開発予算と調達予算のバランスの問題を通じて当時の軍備選択の意味を考える上で、さまざまな示唆を提供してくれ

る重要な軍備政策の一側面でもある。

　では、このような軍備をめぐる政策選択を観察するに当たり、いかなる要因に着目する必要があるのだろうか。まずは従来の研究で提示されてきた軍拡の諸モデルを検討することで、その有効性と問題点を整理することが次節の課題である。

第2節　先行研究における三つの主要なアプローチ

(1) 国際システムレベルのアプローチ
　　　――作用・反作用モデルとアナーキー――

　国際政治学において軍拡の問題はさまざまな形で議論されてきた。その中でも冷戦が始まって以来、強い説得力を有してきたのは、リアリズムの議論に即して国際システムのアナーキーな性質を前提とし、その中で複数の国家がいかにして相互作用的に軍拡を進めていくかに着目するアプローチであった。こうした議論は国家の勢力均衡行動、あるいは脅威への対応という文脈において、類似した国力を有する複数国家間の相互作用に着目するという点で一致しており、一般的に作用・反作用モデルというカテゴリーに括られるものである。その代表例としてしばしば取り上げられるのが、二国間の軍事費の量的変化を定式化したリチャードソンモデルであろう[4]。また、特に質的軍拡の競争メカニズムに焦点を当てた研究においても、こうした他国の動向に対する反応の重要性に着目することに変わりはない。たとえばハーヴェイ・ブルックス（Harvey Brooks）による質的軍拡の分析では、ある軍事技術上の成果が他陣営に知られ、報復効果を損なうようになる場合には、反作用として対抗的な技術開発が行われ、その結果として技術革新の循環が起こると述べている[5]。米ソ間のミサイル及びABM（Anti-Ballistic Missile）システム開発や、インドとパキスタンの核開発は、このような競争と模倣（imitation）に基づく軍事技術開発の進展の一例として位置づけられる[6]。

　むろんこうした見方から、冷戦終焉に代表される競争相手の脱落が量と質の両面における軍縮に帰結するという議論を直ちに導き出せるわけではない。だが少なくとも、競争的関係における軍拡の誘因が低下するということは推測できるだろう。たとえば、1980年代後半から米国の軍事支出総額が縮小し

ていった一因として，ソ連の脅威が後退するにつれて米ソ間に非競争的な関係が構築されていったことを挙げることは可能である。また，ミハイル・ゴルバチョフ（Mikhail S. Gorbachev）の一方的軍縮宣言を受けて，米国側でも軍事力の量的縮小が試みられたとも考えられる。

　他方，ソ連の脅威が後退していく過程を，米国の一極支配が生じつつある状況として捉えるとすれば，覇権安定論の示唆に目を向けることも有用である。特に覇権の盛衰には，軍事的にも経済的にも技術要因が大きくかかわっているとされる[7]。ロバート・ギルピン（Robert M. Gilpin）によれば，技術拡散の結果として，覇権国の政治的，経済的，軍事的優越が失われていく。なぜなら，先端技術の開発は費用がかかる上に，容易に成果が生まれるものではないが，一旦新技術が生まれれば，通常は相対的に容易に取得が可能なものとなるからである。特に，後進に位置づけられる技術の模倣者は，「もっとも進んでおり，また，時間をかけて証明された技術を利用することが可能である」ため，後進国が先進国を打倒するという状況が生じうるのである[8]。

　安全保障分野に限らず，技術後進国が相対的に先進国の技術的優位を侵食しやすいことは，しばしば指摘されることである。たとえばポール・ケネディ（Paul Kennedy）は，技術先進国においては後進国と同様に技術開発が常に進展しているにもかかわらず，「経済成長率と技術革新に格差が生ずるプロセス」の結果として立場の逆転が起こると論じている[9]。こうした議論は，対等な力関係にある複数国の存在が想定される競争モデルとは異なり，技術先進国（覇権国）とよりパワーにおいて劣った技術後進国（現状変更勢力ないし挑戦国）との間の，「非対称」な作用・反作用関係に目を向けたものであるといえる。このような議論に基づけば，米国における軍事技術開発の進展は，他国の技術的キャッチアップを阻止し，覇権をできる限り維持することを目的としたものであると説明することが可能であろう[10]。

　「対称的」な軍拡のスパイラルに目を向けるにせよ，「非対称的」な関係にある国家間で生じる軍備拡大の誘因に目を向けるにせよ，こうした見方は他国の動向に反応して軍拡の動機を変化させていくこと自体を明らかにするには有効であるといえよう。国際システムレベルで生じた他国のいかなる変化が，米国の軍備をめぐる方針にどのような形で影響を及ぼしたのかという点を実証的に検討していくことは重要な作業である。しかし，このような見方に

依拠するだけでは，冷戦終焉と前後して米国で量（≒調達）から質（≒研究開発）への予算の再配分が行われたことを説明することは難しい。なぜなら，こうした視角は複数国間で生じる軍拡のスパイラルについて，国防予算の量的な拡大や技術開発による軍事力の質的な拡大を個別に取り上げて説明しようとする傾向が強く，量的軍拡と質的軍拡の違いを踏まえながら，それらがどのように関わり合っているのかを説明するものではないからである。実際には，たとえば米国のオフセット戦略に代表されるように，その反応は必ずしも量的軍拡に対しては量的軍拡で，質的軍拡に対しては質的軍拡で，というような対称的な関係で生じるとは限らない。国防予算の増加と一口に言っても，それが人件費に反映されるのか，従来型の兵器の量的な拡大に用いられるのか，あるいは新技術の開発に投資されるのかによって，軍事力の動向への影響は異なってくる。こうした多角的な軍事的パワーの内容やそれらの関係を議論から排除してしまうことは，量的軍拡と質的軍拡の違い，それらの関係，そして実際の政策過程において考慮されているはずの選択性を見落としてしまうことにもつながる。

　質的軍拡の動向の見方についていえば，複数国家間の競争と模倣に基づく軍事技術の発展であれ，覇権国における軍事技術の発展であれ，他国との関係において軍事技術開発が進展した場合に，新規技術の増分がどのように決まるのか，また，それがいかなる方向性を持つのかという点が説明されないことも問題である[11]。競争や模倣のメカニズムは，冷戦期の米ソのような，ほぼ拮抗した二勢力間の軍拡を分析する際には一定程度有効であると考えられるが，そのような状況下においてすら，模倣によって説明される部分以上の技術的発展がいかなる形で生じるのかを考察するには不十分である。このような問題は，技術の模倣対象がある程度まで想定可能な双極ないし多極システムよりも，単極システムにおいてより大きくなるだろう。なぜなら，単極システムのもとでは，多くの場合に模倣すべき技術先行者が存在しないため，技術発展の方向性をめぐる決定の揺らぎはより大きくなることが予想されるためである。従って，上記のような議論のみに依拠すると，米国が圧倒的な技術的リードを獲得しつつある状況下でどのような技術の選択が行われたのかを十分に明らかにすることは難しい。

　他方，作用・反作用モデルが予測するような他国の動向への反応によらず，

国際システムのアナーキー性をより直接的な軍拡の誘因として重視する見方もある[12]。たとえばバリー・ブザン（Barry Buzan）は，アナーキーな状況下においては，技術的発展の可能性がある限り，質的軍拡に対する国家の取り組みは止むことがないと述べる[13]。国家の安全を確保するために可能な限り技術開発を進めるというのは，伝統的なリアリズムの見方にもかなっているといえるだろう[14]。また，実際にレーガン政権期から冷戦後にかけて，ソ連の脅威が後退していく状況が生じたにもかかわらず，米国の技術開発に対する投資額にそれに見あった大幅な変動がないことからも，このような議論は有効であるように見える。

　アナーキーな国際システムが，特に軍事技術の開発に対して強く作用するという点について考える上で，調達と研究開発の役割の違いに目を向けることも重要であろう。調達は，比較的短いタイムスパンでの軍事力の増減につながるものである一方，研究開発は計画してから開発の完了，生産，配備に至るためのリードタイムが長いため，将来のための投資という意味合いが強い[15]。そのため，短期的に脅威のレベルが低下する状況下においても，軍事技術の開発はアナーキーな国際システムにおける将来の脅威の不確実性と，それに伴う軍事的リスクをヘッジするという観点から継続されうる。

　しかし，国際システムのアナーキーな性質に焦点を当てることが重要であるとしても，このような見方からはやはり，調達の削減と研究開発予算の維持がどのような関係にあるのか，また，総体的には米国の研究開発予算が維持されていく中で，なぜいくつかの重要な開発プログラムが中止されたのかという軍備の選択的側面を説明することは難しい。なぜなら，アナーキーという前提からは，国家はその生存，あるいは国益の拡大に必要な軍事力を追求するという議論が展開されるにとどまり，それらの目的のために必要な軍事力とは何か，という点はあまり議論されないからである。特に質的軍拡の側面に関していえば，実際に軍の最優先事項として位置づけられていたいくつかの先端兵器の開発プログラムが，この時期に中止の対象となっていたことも重要である。このことは，国家の軍事戦略に必要とされる先端技術であるからといって，それが必ずしも無条件に積極的な投資の対象となるわけではないということを示している。

　さらに，冷戦期にはソ連が主要な軍事的リスクと考えられていたのに対して，

冷戦末期にはそのリスクの度合いは相対的に低下し，さらにソ連の崩壊後にはより多様化した脅威への対処が求められるようになった。とすれば，一見すると研究開発費はアナーキーな国際システムにおけるリスクヘッジのための固定費用であるようにも見えるとはいえ，同時にその内容は脅威評価の変化に伴って異なる意味合いを付されるようになってくるはずである。このような研究開発の意味の変化は，軍備の問題を政策選択という観点から理解する上で見逃しえない観察の対象である。

このように，国際システムレベルでは，国家間の作用・反作用関係に焦点を当てるにせよ，そのアナーキーな性質に着目するにせよ，国家が何らかの形で軍拡の誘因を持ち続けることを説明することは可能である。その一方で，いずれの見方においても一国の軍拡の重点が質的側面と量的側面のどちらに置かれるのか，また，質的軍拡を進める際にどのような技術の発展が重視されるのかを説明することが困難であるという問題点を指摘できよう。いい換えれば，調達と研究開発の間に生じる選択性，また，研究開発プログラムの選択に際して生じているはずの技術の選択性（≒軍備の内容の選択性）が見逃されてしまうのである。軍事技術の開発や調達が，実際には何らかの具体的な軍事目的に即して実施されるという面を考慮するならば，単に国際システムのアナーキーな性質ゆえに技術開発が進められたという議論を展開するだけではなく，ソ連の脅威が後退する中で，研究開発への投資にいかなる軍事的意味づけがなされたのかを検討していく必要がある。

(2) 国内レベルのアプローチ
―軍拡をめぐる選好形成とその制度化―

国際システムレベルのアプローチに対してアンチテーゼを提起してきたのが，国内レベルの選好形成やその制度化に着目するアプローチであった。こうした議論の多くは，国内アクターの選好や利害にまで踏み込んで多元主義的な理解を進めようと試みる。しかし，ここで重要なことは，冷戦期の軍拡問題に対する国内レベルのアプローチでは，軍産複合体の成立に代表されるような議会，産業，軍の間の選好や利益の一致があったことが，調達・開発を問わず軍拡を進める要因となったと論じられてきたという点である。軍産複合体の成立に代表される国内レベルでの軍拡の制度化の問題は，ドワイト・ア

イゼンハワー（Dwight D. Eisenhower）の退任演説以来多くの論者の注目するところであった。特に70年代には，東西間の緊張緩和の進展にもかかわらず軍拡競争が継続された要因を説明する上で，国内政治レベルの推進力は無視しえない要素として位置付けられるようになった。

　このような見方をとる研究には，枚挙にいとまがない。ブルース・ラセット（Bruce M. Russett）は，官僚政治（特に軍の組織的利益の拡大志向性）と軍産複合体の利益が制度化され，内的な推進力が生まれることにより，軍拡は量的，質的なものを問わず不可避のものとなると論じている。特に質的軍拡においては，技術の惰性ともあいまって，こうした国内政治の動向が軍拡を不可避のものとする一因となることが指摘されている。また，メアリー・カルドー（Mary Kaldor）によれば，冷戦期の米国の軍事技術開発を進展させてきたのは，一方で民間企業と国家の密接な結び付き，軍人や兵器の設計者たちによる戦闘の方法や使用すべき兵器の選択に関する特定の考えへの固執，さらに「軍と政府諸部門の間のライバル関係に密接に結び付く企業間の，契約を勝ちとり生き残ろうとする競争」であった。こうした国内の動きは他方で，ソ連を中心とする東側の脅威の存在によって正当化される。

　カルドーは，こうした技術開発の方向性を規定する軍事的，経済的要請が，軍産複合体制における「フォロー・オン・システム」の中に制度化されていたと指摘する。その結果として生じるのが，「バロック的な軍備」の進展である。「バロック的な軍備」とは，「軍や兵器製造業者のいままでの伝統の範囲内での，兵器に対する不断の改良」の結果としてもたらされる兵器の「傾向の改良と役割の増加」，つまり性能の向上と多目的化を意味している。軍拡をめぐる国内政治の制度化に焦点を当てるこれらの議論に依拠すれば，ソ連の脅威の後退や第三世界の脅威の動向とは関係なく，軍や産業，政治家などの利益が損なわれない限り，装備品の調達や研究開発への取り組みは続くことになる。

　しかし，このような国内政治の制度化による説明を冷戦後の米国における政策転換に適用するには，冷戦の只中に観察された「制度」の堅牢性を，果たして冷戦終焉から冷戦後にかけての時期にも同様に想定しうるのか，という点についても考えてみなければならないだろう。このことを考えるに際して，少なくとも次の二つの問題を考え直す必要がありそうである。第一に，冷戦

期の軍拡を説明する際に国内政治に焦点を当てる議論では，多元主義的なアクターの想定がなされてはいるものの，結論としてはそれらのアクターをめぐる利害や選好が一致し，制度化が進んでいることを重視するがゆえに，逆に利害や選好の変化を考慮することが困難になってくるという点である。むろん，制度的な惰性という見方から，総体的には研究開発予算が維持されたという結果を説明することも可能であろう。だが，その場合でも，なぜその中で中止される研究開発プログラムがあったのかという点は説明されないまま残る。何より，当時の国防予算をとりまく制約の高まりと，それに伴って生じた政策的論争の中で，どのような根拠によってその惰性が正当化され得たのかという点を明らかにすることはできない。

　第二に，国内レベルでの軍拡の制度化を主張する論者もまた，国際システムレベルの動向が国内政治上の軍拡の正当性に与える影響を否定しているわけではないという点である。この問題は，第一の論点として取り上げた選好の変化の問題にも関連している。なぜなら，国際システムレベルで生じる安全保障環境の変化は，国内レベルの分析においてしばしば重視される軍事戦略や各組織の選好といった要因の作用に対しても影響を与えるためである。特に，冷戦期の国内レベルのアプローチでは，上記のような国内政治レベルでの軍拡の制度化が，冷戦構造によって政治的に正当化される側面もあるという点が指摘されてきた[23]。しかし，当該期の米国においては，ソ連の脅威の後退とともに軍事支出の正当性が自明ではなくなりつつあった。その結果，調達，研究開発を問わず，すでに計画されていた多くの兵器システムがその有効性を問われ，取捨選択されることになった。このような状況下では，むしろ軍や国防総省，議会といった技術開発や調達に携わるアクターが国際システムレベルの軍事的脅威の問題をどのように認識していたのか，そのような認識を調達や技術開発に対する投資の是非をめぐる主張といかなる形で結び付けてきたのかということ自体が，検討課題として設定されるべきであろう[24]。

　こうしてみると，国内における軍拡の制度化という見方は，冷戦期の軍備をめぐる諸アクターの利益や戦略の合致，それによって生じる決定の経路依存性ともいえる特徴をうまく描き出している。だが同時にその問題点は，まさにこの制度を重視する点にある。つまり冷戦期からの継続を考察するだけでは，冷戦の終焉と前後して生じた調達から研究開発への投資比重の移行と

いうダイナミックな「変化」の理由を明らかにすることができないのである。むしろ重要なことは，軍産複合体という形で制度化された国内政治という前提を一旦解体し，どのような要因の影響を受けて選好の変化が生じたのかを検討していく作業であろう。

(3)「技術の要請」アプローチと技術決定論

冷戦後に注目されるようになったRMAにおいて，軍事組織や戦略，戦術ドクトリンの変化も大きな役割を担っていることは，数多くの研究が指摘するところである。だが同時に，新たな戦略・戦術の履行を支える科学技術の顕著な発達がなければ，現在の米軍に見られる高度な技術に依存した能力がこれほどまでに注目され，拡大してきたかどうかは疑問である。だとすれば，米国における軍事技術開発の展開や，それを基盤とする軍事力の変容を理解する上で，情報技術分野を中心に生じた，科学技術面での可能性の高まりという要因を無視することはできない。こうした要因を重視して軍拡の問題を捉えようとするのが「技術の要請（technological imperative）」アプローチである。

技術の要請アプローチは，質的軍拡を促す要因として技術そのものの動向に焦点を当てるものであり，技術の動態性が軍拡の誘因となると論じられる。技術の質的な発展に向けた圧力は，必ずしも軍事セクターのみに依拠するものではなく，民生技術の動向とは切っても切り離せない関係にある。技術の発展の流れを国家が完全にコントロールすることは困難であるため，軍事力や安全の様態を決定する技術的要件は，永続的に変化するものとなり，その不安定さが国際システムのアナーキー性から生じる不確実さに付け加えられることになる。その結果，国家は既存の兵器の効果が保証されているとは考えられなくなり，常に敵対勢力が技術的ブレイクスルーを通じて軍事力を高めることを懸念するようになる。そのような状況は，国家が継続的に兵器の近代化を進めることでその優位を維持しようとする動機を生み出す。ブザンによれば，「技術の要請」はこうして国際システムのアナーキーな性質と組み合わさることで，質的軍拡を不可避のものとする。[25]

これまでの研究では，技術要因，あるいは技術の要請に基づくモデルは，軍拡のメカニズムを理解するための重要なモデルの一つとして位置づけられて

きており，このような視角の妥当性を検討することは過去の研究動向からそれほど大きく逸脱するものではない。しかし，国際システムレベルと国内レベルという分析の対立軸に比べると，これらのいわば社会決定論的な視角と，技術要因そのものの振る舞いを重視する技術の要請アプローチとの間に存在する対立軸への関心は相対的に低く，したがって技術の要請アプローチについて検討する際に参照すべき研究はそれほど多くはない。そこで，ここでは技術の要請アプローチの有効性と問題点を考察する助けとして，技術決定論についても簡潔に整理しておくことにしたい。[26)]

　技術決定論という言葉は，技術（革新）の技術決定論をさす場合と社会の技術決定論をさす場合の二つの意味で用いられている。[27)] つまり，技術革新の過程や方向性が技術そのものの特徴によって規定されていることを意味する場合と，社会の様態が技術によって決定されていることを意味する場合である。これらは密接に関連しているが，研究開発をめぐる意思決定のメカニズムを分析する上でこれらの区別は重要な意味を成す。まず，両者に共通するのは，技術を社会から自律的なものであると見る点である。たとえばジャック・エリュール（Jacques Ellul）は，技術の特性を「自動性，自己増殖性，自己増大性，（他の可能性を排除する）一元性，空間時間的な普遍性，そして，自律性」に見出している。[28)] こうした前提から出発して技術変化（革新）の技術決定論について検討すれば，技術革新は科学的発見の自動的な応用によって進展するということになる。[29)] つまり，技術の発展を理解する上で設定するべき独立変数は，科学の進歩であるということになろう。また，特定の技術が発展するのは，それが社会にとって最良だったからであるということが，結果論的に説明される。

　また，技術と社会との関係を技術決定論的に理解する際に有用な別の議論として，ラングドン・ウィナー（Langdon Winner）による「逆適応（reverse adaptation）」の概念も挙げることができるだろう。そこでは，人間によって決定付けられていた技術の目的や方向性が，「テクノロジカル・システム（technological system）」の自律化によって，逆に人間が技術に適応していくことを余儀なくされ，その結果として人間の目的が，有用な手段の状況に合致するように調節されることになると論じられる。[30)] こうした議論を第二次世界大戦後の国際政治において生じた具体的な現象に当てはめるとすれば，核兵

器とその運搬手段の開発・保有の経緯は，その最たる例として位置づけられるであろう。核兵器はそもそも，米国が第二次世界大戦における軍事戦略上の要請に基づいて開発したものであるが，その後は核兵器が存在すること自体が，ソ連やその他の諸国において核兵器の開発・保有への要請を生み出し，また，その結果として米国自身も核兵器の開発を継続しなければならなくなった。さらに，新たな軍事的要請として，核兵器を敵国領土へと確実に運搬する必要性が生まれ，ミサイル技術は著しい発展を遂げることとなり，逆に敵国のミサイルが自国領土内に飛来する可能性が生じたことで，その脅威に対処するためにミサイル防衛システムの開発が進展してきたのである。これらは，「ある技術が存在しなければ発生することのなかったはずの目的」である。さらに，このような軍事技術開発の連鎖の中で，核兵器が存在する以前には存在しなかった軍事的合理性が生まれることにもなった。すなわち，核の使用が敗北を意味するようになったため，「いかにして使用しないか」という核戦略上の前提が生まれたのである。こうした核兵器の発達と戦略的変化の例は，技術の選択基準それ自体が，特定の技術の存在それ自体によって規定されうることを示唆している[31]。

　技術決定論に依拠する場合には，このように実際の社会における技術の選択や開発，場合によっては社会それ自体が，技術の影響を大いに受けながら進展しているという側面を重視することになる。このような見方は，その背景に国際システムのアナーキー性という社会的構造要因の影響を措定していることを除けば，技術の可能性自体に質的軍拡の推進力を見いだす技術の要請アプローチの主張とも親和的である。このような見方に依拠すれば，情報通信分野を中心とした技術的発展はそれ自体，冷戦の終焉という状況とは関わりなく，米国が技術開発を進めていく動機の一つとなったということになるだろう。

　しかし，このような見方には次のような問題もある。第一に，技術決定論は技術の内在的なロジックに技術革新の原因を求めるため，誰にとって最良であるがゆえに技術革新が進むのか，あるいは誰の目的に沿ったものなのかという問題には答えることがない[32]。第二に，技術それ自体は政策を直接的に規定するわけではなく，その影響が政策に反映されるにはアクターの選好や行動を媒介する必要がある。その際に，技術的前提がどのように認識される

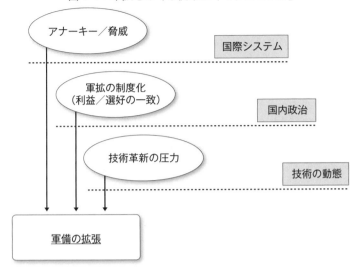

図1-1：軍拡をめぐる従来の「マクロモデル」

かが社会的背景を踏まえて決定される可能性があるという側面を指摘することができるだろう。たとえば、レーガン政権期の戦略防衛構想（Strategic Defense Initiative：SDI）に関していえば、一般論では技術的実現性が低いとされていたにもかかわらず、実際には実現可能な計画であるという建前のもとで、莫大な予算が付与されていた。重要なことは、特定の技術がどのような文脈で利用可能なものなのか、また、利用に際していかなる技術的制約に直面するのかという点と同時に、政策過程において大きな影響力を有するアクターがこうした技術の動向をどのように認識し（あるいは認識せず）、それを主張する（あるいは主張しない）ことをいかなる形で分析に取り入れるかという点にあるように思われる。[33] 特定の技術が誰のどのような立場から見て「最良」であるか、そのような立場にあるものがどういった制度的背景に置かれているのかという問題は、質的軍拡のメカニズムの理解に際して重要な地位を占めることになろう。

このような、技術を取り巻く文脈や、特定の技術に対するアクターの認識の排除という問題は、これまで「技術の要請」に基づく軍拡の推進という見方が、十分に支持されるものとならなかった一因でもある。[34] カルドーは、「技術は孤立して扱うことはできない」ものであり、「一定の政治的・経済的状況

の中で養われる特定の諸制度が創りだすもの」であると論じる[35]。また，「技術の要請」に基づく視角からは技術の政治的な選択性の問題にアプローチしえないがゆえに，グレアム・スピナルディ（Graham Spinardi）やドナルド・マッケンジー（Donald MacKenzie）は，技術的発展の社会決定性に焦点を当てた議論を展開してきた[36]。また，テオ・ファレル（Theo Farrell）は米国における研究開発プログラムの比較分析を行うに当たり，戦略，財政，組織的要請といった要因を取り上げつつも，技術要因の影響に関しては兵器開発プログラムの決定過程が結局のところ社会的な力学（social forces）によって形作られるものであるという理解に基づき，検討の対象から除外している[37]。これらの問題を考慮するならば，高度な技術発展に裏打ちされた米国における軍事力の変容を説明するに際して，単純に技術の動向とその影響のみを追っていくことは，必要であるにせよ十分ではない。米国が研究開発を積極的に進めてきたこと，それによって軍事技術上の可能性が広がったことが事実であるとしても，それがいかなる政治的意味合いから，どのような発展の方向性を与えられたのかを観察していく作業は欠かせないのである。

第3節 分析枠組みの提示

(1) 問題点の整理

　軍拡の推進それ自体を論じる上で，上記のような従来の見方にはそれぞれ一定の説得力がある。実際のところ，冷戦末期には個々のモデルで説明できる現象も部分的に生じていることからすれば，こうしたモデルを現実に当てはめてよい場合もあることは確かであろう。むしろ，脅威の動向を無視するのは軍備を語る上で現実的とはいえないし，官僚システムや議会の利益を中心とする制度というものも，その存在自体は否定されるものではない。技術の動態という説明もまた，情報通信技術分野における革新が進んだ1980年代以降にはその説得力を増しているように見える。

　しかし同時に，すでに触れてきたように，個々のモデルを独立して適用した場合，やはり当該期の米国における政策転換を説明するにはいくつか不十分な点が残されることも確かである。作用・反作用モデルに基づけば，ソ連の脅威が後退するにつれて軍拡行動の動機が失われることも予想可能だが，そ

の中でなぜ，米国がなおも質的軍拡を継続したのかを説明することは困難である。また，こうした判断が多分に国内政治上の利益や選好によって規定されるとの見方をとった場合にも，それらがなぜ研究開発と調達への投資に異なる形で作用したのかという論点が残される。さらに，技術の先端性が影響するとの立場から出発した場合，なぜある技術開発プログラムが継続される一方で，同じく先端性への高い期待があったにもかかわらず中止されるプログラムも同時に存在したのかを問うことはできない。

　これらの問題点は，上記のカテゴリーに含まれる大半の議論が軍拡を不可避のものと捉えた上で，その決定要因を特定する作業に集中してきた結果として，少なくとも次の二つの課題が十分に議論されないまま残されてきたことに起因する。第一に，軍備行動の制約要因をどのように捉えるかという点については，コンストラクティヴィズムを中心に展開されてきた特定の軍事技術に対する規範的制約という議論を除けば，これまであまり論じられてこなかったことである[38]。もちろん第1節で取り上げた三つの見方は，いずれもマクロな観点から軍拡の進展が不可避であることを論じようとするものであり，換言すれば，これらの見方は軍拡が抑制される場面でどのような帰結がもたらされるのかを予測することを一義的な目的とはしていない。従来の議論が発展してきた冷戦という時代性のもとでは，軍拡そのものは不可避であるという見方が疑問視されにくかったということもいえるだろう。その中では，軍備行動の制約要因をわざわざ分析の中心に据える意義は，相対的に低かったのかもしれない。だが，軍備をめぐる政策選択が行われたメカニズムを明らかにするという本書の目的からすれば，そこで生じている制約がいかなる形で機能したのかという点にも目を向ける重要性は高まる。なぜなら，軍備の方針を選択するという行為には，ある種の軍備を拡張すると同時に，ある種の軍備を控えるという決定が含まれるからである。

　実際のところ，国際システムレベル，国内レベルの双方において，軍拡を制約する要因というのは程度の差こそあれしばしば発生しうるものである。特に1980年代後半は，従来のモデルがそれぞれに重視する軍拡の推進要因が失われたとはいえないまでも，脅威の後退や財政赤字といった軍拡の制約要因もまたこれに匹敵するほどに影響力を増した時期であった。また，技術の動態性そのものは，ブザンの述べるように国際システムのアナーキーな性質

第1章 本書の分析視角　29

と結び付き，国家の安全という政治的目的を達成する重要な手段となる一方で，同時に確立されていない技術の開発はコストの高騰やスケジュールの遅延，場合によっては開発そのものの失敗といったリスクを伴う[39]。こうしたリスクの問題が政治過程において許容しえないほど大きなものとみなされるようになれば，それも軍備への投資を妨げる要因となりうる[40]。その意味では，前節で検討した従来の三つのモデルは，マクロな軍拡の推進力を理解するための理念型としては有用であっても，いずれも軍備をめぐる政策の正確な像を捉えているとはいえないということも問題である。

　第二の問題は，これらの三つのモデルがいかなる形で接合されているかという点に関する，検討の不十分さにある。第2節で論じたように，国際システムレベル，国内レベル，技術という三つの視角は，それぞれに異なる分析の射程と限界を持っており，また，強調される要因も異なっている。しかし実際には，防衛産業基盤や軍産複合体制をめぐる議論のように，軍備をめぐってはさまざまな要因が重複することによって生じる論点も存在するため，軍備の問題はさまざまな要因を完全に切り離すことができない政策領域であると理解する方が適切である。にもかかわらず，これら三つのモデルから導き出される示唆がいかなる形で結び付いているか，という点が考察の中心となることはあまりなかった。たとえば，マシュー・エヴァンゲリスタ（Matthew Evangelista）は米国とソ連の質的軍拡の説明に妥当なモデルはそれぞれ異なっているとし，米国においては内的要因に基づく説明が，ソ連においては外的要因に依拠した説明がより有用であると論じている[41]。また，スピナルディやファレルは，技術要因の影響を議論から退け，政治の側による決定の重要性を主張した[42]。

　三つのモデルから得られる示唆がいかなる形で結び付いているかという点について，これまでにもっとも包括的な検討を加えているのは，ブザンの議論である。先に述べたように，ブザンは「技術の要請」の影響が，国際システムの性質と結び付くことで質的軍拡の推進力となると論じる。また，技術の動態性と国際システムのアナーキー性が，国家に永続的な質的軍拡を求める背景となり，国内レベルでは軍事技術開発の制度化を促す動機が生じるということも論じられる。ブザンは国家間の作用・反作用関係からも，軍事技術開発の制度化を促す強い動機を説明しうるが，それは技術的変化が生じる

(つまり，技術の要請が生じる）という見込みのもとでのみ軍事技術開発につながるものであると述べる。なぜなら，仮に技術要因が静態的なものであれば，他国が技術的に優越することを懸念する必要がなくなるためである。つまり，作用・反作用モデルと技術の要請モデルの組み合わせが，国家による永続的な技術開発への動機となると同時に，国内における制度化がさらなる作用・反作用行動につながり，さらに新たな技術の動態性を生み出していくことによって，軍事技術開発への動機が再生産されていくことになるというのが，ブザンの主張の骨子であるといえよう[43]。

前節でも触れたように，他にもいくつかの研究でモデル間の関係について言及していると捉えられる部分がある。たとえば，ラセットは技術開発の惰性が官僚的惰性と結び付いている点に，軍事技術開発の推進力を見いだす。また，カルドーはフォロー・オン・システムが冷戦構造によって正当化されていると指摘している。こうした見方もまた，ブザンの考察から大きく外れるものではない。

しかし同時に，ブザンらのこうした議論はあくまでも，アナーキーな国際システム下での作用・反作用関係，国内レベルの軍拡の制度化，そして技術の要請の三つの見方を踏襲した上で，「質的軍拡が進むこと」それ自体のメカニズムを複眼的に明らかにしようとするものとなっている。つまり，仮に軍備政策への制約が無視しえないほどに強まり，軍拡が構造的に不可避であるという前提を見直すところから議論を出発させた場合（つまり，本書のようにその時々の制約的要件がどのような形で政策選択に反映されるかという側面を重視した場合），ブザンらの指摘するようなモデル間の関係はどのように変化するのか，また，そこで軍備をめぐる政策がどのように展開されるのか，という問題にアプローチするものではない。軍備の選択に影響する要因を推進と制約の両面からみていく際には，各モデル間の相互強化関係は自明ではなくなるため，これらの関係性を改めて検討する必要性は高まる[44]。

以上を踏まえるならば，ソ連の脅威が後退する中で米国が研究開発予算を維持しながら調達予算を大幅に削減していったメカニズムを説明するには，国際システムレベルの脅威の動向が研究開発と調達に対してどのように異なる影響を与えたのかと同時に，それが国内レベルの諸要因を媒介して調達と研究開発との間の選択性を生み出し，結果的に研究開発に対する支持が高まっ

ていったことを説明する必要がある。これと同時に，当該期の技術的可能性の高まりを背景に，いかなる技術評価とその政策上の示唆が，国家レベルでの政策選択へとつながっていったのかを理解する作業が重要となろう。

(2)当該期の米国における軍備政策の諸要因

では，冷戦の終焉前後の米国において，上記のモデルから導き出される軍拡の推進要因，及びそれらを制約しうる要因とは，具体的にどのようなものだったのだろうか。装備調達や研究開発の推進要因としては一般的に，軍事要因，制度要因，経済産業要因などが重視されてきた。その一方で，財政要因は軍備計画を制約するものとして理解されてきた。以下ではそれぞれの要因について，当時の背景の簡潔な分析と論点の抽出をしながら，仮説の提示に向けて議論を進めることにしたい。

2-1 軍事戦略上の妥当性と他要因との関係

上記の諸要因の中でも，調達，研究開発を問わず，兵器の取得を一義的に理由付けするのは軍事戦略要因である。[45] 脅威評価や能力上の要請を含む戦略的意義が全く認識されていないのであれば，調達であれ，研究開発であれ，軍事的観点から正当化されることはないであろう。軍事戦略要因を分析に取り入れる論者は多くの場合，軍事戦略の策定をめぐる国家レベルの合理性を措定する点で，第1節で論じたような国際システムアプローチに近い立場であるといえる。すでに述べたように，冷戦終焉前後の数年間においては，ソ連の脅威が後退し，それに代わる明確な脅威は未だに台頭しているとはいいがたい状況があった。こうした，相対的に脅威が後退していく中で，少なくとも質的な側面では軍事力の整備が進められていく状況に対して，覇権維持戦略の履行という説明は一定の説得力を有する。実際に，国際システムにおける米国の絶対的な優位の維持は，第二次世界大戦終焉後から現在に至るまで，一貫した政策目標となってきた。[46]

しかし，A-12やP-7の開発中止などの事例は，最先端であるからといってありとあらゆる技術に対して投資が行われたわけではないということを示している。予算の制約の下，研究開発プログラムへの投資はかなりの程度選択的に行われたのである。となると，覇権の維持が冷戦後の米国における戦略方

図 1-2：プログラムの同時並行性を示す基本概念図

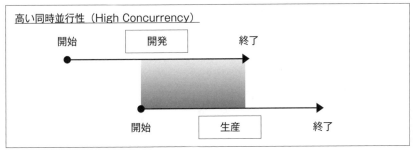

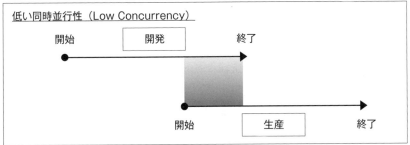

出所：CBO, "Concurrent Weapons Development and Production," August 1988, p.2より筆者作成。

針であり，それが研究開発を重視するという形で軍備政策に反映された，という議論を展開するだけでは，後のRMAへつながる方針の転換を十分明らかにすることはできないだろう。覇権の維持に必要な技術とそうでない技術の差は一体どこで生まれたのかという疑問が残るのは，すでに触れた覇権安定論に基づく予測と問題点を同じくしている。

　さらに，兵器システムの取得プログラムにおける同時並行性の問題は，軍備をめぐる投資の方針が軍事戦略的な要因の影響を大きく受けると同時に，それのみでは一義的には決まらないことも示唆している［図1-2］。プログラムに同時並行性を持たせることの主な目的は，兵器開発のペースを上げることである。開発の速度が上がることで，喫緊の脅威に対応することが可能となり，また，不適切な兵器の置き換えも円滑に進められる。さらに，技術の先端性を十分に利用することにもつながるだろう。軍事的利点以外にも，兵器システムの取得を加速させることでプログラムの安定性が増す―初期段階で計画に関与する誘因を高め，計画後期にはコストやスケジュール上の目標を

達成するために変更を行う誘因を低下させる—ことや，タスクやスタッフの合理化などを通じてコストを節減することにもつながることなどが指摘されている。また，プログラムを混乱させうるような予算修正が行われる可能性を最小限にとどめうるということも，同時並行性を高める利点として挙げられている。

　他方，プログラムの同時並行性が高まることで，次のような問題が生じることも指摘されている。一つには，プログラムに大規模な設計の変更を迫るような開発やテストの段階で問題が発生した際，生産を中止すると同時に，すでに生産されたものについても変更を加える必要が生じることである。こうした混乱はプログラムの遅延を意味し，結果的にプログラムの同時並行性を低下させた場合以上に，スケジュールに遅れを生じることもありうる。さらに仮に開発段階で明らかになった修正要求が小さなものだったとしても，それをすでに生産された兵器にも適用する必要が生じるため，結果的にコストや時間の無駄になる可能性もあるという[47]。これらは，意思決定の段階で発生が確定するものではなく，多くの場合プログラム管理上のリスクの問題として捉えられる。

　こうしたプログラムの同時並行性をめぐる問題は，それ自体が研究開発費と調達費のバランスを形成する要素の一部であるという点で説明すべき対象であると同時に，より広く軍備をめぐる投資の問題を考える上での示唆を与えてくれるものでもある。一つに，軍事的脅威が高まっている場合にはプログラムの同時並行性を高めることによって脅威への対処を急ぐということであれば，逆に脅威が低下する状況ではプログラムの同時並行性は低くなるということが推測される。それは，研究開発への投資が維持される場合であっても，それを生産するための調達予算は脅威の低下に伴って削減される可能性があることを意味している。もう一つには，プログラムのコストは同時並行性の程度に影響を受ける可能性があるという点も推測できる。したがって，財政的な制約の強くかかる状況は，同時並行性の程度を通じて研究開発費と調達費のバランスに影響を与えることも考えられる。ただし，それがどのような影響を及ぼすかは，プログラムの技術的リスクの程度に左右されるということになるだろう。こうした推論が妥当かどうかは実証的に明らかにしていくべき問題の一つであるが，同時にこうした脅威，財政，リスクの関係が，

より一般的な質的軍拡と量的軍拡のバランスの問題にどのような形であらわれるのかという点も，軍備をめぐる政策選択の問題を扱う際には重要な課題となる。

2-2 アクターの選好と政治制度の影響

　研究開発と調達のバランスはどのように決まるのか，また，先端技術であるにもかかわらず開発を継続されるものと中止されるものがあるのはなぜか。こうした軍備をめぐる政策選択の問題について考える上で，国際システムの状況を反映して生じる戦略的誘因の多様性と同じく重要なのが，軍備政策の決定に関与する国内アクターの，戦略に対する選好や脅威認識の多様性へのアプローチである。国内アクターの選好の差異と，それが実際の政策に対して与える影響を理解するには，組織的要素が重要であることが明らかにされている。ここでいう組織とは，各軍独自の利益を反映（規定）するものである。ファレルによれば，兵器の取得は各軍の利益を最大化するように進められ，国家レベルでの戦略的合理性や費用対効果（効率性）は無視される傾向にあるとされる。前節で述べた制度化の問題は，兵器の調達や開発の方向性をめぐる各軍の選好と，政府や産業など他のアクターの利害があいまって生じた一つの帰結であり，その結果としてカルドーのいう「バロック的な軍備」が拡大してきたわけである。

　だが，ソ連の脅威の後退とともに各軍の求める兵器システムの正当性が自明ではなくなりつつある状況を背景とするならば，軍備をめぐる国内政治レベルの制度化という前提は十分に有効なものではない。むしろここでは，軍や国防総省を含む，軍備に携わる各組織によって上述の軍事的脅威の問題がどのように認識され，特定のプログラムの選択と結び付けられたのか，ということ自体が検討の対象とされるべきであろう。それは，特定のプログラムがどのような論理によって正当化されたのか，あるいはその妥当性を否定されることになったのかを具体的に問い直す作業でもある。

　軍事戦略をめぐるアクターの選好という観点から見れば，ここでもう一点重要なのは，こうした軍や国防総省の組織的選好が，必ずしも無条件に兵器システムの調達や開発に向けた予算の付与につながるわけではないという点である。米国においては，最終的な兵器システムの取得プログラムの採否は，

表 1-1：大統領予算要求の増加率―1983-1988 年度／1989-1992 年度―（%）

予算年度	国防予算	調達	研究開発
1983-88	3.09	-1.83	10.87
1989-92	-2.2	-7.4	-2.97

出所：Eaton, Gregory William, "Fiscal Oversight of the Budget for Defense Research, Development, Test and Evaluation: Fiscal Years 1983-1992," Naval Postgraduate School, December 1992, p.112 より抜粋。

　議会がこれを承認するかどうかにかかっている面も大きい。その意味では，行政府が予算要求を行い，立法府が予算権限を付与するという政治制度上の役割分担は無視しえない。いい換えるならば，軍や国防総省の選好と同様に，議会が脅威の動向や軍事戦略をどのように評価し，その文脈の中で特定の兵器システムの必要性をどのような形で見積もっていたのかという点が重要になってくる。

　選好形成の大まかな方向性を捉えようとするならば，戦略文化論に基づく近年の議論も示唆的である[50]。しかし，本書の文脈でこれを適用しようとする場合，実際にはこの時期に軍備政策の決定にかかわる国防総省，軍，議会の要請が異なっている状況があったことをどう説明するか，という論点が残される。国防に関する大統領の予算要求について，1983-88予算年度間と1989-92予算年度間の国防費総額，調達費，研究開発費の変化を比較してみると，いずれも1989年度以降には減少していることがわかる［表1-1］。しかし，調達費，研究開発費の変化の傾向は異なっている。レーガン政権期とほぼ重なる1983-1988予算年度間には，平均で見ると調達費が若干縮小されたのに対して，研究開発に対する要求は大幅に増えている。それが1989予算年度年以降には調達費が大幅に削減され，研究開発費は削られてはいるものの，その縮小幅は比較的小さなものにとどまっている。これは程度の差こそあれ，レーガン，ブッシュ両政権で研究開発への投資を守ろうとする行政府の方針があったことを示すデータの一例である。

　予算の見通しまで含めて観察すると，冷戦の終焉が行政府の予算計画を大幅に変えていることが推測できる。もともと，行政府は1980年代後半に大幅な軍事支出の削減を経験していたものの，1990年前後から再びその拡大を計

表 1-2：行政府による国防予算の見通し— 1988-1991 年—
（10 億ドル／予算権限ベース）

	FY1988	FY1989	FY1990	FY1991	FY1992
1988年	283.2	290.8	307.3	324.3	
1989年	283.8	290.2	305.6	320.9	335.7
1990年		290.8	291.4	295.1	300.0
1991年			291.0*	272.0*	278.3

注*：「砂漠の盾」作戦の経費を除く。
出典：OMB, *Budget of the United States Government*, Fiscal Year 1989, pp.5-6 ; Fiscal Year 1990, pp.5-6; Fiscal Year 1991, p.157; Fiscal Year 1992, p.190 より筆者作成。

画していたことがわかる。しかし，1990年にはその伸び率の予想は大幅に低下し，さらに1991年になると軍事支出の縮小が行政府予算の長期見通しに組み込まれるようになった［表1-2］。その中で，行政府の国防予算計画における調達と研究開発の比重の置き方も変わっていった。国防予算の大幅な拡大を見込んでいた1989年までは，調達費を再拡大することが計画されていたのに対して，研究開発費は漸増のレベルにとどまっている。それが1990年になると，5カ年にわたる調達費の見通しがほぼ現状維持レベルに下がり，1991年になると大幅な縮小が見込まれるようになっている。研究開発費の方は，冷戦末期の水準には及ばないものの，同年の調達費と比べるとより積極的な投資を行うことが計画されるようになっていたことがわかる［表1-3］。

このような予算要求は，議会において無条件に認められていたわけではない。1980年代後半から1990年代前半に国防予算における，要求額と議会の決定との間の差異を見ると，全体としては概ね議会によって支出に抑制がかけられているが，特に本書が焦点を当てる冷戦終焉前後の時期を見ると，研究開発と調達には全く異なる傾向があらわれていることがわかる［表1-4］。1991年度予算では，研究開発に対する議会の予算削減率は，国防予算総額の減少率とほぼ同規模にとどまったのに対して，調達に対する予算要求はかつてない規模で下方修正された。このような傾向を見ると，国防予算をめぐる国防総省や軍の選好と，議会の方針との間にどのようなずれがあったのか，それがいかなる形で修正されていったのかという点を検討することが必要になっ

表1-3：行政府による調達費（上段）及び研究開発費（下段）の見通し
―1988-1991年―（10億ドル／予算権限ベース）

	FY1988	FY1989	FY1990	FY1991	FY1992	FY1993	FY1994
1988年	81.0	80.0	85.3	91.1			
	36.7	38.2	40.0	42.0			
1989年	80.1	79.2	84.1	91.9	99.8		
	36.5	37.5	41.0	41.3	42.4	79.8	80.7
1990年		79.4	82.6	77.9	78.9	39.2	39.7
		37.5	36.8	38.0	38.6	66.7	68.8
1991年			81.4	64.1	63.4	41.0	40.1
			36.5	34.5	39.9	278.3	278.3

出典：OMB, *Budget of the United States Government*, Fiscal Year 1989, pp.5-6; Fiscal Year 1990, pp.5-6; Fiscal Year 1991, p.157; Fiscal Year 1992, p.190 より筆者作成。

表1-4：国防予算要求に対する歳出権限／歳出予算の変化率
―1985-1992年度―（％）

予算年度	予算要求額と歳出権限の差異			予算要求額と歳出予算の差異		
	国防予算	調達	研究開発	国防予算	調達	研究開発
1985	-4.1	-6.2	-5.6	-6.5	-9.7	-8.2
1986	-4.0	-4.7	-8.2	-7.9	-8.8	-10.0
1987	-8.1	-11.2	-13.6	-9.7	-11.3	-14.6
1988	-3.1	-2.9	-7.2	-5.4	0.5	-15.1
1989	0.5	1.6	-0.5	0.2	0.5	-1.3
1990	-0.3	4.0	-4.0	-0.6	6.8	-6.2
1991	-5.8	-13.5	-5.2	-6.5	-13.1	-5.6
1992	-0.2	0.1	2.1	-0.1	1.2	0.5

出典：Eaton, *op.cit.*, pp.60, 63 より筆者作成。

てくるといえよう。

2-3 財政上の制約

　軍や国防総省と議会の間に生じた予算をめぐる争点は，必ずしも軍事的要請をめぐる認識の相違に基づくものだけではなかった。財政赤字の問題と軍事戦略上の要請をどのようにすり合わせ，両者を最適な形で解決に導くかが問題であり，それをめぐって軍，国防総省，議会の主張はしばしば対立関係に置かれた。一般的に，財政要因は兵器の調達や開発を含む軍事支出を制約する役割を果たすものとして理解されてきた。[51] とりわけ，ブッシュ政権の発足以降には，レーガン政権期に累積した巨額の財政赤字が軍事支出を圧迫していた。その後も1997年頃まではそれが軍事支出に対する制約要因となってきた可能性がある［図1-3］。また，このような状況を受けて，財政支出全般に対する法的な抑制も試みられていた。予算の抑制を試みる法律の実効性にはさまざまな疑義が呈されているものの，実際の政策論議においてこうした財政的制約の問題は，将来的な兵器システムの調達・研究開発の実行可能性をめぐる軍や議会の議論にも大きな影響を与えていた。とりわけ，高額な兵器システムの取得計画は，軍事的要請の有無とは別の次元で論争の的となりやすい状況にあったのである。さらに，先に述べたプログラムの同時並行性の問題は，軍事的要請の充足方法とコストの増減が密接にかかわるイシューであるだけに，財政的な制約が強い状況下ではそのあり方をめぐってさまざまな立場——端的にいえば，軍事優先か財政優先か——がとられうる。

　財政をめぐるこうした議論が抱えるもう一つの問題は，仮に兵器の取得プロセスの合理化やプログラムの取捨選択によって資金を捻出したとしても，それが直ちに研究開発への投資につながるという結論が導き出されるわけではないという点である。実際，1989年には米国主要紙で「平和の配当（peace dividend）」という言葉の使用が劇的に増加した。平和の配当とは，国防支出の削減ならびに防衛生産部門の民生への転換から得られる諸利益を指す概念である。[52] 冷戦終焉に伴う平和の配当によって，「社会問題に携わる多くの法律家やロビイストが，教育や薬物規制，住宅問題などのプログラムに対して資金が棚ぼた式に充当されるかもしれないと期待する」一方で，「当面のところ，新たに利用可能となる資金はわずかであり，その資金は財政赤字の削減に用

図1-3：連邦財政赤字と国防総省支出（100万ドル）

注：財政収支には社会保障基金を含む。
出所：OMB, "Historical Tables," *Budget of the United States Government*, Fiscal Year 2007, pp.22, 55-60.

いるべきであると，政府は注意を促している」と，当時のニューヨーク・タイムズは報じている。[53] つまり，場合によっては，軍事支出の縮小や財政の合理化によって捻出された資金は，非軍事分野に配分されるべき，財政赤字問題の解消に投じられるべき，あるいは国民に還元されるべきであるという議論が支配的になり，研究開発予算の維持をも妨げるという展開も起こりえたのである。従って，上記のような議会や軍の選好に基づく研究開発の推進という仮説が妥当であるとしても，その際に国防予算削減の圧力がいかにして乗り越えられたのか，逆に調達費がなぜ正当化されえなかったのかを明らかにしなければならないだろう。

ただし，平和の配当論を例にとって財政的制約の問題について論じるならば，財政の動向は独立して軍事支出を規定する要因となるのではなく，あくまでも軍事的要因と連動してその影響力が決まるという議論にもなりうる。そもそも平和の配当論は，冷戦の終焉が意識され始めるようになったことによって，世間で軍事支出そのものが否定的に見られるような風潮が高まり始めていたことを背景としているためである。いい換えるならば，平和の配当論の

ような予算配分をめぐる議論が軍事支出の規模や内容を規定する程度は，少なからず軍事的脅威の動向の影響を受けているということになるだろう。このような観点からすれば，財政の問題が軍事調達・研究開発支出の是非にいかなる影響を与えていたのかという側面と同時に，財政要因自体がどのように軍事的環境の変化の影響を受けていたのかという点も検討すべきであろう。

2-4 経済産業上の利益とその分配

　国内レベルに分析の焦点を当てた場合にもう一点検討すべきは，とりわけ冷戦期の軍産複合体について指摘されてきた，経済産業上の利益という要素である。これについて，個別のイシューに関しては多様な研究成果が蓄積されているが[54]，これらは主に，兵器調達や開発を含めた軍事支出一般に伴う，経済政策上の効用に関心がある点で共通している[55]。このような立場からは，研究開発，調達を問わず，軍拡を進展させる要因は必ずしも軍事的要請の存在のみによっては説明されえないものと理解される。それは，研究開発を含む軍事支出が産業の発展や雇用創出等の経済効果を伴うからであり，またその結果として，国内政治における駆け引きの目的ないし手段としても機能する可能性があるためである。

　では，冷戦末期から湾岸戦争までにかけてという特定の文脈においても，軍事支出をめぐる経済産業上の利益という見方は，軍事調達や研究開発への投資の変化を説明しうるのだろうか。確かに，第二次世界大戦後の米国の経済成長は，膨大な軍事支出に依存していた部分が大きい。特に技術的側面については，軍事ベースの研究開発が民間セクターの技術力を高めるというスピン・オフ効果が発生し，それが米国の経済的競争力をある程度まで支えてきたと見られている[56]。しかし，まず注目すべきは，1950年代以降は一貫して米国の連邦予算，GDP（Gross Domestic Product）に対して軍事支出が占める割合が低下傾向にあるという点である［図1-4］。このことからは，軍事支出の増減が米国経済に対して及ぼす影響は徐々に小さくなっていることが推測できよう。

　雇用に着目してみても，1980年代以降には防衛産業セクターの雇用者数と失業率は，必ずしも一貫した対応関係にはなさそうである［図1-5］。また，冷戦終焉後の政策転換に伴い，国防総省の人件費，現役兵員数，文民数は1990

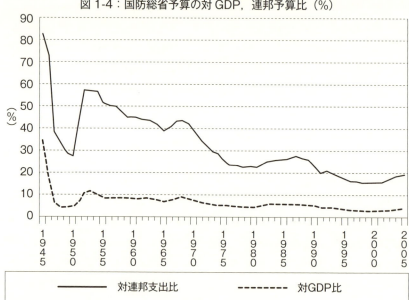

図1-4：国防総省予算の対GDP, 連邦予算比（%）

出典: Office of the Under Secretary of Defense (Comptroller), "Defense Shares of Economics and Budgetary Aggregates," *National Defense Budget Estimates for FY2006*, April 2005, pp. 216-217 より筆者作成。

年代半ばから後半まで徐々に低下し続けている。だがその後，人件費は再拡大する一方で人員数はレーガン政権期の規模の75％以下で維持され続けている。この傾向は，2001年のアフガニスタン介入や2003年のイラク戦争に入っても変化しておらず，さらに失業率の変動にかかわらず一定である［図1-6］。こうした点からすれば，雇用問題の観点から政策転換の原因を論じることも，十分ではないように見える。

　産業，雇用の側面を問わずこうした経緯の背景として重要なことは，軍事支出に伴うケインズ主義的な効果，つまり軍事支出の公共事業性が，1970-80年代頃から問題となった米国の経済・産業的衰退とあいまって，その有効性を疑問視されてきたことである。軍事ケインズ主義的な技術開発投資が，国際的な競争力を低下させる一因となっているという議論や，実は軍事支出にはその機会費用を上回るだけの効用がないという議論が台頭してきたためである。[57]

　特に，民生技術の飛躍的発展は，スピン・オフを企図した軍事技術への資本

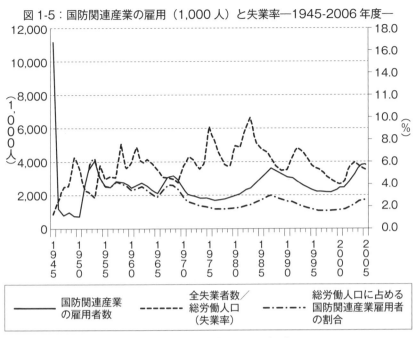

図1-5：国防関連産業の雇用（1,000人）と失業率—1945-2006年度—

出典：Office of the Under Secretary of Defense (Comptroller), "U. S. Employment and Labor Force," *National Defense Budget Estimates for FY2006*, April 2005, pp. 214-215 より筆者作成。

集中の必然性を低下させたといわれる[58]。その背景には、1970年代に有力企業が、特にコンピューター、エレクトロニクス分野において、軍事から民生へと比重をシフトさせてきたという経緯がある。その結果として生じた民生技術の著しい発展は、それ以前とは逆に、民生から軍事への技術の「スピン・オン（spin-on）」の流れを加速させる一因となり、デュアルユース技術をいかに効率的に扱うか、という議論にもつながっていった[59]。このような状況においては、かつて軍事技術開発に対する投資が備えていた民生技術の発展への触媒としての役割も、少なくとも相対的には後退しつつあった。特に1980年代後半から1990年代にかけて、米国における民間企業の研究開発投資は額面、伸び率ともに国防総省のそれを大きく上回っていることは、米国の民間技術の発達における軍事技術からのスピン・オフの重要性が、過去に比べて低下し始めていることを示していると考えられる［図1-7］。これらのことからは、研究開発を含む軍事支出がもたらす経済産業的な利益が、軍事支出の決定的な要因ではなくなりつつあった、ということもいえるかもしれない[60]。

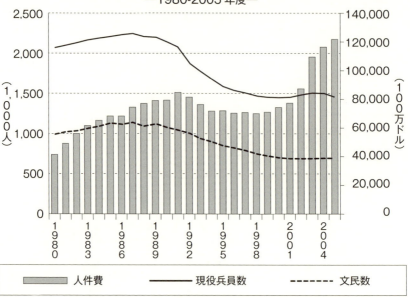

図1-6：国防総省・軍の雇用（1,000人）と人件費（100万ドル）
―1980-2005年度―

出典：Office of the of Defense(Comptroller), "Department of Defense Manpower," *National Defense Budget Estimates for FY2007*, March 2006, p.212より筆者作成。

　他方，経済的利益の分配をめぐる政治は，冷戦末期に生じた脅威の後退の影響をどのような形で受けるのだろうか。この点については，ユージン・ゴルツ（Eugene Gholz）とハーヴェイ・サポルスキー（Harvey M. Sapolsky）が提唱した，軍事調達をめぐる脅威ベースのアプローチが示唆に富んでいる[61]。ここでは，軍事的（外的）変数の問題と「ポーク・バレル・ポリティクス（pork-barrel politics）[62]」という米国内政治の特徴との連関に注目し，軍と産業や議会との間の利害関係のバランスが，安全保障上の脅威によって規定されることが示唆される。このような視角からは，冷戦期には死活的な脅威の存在によって軍が力を持ち，逆に冷戦後にはこうした脅威が後退したため，軍の利害は後退し，軍備政策の過程におけるポーク・バレル・ポリティクスの役割が増大することになる[63]。さらにゴルツとピーター・ドンブロウスキ（Peter Dombrowski）は，このような冷戦後の軍備政策における国内政治の優位性から議論を出発させて軍と産業基盤との関係に焦点を当て，政治的連合と権力，顧客（軍）と供給者（企業）間の関係，技術革新の性質の三つの

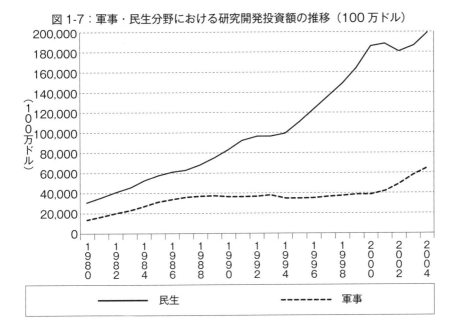

図1-7：軍事・民生分野における研究開発投資額の推移（100万ドル）

出典：OMB, "Historical Tables," *Budget of the United States Government*, Fiscal Year 2007, pp.55-60; United States Census Bureau, "Research and Development (R&D) Expenditures by Source and Objective: 1970 to 2004," *Statistical Abstract of the United States: 2007*, 2006, p.518より筆者作成。

視角から軍事技術開発の過程を分析する枠組みを提示している。[64] このような見方に依拠すれば、冷戦終焉前後に生じた東側の脅威の後退が、軍事的な要請よりも経済産業的な利害の問題やそれに付随する予算付与の政治的な誘因を高め始めた時期であるということになるだろう。

　ここでもっとも大きな問題は、こうしたゴルツらのアプローチが、「脅威」の具体的な内容には踏み込むものではないという点である。ゴルツらの議論における「脅威の後退」は、基本的に「ソ連の脅威の後退」と読み替えられるものであり、この場合には非ソ連型の脅威の動向については考慮されなくなってしまう。確かに冷戦末期から現在にかけてはソ連の脅威が後退し、それが安全保障政策をめぐる米国内外の事情を激変させている事実は否めない。だが他方で、しばしば指摘されるように、冷戦後の世界においては第三世界の脅威の台頭や、中国における軍拡の進展など、冷戦期には周辺的であった勢力が存在感を増した。実際に米国の安全保障戦略も、これらの新たな脅威への対応を試みるものに変化してきている。にもかかわらず、脅威の多様性

を考慮することなしにゴルツらの議論を受け入れてしまえば，脅威の多様化と装備調達をめぐる選好の変化との関係を見逃してしまうことにもつながりうる。

また，ポーク・バレル・ポリティクスのような経済産業上の利害をめぐる政治的駆け引きという見方にはもう一点，調達と研究開発の区別にかかわる問題があることは指摘しておきたい。ポーク・バレル・ポリティクスのもっとも重要な関心は，産業や特定の地域に対していかなる形で資金が投下され，また，雇用を創出するかという点にある。雇用創出や産業規模の維持だけが問題なのであれば，その目的が研究開発予算を通じてではなく，調達予算を通じて達成されたとしても問題はなかったはずである。こうして見ると，産業的利益をめぐる政治的駆け引きという見方は，軍事支出を維持ないし拡大していく動機それ自体を説明することは可能であっても，調達規模を縮小しながら研究開発の規模を堅持するという選択に対して十分な説明を与えることが難しくなる。

このように，従来の議論に依拠すれば，経済産業要因が全く作用しなかったとまではいえないものの，それによって政策転換の過程を十分に説明できるわけでもなさそうである。もちろんここでは，このような見方は仮説的なものでしかない。経済上，また，産業政策面で効用が低下していたにもかかわらず，産業の観点から軍事調達や研究開発の方針に対して異なる働きかけがあったとすれば，それはどのような根拠のもとになされたのか。また，米国を取り巻く軍事的脅威が変容していく中で，産業的効用をめぐる議会の主張はどのように変化していったのか。調達・研究開発の方針転換を検討していく上で，これらの点は具体的に観察していく必要があるだろう。

2-5 技術的発展とその評価の揺らぎ

冷戦後の米国における軍事技術の飛躍的発展は，情報通信システムやコンピューター，宇宙空間の利用といった新たな技術的可能性の高まりを背景としている。新たな軍事技術の可能性が，民生技術分野における技術革新に後押しされてきたこともしばしば指摘されてきた。同時に軍事的な面で，兵器のステルス化や無人化等の試みに目途がつき始めたこともRMAの重要な背景となってきたといえるだろう。しかし，こうした技術の動向に対する評価

は，冷戦終焉からしばらくの間，必ずしも画一的なものとなってはこなかった。

マイケル・オハンロン（Michael E. O'Hanlon）はRMAの捉え方をめぐる2000年当時の状況について，その不一致を技術評価の観点から次のように整理している[65]。オハンロンによれば，「ジョイント・ビジョン2010（Joint Vision 2010：JV2010）」やその他多くの論者の唱える「RMA仮説」は，次の四点の技術的な前提に基づいていた。第一に，コンピューターや電子工学の発展が，情報処理，情報ネットワーク，コミュニケーション技術，ロボット工学，先端兵器，その他の技術的な優越を可能にする。第二に，センサーが根本的な戦場の「透明性」の獲得を可能にする。第三に，緊急展開能力と破壊力を向上させる形で車両，船舶，ロケット，航空機の抜本的な軽量化，燃費の向上，高速化，ステルス化が可能となる。第四に，宇宙兵器，指向性エネルギービーム，先端生物兵器などの利用が可能となる[66]。

これらの技術的な諸前提をふまえて，オハンロンはさらにRMAの進捗状況に対する概念的レベルでの理解を次の四段階に大別する。第一に，いわゆる「システム・オブ・システムズ（System of Systems）」に注目するものである。これはコンピューターやネットワーク技術の急速な発展を前提とし，兵器体系の統合の進展に注目する考え方である。第二に，「システム・オブ・システムズ」に加えて，「支配的戦場認識（Dominant Battlespace Knowledge：DBK）」が獲得されるとする捉え方である。これは，兵器としてのセンサーの急進的開発を前提としている考え方である。第三に，「システム・オブ・システムズ」とDBKの達成という前提を踏まえた上で，さらに「世界規模の到達能力とパワー（Global Reach, Global Power）」がもたらされるとする考え方である。これはコンピューターやセンサー分野における技術開発のみならず，より破壊的，迅速，かつ展開能力のある兵器が開発されることを前提とする考え方である。これらは，RMAを積極的に捉える考え方であるが，その一方で，第四に，RMAの進展が軍の脆弱性を増加させるとする考え方がある[67]。ここでは，二つの観点から米軍が脆弱化する可能性が指摘されている。一つに，技術拡散が進むことによって，米軍の優越性が相対的に低下していく可能性が指摘されている。このような見方は，先に覇権衰退のメカニズムに関して指摘した，後進国による技術的キャッチアップの問題とも重なっている。もう一つに，非対称戦争の可能性が挙げられる。つまり，敵対勢力が

高度に技術武装された米軍に対しても有効たりえるような手段，たとえばテロリズムのような手段を用いる可能性である。[68]

　こうした具体的な技術評価に目を向ければ，RMAに関する研究が顕著に増え始めるきっかけとなった湾岸戦争以降，政策的にも学術的にも定まった評価がなされてきたとはいいがたい時期が長く続いていた。特に，本書で主に焦点を当てる湾岸戦争以前には，上記のような段階的な技術評価すら成立していたと見るのは困難である。RMAをめぐるこのような評価の不確実さを考慮するならば，当該期の技術的可能性の受け止められ方によって，アクターがそれを政治過程における議論に取り込む程度や方法も異なってくると考えた方が自然である。特定の技術に政策論議上の焦点が当たっている状況下では，その実現可能性が高いと考えられている場合と，実現の可能性に乏しいと考えられている場合とでは，政策としての妥当性は異なってくるはずである。さらに，こうした技術的評価の揺らぎは，特に研究開発段階の意思決定では，先に述べたような技術の不確実性に伴うリスクを軍事的，政治的，経済的な文脈でどのように評価するかという問題にも大きく影響してくると考えられるだろう。

(3) 分析枠組みの提示

　ソ連の脅威が後退し，軍事支出に対する財政的な制約を強く受けるようになっていくにもかかわらず，米国はなぜ，いかにして研究開発予算を維持しながら調達予算を大幅に削減していったのか。また，その際に研究開発をめぐる投資の取捨選択はいかなる論理のもとに行われたのか。これらの問いに答えるために，本書でも国際システムレベルの脅威の動向，国内レベルの選好，技術の動態を重視しているのは先行研究と同様である。これらの要因は，特定の軍備がいかなる理由のもとで進められたのかという点を明らかにするには不可欠のものである。しかしここまでの検討を踏まえれば，このような見方のみに基づくだけでは，軍備やそのマネジメントの形態がある政策的な方向性に向かって「選択」されていく様相に十分アプローチすることは難しい。そこで本書では，次の二点を重視した分析枠組みを提示することにしたい。

　第一に，本書では脅威の後退や財政赤字，技術開発のリスクといった軍備政

策を制約しうる要因をもう一つの分析の軸に据える。軍事力の形成・変容をめぐる問題に限らず，政策の「選択」という行為は，ある種の政策目標やそれに付随する利益を実現しようとする意図のもとに行われるのと同時に，そこから外れた目標や利益を諦めるという決定が（明示的，暗黙のうちに）含まれるのであり，その動機を形作る，あるいは政治的な正当化を可能たらしめる制約要因の存在に言及しない限り，選択の問題を論じることはできないためである。つまり本書の分析枠組みは，国際システム，国内政治，技術の動態という三つの分析レベルに，それぞれ軍拡を推進するベクトルとそれを停滞させるベクトルが同時に内在されている点に注目するものである。

　第二に，本書では国際システム，国内レベル，技術の要請という個別の分析には還元できない軍拡の推進，制約要因の関係性に着目した上で，これらの諸要因（原因）と政策選択（結果）とのつながりを，より細分化された一連の因果連鎖の形成過程に着目することで捉えようと試みる。ここまでに検討してきた軍事戦略，財政，経済産業面での効用，技術的可能性といった要素は，それぞれが直接的に政策の帰結に影響するだけではない。そうではなく，複合的な政策論理を形成し，あるいは別の要因の作用の仕方を規定するような形で連鎖しながら，政策選択の様相に影響を与えている。また，研究開発と調達という二つの選択肢にそれぞれ備わった政策目的や性質を反映しながら，これらの要因が軍事力の質と量をめぐるアプローチに異なる形で作用することも考えられる。

　また，このことは，軍備にまつわる政策領域が軍事安全保障のみならず，財政，経済産業，技術などを含む形で複合的に成立していることとも無関係ではない。たとえば軍事安全保障上の文脈で合理的な決定を行おうとする場合にも，財政や経済，産業技術分野に対する政策効果を無視することは難しい。そのため，どういった形で政策転換を進めるかという議論に，軍事安全保障の文脈に限らずさまざまな政策の文脈が入り込み，そこで何が優先され，どのような政策論理を作り上げていくのかが問題となってくるのである。

　本書の分析は一方で，すでに多くの先行研究で指摘された議論がある意味で特殊な国際構造転換期の状況にも当てはまる（あるいは当てはまらない）ということの再確認であるが，同時にモデルを個別に適用するのでは捉えきれない現象を，要因の複合的かつ連鎖的な影響があるものと見ることによっ

第1章　本書の分析視角　49

て説明する［図1-8］。このような視角を通じて、冷戦末期以降の米国において軍事技術開発が脅威の後退や財源の不足「にもかかわらず」維持・加速されたのではなく、こうした状況「ゆえに」技術志向性が高まっていく様相を明らかにできるはずである。若干結論を先取りすれば、このような観点から本書で明らかになるのは、脅威の後退や強い財政的制約といった一見すると軍備をめぐる行動を制約するはずの要因の変化が、直接的には国防予算や軍の規模、あるいは従来型技術への投資を急速に縮小させる一方で、同じ要因が相互に結び付くことで生じた軍備の効率化志向とリスク計算（及びリスク受容性）の変化が、先端技術への積極的な投資をかえって加速させるようになる政策転換のプロセスである。

　このような議論を検証するための観察対象として、本書では特定の軍備方針を正当化、非正当化する政策論理の形成に着目する[69]。この時期の軍事技術開発の進展を分析する上で、本書ではまず軍事、財政、技術といった諸要因と、これらの影響の仕方にフィルターをかけうるアクターの選好という要因を重視する。しかし、単に軍拡の是非だけではなく、いかなる方針で軍備が選択されているのかという点までを問題とする本書の関心からすれば、軍事戦略要因（脅威、能力）や財政的制約、あるいは技術の可能性やリスクを単に有無で示すのでは不十分である。また、それぞれの要因の個別の影響を加算的に考察するのみならず、各要因の複合によって生じる、いずれの要因にも還元できない新たな政治上の要請をいかに観察するか、という問題も出てくる。加えてこれらの要因が、軍事支出をめぐる総論、調達、そして研究開発に対して、それぞれどのような論理を提供していたのかという点を観察する必要もあるだろう。つまり、それぞれの要因について調達か研究開発か、あるいは研究開発が是か非かという二項対立的な観点のみならず、どのような形の軍備が目指されていたのかという点まで観察していくことが求められるのである。政策論理に着目することで、こうした複雑な要因間関係を観察し、記述することが比較的容易になる。

　いうまでもなく、研究開発・調達に限らず、政策論理の作用は要請の内容だけで決まるものではない。いったい「誰の」要請なのかという、論理の担い手の問題も出てくるであろう。本章で取り上げたような各要因の変化に鑑みて、行政府が一元的に軍備計画を策定するのであれば、事態はそれほど複

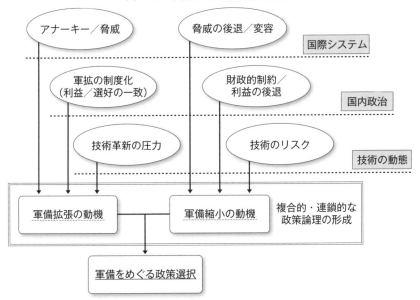

図1-8：軍備をめぐる制約と選択

雑化しない。しかし実際には，国防総省や軍が軍事戦略やドクトリンを策定し，その実現のために研究開発や調達を通じて兵器システムの獲得を進めていく一方で，議会はこうして提起された要請の是非を検討し，修正しながら，予算権限法，歳出法の可決を目指すという制度上の役割分担がある。軍や国防総省の研究開発，調達をめぐる要請は，多くの場合には予算の付与がなければ実現不可能であり，その意味では議会がある予算要求の項目をどのような論理で受けいれ，別の予算項目にはどのような論理で反対したのかを丹念に追っていく作業は決定的に重要である。また，議会予算局（Congressional Budget Office：CBO）や会計監査院（General Accounting Office：GAO）[71]は，基本的には軍事的要請を精査する主導的立場になく，また，そのような情報に対するアクセスも十分に有しているわけではないが，軍や議会の考える国防予算の妥当性を判断するという役割を担っている。これらのアクターの役割は異なっているため，どのアクターにいかなる論理が共有されているか，あるいは対立しているのか，それが政策的帰結にいかなる形で反映されているのかという点もまた，重要な検討の対象である。[70]

むろん，実際には，軍が組織防衛を意図して予算の確保を目指したり，産

業セクターやそれと結びついた議員が地元への利益誘導を狙って行動することは先行研究の検討を通じて見てきたとおりであるし，それらが政策の帰結に相応の影響を与えることも考えられる。しかし，こうした個別の利害は多くの場合，政策に生のまま反映されるのではなく，政治的にある程度の意見集約が可能な論理を形作っていくことになる。一言でいえば，政策論理の形成と受容に着目する本書のアプローチは，特定の政策アイディアが公的な場においていかに成り立ち，説得力を高め，そして実際の行動（予算）に反映されていったのかを観察しようというものである。

ここで，本書で用いる資料についても触れておく。そもそも，国防戦略の重要な一端を担い，かつ，秘匿性の高い先端技術の絡む軍事技術開発の問題にアプローチする際に，使用可能な資料は限られている。実際に，軍事技術開発の動向に関する従来の研究において用いられる一次資料としては，概括的な統計データに加えて，国防総省，軍が公開する文書や，GAO，CBO，議会調査局（Congressional Research Service：CRS）の報告書といった，公に発行されているものが用いられることが多い。これらの報告書には特定の軍事技術や兵器システムの動向を軍事的，財政的，経済的，そして技術的観点から簡潔にまとめているものがあり，比較的利便性の高い資料として多くの研究で用いられている。また，二次資料としては国防系のシンクタンクが発表している研究報告書等がしばしば利用されており，そちらの有用性も高い。

しかし同時に，こうした資料が常に公正で客観的な情報を提供してくれるわけでは必ずしもない。国防総省や軍の刊行物がそれぞれの立場を反映するものとなっていることはいうまでもないが，比較的中立的な立場をとるとされているGAOやCBOの報告書にも，一定の偏りはあらわれうる。これらは特定の軍事技術の動向や財政評価を簡潔に知る上ではもっとも利用価値の高い資料の一つであるかもしれないが，そこに見られる科学技術や軍事的脅威，財政動向の評価は，あくまでもこうした機関が拠って立つ，財政の監督に関心を有する立場を反映したものとして扱う必要がある。それ以上に，これらの機関が公表する報告書には議員の依頼で作成されるものも含まれており，そこに見られる問題関心自体が議会の動向に左右される可能性があることにも注意を向ける必要があるだろう。

そこで本書では，これらの資料に加えて議会，特に国防予算権限法（National

Defense Authorization Act) の策定にかかわる上下院軍事委員会の公聴会資料を中心的に用いる。公聴会では，国防総省，軍，GAO，CBO，専門家そして上下院の議員といった立場を異にする人々が直接的に議論を交わすことで，軍事情勢や先端技術の動向，財政の見通しなどをめぐる解釈の差異がしばしば明らかにされる。また，公聴会で表明された各アクターの主張は，その後も国家レベルの軍事戦略や予算計画との整合性を問われ続けるという点で，米国のような民主主義国家における戦略転換のメカニズムを探るには有用な資料の一つであるといえるだろう。このような各機関による軍備方針やそこで必要とされる兵器システムの解釈の差異と，それによって生じる政治的争点を浮き彫りにすることが，本書の分析枠組みに照らし合わせて研究開発・調達予算の配分が変化していくメカニズムを説明していく上で，もっとも重要な作業となる。

　最後に，本書における分析の限界を示しておきたい。まず，本書の目的は，一義的には軍拡構造と政策をめぐる諸制約の連鎖に焦点を当てて，冷戦末期に生じた米国におけるイノベーション加速のパズルを解くという点にあるが，装備調達，あるいは軍事力の形成をめぐる意思決定の一般的な分析枠組みを導出するという面では，米国を事例として選択することによるメリットと同時にいくつかの限界が存在する。もとより，冷戦末期の米国の事例は，世界的にも突出したパワーを保持していたこと，また，前例のないドラスティックな国際構造転換に直面していたことの二点において特殊な条件下に置かれており，従ってその分析から得られる示唆が直ちに一般化可能なわけではない。その意味で，近年の米国の事例や，あるいは同様の装備調達マネジメントを実施しようとする諸国の分析に本書の示唆を応用するに当たっては，諸条件の再検討が必要になる。

　しかしそれにもかかわらず，本書では次のような分析上の利点を優先し，当該期の米国に着目することにした。まず，冷戦末期の米国は従来の研究で重視されてきた軍拡の推進要因が比較的弱まっている状況に置かれており，にもかかわらず質的軍拡が進展したことを説明するための他の要因を特定しやすい。また，技術と予算の面で最も高い水準にある米国を事例として選択することは，米国をモデルとして装備調達政策の転換を試みる多くの国において，程度の差こそあれ同様の政策制約が観察されうることを示唆する。このこと

は，2000年代の米国の戦略を含む，現代の装備調達をめぐるグローバルなトレンドを理解する上でもいくつかの政策的示唆を有すると思われるが，この点については本書全体の議論を踏まえて，終章で若干の考察を加えることにしたい。

また，資料上の限界もある。すでに述べたように，本書は主要な資料として公聴会議事録を中心とする議会資料を多用している。しかしいうまでもなく，公聴会の議論自体は政策の決定そのものではないし，そこで表明された各組織の見解がいかにして形成されたのかを明らかにするものでもない。また，軍事委員会の結論はあくまでも国防予算権限法案（authorization bill）への勧告にとどまるものであることも鑑みれば[72]，政治過程の追跡がこうした資料を駆使することによって十分に可能となるわけではない。そのため，本書では政治過程そのものを追跡していくことよりも，そこにいかなる要因を根拠とした言説が生じているのか，また，それらの言説と政策的帰結との関係をどのように捉えることができるのかという点を考察していくことに主眼を置いている。その上で，こうした資料に見られる主張がどのような形で委員会報告書等に反映されているのか，そしてそこで展開された議論が翌年の政策論議に対してどのような影響を与えているのかという点にも目を向けることで，議論の内容とその帰結との間の因果関係についても可能な限り明らかにしようと試みている。

注）

1) 米国の国防予算のうち，大きな割合を占める費目として挙げられるのは，人件費，作戦維持費，調達費，研究開発費の四つである。本書では，このうちの調達，研究開発を主たる分析の対象としている。これは，CBOの定義でいうところの「兵器の取得（weapons acquisition）」という概念に含まれるものに相当する。そこで兵器の取得とは，①軍事的要請の決定，②システムコンセプトの開発，③システムの設計，製造，テスト，④生産と配備という段階に分けられる。CBO, "Concurrent Weapons Development and Production," August 1988, p.1. 本書で焦点を当てる軍備の選択という文脈で触れておかねばならないのは，人件費（兵員数，人材育成）と作戦維持費を主な分析対象に含まないことであろう。特に人件費の問題は，軍備の量，質の両面に関わる重要な問題である。ただ，ここでは議論の明瞭さを優先すること，また，本書で明らかにする実際の政策転換においては人材面でも量から質への転換という同様の傾向が見られ，敢えて取り上げる必要性に乏しいことから，本書では必要な場合を除き，これらには触れない。もう一点，本書では調達制度改革（acquisition reform）の問題には踏み込んでいない。これは軍備の選択の問

題というよりも，その履行プロセスを規定する制度の問題と捉えられるためである。とはいえ，この時期の国防予算縮小，合理化の過程を理解する上で，調達改革の実施は重要な地位を占めている，ということは強調しておきたい．

2) Huntington, Samuel P., "Arms Races: Prerequisites and Results," *Public Policy*, Vol.8, 1958, p.48.

3) 本書では技術という言葉を，応用的，基礎的なものの区別なく用いているが，本来これらはその意味においても，政策的示唆においても異なるものと捉えられている．たとえば 村上は，応用技術と基礎技術の特徴の違いを開発リスクと応用への展開可能性という観点から特徴づけ，先発国と後発国の技術発展について論じる視角を考察している．一般的に，応用技術は開発リスクが低く，さらなる応用の幅が限られる一方で，基礎に近い技術の開発は広範な応用の可能性を残すものの高いリスクを伴うとされる（村上泰亮『反古典の政治経済学――進歩史観の黄昏――』上，中央公論新社，1992年，174-177頁）．本書では主に，アクターの主観的な技術のリスクに対する意識が，いかなる形で投資のあり方に影響を与えているかを観察しているため，客観的な分析指標として応用技術と基礎技術という概念を用いることはしない．ただし，ここではこうした技術のリスクをめぐる見方が，当該期の米国における調達と研究開発（新規開発にせよ，既存の兵器の改良計画にせよ）の間の選択とも無関係ではない，ということは指摘しておきたい．

4) ルイス・リチャードソン（Lewis F. Richardson）の議論とその後の一連の計量モデルについては，黒川修司「軍拡競争の理論的考察――計量分析を中心として――」『国際政治』第63号，1979年，138-155頁を参照．

5) Brooks, Harvey, "The Military Innovation System and the Qualitative Arms Race," *Daedalus*, Vol.104, No.3, 1975, p.77.

6) Koubi, Vally, "Military Technology Races," *International Organization*, Vol.53, No.3, 1999, pp.537-565. ここで「模倣」とは，他所で開発された技術のコピーであり，望ましい目的を達成するために，自国の研究開発に加えて用いられる手段であると位置づけられている．*Ibid.*, p.541. 質的軍拡のプロセスにおける「模倣」に着目するのはかなり一般的な考え方である．このような観点から軍拡の動機を指摘する論者として他に，Waltz, Kenneth, *Theory of International Politics*, Mcgraw-Hill College, 1979, p.127；薬師寺泰蔵『テクノヘゲモニー――国は技術で興り滅びる――』中央公論社，1989年などが挙げられる．

7) Gilpin, Robert, M., *War and Change in World Politics*, Cambridge University Press, 1981, p.177. ギルピンの覇権理論自体は，軍事的，経済的な要素を含めてパワーの配分，再配分過程を論じているのであり，特に軍事中心アプローチとして扱うことには違和感があるかもしれない．とはいえ，ギルピンの議論においては，最終的には軍事的パワーも経済的パワーも，覇権戦争という軍事的帰結に至るものとして描かれており，次節で議論する経済的効用の問題とは一線を画するものであることに留意しておきたい．*Ibid.*, Chapter 5.

8) *Ibid.*, pp.176-179.

9) ケネディ，ポール（鈴木主税訳）『大国の興亡――1500年から2000年までの経済の変遷と軍事闘争――』上巻，草思社，1993年，8頁．もちろん，こうした議論は経済発展に関する研究分野においては，古くから「後発性の優位」という現象として指摘されてきたことでもある．代表的な議論として，以下を参照．Gerschenkron, Alexander, *Economic Backwardness in Historical Perspective: a Book of Essays*, Belknap Press of Harvard

University Press, 1962.
10) ただし，ギルピン自身は，核兵器が存在する現代世界の特質として，覇権戦争による新たな覇権への移行は「問題外である」という見解を示している。ギルピン，ロバート（大蔵省世界システム研究会訳）『世界システムの政治経済学―国際関係の新段階―』東洋経済新聞社，1990年，359頁。
11) 技術の増分が模倣とともに外部技術の導入によって作られていくということ自体は，薬師寺が"emulation"の概念を通じて示唆している。薬師寺，前掲書。
12) いうまでもなく，先に述べた作用・反作用モデルの背景にも，国際システムのアナーキー性がもたらす影響が含意される。すなわち，「安全保障のジレンマ」の問題である。安全保障のジレンマ状況では，各国が自国の安全を求めて軍拡を進めることで他国の安全を損なうことになり，その結果として他国が安全強化のために軍拡を進めることになる。そのような軍拡の循環が起こることで，いかなる国家も安全を得ることができなくなる。この点については，Herz, John H., *International Politics in the Atomic Age*, Columbia University Press, 1959. また，安全保障のジレンマをめぐる議論を包括的に検討したものとして，土山實男『安全保障の国際政治学―焦りと傲り―』有斐閣，2004年，第四章を参照。
13) Buzan, *op.cit.*, pp.105-106.
14) たとえばハンス・モーゲンソー（Hans J. Morgenthau）の議論は，国家のパワーの構成要素としての科学技術の重要性を指摘するものとして，比較的古い部類に入るであろう。そこでは国力，中でも軍事力の構成要素として科学技術を取り上げており，戦争技術の変化を無視するべきではない，あるいは適宜利用していくべきであるという立場が取られている。モーゲンソー，ハンス・J（現代平和研究会訳）『国際政治―権力と平和―』改訂第五版，福村出版，1986年，129-131頁。
15) リードタイムとは，開発の開始を決定してから開発の完了，生産を経て，実際に配備するに至るまでにかかる時間を指す。
16) 軍拡の推進力として軍産複合体制の成立を重要視する議論の多くは，この部類に入れられるだろう。以下で触れるラセットやカルドーの議論の他に，たとえば，メルマン，セイモア（高木郁朗訳）『ペンタゴン・キャピタリズム―軍産複合から国家経営体へ―』朝日新聞社，1972年；ガルブレイス，ジョン・K（小原敬士訳）『軍産体制論―いかにして軍部を抑えるか―』小川出版，1970年；ガルブレイス，ジョン・K（都留重人他訳）『新しい産業国家』第三版，ガルブレイス著作集，TBSブリタニカ，1980年，特に第29章などを参照。
17) Russett, *op.cit.*, p.92及び，カルドー，メアリー（芝生瑞和，柴田郁子訳）『兵器と文明―そのバロック的現在の退廃―』技術と人間，1986年，9，79頁を参照。
18) *Ibid.*, p.79. ここでいう技術の惰性とは，一旦開始された研究開発が容易に停止しえないものとなることを指している。ラセットによれば，研究開発には通常，「概念の立ち上げから設計，モデルの作成，改良，度重なるテスト，評価，プロトタイプの生産，訓練，そして最終的な配備に至るまで，10年以上のリードタイムを要する」。このような科学的惰性（scientific inertia）が，官僚主義的な惰性（bureaucratic inertia）と絡みあい，研究開発は計画当初の目的が失われた場合にも，中止が大変困難なものとなる。同様の主張をするものとして，ディーター・ゼングハース（Dieter Senghaas）の議論が挙げられる。ゼングハースは，デタントにもかかわらず軍拡競争が，特に兵器の質的側面をめぐっ

て続いているという問題意識の下，作用・反作用モデルのような「他者志向型」の見方を十分ではないとした上で，軍産複合体（ここでは，官僚，軍，産業，学界複合体）の権益と，技術の推進力との相互作用によって発生する「内部の力」が軍拡を進めていると見る（ゼンクハース・ディーター（高柳先男，鴨武彦，高橋進編訳）『軍事化の構造と平和』中央大学出版部，89-110頁）。このように米国内部でアクター間の利害が結び付いたことにより軍事技術開発が進展したことを説明する議論として，菅英輝の「軍・産・官・学」複合体に関する議論（菅英輝「アメリカにおける科学技術開発と『軍・産・官・学』複合体」日本国際政治学会編『国際政治』第83号，1986年，107-125頁）。また，村山裕三の「冷戦型テクノシステム」に関する議論（村山裕三『テクノシステム転換の戦略──産官学連携への道筋──』NHKブックス，2000年，64-68頁）を参照。

19) カルドー，前掲書，9頁。
20) 前掲書，261頁。
21) 前掲書，79頁。「フォロー・オン・システム」とは，ある兵器の開発が完了すると同時に，その兵器の次世代モデルが開発され始めるというシステムである。
22) 前掲書，9，25-28頁。
23) 前掲書，261頁。
24) 脅威認識や選好の変容自体を分析の中心に据えたものではないが，ユージン・ゴルツ（Eugene Gholz）らの研究では脅威の動向が軍と産業の利害のバランスに影響を与えることが指摘されている。Gohlz, Eugene, and Harvey M. Sapolsky, "Restructuring the U.S. Defense Industry," *International Security*, Vol.24, No.3, 1999/2000, pp.5-51.
25) Buzan, *op.cit.*, pp.106-109.
26) 特にこうした科学技術論分野の議論を参照する際には，「科学」，「技術」，「科学技術」という用語の関係についても，若干の注釈を付す必要があるだろう。これらの言葉は本来厳密に区別されるべきものである。なぜなら，技術が科学の応用であるかどうか，科学と技術の関係をいかにして捉えるべきか，という点自体が論争的なテーマであり，その捉え方自体が技術に対する思想を反映する問題でもあったからである（科学と技術の関係については，代表的に技術の「応用科学説」と「融合説」の二つの考え方があるとされる。これらの議論を簡潔にまとめたものとして，村田純一「技術の哲学」新田義弘他編『テクノロジーの思想』岩波講座現代思想13，岩波書店，1994年，25-41頁）。とはいえ近年では，科学と技術の区別が，実際的にも，分析の方法論的にも曖昧化しつつあると見られているようである。たとえば松本は，19世紀以降における科学と技術の融合，その結果としての科学技術の成立によって，本来は科学，技術，社会の三要素によって成立するものと見るべき相互作用系を，科学技術と社会との間の相互作用として「近似することが可能」であると論じている。また，トレヴァー・ピンチ（Trevor J. Pinch）とウィーベ・バイカー（Wiebe E. Bijker）は，科学分析と技術分析の社会学的方法における近似性，統合可能性を，後者についてはいまだ発展途上段階にあるとしながらも，一定程度認めている。松本三和夫『科学技術社会学の理論』木鐸社，1998年，145-147頁。Pinch, Trevor J., and Wiebe E. Bijker, "The Social Construction of Facts and Artifacts: Or How the Sociology of Science and the Sociology of Technology Might Benefit Each Other," in Bijker, Wiebe E., et al. (eds.), *The Social Construction of Technological Systems: New Direction in the Sociology and History of Technology*, MIT Press, 1987. 実際のところ，科学と技術の関係を明らかにすることは本書の主要なテーマではなく，それらを厳密に区

別する意味も小さい。従ってここでは，分析の煩雑化を避けるためにも，特に断りのない限り，敢えてこれらの語を区別せずに用いることにしたい。

27) Bijker, Wiebe E., "Sociohistorical Technology Studies," in Jasanoff, Sheila, et al. (eds.) *Handbook of Science and Technology Studies*, revised edition, Sage Publications, 1995, p.238.
28) 村田，前掲書，15頁。エリュール，ジャック（島尾永康，竹岡敬温訳）『技術社会』上，すぐ書房，1975年，第二章。
29) Bucchi, Massimiano, *Science in Society: An Introduction to Social Studies of Science*, Routledge, first published in Italian 2002, translated by Adrian Belton in 2004, p.79.
30) Winner, Langdon, *Autonomous Technology: Technics-out-of-control as a Theme in Political Thought*, The MIT Press, 1977, pp.227-231.
31) 特に核兵器によって冷戦期の国際システムが安定化してきたという点については，さまざまな論者が指摘するところである。核兵器とその運搬手段，そして偵察能力の著しい向上（偵察革命）が冷戦構造の安定につながったというギャディスの議論は，その代表的な例として位置づけられるであろう。むろん，ここでは同時に「戦争の可能性はテクノロジーの発展ではなく，全てテクノロジーの使用にかかっており，それを予測するのはやさしいことではない」とも述べており，本節で論じているような技術決定論と立場を同じくしているわけではない。ギャディス，ジョン・L（五味俊樹他訳）『ロング・ピース—冷戦史の証言「核・緊張・平和」—』芦書房，2002年，398-400頁。
32) Bucchi, *op.cit.*, p.82.
33) たとえばユージン・スコルニコフ（Eugene B. Skolnikoff）はSDIについて，「当時の技術に関する知識から見れば，研究開発を続けるのは無理ではなかった。しかし実際に運用するシステムを，総力を挙げて，費用をかけて，作り出そうとしたが，そのために必要な知識水準はなかったのだ。大統領の地位にいる政治指導者だけが，わかっていること，いやもっと正確にいえばわかっていないことをベースに，そのようなプログラムを行うことができたのであろう」と指摘しており，SDIをめぐるレーガン政権の技術認識を問題視していることが窺える。スコルニコフ，ユージン・B（薬師寺泰蔵，中馬清福監訳）『国際政治と科学技術』NTT出版，1995年，92頁。
34) スピナルディによれば，軍拡に関する議論においては理念型としての技術決定論，ないしは「技術の要請」という見方を適用するものはそれほど多くはない。スピナルディは，「技術の要請」に基づく過去の視角が少なくとも次の三つに分けられると論じている。第一に，すでに述べたような「技術の要請」に基づく技術開発の推進，すなわち，「ハードな」技術決定論の立場である。第二に，技術の影響を重視するものの，そこには社会的アクターの選択の余地が残されていると考える「ソフトな」技術決定論である。第三に，選択や統制の余地がないのは技術ではなく技術者であるとする見方（"technologist out-of-control"）である。Spinardi, *op.cit.*, pp.10-11.
35) カルドー，前掲書，267-268頁。
36) MacKenzie, Donald, *Inventing Accuracy: A Historical Sociology of Nuclear Missile Guidance*, MIT Press, 1990; Spinardi, *op.cit.* 軍事技術の問題に限らずとも，技術の発展や科学技術政策の分析を行う際に，こうした社会の側の決定性を重視する研究には枚挙にいとまがない。ジョセフ・シリオウィッツ（Joseph S. Szyliowicz）の議論は一方で，技術の発展をめぐる「ディマンド・プル（demand-pull）」と「ディスカバリー・プッシュ

(discoveriy-push)」モデル，及びそれらのリンケージに注目し，技術革新の過程を決める要因として関係組織の要請や環境との整合性と並んで，科学技術の特質を挙げている点で，技術要因と社会要因を複眼的分析の重要性を説いてはいるものの，それと同時に，技術は変化の可能性と方向性を決定するが，その可能性を具現化するのは政治であること，技術の「鉄の掟」は存在せず，人間の選択が重要であることも主張している。このことからは，シリオウィッツの議論があくまでも社会決定論寄りの立場を採用していることが推測できる。Szyliowicz, Joseph S. (ed.), *Technology and International Affairs*, Praeger, 1981, pp.8-10, 19-22, 38. また，マーク・テイラー（Mark Z. Taylor）は技術革新の速度が国家によって異なる理由を説明する際に，技術革新の程度や新技術の形成は政治決定的であるとして，技術決定論を退ける立場を明らかにしている。Taylor, Mark Z., "The Politics of Technological Change: International Relations versus Domestic Institutions," paper prepared for the Massachusetts Institute of Technology, Department of Political Science, work in progress colloquia, April 1, 2005.

37) Farrell, *op.cit.*, pp.5-6. ファレルがこの際に参照しているのが，上述のマッケンジーの議論であることには留意したい。こうした議論が依拠する「技術の社会構成主義」という視角に対しては，アクターによる技術の解釈に着目するものの，結局のところそれぞれの技術解釈を実際のハードウェアに反映させるための社会グループ間の権力闘争を重視するため，極めて社会決定論的な議論に偏っており，技術そのものの特性を考慮するという点では不十分なものであるという批判もある。

38) コンストラクティヴィズムの立場から展開される議論の多くは，軍事上の要請が必ずしも否定されないにもかかわらず，なぜ特定の兵器を保有しない，あるいは放棄する国家があるのかという点を問題視する。たとえば，なぜ核兵器を取得する国家とそうでない国家があるのかという問題は，（ネオ）リアリズムの議論からは必ずしも答ええない問題として注目されてきたし，生物化学兵器やクラスター爆弾，対人地雷の発達はその性質ゆえに，純粋に軍事的な問題としてのみならず，むしろ国益と人道のせめぎ合う政治的な問題としてしばしば取り上げられてきた。この点については，たとえば以下の議論を参照。Katzenstein, Peter J., *Cultural Norms and National Security: Police and Military in Postwar Japan*, Cornell University Press, 1998; 足立研幾『オタワプロセス―対人地雷禁止レジームの形成―』有信堂，2004年；足立研幾「通常兵器ガヴァナンスの発展と変容―レジーム間の相互作用を中心に―」日本国際政治学会編『国際政治』第148号，2007年，104-117頁；足立研幾『レジーム間相互作用とグローバル・ガヴァナンス―通常兵器ガヴァナンスの発展と変容―』有信堂，2009年。

39) Sapolsky, Harvey M., Eugene Gholz, and Caitlin Talmadge, *US Defense Politics: The Origin of Security Policy*, Routledge, 2009, p.84.

40) 米国の装備調達政策におけるリスク概念，その評価，管理についての考え方として以下を参照。Department of Defense, *Risk Management Guide for DoD Acquisition*, Sixth Edition (Version 1.0), August, 2006.

41) Evangelista, *op.cit.* エヴァンゲリスタによれば，このような差異があらわれる理由は両国の政治体制の違いにある。デヴィッド・レイノルズ（David Reynolds）も同様に，国内体制の特徴に焦点を当てる議論を展開する。そこでは，米国においてエレクトロニクスやコンピューターが急速かつ劇的な形で発展した原因として，冷戦を背景とした政府の投資に加えて，米国のコーポレート・キャピタリズムの強さや米国社会の相対的な開

放性が民生へのスピン・オフや技術交流を可能にしたことを挙げ，さらにソ連においてはそのような現象が見られなかったことが指摘されている。Reynolds, David, "Science, Technology, and the Cold War," in Leffler, Melvyn P., and Odd Arne Westad (eds.), *The Cambridge History of the Cold War*, volume III, 2010, pp.392-393.

42) Spinardi, *op.cit.*; Farrell, *op.cit.*
43) Buzan, *op.cit.*, pp.110-111.
44) ジュディス・レピー（Judith Reppy）は，技術開発をめぐる政策決定に際して何が選択肢となるかは，あくまでも過去の選択によって作られた経路に依存すること，また，経路を決定する要因として，政治経済的文脈に即した選択を重視すべきであることを主張する。つまり，このような観点からすれば，ブザンのいうような技術的要請とアナーキーの組み合わせによる軍事技術の発展の説明もまた，国家の生存という目的にその幅を狭められてはいるものの，選択の結果なのであり，そのような観点からすると，ブザンの説明は選択にかかわる各国固有の社会制度や政策を無視するものである，ということになる。Reppy, Judith, "Review Essay: The Technological Imperative in Strategic Thought," *Journal of Peace Research*, Vol.27, No.1, 1990, pp.101-106.
45) たとえば前述のブルックスは，研究開発のプロセスが一部にはフィクションを含む「軍事的要請」に基づいて進展する点，すなわち，軍事的脅威や要請が，別の理由から出発したプログラム開発の論拠を提供するために作られた可能性を指摘する。Brooks, *op.cit.*, p.91.
46) その経緯については，ウォルト，スティーブン・M（奥山真司訳）『米国世界戦略の核心―世界は「アメリカン・パワー」を制御できるか？―』五月書房，2008年，56-62頁を参照。
47) ただし，CBOは1970年代に実施された主要な14の兵器取得プログラムにおける同時並行性の問題を調査し，コスト増との間には緩やかな相関が見られる一方で，同時並行性とプログラムスケジュールの遅延には相関関係がほとんど見られないとの結論を出している。CBO, "Concurrent Weapons Development and Production," August, 1988, pp.4-5, 14-17.
48) Farrell, *op.cit.*, pp.11-13, 178及びChapter 3を参照。ファレルはこれを "institutional" と表現しているが，他所で論じている制度的要因と区別するために，ここでは「組織」と訳出している。
49) *Ibid.*, p.13.
50) たとえば，福田毅『アメリカの国防政策―冷戦後の再編と戦略文化―』昭和堂，2011年；Adamsky, Dima, *The Culture of Military Innovation: The Impact of Cultural Factors on the Revolution in Military Affairs in Russia, the US, and Israel*, Stanford University Press, 2010を参照。
51) Farrell, *op.cit.*, pp.178-179; Horowitz, *op.cit.*
52) Intriligator, Michael D., "The Peace Dividend: Myth or Reality?," in Gleditsch, Nils P., et al. (eds.), *The Peace Dividend*, Elsevier Science B. V., 1996, p.1.
53) Rosenbaum, David E., "Spending Can Be Cut in Half, Former Defense Officials Say," *The New York Times*, December 13, 1989.
54) イシュー別の議論については，たとえば以下を参照。Zegveld, Walter, and Christien Enzing, *SDI and Industrial Technology Policy*, St. Martin's Press, 1987; Ellison, John

N., Jeffrey W. Frumkin, and Timothy W. Stanley, *Mobilizing U.S. Industry : Studies in American Business and the International Economy*, Westview Press, 1988; Gansler, Jacques S., *Defense Conversion: Transforming Arsenal of Democracy*, MIT Press, 1995. また，こうした経済的側面に焦点を当てる視角に関して網羅的な議論を展開しているものとして，イーサン・カプスタイン（Ethan B. Kapstein）の研究がある。カプスタインは新重商主義／リアリズム，リベラリズム，マルクス主義／レーニン主義の三つの伝統的アプローチを検討した上で，防衛経済の諸側面の広範な分析を試みている。カプスタインはその中でも，リアリズムとリベラリズムの視角を採用し，分析を進めている。リアリズムの立場からは，防衛における自律性と優越性を達成するために，政府が市場に対して防衛産業基盤の維持や発展のための積極的な介入を行うことが求められる。これに対して，リベラリズムの立場からは，国際的な自由貿易と国内的な競争が求められる。ここでレーガン政権期の「競争的な」軍事調達計画方針を例として，自由主義的な経済原理に根ざした防衛経済体制の有益性が示唆されている。カプスタインの議論はその上で，マクロ経済（国防予算／動員問題），ミクロ経済（産業／調達問題），国際経済（武器貿易／同盟／資源・技術依存問題）の影響を考察するものである。Kapstein, Ethan B., *The Political Economy of National Security: A Global Perspective*, University of South Carolina Press, 1992.

55) 軍事支出が経済成長に与える効果についての議論を簡潔に整理したものとしては，サンドラーとハートレーの議論（第八章）がある。ただし，サンドラーら自身は，軍事支出は経済成長にとって有益ではないと結論付けている。サンドラー，ハートレー，前掲書。

56) 他方で，スピン・オフの効用に関する説明は必ずしも実証されたものではなく，あくまでもエリート層に共有されたイデオロギーであったという指摘もある。松村昌廣『日米同盟と軍事技術』勁草書房，1999年，23-24頁。

57) このような議論として，たとえば，ディグラス，前掲書を参照。また，カプスタインによれば，国防総省主導の技術開発は，民間セクターに有用な知識を生み出すと同時に，軍事部門への科学者，技術者，資本の集中が民間セクターの脆弱性を生むという，民間セクターに対する二面性を有する。Kapstein, *op.cit.*, p.50.

58) ディグラス，前掲書。

59) 村山は，現在は民生技術の向上が著しく，旧来型のミルスペックベースの軍事技術開発よりも，民間技術の転用による軍事技術の進展傾向が強くなってきたことを指摘する。村山裕三『経済安全保障を考える—海洋国家日本の選択—』日本放送出版協会，2003年，184頁。

60) この点に関しては，先に述べた雇用の問題との関連性も指摘される。1989年から1998年にかけて106.7万人の連邦政府の雇用削減が行われたが，その95％が国防部門の削減によるものであった。また，これと並行して企業の軍需生産部門においてさらに大規模な雇用削減も進められた。その結果として，国防部門で雇用されていた科学者や技術者が民生部門に吸収され，1990年代のIT革新を後押ししたともいわれる（ただし，こうした雇用と技術革新の関係を示す体系的なデータは存在しないとの但し書きも付いている）。室山義正『米国の再生—そのグランドストラテジー—』有斐閣，2002年，223-225, 246-247頁。

61) Gholz, Eugene, and Harvey M. Sapolsky, "Restructuring the U.S. Defense Industry,"

International Security, Vol.24, No.3, 1999, pp.5-51.
62) 防衛調達をめぐる「ポーク・バレル」とは，「議員が選挙を視野に入れ，選挙区の防衛調達契約とそれに付随する有権者の職を確保しようとする」政治行動を指す。Farrell, *op.cit.*, pp.4-5.
63) 同様に冷戦後の安全保障政策と経済政策のバランスをめぐる国内政治の役割を重視する議論に，Skålnes, Lars S., "U. S. Statecraft in a Unipolar World," in Dombrowski, Peter (ed.), *Guns and Butter: The Political Economy of International Security*, International Political Economy Yearbook, Lynne Rienner Publishers, 2005, p.124. ここでは，冷戦後の国際システムが単極構造であるがゆえに，システムレベルの制約が小さく，逆に国内レベルの決定要因が優越すると述べられている。ただしこの主張については，あくまでも安全保障と国際貿易を対象とした議論であり，国内変数のシステム変数に対する分析的な優位を認めるという，一般化された申し立てとして理解されるべきものではない，という断りがついている。*Ibid.*, p.146.
64) Dombrowski, Peter, and Eugene Gholz, *Buying Military Transformation: Technological Innovation and the Defense Industry*, Columbia University Press, 2006. ゴルツらは三つの視角について，具体的に次のような主張を展開している。第一に，軍は技術開発のための資金を獲得する必要がある。議会において予算を獲得するためには，軍は議会を説得する必要があるが，その際に重要となるのが，企業との政治的連合による，政治力の行使である。「脅威ベース・アプローチ」で示した理由から，冷戦後においては軍事的要因よりもより国内政治的な要因が強く働くようになる。議員は軍事的要請の達成よりも，新規技術開発が自らの選挙区にもたらす利益を追求するようになる。また，既存のプログラムに新規プログラムが取って代わり，その実施が既得権を損なう場合には，新規プログラムによる補償が必要である。従って軍は，冷戦後の軍事技術開発を取り巻く環境下において，ロビー活動等を通じて資金獲得のために「ポーク・バレル」に働きかけることが可能なだけの政治力を持った企業に依存することになる。第二に，顧客である軍と，供給者である企業が密接な関係にあることが必要である。この際，ゴルツらが着目するのが，両者間の軍事的要請をめぐる理解の共有と信頼関係である。国防企業が軍との間の信頼関係を維持し，その要請を理解している限りにおいては，企業は軍事技術革新に寄与する。逆に，(軍の) 組織政治に対応できなかった場合には，軍事技術革新を抑制しやすい。第三に，ゴルツらは以上の議論を踏まえ，技術革新に関するクレイトン・クリステンセン (Clayton M. Christensen) の議論—「持続的革新 (sustaining innovation)」と「非連続的革新 (disruptive innovation)」—を借りつつ，開発される技術の性質によって軍と産業との間の関係に異なる影響が現れると述べる。クリステンセンの議論については，クリステンセン，クレイトン (伊豆原弓訳)『イノベーションのジレンマ—技術革新が巨大企業を滅ぼすとき—』翔泳社，2001年，8-11頁を参照。
65) O'Hanlon, Michael E., *Technological Change and the Future of Warfare*, Brookings Institution Press, 2000, pp.11-18.
66) オハンロン自身の立場は，これらのうち，第一の前提は正しいとしながらも，第二，第三の前提については批判的であり，第四の前提については判断しがたいとするものである。
67) さらにその他の学派として，アルビン・トフラー (Alvin Toffler) に代表されるような，軍事と国家の関係の変化に焦点を当てるものがあるとする。また，このような分類

に基づくオハンロン自身の結論は、RMAに対する楽観的な見方に反対し、技術的、財政的な側面から、その効果の限界を指摘するものである。トフラーの議論については、トフラー、アルビン、ハイジ・トフラー（徳山二郎訳）『アルビン・トフラーの戦争と平和―21世紀、日本への警鐘―』フジテレビ出版、1993年を参照。

68）エリオット・コーエン（Eliot A. Cohen）もまた、一般的に新たな兵器の登場がそれ以前の兵力を全く時代遅れのものとするわけではないことを指摘しつつ、テロやゲリラ戦術、WMDを米国と対峙する国々が追求していく可能性を指摘する。Cohen, Eliot A., "A Revolution in Warfare," *Foreign Affairs*, Vol.75, No.2, 1996, pp.37-54.

69）「政策論理」に焦点を当てた分析については、以下の議論を参考にしている。鈴木一人「国際協力体制の歴史的ダイナミズム：制度主義と『政策論理』アプローチの接合―欧州宇宙政策を例にとって―」『政策科学』第8巻、第3号、2001年、113-132頁。鈴木一人「構成主義的政策決定過程分析としての『政策論理』―日本の宇宙政策を例として―」小野耕二編著『構成主義的政治理論と比較政治』ミネルヴァ書房、2009年、245-275頁。Suzuki, Kazuto, *Policy Logics and Institutions of European Space Policy Collaboration*, Ashgate Publishing, 2003. これらは必ずしも方法上の問題意識や分析の目的を本書と同じくするものではないが、政策決定の是非を二項対立的に捉えるのではなく、より「複雑な長期的利益と価値の錯綜」の中で複数の要因を複眼的に理解するための視座を提供してくれるものである。

70）本書のこうしたアプローチを考えるに当たり、「技術の社会構成主義（Social Construction of Technology：SCOT）」の見方を大いに参考にしていることは述べておく必要がある。端的にいえば、SCOTアプローチは、技術をめぐる社会集団（relevant social groups）に焦点を当て、社会集団を取り巻く社会的、文化的、政治的状況によって形成される規範や価値観が、人工物に対して与えられる意味に影響を与える側面を重視する。Bijker, *op.cit.*, p.252. マッケンジーやスピナルディ（及び、暗黙裡にファレル）の議論に代表されるように、軍拡の問題を論じる上でこのような見方をとる研究は、これまでにもいくつかなされてきている。しかし、SCOTは基本的に新しい技術がいかにして作り上げられていくかを問うアプローチであることを考えると、本書が扱うより広い軍備選択の問題に適用するには少し複雑な修正が必要であるように思われるため、ここではSCOTの議論は参考程度にとどめている。ただし、技術決定論への批判から出てきたSCOTには、逆に社会集団の相互作用に目を向けるあまり、技術の動向そのものが分析から見落とされる傾向があるという批判も向けられている。この点は、技術の動向も重要な要因と見る本書の立場とは異なっている。こうした差異は技術と社会の関係という、軍備をめぐる論点の一つにもかかわってくるものであるため、結論で簡単に考察を加えることにしたい。

71）同組織の名称は、2004年に"Government Accountability Office"と変更されている。

72）予算権限をめぐる公聴会は、米国の複雑な予算立法過程のごく一部に過ぎない。軍事委員会で審議された歳出権限法案が実際の支出につながるかどうかは本会議や歳出予算法案（appropriation bill）の動向に左右される。とはいえ、軍事的、財政的、技術的観点から見たさまざまな予算の理由づけを理解するには、歳出権限法案をめぐる議論の観察が最も適している。歳出権限法案は連邦政府の省庁の支出や施策に法的な根拠を与えるものであり、それが歳出予算法を制定する前提となっているためである。また、歳出権限法案は歳出予算法における支出額の目安も設定するものである。

2章 レーガン軍拡期における通常兵器技術の開発

　安全保障分野におけるレーガン政権の研究開発への取り組みは，しばしばSDIへの取り組みを中心に語られるが，通常兵器をめぐる技術開発にも積極的な取り組みが見られた。その傾向は，政権末期にかけて徐々に強まっていった。しかし，いうまでもなく，研究開発の成果は通常，一朝一夕に得られるものではない。レーガン政権下での取り組みの成果があらわれるにつれ，ソ連の脅威後退に代表される安全保障環境の変化が徐々に明らかになっていった。そのため，新たな技術や兵器システムに与えられてきた軍事戦略上の意味合いも問い直されていくことになった。ここではまず，議論の出発点として，レーガン政権期の軍事戦略における通常兵器技術開発の位置づけを簡潔に整理し，それが後の軍備をめぐる議論にどのような形でつながっていったのかを明らかにする。

第1節 レーガン軍拡の概観

　1980年代，特にその前半期は，ソ連のアフガニスタン侵攻によって明らかになったデタントの終焉と，70年代に生じた軍事力の空洞化に対する懸念が重なった時期であった。カーター政権期の終盤から国防予算の増額は始まっていたが，「強いアメリカ」の復活を標榜するレーガン大統領は，第一期から軍事力の再建方針を積極的に打ち出しており，国防予算を飛躍的に増加させていった。レーガンは海軍力，戦略兵器，緊急展開部隊などを中心に軍事力を拡充しようと試み，1980年には1,400億ドルほどであった国防予算は毎年徐々に増え続け，1985年には2,900億ドルに倍増した［表2-1］。この時期の支出内訳を見てみると，額面では全項目について増加が見られるものの，予算

の分配率に注目すると，人件費の割合を若干低下させながら調達予算，研究開発予算の割合を増加させていったという特徴があることがわかる。中でも，レーガン政権の前期に特に重視されたのは，調達の拡大であった。実際，国防予算に占める研究開発費の比率の伸びは1％強程度にとどまっていたのに対して，調達予算の占める割合は7％以上増えている［表2-2］。人件費や作戦維持費の割合が低下していたこととあわせて考えると，レーガンによる調達重視の姿勢はより鮮明なものとなる。このことは，少なくともレーガン政権発足当初には，ソ連に対する量的劣位に対して，米国側も量的な観点からの対処を試みようとする面が存在していたことを示唆している。

　しかし，このような傾向は1985年以降徐々に変化していく。まず，国防予算の総額がレーガン政権の発足以降初めて下降に転じた。この時期に国防予算総額が縮小した原因については，米ソ間の安全保障上の問題としてよりも，むしろ内政的な観点，つまり膨大な財政赤字の計上や，その結果として成立した支出を抑制する法律の影響といった点から説明することができるだろう。いわゆる双子の赤字による膨大な財政負担は，国防予算を含む政府支出の拡大に一定の歯止めをかけるべきであるとの意識を生み，「1985年財政均衡および緊急赤字統制法」，通称「グラム・ラドマン・ホリングス（Gramm-Rudman-Hollings：GRH）法」の成立を促した。GRH法は，単年度財政均衡を実現する年度とそれまでの年度別の財政赤字目標額をあらかじめ決めておき，年度の財政赤字が一定額を上回ると予想された場合に，強制的かつ一律に歳出の削減を行おうとするものであり，国防関連予算もまたその適用を免れえなかった。脅威の動向にかかわらず，財政的な観点から軍事支出に対して常に一定の縮小圧力がかかるこのような状況は，少なくともその後，1999年に財政赤字が解消されるまで続いた。

　財政赤字の中で国防予算をはじめとする連邦支出の拡大を求め続ければインフレが悪化する。と言って国防予算を削減すれば，「強いアメリカ」という公約を実現できなくなる。こうしたジレンマの中，レーガン政権は米ソ間の軍事力を均衡させたまま，軍縮を進めていくという選択肢を取らざるをえなかった。1985年といえば新冷戦の緊張が頂点に達していた時期であった。その中でレーガンは，第二期の大統領就任演説において，ソ連との対話を持つことで緊張緩和を進めていくことの必要性を認めており，その後実際にゴル

表2-1：レーガン政権期の軍事支出①――項目ごとの支出額（100万ドル）――

予算年度	人件費	作戦維持費	調達費	研究開発費	国防総省合計*
1981	48,462	55,479	48,025	16,609	176,100
1982	55,704	62,469	64,462	20,060	211,486
1983	61,050	66,500	80,355	22,794	238,843
1984	64,866	70,912	86,161	26,864	258,111
1985	67,773	77,800	96,841	31,323	286,794
1986	67,794	74,883	92,506	33,605	281,400
1987	74,010	79,566	80,231	35,639	279,420
1988	76,584	81,589	80,053	36,517	283,711
1989	78,477	86,179	79,390	37,526	290,790

注*：軍事建設費等を除いているため，各項目の合計とは一致しない。
出典：OMB, "Historical Tables," *Budget of the United States Government*, Fiscal Year 2007, pp.21-22.

バチョフとの間で軍縮交渉を重ねていくことになる[3]。この時期の中距離核戦力（Intermediate-Range Nuclear Force：INF）全廃条約締結（1987年）や，後の欧州通常戦力（Conventional Force in Europe：CFE）条約（1990年署名，発効は1992年），1982年以来交渉が進められ，1991年に締結をみた戦略兵器削減条約（Strategic Arms Reduction Treaty：START）は，こうした政策選択の具体的な帰結として位置づけられる。

　こうした米国の選択は，財政赤字の問題やレーガン政権の公約を反映したものであるのみならず，冷戦終焉に向かいつつある当時の国際情勢認識とも関係している。1988年1月には，フレッド・イクレ（Fred Ikre）国防次官とアルバート・ウォルステッター（Albert Wohlstetter）を共同委員長とする「長期統合戦略委員会」の成果が，「選択的抑止」報告書という形で出されている。この文書においては，第三世界の台頭，日本や中国の軍事大国化への懸念を指摘した上で，「長年にわたって米国の同盟政策及び戦力計画を左右してきた二つの脅威，つまりワルシャワ条約機構軍の中欧に対する大規模攻撃やソ連の全面核攻撃よりも，より幅広い不測の事態を重視した選択的な対応」へと軍事戦略を転換することが求められるとの見方が提起された[4]。その

表2-2：レーガン政権期の軍事支出②―各支出項目の対国防総省予算比（％）―

予算年度	人件費	作戦維持費	調達費	研究開発費
1981	27.5%	31.5%	27.3%	9.4%
1982	26.3%	29.5%	30.5%	9.5%
1983	25.6%	27.8%	33.6%	9.5%
1984	25.1%	27.5%	33.4%	10.4%
1985	23.6%	27.1%	33.8%	10.9%
1986	24.1%	26.6%	32.9%	11.9%
1987	26.5%	28.5%	28.7%	12.8%
1988	27.0%	28.8%	28.2%	12.9%
1989	27.0%	29.6%	27.3%	12.9%

出典：OMB, "Historical Tables," *Budget of the United States Government*, Fiscal Year 2007, pp.21-22.

　上で，こうした軍事戦略の転換を進める上で必要な措置として，米ソ間の全面核戦争から第三世界での低強度紛争（Low Intensity Conflict：LIC）まで，幅広い事態に対応するための戦略の統合や先端技術の利用といった方法が挙げられている。中でも軍事技術に関しては，米国の戦略が第二次世界大戦以来，技術的な優越にかなりの程度依存してきたにもかかわらず，現在はかつてほどの優位にはないとの理解に基づき，ステルス技術，宇宙の利用，長距離精密誘導兵器，弾道ミサイル防衛の各分野でのさらなる対ソ技術優位の追求などが求められている。[5]

　しかしこの時期，米ソ間の均衡的な軍縮の試みは，必ずしも米国内における対ソ楽観論に直接つながったわけではなかった。またそれゆえに，核戦争の発生可能性の低下や第三世界の台頭を背景とした戦略転換への要請が，直ちに米国の軍備計画に反映されたわけでもなかった。この時点ではこうした緊張緩和の認識は，米国内において広く受け入れられたものではなかったためである。ゴルバチョフの「新思考外交」，「ペレストロイカ」，「グラスノスチ」といった諸策の意図やその信憑性は依然として明らかではなく，各種軍縮条約をめぐる交渉の見通しや，締結後の履行の信頼性も不透明な状況にあっ

第2章 レーガン軍拡期における通常兵器技術の開発　67

た。国防総省は，一連の軍縮条約交渉に進展が見られた1988年の時点でもなお，財政的制約を受けながらソ連の脅威に対抗しなければならない状況に強い危機感を抱いていた。その中でも特に懸念されていたのが，長らく続く通常兵力のソ連に対する量的劣位であった。

　国防総省では，財政的制約の中でソ連に対する量的劣位を克服していくために，より効率的な投資を狙った国防予算の再配分を進める必要が認められていた。これは，いわゆる第二オフセット戦略の文脈にも位置付けられるものであるが，そこでは米国やその同盟国が安全保障を確保するために，科学技術上の優位にかなりの程度依存し続けなければならないことが明確に意識されたのである。むろん，軍事技術開発はそのために取り組むべき数ある技術関連イシューの中の一つでしかなかったが，同時にもっとも重要なイシューでもあった。1986-89年度の軍事支出の内訳について，1985年以前とは異なる傾向が見られるようになったのは，こうした認識が反映された結果として捉えられるであろう。調達予算への配分が漸減していく一方で，研究開発への投資率は徐々に増加していったのである。特に1987年度予算においては，調達予算が急減する一方，研究開発予算は絶対額，全体に対する割合の両面においてさらに増加し続けた。

　1988-89年度予算では国防予算総額の縮小傾向に一時歯止めがかかった。しかし，行政府が予算のやりくりに苦慮していたことには変わりはない。1989年度の国防予算として行政府から2,908億ドルが要求されたが，それは1987年に計画された2カ年度予算で見積もられた額を330億ドルほど下回るものとなっていた。そのため，行政府では計画内容の大幅な見直しを余儀なくされたのである。計画の見直しは，兵力の削減や調達，研究開発プログラムの延長ないし延期，さらにはいくつかのプログラムの中止を伴った。特に通常戦力分野をめぐっては，近代化のペースを計画よりも遅らせるという方針が明らかにされた。A-6の改修中止や陸軍ヘリコプターに関するプログラム再編はこうした措置の一例である。

　このことは一方で，プログラムの合理化措置によって財政的な困難に立ち向かうという試みが，調達，研究開発を問わず進められたことを示している。しかしその中にあってなお，相対的には研究開発への投資が重視される傾向に変化が生じたわけではない。1989年度予算に関する行政府の要求では，前

年度に比して調達費を縮小する一方，研究開発費の要求はわずかながら増額されている。1980年代後半のこうした傾向の背景として，対ソ戦略上重要な技術開発の指針を提供し，さらには冷戦末期以降の軍事力の技術的基礎を提供することになったのが「競争戦略（Competitive Strategies）」であり，また，科学技術プログラム内で立ち上げられた「バランス・テクノロジー・イニシアティブ（Balanced Technology Initiative：BTI）」である。以下では，これらの取り組みの観察を通じて，当時の軍事技術開発の主な方針とその戦略的位置づけを確認していく。

第2節 通常兵器をめぐる技術開発のコンセプト
―「競争」と「バランス」―

(1) 競争戦略における軍事技術開発の位置付け

　国防総省による議会への年次報告の中で，競争戦略の語が明示されるようになったのは，1986年（「1987, 1988年度予算請求及び1987-1991予算年度国防プログラムに関する報告」）のことであった。[11]むろん，1970年代以来の米ソ間の軍事支出の開き，特に研究開発投資をめぐる格差は，それ以前から米国の国防能力の相対的な減退を招くものとして問題視されていたことであったし，レーガン政権における研究開発への積極的な取り組み自体は競争戦略に始まったことでもない。レーガン政権ではそれ以前から，各種先端技術が軍事戦略上重要な役割を果たすものと位置づけられ，その開発への積極的な取り組みがなされていた。中でも，「科学技術プログラム」を通じては，その後の軍事戦略や軍備計画に影響していると見られる数多くの技術的要素を開発，改善する取り組みが進められていた。

　レーガン政権の科学技術プログラムにはたとえば，高速集積回路，航空機推進技術，短距離離着陸（Short Take-Off/Landing：STOL）技術，先端技術実証型エンジンの開発，誘導技術，ロケット推進技術，センサー，コンピューターとソフトウェアの開発，素材の開発，電子戦技術の発展等が含まれる。また，これらの技術が適用される具体的な兵器システムとして挙げられるものにはその後，冷戦の終焉や財政的，技術的制約からプログラムの妥当性が政治的論争をひきおこすことになるATF，ATA，JVX（Joint-service

第2章 レーガン軍拡期における通常兵器技術の開発　69

Vertical take-off/landing Experimental、後のV-22）等が含まれている。[12]こうした科学技術プログラムを通じた研究開発への取り組みが，長期的なソ連との競争を可能とし，安定的なものにするという目的を達成する方策として，競争戦略の文脈に埋め込まれていくことになったのである。[13]

競争戦略では，特に欧州戦域でのソ連に対する劣位を改善するために，ソ連に対して比較優位のある分野での能力を高めることで，戦略上の優位を獲得することが目指された。競争戦略の適用範囲は，ドクトリンや組織の改革から，調達，研究開発を通じた兵器システムの改善まで幅広いものであったが，そこではとりわけ新技術の果たす役割が大きくなるであろうことが指摘されている。[14]

1987年の議会報告では，米国側に優位のある技術の開発を進めることで，いかにして東側に負担を強いるか，という戦略がより具体的に示されている。たとえば，空軍力の保全に関しては，ソ連の防空能力が世界でもっとも優れていることを認める一方で，レーダー，ナビゲーション，通信，ステルス技術に関しては西側に優位があることを指摘し，当時開発中であったATB（Advanced Technology Bomber，後のB-2），ATF，ATAにこれらの技術を体現することで，ソ連の防空システムを時代遅れのものとすることが可能であると論じられた。[15]さらに，こうした試みはソ連の防空システムの再構築を強いることにつながり，ソ連における他のプログラム予算の削減をも狙うことができるとされている。[16]

また，この年の7月には「競争戦略タスクフォース」において，いくつかの重要な勧告がなされたようである。同タスクフォースでは，北大西洋条約機構（North Atlantic Treaty Organization：NATO）側に優位のある情報の自動処理技術，標的捕捉技術等を積極的に利用し，ソ連に弱みのある領域での競争を強いるという方針のもとで，戦術コンセプトに関する次のような勧告を行っている。[17]第一に，ソ連の航空作戦への対処として，ソ連の主要な作戦基地やインフラに対して無人機による段階的攻撃を行うことが挙げられる。逆に防空の観点からは，NATOの空陸作戦の統合性を強化することが推奨される。第二に，NATOの前方展開兵力に対するソ連の攻撃に反撃するために，長距離かつ機動的な兵器，標的捕捉システム，C^2（Command and Control），すなわち指揮統制の統合ネットワークを構築し，ソ連軍の射程圏

外からの交戦を可能にすることが求められる。第三に、ソ連軍やワルシャワ条約機構軍の管制システムへの対策として、直接攻撃、特殊作戦、欺瞞策を通じて東側の作戦レベルでの通信を封じることが求められる。第四に、ソ連の世界規模、複数戦域作戦への対策が挙げられる。ここでは、ソ連が戦域の複数化、紛争の長期化を嫌忌することに着目し、大規模な統合的通常戦力攻撃を仕掛ける能力を発展させることが推奨されている。これらの戦術コンセプトは全て、無人兵器の利用、長距離兵器、誘導兵器等の新たな、あるいは改善された軍事技術の利用を背景とするものであった。また、自動情報処理、情報統合（intelligence fusion）、電子機器の小型化技術の利用や、ステルス技術、統合 C^3（Command, Control and Communication）システムの強化によって、こうした方策の効果はより一層高められるとされた[18]。このように、競争戦略の文脈においては、軍事技術上の優位の拡大は、あくまでも東側の脅威に対抗することが目的とされていた。

(2) 「バランス・テクノロジー・イニシアティブ」による通常戦力の質的強化

通常兵器分野における技術的改善を目指すBTIは、こうした競争戦略のコンセプトを体現するものとして、1987年度予算に盛り込まれた。同法案のBTI関連条項では、(1) 国防総省の各組織に割り当てられた研究、開発、試験、評価（research, development, test, and evaluation：RDT&E）予算のうち、少なくとも3億ドル以上を通常兵器能力の向上を目的とする研究に割り当てること、(2) 1億5,300万ドル以上を通常兵器技術基盤の再建に振り向けることが義務付けられた。また、(3) これらの予算をSDI関連のプログラムに使用することを禁じる条項が設けられた[19]。

翌年、国防総省のロバート・ダンカン（Robert C. Duncan）研究技術担当部長から議会に対して説明されたところによれば、BTIの軍事戦略上の目的は米国と同盟国の通常戦力レベルを確保することにより、INF全廃条約が進められる中での欧州防衛の能力を維持することにあった[20]。特に、ソ連の継続的な研究開発投資に対抗するために、通常兵器能力の発展に対して、従来以上の支援を実施する必要があったのである[21]。より具体的には、BTIプログラムは次に挙げる五つの通常兵器技術領域において、ソ連との「差異を打ち出す」ことを狙っている[22]。

第一の領域は，精密誘導技術の発展である。その目的は通常兵器に搭載される次世代型の撃ちっぱなし技術，自律的兵器の能力を高めることであるとされる。精密誘導兵器の重要性は，その使用によって短距離，長距離交戦の双方において戦闘能力の倍増が可能であることを根拠に強調されている。この目的を達成するために，センサーの改善，自律誘導，自動的標の認識（automatic target recognition），部品生産の能力を向上させる取り組みが必要であるとされる。

　第二の領域は，「偵察，監視及び標的捕捉（Reconnaissance, Surveillance, and Target Acquisition：RSTA）」／「戦闘管理，通信及び指揮統制（Battle Management, Communications, Command, and Control：BMC3）」技術の発展である。この分野の目的は，通常兵力の戦場における効率性を最大化するために，情報の獲得，処理，伝達，使用にかかわる技術を高めることであるとされる。また，この分野には，情報マネジメント関連の取り組みも含まれている。

　第三の領域は，機甲／対機甲技術の向上である。この分野の目的は，米国とその同盟国の通常戦力の生存能力を増進させ，また，報復攻撃能力を高めることにある。こうした取り組みは，一義的には地上戦力にかかわるものであると位置づけられており，その中には銃器や投射体の改善や新たな兵器コンセプト，地雷／対地雷技術等の改善の試みも含まれている。さらに，このカテゴリーに属するプロジェクトには，当時推進中であった国防高等研究計画局（Defense Advanced Research Projects Agency：DARPA），陸軍，海兵隊のプログラムを補完する役割も与えられている。

　第四の領域として挙げられるのは，高出力マイクロ波（High-Power Microwave：HPM）技術の発展である。この取り組みの第一の目的は，戦術兵器システムやその他の軍装備に関するHPMの効果の包括的な理解を高め，米国戦力の生存性を確保し，潜在的な敵国システムの脆弱性を高めておくことにあるとされる。また，第二の目的として，HPM兵器技術を開発し，将来的な戦術的使用の可能性を確保しておくことが挙げられている。

　第五の領域は「特殊技術」と位置づけられ，上記の四つの領域には分類されないが通常戦略分野において重要であるものとされる。特に頻繁かつ広範に応用可能であり，高い費用対効果を得られると判断された諸技術がこれに

含まれる。代表的なものとしては，爆発性兵器，超電導セラミック素材，そしてより高い誘導能力を持つ巡航ミサイルの開発が挙げられている。

　これらの研究開発の取り組みは，単に中・長期的な技術開発目標として設定されるのみならず，より具体的な軍事ドクトリンの文脈でその重要性を打ち出されている。まず，BTIは陸軍と空軍のエアランドバトル・ドクトリン（AirLand-Battle Doctrine），また，それと同様の要素を多く含むNATOのドクトリンで重視される全ての領域に対して影響を与えうることが強調されている。[23]デジタル地形支援システムの開発，自動的標的認識，高度データリンク，戦闘車両のC^2，高度近接航空支援技術に関するこれらの取り組みは，戦力の迅速性や戦闘のより効果的な統制に寄与するとされる。また，戦力の機動性は，通信システム，偵察システム等の改良によって高められる。米国の通常戦力をめぐる反撃能力は，精密誘導兵器分野における取り組みや高運動エネルギーの開発によって高められることになるとされる。そして海軍の「海洋戦略（Maritime Strategy）」の文脈においては，[24]BTIの諸プログラムは敵潜水艦の位置取りや行動に関する情報を利用することにより米軍の防衛体制を改善し，それによって戦争リスクを低減させるのみならず，敵に対する効果的かつ迅速な反応を促進することになるとされる。また，魚雷や潜水艦の対魚雷兵器，巡航ミサイルや戦術弾道ミサイル，高度な標的捕捉能力，精密誘導技術等も，BTIの取り組みと結び付くことによって発展することになると位置づけられている。

　このように，いくつかの通常兵器をめぐる研究開発のコンセプトは，レーガン政権期に対ソ戦の文脈で立ち上げられた。しかし，技術開発は通常，短期的に成果が得られるものではない。競争戦略のコンセプトのもとでレーガン政権期に計画されたこれらの技術の開発は，多くが次のブッシュ政権に持ち越され，冷戦の終焉を経験することになるのである。次節では，第3章以降の分析の手がかりとして少し時間を進め，1990年度予算をめぐる公聴会においてなされた競争戦略をめぐる議論を取り上げながら，ソ連の脅威の変容に伴って競争戦略とそこでの科学技術の位置づけがどのように問い直されていったのかという点にも触れておきたい。

第3節 競争戦略の見直し

　1989年3月，下院軍事委員会で競争戦略に関する公聴会が開かれた。ここでは競争戦略のコンセプトを，今後どのように国防戦略や戦術ドクトリン，軍備政策に適用していくべきか，また，その際のメリット，デメリットは何かということが論点になっている。国防総省の見解では，この時期においてもなお，競争戦略における最大の仮想敵はソ連であった。そこでまず証言したのは，委員会の冒頭に「しばしば競争戦略の父と呼ばれる」人物として紹介された[25]，国防総省ネットアセスメント局長のアンドリュー・マーシャル（Andrew Marshall）であった。マーシャルによれば，「米国とソ連は，ともに限られた資源の中で軍事力の取得と運用を行っていくことになる」という状況のもと，すでにソ連はMTRの到来に対して反応する意図を見せつつあった。そのため，米国は対ソ戦略の文脈において，軍事力の効率性をより一層高めることが求められていた。[26]

　そのための手段として，軍事技術の有効な利用は欠かせないものであった。デニス・クロスキ（Dennis Kloske）国防副次官は「競争戦略報告書」の要旨として，対ソ戦略・戦術上の軍事技術の役割について以下のように証言している。

　　低視認性（low-observable）のプラットフォーム，精密かつ長距離で運用可能な機動的システム，そして自動操縦技術の複合的な利用が，1990年代にワルシャワ条約機構に対するNATOの優位をもたらすものとなる。こうしたスタンド・オフ能力の発展，配備は，NATOの指揮官に戦術的な柔軟性と長射程の火力をもたらし，ソ連の脆弱性に付け入ることができるのである。システム・オブ・システムズのアプローチは，これらの競争的技術を効果的に利用するに当たり，決定的に重要なものである。統合C^3I（Command, Control, Communication, and Intelligence）は戦域レベルの標的捕捉の重要な基礎となるものである。[27]

　こうした軍事技術の位置づけを見ると，後のRMAをめぐる議論やJV2010，「四年ごとの国防政策見直し（Quadrennial Defense Review：QDR）」等の政策

文書においてもしばしば言及される諸概念が，この時期に「競争戦略」の文脈ですでに政策上の要請として提言されていたことがわかる。しかしそれはこの時期，あくまでもソ連の軍事力に対抗するための戦略として正当化されるものであった。それゆえに，ソ連の脅威が後退しているとの認識が高まっていくにつれて，こうした諸概念やそれを実現するための諸技術の必要性が，繰り返し問い直されていくことになる。

　すでにこの時期にも，一部の議員からは競争戦略の妥当性やその内容を疑問視する声が上がっていた。たとえば，競争戦略は複数の議員から，官僚主義的な調達や技術開発の正当化に用いられているのではないか，という疑念を呈されていた。中でも，下院軍事委員会の委員長を務めていたレス・アスピン（Les Aspin）議員は，競争戦略が提起されるに至った当時の環境が変化しているのではないかという疑念を，国内外の変化に触れつつ示していた。まず，ソ連に対する量的劣位という前提が崩れ始めている。また，軍備管理の提案がなされ，防衛的な方法で軍事力の規模縮小が模索される状況にもある。そして，米国の国防予算が増加していくことはなくなり，良くて横ばいの状況が続くようになる。その結果として，「競争戦略への要請は低下していくことになる」かもしれない。特に研究開発については，競争戦略が「単に従来のプログラムを再パッケージ化し，正当化するためのツール」となっている可能性があることを指摘している。

　同時に，競争戦略の具体的な内容について疑義が向けられることもあった。たとえば，なぜ研究開発の投資先がプラットフォームばかりで，精密誘導兵器やソフトウェアといった要素への投資が疎かになっているのか，短射程兵器と長射程兵器のバランスをどのように考えるべきなのか，いかなるプログラムが競争戦略と関連付けられるべきであるのか。これらの論点については，少なくとも国防総省と議会の間の見解の不一致は依然として解消されずに残されていた。加えて，ソ連の脅威にどのように対処するべきかという疑問と同時に，他の脅威に対してはどのような方策を取るべきなのかを考えるべきであるという主張もなされていた。つまり，競争戦略を中心とする戦略がソ連に焦点を当て過ぎているという点も，問題視されるようになってきていたのである。

　このように，1989年初頭の議論における競争戦略への要請は，国防総省が

主張するほどに自明のものでもなければ，揺らぎない指針として認められたものでもなかった。また，研究開発への取り組みに関しても，いかなるプログラムに資金を投じるかはしばしば論争の対象となっていた。こうした状況は，意見の対立というよりもむしろ，グレアム・アリソン（Graham Allison）やロバート・ヘレス（Robert T. Herres）統合参謀本部副議長が証言したように，競争戦略が未完成の戦略であり，細部については依然として分析の段階にあるという実情に起因していたのかもしれない。[32] しかしいずれにせよ，この段階では国防総省や軍が競争戦略の文脈で研究開発プログラムを正当化しようとする限り，その事由としてはソ連の脅威を前面に打ち出すよりほかはなかったのである。

第4節　小括

　競争戦略や，そのコンセプトを体現する形で進められたBTIは，軍事技術の利用を対ソ戦略上の文脈に明確に位置付け，その開発の正当化に一役買ったという点で重要であった。これらの戦略やイニシアティブにおいて重視される軍事技術は，冷戦末期以降の政策過程においてもしばしば議論の対象として登場することになる。とりわけ，冷戦後のRMAが戦略兵器分野よりも通常兵器分野において強く認識されるようになったという点では，通常兵力の強化を狙ったBTIは，その後の安全保障戦略に技術的基礎を提供するものとして重要であったといえよう。

　レーガン政権後期の軍拡に見られるこうした研究開発への志向は，一方ではソ連の軍事技術の将来的な発展に備えるべく高まったものであった。米国ではソ連の継続的な技術開発への投資が脅威として認識され，また，当時ソ連において進展しつつあると見られていたMTRへの反応が求められたのである。これが米国における軍事技術開発への積極的投資につながったとすれば，それは従来の作用・反作用モデルの予測に沿ったものといえるだろう。しかし他方で，この時期までに見られた先端技術の追求が，質的側面での優越によって量的側面での劣位を相殺し，ソ連との間の「総体的な」パワーの不均衡を是正しようとする試みとして位置づけられていたことは見逃しえない。特に競争戦略の文脈では，相対的優位にある領域として軍事技術の利用に焦

点が当てられていた。いい換えるならば，少なくともレーガン政権後期においては，ソ連に対して軍事技術上の優越があるからこそ，量的劣位を相殺するために質的（＝技術的）分野への投資を積極的に進めたということになる。レーガン政権期の通常兵器開発のこちらの側面に焦点を当てるのならば，量的劣位に対して質的優位をもって対抗するという措置は，必ずしも冷戦期の米ソ間関係を中心にモデル化されてきたような対称的な作用・反作用関係として捉えられるものではない。

　ここで重要なのは，ソ連側にある量的優位を相殺するために，米国側では質の向上を目指すという「選択」をしたということである。このような選択に際して見逃しえない背景となっていたのが，財政的な制約が強くかかる状況下において大幅な国防予算の拡大が見込めなくなりつつあったことであった。レーガン政権前期に大規模な調達を行っていたことで，政権後期からその後にかけて，「調達の休日（procurement holiday）」と呼ばれる時期に入っていった。しかしそれは，少なくとも冷戦末期には，ソ連の脅威に対して十分な軍事力が確保されていたことを必ずしも意味するわけではない。実際には，量的な劣位の問題が大きな懸念事項となっていたのである。量的軍拡の作用・反作用モデルに依拠するならば，量的劣位に対しては，やはり量的軍拡をもって対抗するといった方針が立てられる可能性もあっただろう。にもかかわらず，大規模な調達の継続ないし再拡大ではなく，比較優位のある技術分野への投資を進める形で，ソ連との間でいわば非対称戦略をとったのは，双子の赤字に起因する国防予算縮小の圧力を背景として生じた，国内政治上の選好の結果であったと見るほうが適切である。つまり，米国は量的，質的軍拡の双方に予算を振り向けるだけの財源を確保することができなかったのである。量的軍拡競争の側面だけに，あるいは質的軍拡競争の側面だけに着目する議論では，こうした量的優位に質的優位をもって対抗する非対称戦略の採用という側面を捉えることはできない。

　しかしむろん，軍事力の量的不均衡を是正するために，軍事力の質的な差異を利用する戦略は，レーガン政権期に特殊なものではない。「最小限の費用で最大限の安全保障」の獲得を目指す，アイゼンハワー（Dwight D. Eisenhower）政権期の大量報復戦略がその典型例である。この時はソ連の通常兵力の量的優位に対して，同じく通常戦力のみで対抗するのではなく，核兵器に由来す

る抑止力を最大限活用することになった（第一オフセット戦略）。また，本章で論じたレーガン政権期の取り組み自体も，さかのぼれば1970年代に展開された対ソ非対称戦略の延長線上に位置づけられることになる（第二オフセット戦略）[33]。第3章以降の議論を先取りするならば，実際にこうした量と質の関係は，その後の軍備計画の決定に際してもしばしば，しかし明確な脅威への対応が想定されにくいという点ではやや異なる形で，重要な政治的論点となるのである。

　では，いかなる技術を開発するかという点についてはどうか。第1章で述べたように，マクロな視点から軍拡の推進が不可避であることを論じる従来のモデルのみに基づくならば，技術の増分がいかにして決まるのかを十分に説明することはできない。しかし，少なくともここでは，「競争戦略」に基づいてソ連に対して優位にある技術分野への投資を進める，あるいはエアランドバトル・ドクトリンなどの戦術ドクトリンの要請を満たすような研究開発投資を進めるといった形で，すでに明確な方針が存在していたことが，技術の開発の方向性を決定する上で大きな役割を果たした，ということはいえるだろう。

　だが，1989年以降にソ連の脅威が後退しつつあることを示唆するような出来事が次々と発生するにつれ，軍事支出の正当性，妥当性はますます論争の的になっていくことになる。ここで検討した競争戦略の見直しに関する議論はその一端に過ぎない。軍や国防総省，議会における議論は，徐々にソ連の脅威を前提としたものではなくなっていった。その結果，レーガン政権期に対ソ戦を想定して計画された軍事技術やそのコンセプトは，徐々に見直しを迫られるようになっていく。次章でさらに詳しく検討していくように，ブッシュ政権期になると，研究開発と調達には異なる傾向があらわれていった。1990年度予算では研究開発と調達にそれぞれ大きな変化はなかったものの，その後は研究開発への投資額が維持されていったのに対して，調達費は激減していくことになった。

　このような状況下で，対ソ戦略の文脈で計画されてきた研究開発プログラムへの投資は，いかにして正当化されていったのか，その際に，本章で述べたような軍事技術開発への取り組み，その結果として高まりを見せた技術的可能性が，冷戦の終焉と前後した政治状況の変化とどのような形で結び付け

られていったのか。これに対して，調達に対する投資はどのような根拠のもとで否定されていったのか。これらの問いを明らかにするのが，次章以降の課題である。

注）

1) ただし，この時期にはこうした立法が必ずしも実効的に赤字削減を達成していたわけでもなかったようである。財政赤字縮小を目指す諸法については以下を参照。渡瀬義男，片山信子「アメリカの会計監査院と議会予算局―財政民主主義の制度基盤―」渋谷博史，渡瀬義男編『アメリカの連邦財政』日本経済評論社，2006年，45-48頁。
2) Reagan, Ronald, "Inaugural Address," January 21, 1985.
3) レーガンの外交上の態度については，実際にレーガンが対ソ強硬姿勢をとったのは1983年までであり，その後は対ソ協調姿勢に転じたことも指摘されている（ただし，SDIが対ソ協調を妨げたことも，同時に指摘されている）。Fischer, Beth A., "US Foreign Policy under Reagan and Bush," in Leffler, Melvyn P., and Odd Arne Westad (eds.), *The Cambridge History of the Cold War*, volume III, 2010, pp.267-288.
4) The Commission on Integrated Long-Term Strategy, *Discriminate Deterrence*, January 1988, p.2. ここでは，軍事力は経済力に反映するとの見方から，日本の経済力の高まりが懸念され，また，中国についても経済大国の軍事大国化は必然であるとして，2010年までには中国は世界第二位ないし第三位の経済力を保有する可能性があり，十分に超大国になりうるとの見通しが示されている。*Ibid.*, pp.6-7.
5) *Ibid.*, pp.45-55.
6) Carlucci, Frank C., Department of Defense, *Report of the Secretary of Defense to the Congress on the Amended FY 1988/FY1989 Biennial Budget*, February 18, 1988, p.121.
7) これ以前に展開されていた「競争戦略」の経緯については，Chin, Simon, "The United States, 1969-1980," in Krepinevich, Andrew, Simon Chin, and Todd Harrison, *Strategy in Austerity*, Center for Strategic and Budgetary Assessment, 2012, pp.36-79を参照。
8) Carlucci, *op.cit.*, pp.64-65.
9) 科学技術上の優位を利用するために，一方では依然としてソ連圏への技術移転の防止が重要であるとされていた。特に，この時期には東芝機械のココム違反事件が発覚したこともあり，包括的な技術安全保障の試みが不可欠とされていた。しかしそれは，あくまでも研究開発投資の費用対効果を高めるという文脈に結び付けられていた。*Ibid.*, pp.102-103.
10) OMB, *Budget of the United States Government*, Fiscal Year 1989, 2b-2.
11) Weinberger, Caspar W., Department of Defense, *Report of the Secretary of Defense to the Congress on the FY 1987 Budget, FY 1988 Authorization Request and FY 1987-1991 Defense Programs*, February 5, 1986, p.86.
12) たとえば，以下の年次報告書における「科学技術プログラム」の項を参照。Weinberger, Caspar W., Department of Defense, *Report of the Secretary of Defense to the Congress on the FY 1985 Budget, FY 1986 Authorization Request and FY 1985-89 Defense Pro-*

grams, February 1, 1984, pp.260-262; Weinberger, Caspar W., Department of Defense, *Report of the Secretary of Defense to the Congress on the FY 1986 Budget, FY 1987 Authorization Request and FY 1986-90 Defense Programs*, February 4, 1985, pp.264-267; Weinberger, *op.cit.*, 1986, pp.256-260; Weinberger, Caspar W., Department of Defense, *Report of the Secretary of Defense to the Congress on the FY 1988/FY 1989 Budget and FY 1988-92 Defense Programs*, January 12, 1987, pp.246-249; Carlucci, *op.cit.*, pp.271-274.

13) Weinberger, *op.cit.*, 1987, p.246.
14) *Ibid.*, p.87.
15) *Ibid.*, pp.66-67.
16) *Ibid.*, pp.66-68.
17) Carlucci, *op.cit.*, 1988, pp.115-117.
18) *Ibid.*, pp.117-118.
19) Public Law 99-661, "National Defense Authorization Act for Fiscal Year 1987," Sec. 222., November 14, 1986. ただしその内訳については，国防総省の研究技術担当部長の裁量により，各組織の負担能力に鑑みて分配することとされた。翌年の公聴会で，ダンカン研究技術担当部長は，各軍が6割，その他の組織が3割を負担すると述べている。
20) Duncan, Robert C. (Director of Defense Research and Engineering), "DoD Statement on the BTI to the Committee on Armed Services," April 11, 1988, Defense Technical Information Center, Accession No.ADA191841, p.17.
21) Carlucci, *op.cit.*, pp.271-272. また，同年の報告書の中では，通常兵器分野に関しては90年代の中国の近代化が警戒されてはいるものの，継続的な研究開発への投資を進めているソ連が，脅威としては依然として支配的であり続けることが指摘されている。*Ibid.*, pp.28, 35.
22) Duncan, *op.cit.*, pp.12-16.
23) エアランドバトル・ドクトリンは，特に欧州における通常戦を目的として策定された戦闘戦術である。BTIの文脈では重視すべき基本的要素として，戦闘の先制性，迅速性，深度，同期性が挙げられている。また，より広い戦域を網羅するための高い機動性や反攻能力，深い位置での作戦能力，正確かつ集中的な火力の使用，空陸戦力の調整が重要であるとされている。
24) 1986年1月に公表された「海洋戦略」では，ソ連との戦争が勃発した場合にソ連領海内の海軍を攻撃する旨が規定されており，NATOの陸上兵力に対するソ連の欧州中央正面への圧力を軽減するために海軍を利用するという側面を有していた。石津朋之「シー・パワー——その過去，現在，将来—」立川京一他編『シー・パワー——その理論と実践—』芙蓉書房出版，2008年，42-43頁。
25) Aspin, Les (House, Wisconsin-D, Chairman of the House Committee on Armed Services), "Competitive Strategies," March 2, 1989, p.1.
26) Marshall, Andrew (Director of Net Assessment, Office of Under Secretary for Policy, Department of Defense), "Competitive Strategies," March 2, 1989, pp.6-9.
27) Kloske, Dennis (Deputy Under Secretary for Planning and Resources, Department of Defense), "Competitive Strategies," March 2, 1989, p.45.
28) たとえば，Aspin, "Competitive Strategies," March 2, 1989, p.28; Kasich, John R. (House, Ohio-R), "Competitive Strategies," March 3, 1989, p.79.

29) Aspin, "Competitive Strategies," March 2 and 3, 1989, pp.36, 71.
30) Aspin, "Competitive Strategies," March 3, 1989, pp.71-73; Kasich, "Competitive Strategies," March 3, 1989, p.98.
31) Sisisky, Norman (House, Virginia-D), "Competitive Strategies," March 2, 1989, p.32.
32) Allison, Graham (Dean, John F. Kennedy School of Government, Harvard University), "Competitive Strategies," March 2, 1989, p.32 ; Herres, Gen., Robert T. (U. S. Air Force, Vice Chairman, Joint Chiefs of Staff), "Competitive Strategies," March 3, 1989, p.72.
33) これら「オフセット戦略」は，近年オバマ政権下で「第三のオフセット戦略」が提起されたことに伴い，改めて概念的に整理されたもののようである。その概要については，齊藤孝祐「米国のサードオフセット戦略―その歴史的文脈と課題―」『外交』vol.40，都市出版，2016年，80-86頁，森聡「米国の『オフセット戦略』と『国防革新イニシアティブ』」日本国際問題研究所『米国の対外政策に影響を与える国内的諸要因』2016年，53-67頁などを参照。

3章 脅威の変容と軍備の論理
―1989年―

　レーガン政権期に進められた安全保障分野における研究開発への取り組みは，ブッシュ政権期に引き継がれ，折に触れてその是非を問われていくことになる。ゴルバチョフによる軍備削減宣言を契機として加速した米国内における対ソ認識の変化は，軍事支出の妥当性の再検討を促していく大きな要因となった。さらにこの時期は，レーガン政権期の軍事政策，経済政策の負の帰結である財政赤字の増大が，軍事支出の大幅な見直しを迫った時期でもあった。

　1989年度までの数年間，国防予算はこうした状況を反映して縮小を続けていた。だが，行政府が提起した1990年度予算要求は，前年度の予測額を下回ってはいるものの，それまでの国防予算縮小の傾向をわずかながら覆すものとなっていた。行政府では，過去の国防予算の縮小が調達量の低下や新兵器開発の遅延，装備品のメンテナンスの遅れなどを招いたことを問題視し，国防予算の再拡大を狙ったのである。同時に，兵器取得プログラムの合理化を進めることも目的の一つとされた。調達プログラムの延長を避け，優先度の低い六つのプログラム及び五つの弾薬生産を中止することによって2カ年で10億ドル以上の節約を狙う一方，AH-64，F-14，F-18の調達やA-12の研究開発など，各軍で高い優先順位を与えられているプログラムの継続が求められた。[1]

　むろん，たとえこうした過去の予算縮小が米国の軍事力に影響を与えていたとしても，それ自体は予算の傾向を覆す理由としては十分ではない。特に，兵器システムの軍事的価値を評価する際には，戦略や脅威の動向が重要な指針となるためである。加えて，前年度まで国防予算削減の重要な根拠となってきた財政の動向が，この年になってから急激に改善したわけでもなかった。1988年のCBOによる調査では，現在の米軍が規模を維持したまま近代化を

表3-1：ブッシュ政権期の軍事支出①―項目ごとの支出額（100万ドル）―

予算年度	人件費	作戦維持費	調達費	研究開発費	国防総省合計*
1989	78,477	86,179	79,390	37,526	290,790
1990	78,876	88,361	81,375	36,455	292,946
1991	84,213	117,176	71,739	36,189	276,146
1992	81,221	93,668	62,952	36,619	282,074
1993	75,974	89,100	52,787	37,761	267,128

注*：軍事建設費等を除いているため，各項目の合計とは一致しない。
出典：OMB, "Historical Tables," *Budget of the United States Government*, Fiscal Year 2007, pp.21-22.

表3-2：ブッシュ政権期の軍事支出②―各支出項目の対国防総省予算比（%）―

予算年度	人件費	作戦維持費	調達費	研究開発費
1989	27.0%	29.6%	27.3%	12.9%
1990	26.9%	30.2%	27.8%	12.4%
1991	30.5%	42.4%	26.0%	13.1%
1992	28.8%	33.2%	22.3%	13.0%
1993	28.4%	33.4%	19.8%	14.1%

出典：OMB, "Historical Tables," *Budget of the United States Government*, Fiscal Year 2007, pp.21-22.

進めれば，国防予算を5年の間，平均で実質1％から4％増額していく必要があると結論付けられていた[2]。

　当時の財政状況を考えれば，このような国防予算増加の見通しは楽観的に過ぎるものであった。だが，実際に国防予算の絶対額が大きく縮小を始め，特に調達費が大幅な削減の対象となったのは1991年度予算以降のことであり，1990年度予算は前年に対して微増し，調達と研究開発の比重も大きく変化することはなかった［表3-1；3-2］。本章では，冷戦終焉直前に高まった脅威再評価の機運，そして厳しい財政状況の中で，なぜ国防予算に大きな変更が「生じなかったのか」を明らかにしていく。

第1節 脅威認識と軍事支出の価値

　行政府や議会は，1980年代末に起こったソ連の脅威に対する評価の変容，また，それと並行して高まりつつあった第三世界の脅威をどのように見ていたのか。また，その脅威評価は調達や研究開発をめぐる議論と，どのような形で結び付けられていたのだろうか。ここではまず，脅威の観点からこの時期の国防予算をめぐる根拠と，そこにあらわれた議論の対立軸を検討していく。

(1) 対ソ認識と研究開発・調達の論理

　1980年代後半，東西間の緊張は徐々に緩み始めていた。ソ連は軍事費を徐々に縮小させており，同時に東西両陣営間の軍縮交渉も進展しつつあった。また，1987年のINF全廃条約調印やSTART交渉は，東西間における戦略兵器軍縮の可能性を示唆するものであった。同時に通常兵器に関しては，CFE条約を通じて量的削減の見通しが立ちつつあった。さらに，1988年12月にはゴルバチョフが一方的に戦力削減を表明したことで，冷戦は徐々に終焉に向かっていた。

　このような状況下，米国側でもソ連をどのように再評価すべきか，という点が問題となった。1989年1月に大統領に就任したブッシュは，当初から共産主義や全面核戦争の脅威が後退しつつあるという理解を示し，世界的な同盟関係や友好関係を継続しつつソ連との新しい緊密な関係を継続していくべきことを主張してきた。ホワイトハウスはその後も，少なくとも表向きには，依然としてソ連は強大な軍事的能力を有しているというただし書き付きながらも，「封じ込め政策を超えて」1990年代に向けた新たな政策を考える時期が来ていること，ソ連を国際社会の一員として迎えるべきであることを，公式に，繰り返し表明するようになっていた。しかし，国防総省が軍備計画をめぐって議会に示した見方は，ホワイトハウスがいうところの「封じ込め政策を超え」た変化を求めようとする意図よりも，ソ連が依然として強大な軍事力を有しているという，ただし書きの方に重きを置くものであった。

1-1 ソ連の脅威をめぐる国防総省の見解

　当時，国防長官を務めていたリチャード・チェイニー（Richard B. Cheney）は，1990-1991年度予算に関する上院軍事委員会の公聴会において，「現在のところゴルバチョフに悪意はなさそうである」と述べつつも，あくまでも米軍の能力を維持する必要があるとの主張を繰り広げていた。チェイニーによれば，ソ連の政治情勢は依然として不安定なものであり，ゴルバチョフの登場以来の政治的な変動は容易に逆転しうるものであったためである。このようなソ連の政治情勢への懸念は，質，量の双方において，ソ連が依然として強力な軍事力を有しているという問題意識によってさらに高められた[6]。つまり，ソ連政治の動向によっては，軍事的な危機は容易に再燃しうるものとみなされたのである。このような国防総省の脅威認識からすると，米国は軍縮を進めるにしても，それは慎重かつ緩やかになされなければならないものであった。そのためには少なくとも，1970年代に生じたような軍事力の空洞化は避けなければならないものと理解された[7]。

　もっとも，この時期には一部の軍事専門家から，ソ連の脅威が後退しつつあるという前提のもとで，今後の米軍のあり方を考えなければならないとする主張がなされていたことも確かである。たとえばスティーブン・ビドル（Stephen D. Biddle）は，国防政策パネル（Defense Policy Panel）の「変容する脅威のもとでの米国防予算」と題する公聴会において，ゴルバチョフの軍備削減宣言によって，米国の国防費の不足問題を解決するための選択肢が数多くある中で，軍の規模を相当に縮小することを考えねばならなくなっていると証言している[8]。

　しかし，上記のような国防総省の見解からすれば，このような専門家の意見は必ずしも受け入れられるものではなかった。ポール・ウォルフォウィッツ（Paul Wolfowitz）国防次官（政策担当）は，同パネルの翌日の公聴会において，そもそもソ連の脅威の動向が依然として曖昧であることに加え，過去にソ連が軍拡に邁進してきた間，米国の方では国防予算を削減してきたことが問題であるとの反論を展開し，ソ連の変化がかなりの程度揺り戻しの可能性をはらんでいる現状で，米国の方でソ連の復活を招いてしまうような不可逆的な変化を迎えてしまうのが「最悪の事態」であると述べている[9]。つまり，ソ連の脅威の変容を一定程度認めつつも，そこには依然として高いリス

クが存在しており、従って米軍の能力はなお維持されるべきであるというのが、議会に対して説明された国防総省の見解であった。

1-2 各軍の対ソ認識と脅威評価の根拠

　ソ連の脅威は依然として楽観を許さないものであり、それゆえに米軍の能力はなお維持されるべきであるという見方は、軍にも共有されたものであった。陸軍のカール・ヴォノ（Carl E. Vuono）参謀総長は、ソ連の根本的な変化を認め、それが米国や世界に対して有益なものであるとしながらも、同時にNATO陸軍の欧州地域における量的劣位と、地域展開能力の不足に対する懸念を表明している。そのため、世界規模の戦争が発生すれば、湾岸地域やアジア等の地域と米国本土を防衛することは可能であるものの欧州の防衛は不可能であり、これ以上の軍事規模の縮小を進めることはできない、というのが陸軍の立場であった。[10] こうしたソ連の脅威に対する評価の慎重さが、少なくとも統合参謀本部（Joint Chiefs of Staff：JCS）レベルでの共通見解だったことは、海軍、空軍、海兵隊の将官らの証言から推測することができる。当時の統合参謀本部議長であった海軍のウィリアム・クロウ（William J. Crowe, Jr.）によれば、クレムリンの軍縮宣言は重要ではあるが、それは「ソ連のパワーの瑣末な部分にかかわるものにすぎ」ず、「50万人規模で軍を縮小した後ですら、ソ連の現役兵力はおよそ460万人にのぼり、さらに世界最大規模の兵器保有国」であることに変わりはなかった。[11] 空軍参謀総長のラリー・ウェルチ（Larry D. Welch）も同様に、米国が「依然としてソ連の全面的な脅威に直面している」との見方を議会に対して明らかにしていた。[12] アルフレッド・グレイ（Alfred M. Gray Jr.）海兵隊総司令官は、昨今のソ連の動向が意味するのは、脅威の「後退ではなく変化」なのだと主張し、[13] 以下のような見解を表明している。

　　ゴルバチョフ書記長によるイニシアティブの直接的な帰結として、重要な変化が訪れた。（中略）だが、同時にグラスノスチ、ペレストロイカ、一方的な戦力削減、そして防衛的ドクトリンのみ採用するとの宣言にもかかわらず、一つの事実が残されている。それは、自国の影響力や政治形態を世界中に拡張させていこうというソ連の意図である。[14]

ここで重要なのは，各軍がソ連の脅威に対して下した評価の，より具体的な根拠である。ソ連が脅威か否かというだけでなく，いかなる根拠からソ連を脅威とみなすのか。この点をどう評価するかによって，調達，研究開発の位置づけが大きく変わってくるためである。一つには，上記のグレイの見解に見られるように，この時期にはゴルバチョフによる一連の改革や一方的軍縮宣言が，米国の冷戦戦略の再考を促す契機となりつつあったにもかかわらず，ソ連の「意図」に対する疑念が払拭されたわけではなかったことも重要である。しかし，米軍の将来的な戦力をいかなる形で構築していくべきかという問題を考える上でさらに重要視されていたのは，ソ連の国力，さらには軍事的「能力」がどのような形で評価されていたかという点であった。当時，ソ連に対する再評価の動きが無条件に脅威の後退という認識や，軍縮の推進という結論に至らなかった軍事的能力上の根拠として，大きく分けて次の四つの点が挙げられる。

　第一に，「新思考外交」等に代表されるゴルバチョフの「意図」の問題のみならず，むしろソ連の「能力」が依然として強大なまま存在し続けていることに対して，少なからぬ懸念があったことである。上述のように，クロウ統合参謀本部議長は，米ソ間の兵力バランスが大きく変化したわけではないことを懸念していた。海軍からは特に，海防上の問題としてソ連の艦船保有数は縮小しているものの，その能力は幾分か上昇しているとの見解が示された[15]。このようなソ連の能力に対する懸念は，ソ連の意図に対する信頼性の問題ともあいまって，米国側に急激な軍縮を躊躇させる一因となった。ゴルバチョフが仮に失脚することになれば，その後継者が米国に対して敵対的姿勢を取る可能性も排除できず，従って米国はソ連の能力をも注視しなければならなかったのである[16]。

　第二に，能力の問題に付随して懸念されていたのは，ソ連において軍事技術革新を求める動きが見られたことであった。この時期には，ソ連の量的劣位を相殺する必要はなくなったため，軍事技術開発への投資も不要となり，研究開発総額を半減させてその資金を国民に還元すべきであるとの見解も一部の専門家から示されていた[17]。こうした見方は，そもそもレーガン政権期には軍事力の量的劣位を相殺することを一義的な目的として研究開発に対する投資が進められていたことを考えれば不思議なことではない。しかし米軍では，

ソ連内部でRMA（MTR）を追求する動きがあることへの警戒が高まっていた[18]。同時に，ソ連が軍事的に技術開発志向，科学技術志向を高めることで量的側面のみならず，質的側面においても優位を得ようとしており，それによって米国側がそれまでに保持してきた質的な面での優越が損なわれるとの懸念もあった[19]。さらに，このようなソ連における軍事技術革新の追求を米国が認識していたことは，当時進められていた米ソ間軍縮の効果にも疑問を投げかける根拠となっている。陸軍のヴォノらによれば，軍縮宣言以降にソ連の戦力近代化の試みが停滞したことを示す証拠は何もなく，軍縮によって量的劣位の問題が緩和されたとしても，今度は質的劣位の問題が残ることになるというのが，その理由であった[20]。ソ連の軍事技術革新を警戒する立場から見れば，米国は時間のかかる研究開発を継続的に進め，長期的なタイムスパンで能力の向上を図ることで，将来のソ連の復活に備えなければならなかったのである。

　第三の懸念材料は，長期的な軍事力の動向を予測する場合に，ソ連の変化の象徴として一部では好意的に受け止められていたペレストロイカが，実は将来的な軍事的脅威につながる可能性があると理解されていたことであった。このような見方からすると，ペレストロイカというのは短期的な国防能力の犠牲に基づく経済，技術基盤の立て直しであるということになり，それが長期的にはソ連の国防能力の再建，ひいてはより強大なソ連軍の構築につながるという議論になる[21]。海軍のトーマス・ブルックス（Thomas A. Brooks）情報局長は，ソ連の動向を評価することの困難さを認めつつも，ソ連のペレストロイカの結果として米国海軍が近い将来に「過去に比して幾分小規模だがより高度で，全体的には高い能力を有した脅威」に直面することになると論じている[22]。このような懸念が示すように，ペレストロイカの動向は，上記の軍事技術革新の成否をどう見るか，という点にもかかわってくる重要な問題であった。加えて，このような見方は，米ソ間軍縮交渉におけるソ連の意図への疑念をも投げかけることになった。一部では，軍縮はソ連にとって，米ソ間の軍事的均衡を失わずに負担を軽減し，ペレストロイカを推進していくための方策にすぎないとも理解されていたためである[23]。

　これらの三つの懸念がソ連の動向に関するものであったのに対して，第四の問題は，むしろ米国側の軍事的能力の不足にあった。そもそも脅威認識が，

他国のパワーと自国のパワーとの相対的な関係として決まるものであるとすれば，ソ連の脅威を依然として大きなものとして理解する上記の主張が，米軍の側の弱体化を問題視する議論と密接に結び付いているのも当然のことであった。中でも，海軍では他軍に比して能力不足をめぐる懸念が顕著であった。カーライル・トロスト（Carlisle A. H. Trost）海軍作戦部長によれば，海軍では航空機，艦船の双方で適切な数量を確保できていないことが問題視されており，「ソ連の脅威が後退する可能性が，このような軍の整備の遅れを受容可能なものとしている」に過ぎないのが現状であると考えられていた。[24] また，陸軍からも表明されていたように，軍事的な能力が不足している結果として，万が一ソ連との間の軍事バランスが崩れた場合には，受け入れがたいレベルの軍事的リスクを負う可能性があることも，大きな問題の種であった。[25]

むろん，第2章で述べたように，米国がソ連に対して量的劣位に置かれていることは，それまでもしばしば問題とされてきたことではあった。レーガン軍拡における研究開発への投資は，このような状況に対処するための一つの方策として位置づけられていた。しかしこの問題は，量的軍縮に関する米ソ間交渉が進みつつあり，ソ連の脅威の再検討が進む状況下でなお，検討すべき課題として残されていた。その理由の一端はいうまでもなく，ソ連の脅威の動向が依然として予断を許さないものであるとの認識に由来するものではあったが，同時に懸念されていたのは，脅威の動向にかかわらず，そもそも米軍には最低限の任務を遂行するに足るだけの装備が欠けているという点であった。1986年の「ゴールドウォーター・ニコルズ国防総省再編法」の制定は，一方で軍組織の合理化を進めたが，他方ではより多くのプログラム，より高度な技術を通じて，より少ない兵員により大きな負担をかける原因となっているとも理解されていた。[26] 海軍のトロストは，こうした米国側の軍事レベルの低下によって，これまでに計画されていた任務をより少ない兵力で実施しなければならなくなることへの懸念を示していた。[27] 軍事力にすでに不足が見られる状況においてさらに人的縮小，兵器削減を進めることは，各軍に深刻な影響をもたらすものと理解されていたのである。

1-3 議会のソ連観

　国防総省や軍のこのような慎重論は，多くの議員の国際情勢認識とも概ね

一致するものであった。議会においても、ソ連の再評価には慎重な姿勢が示されていた。当時下院議員として国防政策パネルの議長を務めていたアスピン議員は、下院軍事委員会の公聴会において、ゴルバチョフの政策をめぐって議会内に生じている思考が、反共という「初志を貫くもの（"stand pat"）」と軍縮の「機会を捉えようとするもの（"seize the opportunity"）」の二つに分かれていると述べた。このようなアスピンの言葉を、この時期の脅威認識の揺らぎを端的にあらわすものとして捉えるならば、少なくともこの時期には、ソ連の評価が決定的な脅威を投げかけるものから、脅威であるかどうかを再検討すべきであるというレベルまでやわらぎつつあったということはできるだろう。だが、議会においてはソ連が「変化しつつある」ということは一定程度認められつつあったものの、それでもなお警戒すべき脅威とみなす動きが強く残っていた。ストローム・サーモンド（Strom Thurmond）上院議員は、前年にソ連の国防費が３％増加していることを理由に、ゴルバチョフの登場が具体的な軍備縮小の試みを伴っていないとの判断を示していた。また、アラン・ディクソン（Alan J. Dixon）上院議員はブッシュ大統領による軍事力の追加削減案を慎重に見直すよう国防総省に手紙を書き送ったことを明らかにし、とりわけ、陸軍と海兵隊については追加削減を認めるべきではないとも述べている。

議会でも国防総省や軍と同様に、ソ連側の軍事動向のみならず米国側の軍事力の不足が問題視されていた。このことは、ソ連の脅威を強調する議員らの見解をより説得力のあるものにした。ジョン・ワーナー（John Warner）上院議員は、確かにソ連は友好的になりつつあるとしながらも、キューバやニカラグアへの支援が続いていること、ベルリンの壁がまだ残っていることを問題視し、米軍を再展開するべき時に問題が生じうると主張している。そこで持ち出されるのが、過去にソ連が軍拡を進める一方で、米国の軍事力が縮小してきたという経緯であった。加えて、ゴルバチョフの登場で核戦争の可能性は低下したとの見方をとる立場からも、軍縮には慎重な姿勢が示されていた。ジョン・マケイン（John McCain）上院議員が指摘するように、ソ連との間で核戦争に直面する可能性は低下したかもしれないが、通常戦争ないし局地戦に関与する恐れは依然として高く、米国にはそのための能力が欠如していることが懸念されたためであった。このように、ソ連は変化しつつ

あると一口に言っても,それを決定的な脅威の後退と捉える見方は,少なくとも政策論議の上では,まだそれほど支配的なものとはなっていなかった。

(2)第三世界の動向をめぐる理解

では,この時期に米国は,第三世界をどのように見ていたのであろうか。冷戦終焉後に米国が実質的な武力介入という形で対処することになった軍事的諸問題は,その多くが第三世界で発生したものであった。いうまでもなく,第三世界における問題は冷戦終焉後に突然発生したものでもなければ,ソ連の崩壊後に対策が講じられ始められたものでもない。この時期にも,第三世界の問題に対する関心は高かった。たとえば,ブッシュ政権で大統領補佐官(国家安全保障問題担当)に再任されていたブレント・スコウクロフト(Brent Scowcroft)はこの時期,ウィリアム・コーエン(William S. Cohen)議員に宛てた書簡の中で,第三世界のテロや反乱,ドラッグ問題を脅威と見ている旨を述べ,政治的,経済的,情報的,軍事的に統合された対処を求めている[33]。

各軍も確かに,このような第三世界における低強度紛争の問題に注目していた。しかし同時に,第三世界における問題は,高強度紛争の文脈でも捉えられていた。なぜなら,技術拡散に伴って第三世界の諸国の軍事力が増大していくこと,また,その軍事力が高度化していくことに対する懸念が高まっていたからである。このような状況を脅威の多角化と捉え,その対処のためには低強度紛争から高強度紛争まで,あらゆる次元の任務に対応できる能力を構築する必要があるというのが,各軍共通の認識であった。たとえば海軍は,第三世界の脅威に対抗するためには「低強度紛争から世界規模の戦争まで」に対処する能力が必要であると主張している[34]。中でも問題視されていたのは,ソ連の潜水艦技術の向上と並んで,第三世界への潜水艦技術の拡散が起こっているということであった[35]。また,陸軍も多極化する脅威に対処するために,ソ連の脅威への対処と同時に第三世界での作戦も遂行可能な,全次元能力を備えた陸軍を作り上げるべきであると主張している[36]。空軍は第三世界における低強度紛争への対処や特殊作戦の実施を目的として,(C)V-22等の開発を通じて展開能力を向上させる必要がある旨述べていた[37]。

海兵隊でも同様に,技術拡散に伴って第三世界の脅威が強大化していくことが懸念されており,あらゆる領域に対処可能な能力を構築するべきであると

考えられていた。一方でグレイは，依然として最大の危険因子はソ連であるものの，第三世界の低強度紛争の方がより発生可能性の高い問題であるとの見方を示していた。また，後進国での米国の利害は高まり続けており，今後も低強度紛争への関与の機会が増大し続けるとの見通しも示されていた。しかし同時に，海兵隊では低強度紛争に対処するために必要な能力と，現状の米国の能力との間にはギャップがあると考えられていた。ゲリラや騒乱等に対処する米国の能力はケネディ（John F. Kennedy）政権期から長らく不完全なものであり[38]，第三世界の脅威が高まりつつある中で，低強度紛争に対応する能力を構築することは，海兵隊の立場から見れば急務だったのである。

このように，対ソ戦とは全く異なる想定のもとで進められる第三世界の紛争，特に低強度紛争の可能性が懸念されるようになったことが，能力の多角化を目指すべきであるという主張の一つの背景となった。そしてそれが，新たな兵器取得の論理に影響を与える側面は，一部では確かに見られた。グレイが述べたように，もっとも重視すべきはソ連との高強度紛争であり続けるが，もっとも起こりうるのは中小規模紛争であった。そのため，限られたシナリオに限られた資源を投入するよりも，あらゆる領域に有効な兵力を構築することが求められつつあったのである。

しかし，総体的に見れば，対ソ戦略の文脈で考えられた軍備計画を正当化するに当たり，低強度紛争の問題が一義的な根拠として持ち出されることはあまりなかった。陸，海，空軍の中心的な関心は依然としてソ連との高強度紛争に向けられており，海兵隊を除けば，この時期には第三世界の低強度紛争への対処能力をどのように構築していくかというのは，あくまでも周辺的な問題でしかなかったのかもしれない。加えて，低強度紛争にもっとも大きな関心を寄せていた海兵隊がその対策として求めていたものは，必ずしも最先端技術を駆使した兵器システムの導入だけではなかった。一方では確かに，海兵隊は第三世界の脅威に対処する上でV-22の開発が急務であることを主張していた。他方，低強度紛争への対策を講じる上でこの時期に重視されていたのは，ドクトリンの策定や兵士の訓練，教育の改編を通じた，人的，組織的な質の向上であった[39]。また，低強度紛争の文脈では，米国の技術依存傾向それ自体が問題視されることもあった。3月10日の公聴会では海兵隊のグレイ総司令官とコーエン上院議員との間で交わされた書簡が引用されたが，そ

こでは米国の防衛産業がハイテクに集中するあまり,第三世界における低強度紛争への対応や国家支援に必要な,ローテクかつ長期にわたって利用することが可能な物資が欠如しているという問題が指摘されている[40]。また,その原因は,低強度紛争に対処するために軍民間で共有されるべき考え方が欠如していることにあるとも考えられていた[41]。

いうまでもなく,その後も第三世界の脅威への対処は各軍共通の懸案事項でありつづける。しかし,第三世界の脅威を高強度紛争の面から論じるか,低強度紛争の面から論じるか,あるいはそれらの比重をどのように置くかによって,考えられる対策は大きく異なってくる。実際のところ,第4章で論じるように,第三世界の脅威の文脈で重視され,かつ,後の技術開発の推進を求める論理により直接的にかかわってくるようになるのは,低強度紛争ではなく,第三世界との高強度紛争にいかにして対処していくか,という問題意識であったのだが,この時はまだ周辺的な問題にとどまっていた。ただしここで,冷戦期にしばしばソ連の脅威と同一視されてきた第三世界の紛争問題が,徐々に個別の対処を要する問題として見られるようになってきていたことには留意すべきであろう。このことは,後の政策転換の方針にかかわる重要な背景となっている。なぜならそれは,第三世界の問題がソ連の脅威の後退とはかかわりなく,国防予算を正当化する一根拠となることを意味していたためである。

(3) 脅威評価の多様化と研究開発・調達

このように,ソ連におけるゴルバチョフの登場とペレストロイカ,グラスノスチの進展は,米国に脅威の再考を促した。また,ゴルバチョフによる1988年末の一方的軍縮宣言を受け,米国内で脅威を再評価しようとする動きが促進されたことは確かである。しかし,ソ連の脅威に対する警戒心は依然として強く,実際にソ連の脅威の後退を根拠として,国防予算の削減や兵器システム取得の見直しを直接的に正当化するような立場をとるものは少数派にとどまった。

同時に重要なのは,ソ連の脅威が短期的なものなのか,長期的に捉えるべきものなのか,あるいはソ連側の能力の強大さに由来するものなのか,それとも米国側の能力の欠如を原因とするものなのかという点について,評価の

根拠が多様であったことであろう。その結果として,「ソ連の脅威」を重視するという点では立場を同じくし,国防予算の削減を懸念する人々の主張は,この時期には調達であれ研究開発であれ,その規模を縮小するという結論には結び付きにくかった。特に研究開発に関していえば,ソ連を短期的なタイムスパンから脅威として捉える議論はもとより,短期的にはソ連の脅威の後退を認める立場であっても,長期的にはソ連の軍事的能力が再建され,それが将来的な脅威となる可能性に目が向けられていた。その結果,ソ連の短期的,長期的動向がどうあれ,それが脅威となる可能性が高いと見られる限りにおいては,研究開発への取り組みを後退させるリスクは大きいとみなされた。同時にこの時期には,軍や議会においては第三世界の脅威に対する警戒心がそれまで以上に高まっていたが,その脅威を高強度紛争の観点から評価するか,低強度紛争の側面を重視するかは,立場によって大きく異なっていた。

一見複雑さを増したようでもあるこうした脅威の評価は,しかしながら,脅威の観点から軍事支出の動向を考察する作業を不可能にするものではない。これらの脅威をどのように評価するかによって,国防予算の縮小自体を食い止めるべきか,縮小が容認できるものなのか,あるいは縮小するにしても,その中で調達を進めるべきか,研究開発を進めるべきか,あるいは両者のバランスをどのように取るべきかという兵器取得の重点の置き方には,明確な差が出てくる。こうした脅威の評価が,米国側の能力欠如の問題ともあいまって,装備品の取得を正当化する論理となっていくのである。

ただし同時に,脅威評価が多様化したことは,全ての調達や研究開発に対する無条件の予算付与を意味したわけではない。この時期に決定的な問題は,軍事的観点から提起される支出レベルの維持ないし縮小論だけでなく,必要と思われる軍事支出であってもそれを確保するだけの財政の健全性が損なわれていたことであった。

第2節 財政をめぐる懸念—軍事的要請とのジレンマ—

アスピン下院議員が述べたように,当時の議会内の意見は,対ソ戦略の「初志を貫くもの」と,軍縮の「機会を捉えるもの」に分かれていた。これら二つの立場は,異なる軍事情勢の解釈からそれぞれの議論を展開するもので

あったが，財政的な観点から見れば，大局的には目標を同じくしていた。軍縮を進めようとする論理と財政赤字の解消を求める論理は表裏一体のものであった。つまり，軍縮を進めたい勢力にとって，財政赤字の縮小は，脅威論への対抗論理を提供するものであると同時に，それ自体が軍縮を通じて達成すべき目的でもあった。しかし同時に，国防予算を従来通りの水準で維持する必要性を認めている立場からも，財政を健全化させなければならないという声が上がっており，そのために国防予算を無条件に付与し続ければよいというものでもなかったのである。サミュエル・ナン（Samuel [Sam] A. Nunn, Jr.）上院議員は次のように述べている。

　　1990-1994予算年度の国防5カ年計画においては，1991予算年度から年率1－2％の国防支出の実質的増大が見込まれている。（中略）われわれの多くは，国防支出のレベルが安定的で予想可能なものとなることを望んでいる。だが，わたしの見解ではそのような状況はより一層の赤字削減を達成して初めて生じるものである。[42]

　財政赤字を削減するべきであるということ自体に，異論をはさむものはなかった。だが，財政赤字削減の達成方法について，国防総省，議会，そして財政を監督し，議会に助言する立場にあるGAOの見解は一致を見ているとはいえなかった。それどころか財政赤字の見方そのものについてすら意見が分かれていた。このことが，軍備計画の方針をめぐる議論において，重要な争点の一つとなっていく。
　ブッシュ政権の財政赤字問題に対するスタンスは，政権1年目には比較的穏健なものであったともいわれる[43]。その一因には，1990年度に高い経済成長率が実現し，800億ドルの税収増が生じるという甘い見通しが立てられていたことにもあったようである[44]。しかしCBOが示唆していたように，国防予算を取り巻く財政状況が依然として厳しいことに変わりはなかった。CBOの調査では，国防予算が今後5年間にわたって増加しない場合でも，兵力数の削減を行う必要はないと結論付けられているが，その条件として挙げられたのがいくつかの近代化プログラムを延期することであった。逆に近代化プログラムを維持する場合には，主要な戦闘部隊の大幅な削減が求められることに

なり，結果として，14％の現役兵士数の削減を行うことになるとの見通しが示されている。また，国防予算が今後5年間にわたって年率2％の割合で縮小を続けるというケースも想定された。その場合には，兵力数の削減と近代化等の削減が同時に発生することになるため，削減のバランスをうまくとっていくことが必要になるとされた。[45] こうしたCBOの見方は，財政的な制約が強まることによって，この時期に軍備の量か質かという選択への問題意識が高まっていたことを示唆する一例として位置づけられるであろう。

実際，大統領の予算要求で楽観的な見通しが示されたにもかかわらず，国防総省や軍の長期計画においては，財政的に膨大な国防予算を計上する余裕がないこと，そのために軍事の論理のみに基づいて軍事支出レベルを維持することが困難であることが，少なくとも理解はされていた。チェイニーは，このような状況下で軍事的能力を可能な限り維持するためには，効率性の追求が求められることを強調していた。また，そこで優先すべき五つの必要事項として，人材育成，前方展開戦略，即応性，効率的調達，そして戦略的近代化を挙げている。[46] 重点化領域に関するこのような認識は，国防総省の見解として示されるにとどまらず，各軍にも共有されたものであった。実際に，比重の置き方に差異はあるものの，これらの優先事項は軍事的観点から各調達・研究開発プログラムを正当化する際に折に触れて強調されることになった。たとえば，海軍では兵器の取得計画の原則として，コスト効率性の高い取得や契約価格の再評価を重視していることが，軍事委員会に向けて説明されていた。[47] 海兵隊では近年の予算削減において，各要因のバランスを注意深く検討しつつ，軍の規模，継戦能力，近代化等の要素を部分的に抑制しながら，可能な限り即応性を維持する努力をしたことを述べ，さらなる人的削減が軍事的リスクを高めることになることを強調していた。[48]

しかし同時に，軍事的能力の観点からその必要性が認められてはいても，財政的に余裕がないことを理由に中止せざるをえないプログラムがあることも，国防総省や軍においては理解されていた。実際に，軍事的能力の観点から見れば一定の需要があることが認められていたにもかかわらず，陸軍ではAH-64やOH-58Dの新規調達の中止を決定し，海兵隊や空軍はV-22の開発を断念することを，不本意ながらも受け入れていた。国防総省や陸軍は，こうしたプログラムの中止の理由を軍事的な要請の変化に基づくものではなく，あくま

でも財政的な制約によるものであると主張していた。

　議会の側でも，プログラム継続の是非を考える上で，軍事と財政との間のジレンマが大きな問題となることは理解されていた。たとえばJ・ジェームズ・エクソン（J. James Exon）上院議員は，戦略爆撃機に関する公聴会において，B-2が対ソ戦略上有効であると同時に第三世界の諸国がB-2による「外科的通常攻撃（conventional surgical strike）」を恐れていることなどを指摘し，その抑止力に期待を寄せる一方，あまりのコスト増によって「爆撃機のロールスロイス」を生み出してしまうことに懸念を抱いていた。当時の見通しではB-2のユニットコストは5億ドルにのぼると見られていた。そのような高価な機体を購入する必要があるのか，あるいはその資金を軍事，非軍事を含む他の適切な投資先に回すことが可能なのではないかという批判は，B-2プログラムの支持者からも説明を要する問題として理解されていた。

　このように当時の財政問題は，一義的には国防支出計画の策定を制約する形で影響を与えていた。国防総省や軍のプランは，こうした財政的制約に一定程度の対処を試みようとするものであった。とはいえ，財政を監督，助言する立場のGAOから見れば，このような軍の試みは，誤った見通しに基づいた，甘すぎる努力であった。GAOのチャールズ・ボウシャー（Charles A. Bowsher）院長は1989年5月10日の公聴会において，国防総省の5カ年計画（Five Year Defense Plan：FYDP）予算に対する批判を繰り広げている。GAOでは，現行の取得計画の変更，中止や運用中の兵器システムの早期退役によるメンテナンスコストの削減等によって，予算の削減を行おうとする国防総省の試みを理解してはいた。しかし同時に，その削減額は必ずしも十分なレベルに達していないという見解も示していた。なぜなら，ボウシャーによれば，FYDP予算は軍事，財政の両面で誤った前提に基づいて策定されたものであり，「現実的でも実行可能でもない軍備計画」であったからである。問題の一つは，国防予算の削減が能力の低下を伴わない形で行われようとしていることにあった。これまでにも繰り返し述べてきたように，この時期には国防総省や四軍は，依然としてソ連の脅威に対する警戒を緩めていなかった。そのため，短期的な観点からも，長期的な観点からも，軍事的能力の不足が生じる可能性を懸念していた。これに対して，GAOは現行の軍事的能力には必ずしも十分とはいえない部分もあるということには理解を示していた

ものの，それと同時にこれまでの予算削減によって，現在の軍事的能力が全体的に見れば著しい低下を経験しているわけではないという見解も示していた。[55]

　このように，国防総省とGAOとの間には，能力レベルの解釈に関して決定的なずれがあった。しかし見方を変えれば，これはあくまでも解釈ないし認識のずれの問題であり，GAOの見積もりに対してもまた，一部の議員から疑問の余地があることが指摘されていた。ワーナー上院議員は，深刻な能力低下は起こらないとするGAOの見解に対して，JCSでは能力低下の発生が懸念されていることを示し，GAO側の考えを問いただした。ボウシャーはこれに対して，ある程度の能力低下の見込みがあることは認めつつも，それほど大きな軍事力の量的削減が行われてきたわけではなく，訓練面に焦点を当てればそれなりの軍事力が見込めると述べた。同時に，予算ベースで見れば軍事支出は80年に比べて34％も増加していることを指摘し，予算削減の影響がそれほど大きなものとはなっていないという理解は，それほど驚くべきものではないとの主張を展開している。[56]

　しかし，能力面でいかなる評価を行うにせよ，GAOの立場からは，国防総省の予算案を支持することができない別の理由があった。GAOが能力の見積もりの問題以上に大きな懸念を示していたのは，国防総省のFYDPが将来的な予算増加を前提として組み立てられているという点である。GAOではそもそも，国防総省の計画が見積もりの段階で限度額を超過していること，さらには国防総省による将来的なインフレ率の見通しが誤っていることを問題視していた。そのためGAOでは，国防総省の見積もりからさらに，5年間で450億ドル程度の削減が必要になると見込んでいた。[57]一部では450億ドルといえばFYDP予算の3％未満に過ぎず，誤差の範囲内であるという意見もあった。[58]国防総省の方でも，翌月の公聴会で予算の見積もりのずれが問題となった際，[59]これが算定方法の違いに基づいて生じた誤差であり，国防総省の許容範囲内であって予算を修正する必要はないとの答えに終始している。[60]しかし，GAOが求めていたのは，単に予算超過を避けるということにとどまるものではなかったのである。

　財政的観点からボウシャーが「あまり注目されていないと思われる問題」として，もう一点指摘したのは，赤字に課せられる利子の問題であった。ボ

ウシャーによれば,現在は国家予算全体で1800億ドルの利子の支払いがあり,楽観的に見てもその半分が国防関係のものであるとされた。従って,4,000億ドルの予算を付与しても,最初の1,000億ドルは利子の支払いに消えてしまうことになるという。このように予算の多くを利子の支払いに費やさざるをえない状況がさらに悪化すれば,国防関連プログラムのみならず,連邦レベルのさまざまな計画が頓挫することになってしまう。このような立場からすれば,FYDP予算は赤字削減をも念頭に置いた,抑制されたものでなければならなかったのである。

GAOがさらに懸念していたのは,軍のプログラムには伝統的に,予算超過の傾向があるという点であった。軍のプログラム見積もりについて,ボウシャーは次のように証言している。

　一般的に,財政緊縮は楽観的なプログラムコストの見積もりにつながりがちである。それゆえに,そのような見積もりを実現できない場合には,より大きな予算超過を生み出すことになるのである。歴史的に見れば,軍による兵器システムの獲得プログラムの特徴として,スケジュールが延長され,予算見積もりの超過が発生し,そして調達数は当初計画に及ばないことが挙げられる。(中略) われわれが懸念しているのは,国防総省が予算の強い制約の中で高価なプログラムを過剰に詰め込もうとしているとすれば,主要な兵器システムの予算見積もりが,またも楽観的にすぎる見通しをもって計画されることになるということである。今日計画されているいくつもの高価な兵器システムプログラムは高い技術上のリスクを抱えており,そのような問題について完全な見積もりがなされているとはいえない。その例として,B-2爆撃機,小型ICBM(Intercontinental Ballistic Missile), ATF, AMRAAM (Advanced Medium-Range Air-to-Air Missile)等が挙げられる。

GAOではこのような財政的諸問題を踏まえて,国防総省のFYDPをそのまま受け入れるのは予算の観点から困難であり,結局は何を残し,何を切るかという選択の問題となるとの見方をとっていた。実際,ボウシャーはティモシー・ワース(Timothy Wirth)上院議員とのやり取りの中で,国防総省

表 3-3：赤字見積もりと GRH 法目標との比較（10 億ドル）

	FY1989	FY1990	FY1991	FY1992	FY1993	FY1994
行政府見積もり	-148	-99	-85	-67	-30	-2
CBO見積もり	-150	-123	-138	-94	-80	-65
GRH目標	-136	-100	-64	-28	0	0

出所：上院軍事委員会公聴会への提出資料 "Five Year Defense Program," May 10, 1989, CIS: 90-S201-5, p.327より筆者作成。

によるV-22やF-14Dプログラムなどの中止決定を，「困難な決断」として評価しつつも，将来的にはさらに大きな困難に直面することになるということを指摘している。V-22を除けば，こうしたプログラムの中止決定が財政的には微々たる効果しかもたらさない決定だと見ていたのである[64]。

この公聴会では，GAOから予算削減に向けた方策も提案されている。議員の間にも，総じて不健全な財政状況を懸念する声が広がっていたことは確かであった。すでに述べたように，議会においては軍縮を支持する立場からも，国防予算を維持すべきであるとする立場からも，財政赤字の削減は急務であると考えられていたからである。実際，GAOの見解をかなり積極的に支持する議員もいなかったわけではない。アンディ・アイルランド（Andy Ireland）下院議員は，国防総省の予算見積もりに納得せず，このような状況では将来的にV-22のように中止の決断を下さねばならないプログラムが増加してしまうという問題を提起していた[65]。

そもそも，議会（CBO）では行政府と同様に，すでにGRH法が義務付ける赤字削減目標は達成できないと見ている節もあった［表3-3］[66]。しかし，赤字縮小のための具体的な対応策となると，GAO提案のような思い切った削減にはためらいがあった。問題は，国防予算の場合には，いかに財政的な圧力がかかろうとも，軍事的な根拠を欠いたまま無条件に予算の縮小を実施すれば良いというわけにはいかなかった点にある。特に，脅威の「後退」ではなく「変容」を主張する立場から見れば，財政的制約を理由とした軍事力の著しい低下は，何が何でも避けられねばならない事態だった。

第3節 技術的可能性の高まりと政治的付加価値, そのリスク

　こうして, 軍備への投資方針を再考するに当たって, 財政と軍事の問題を複眼的に考慮しながら, 何を切り, 何を維持するべきかという, 投資の選択性が問題となっていく。この際に, 一方では軍事的観点から, 長期的脅威に対応すべきか, 短期的脅威に対応すべきか, そのために必要な要素は何かということを考慮せねばならなかった。他方で, 財政的観点からはほぼあらゆる支出に対して見直しが求められていった。脅威の観点から見れば, この時期には調達, 研究開発ともにその重要性を失ってはいなかったということができるだろう。結論からいえば, 1990年度予算において国防総省予算が著しく削減されることはなく, 前年度予算と比べるとむしろ微増していることが見て取れる。また, 内訳を見ても, 調達, 研究開発予算はともに前年度までの水準が維持されることになった。問題は, 財政的制約をどのような形で乗り越えるかという点にあったが, その正当化の論理には, 調達と研究開発のそれぞれに明確な差があらわれることになる。

　研究開発関連の議論と調達関連の議論において, それぞれいかなる論理がどのような形で用いられていたのか。研究開発に関しては, 当時その有効性が徐々に認識されるようになりつつあった新たな科学技術の可能性が, また, 新たな兵器システムがもたらすと思われる高い能力が, その政治的価値を変化させつつあった。軍や国防総省の側からは, 財政的制約を乗り越えるために新技術の開発を進めるべきであるという論理が, しばしば打ち出されるようになっていた。この時期には, レーガン政権期に投資が進められた諸技術が革新的, 革命的なものであるとの見方は, 公聴会の場においてもしばしば口にされていた。海軍では, トマホーク巡航ミサイルにGPSを導入することで精密性の向上が見込まれること, また, 精密性向上のためにはコンピューターの利用が重要な要素となるとの見解を示し, さらにはデジタル情報の重要性を認めていた[67]。また, レーガン政権期に進められた超高速集積回路の開発成果がイージスシステムに体現されてきており, 情報伝達や統制的な交戦が可能となることが述べられた。軍事力の質と財政的健全性の両立を標榜するジョン・ナイキスト (John W. Nyquist) 作戦次長は, イージス艦 (DDG-51) の新規建造について, その能力に対する期待とともに[68], イージス艦が通常

の同規模艦船に比して，人的効率性の高い運用が可能である点についても強調している[69]。総じていえば，こうした科学技術の利用は，単に軍事的能力の向上を図る手段であるのみならず，財政面での節約のためにも必要なものであった。ある海軍の将官は，この点について議会に対して次のような説明を行っている。

　仮に海軍が一私企業であるとするならば，われわれは積極的に技術に投資することで節約を進めていくだろう。われわれ海軍技術者は，決定に際して（次のような）見方をとっている。いかなる技術によってナイキスト提督の艦船の取得コストが削減可能となるか。いかなる技術によって所有コストの削減が可能か。（中略）そして，いかなる技術が人員削減を可能とするか，である。（中略）技術が，こうした措置を可能たらしめるのである[70]。

このような新たな技術的成果を利用した効率性の追求という選好の高まりは，海軍にとどまるものではなかった。また，特定の兵器システム開発や個別の軍事的能力の確保の問題についても，このような効率性についての考え方がしばしば明らかにされていた。たとえば，国防総省や陸軍からはLHXの開発が，財政的制約下における解決策となるという主張がなされていた。また，空軍はB-2開発から得られる利点の一側面として，航空機の削減促進のための有効な手段となること，それによって軍の効率性を高めることが可能であることを，議会に説明するようにもなっていた。

個別の兵器システムのみならず，特定の能力領域に関しても，同様の見方がとられていた。たとえば輸送軍（U. S. Transportation Command：TRANSCOM）[71]のデュアン・カシディー（Duane H. Cassidy）司令官は，海上輸送能力をめぐる研究開発の重要性について，技術的成果のデュアルユース性，経済的有効性とともに，財政的制約に対する措置という観点から主張していた[72]。さらに，冷戦後にRMAが展開していく重要な背景となるC³能力の向上を正当化する根拠も，このような文脈に位置づけられていたと見ることが可能である。もともと，MILSTARやNAVSTAR-GPSを含むC³システムは，レーガン政権期にソ連に対する核戦略の一環として構築されてきたものであった。そ

のような目的自体はブッシュ政権期になっても失われたわけではなく，C^3能力の向上に関わる多くのシステムはソ連に対するリスクヘッジの文脈で正当化されることに変わりはなかった。しかし，これに加えて強調されるようになっていたのは，こうした衛星システムが通常紛争，低強度紛争を含めて効果を発揮するということであった。軍では，プラットフォームの効率的な運用や能力向上にはC^3システムが一義的に重要なものとされ，しかもそれはあらゆる任務に対応するものとも見なされた[73]。このような技術認識からすれば，財政的な制約の中にあって軍事的能力を維持，拡大していくために，C^3システムに投資しようというのはごく自然な考え方であった。

　新技術への投資によって財政的な効率化を目指すという論理は，その裏返しとして，研究開発予算を削減することで軍事技術の発展が停滞し，結果的に軍全体で見た場合の効率性を低下させることになるという批判的主張にもつながった。このような文脈でしばしば取り上げられたのが，海兵隊のV-22プログラムであった。V-22は軍事的能力の観点から国防総省や海兵隊，そして議会からも高い期待が寄せられていたが，その開発にかかるコストが他のプログラムの予算を圧迫する可能性があるという国防総省の判断によって，中止が発表されていた。しかし，海兵隊のグレイ総司令官は，こうした決定が仕方のないものであることを認めつつも，V-22の中止が近代化の遅れを招き，作戦コンセプトの実現を困難にするという点で軍事的な損失であることを示唆すると同時に，より多くの人員を必要とするようになり，航空機の機種削減を困難にするという点で非効率的な決定であることを仄めかしている[74]。

　このような効率性の論理は，強い財政的制約下における研究開発の政治的価値を高めるようになった。つまりそれは，財政的な観点からはより少ない投資でより大きな能力をもたらすものであり，軍事的な観点からはより小さな兵力でより大きな能力をもたらすことを意味していた。これら二つの効率性の論理は表裏一体のものではあるが，この時期の政治的要請と技術的可能性が結び付いた結果として生じた，新たな研究開発の推進力として台頭しつつあったのである。

　効率性の論理は，それが「新たな」技術の可能性と結び付いて形成された側面が大きかったため，現行の兵器システムの量的拡充を図る調達の正当化には結び付きにくかった。この時期に調達を直接的に正当化したのは，第1

節で述べたような，米国側の能力的欠如の問題と，短期的な対ソ軍事バランスの是正問題であった。むしろ，研究開発に関して提唱される効率性の論理は，兵力規模や調達プログラムの縮小を積極的に肯定するような役割さえ果たしていた。たとえばビドルは軍事専門家の立場から，大規模な軍を維持すれば多額の経費がかかるため，経費節減のために軍の規模を縮小する必要があると論じているが，それを可能たらしめるのが，ソ連の脅威の後退とともに，新たな兵器システムの効果であると述べている[75]。ソ連の脅威を依然として警戒すべきものと見ていた軍では，兵力規模や調達の縮小を進める代わりに研究開発への取り組みを強化することで，新たに財政的な負担を増大させることなく長期的な能力不足を補完するという考え方自体は，少なくとも仕方がないものとして認められていた[76]。グレイによれば，一部の兵器システムの老朽化問題も深刻になりつつあり，財政的制約の中で軍事力を維持していくには，長期的視野に立って「一世代とばしの」兵力構築，つまり短期的な犠牲を払うことによって，将来的な要請に照準を合わせた能力の再編を行わなければならなかったのである[77]。

しかし，このような見解は，必ずしも正しいものとして広く共有されていたわけではなかった。すでに述べたように，一部では研究開発への投資それ自体にも，軍事的脅威の後退や，財政的な困難さを強調する立場から一定の疑義が呈されていたが，ここでそれ以上に問題だったのは，研究開発への投資を進め調達を控えることによって，軍事的能力の効率的な獲得を狙うという考え方に対しても，軍事的，技術的リスクの観点から批判が展開されていたことである。そしてそれが，研究開発の重視による効率化の追求という議論が一定の説得力を持ちつつあったにもかかわらず，この年の予算において調達費の削減が起こらなかった一因でもあった。研究開発にはリードタイムの問題があり，短期的に脅威が高まった際には対応が困難なものとなる。また，技術開発を進めるために調達量を縮小することで産業基盤の縮小を招き，このような事態に直面した場合でも，容易に生産ラインを復活させることができなくなるという懸念もあった。さらに，未知の新技術，研究開発の不確実性に由来するリスクの問題があった。マケインがいうように，技術的に不確実な研究開発の成果に将来的な国防能力を委ねることは，計画の失敗や遅れが生じた際に軍事的リスクを高める危険性を伴う，ある種の「賭け（bet）」

であった[78)]。コストの面でもスケジュールの面でも，また，期待した成果が出るかどうかも，研究開発においては不確実であり，仮に計画通りに兵器システムの取得が進まなかった場合に，調達量を削減し，兵力規模や生産能力を縮小している状況においては，軍事的能力に大きな穴が空いてしまうことになる。

議会では，特定の兵器システムの調達と研究開発プログラムが二者択一の関係に置かれることについては，看過できない軍事的リスクを発生させるものであるとの批判が展開されていた。たとえば，ディクソン上院議員は次のように述べている。

　（主要な通常兵器プログラムを中止する）行政府の計画では，戦略兵器近代化を進める一方で，現役，予備役，沿岸警備隊の通常兵力近代化を遅らせることになる。しかし，通常兵器プログラムの中止によって，長期戦において重要な防衛産業基盤は縮小する。そして，しばしば予算の超過や計画の遅れに至る新兵器システムの開発への依存を強いられることになる[79)]。

その一例として挙げられたのが，F-15E調達の中止とATF開発の問題であった。国防総省からはF-15E調達プログラムの中止が提案されていたが，財政上の理由でプログラムを中止した結果として，ATFの開発完了までの間に開いている戦闘機の生産ラインがF-16の一本だけとなるという状況は，リスクの高いものとして捉えられていた[80)]。また，ディクソンはCBOの見解を引き合いに出し，そもそもF-15Eの調達中止は，プログラムの中止にかかるコストを生み出し，（古い機体の）メンテナンスコストを増大させ，さらには，後継機に対するよりいっそうの投資圧力を高めることになることから，必ずしも資金の節約にはつながらないというという指摘があることを強調している。ドナルド・アトウッド（Donald J. Atwood）国防副長官は，あくまでもこうした措置が長期的な節約につながるという点を重視してはいたが，同時に短期的にはディクソンが指摘するようなリスク評価が妥当であること，実際にF-15Eの再生産には時間と費用がかかることを認めてもいた[81)]。

同様の観点から，LHXの開発を進めるためにAH-64の調達を中止するとい

う決定も問題視されていた。陸軍からは当時，AH-64の数量が現状で十分なレベルにあり，計画されている調達を中止しても深刻な問題が生じることはないという説明がなされていた。にもかかわらず，上院軍事委員会では，AH-64の調達を中止すれば，ソ連との間で対戦車能力が不適切なレベルまで低下すると同時に，一旦AH-64を中止すれば，再生産には時間と費用がかかることが指摘されていた[82]。アトウッドはこれに対しても，AH-64の中止によって攻撃能力が15％程度低下すること，1990年代後半に攻撃用ヘリコプターの生産ラインが閉じていることがリスクとなることを認めつつも，これらの問題はLHXが1997年に配備されるまでの，短期的かつ受容可能なリスクであると述べている[83]。

　このように，比較的数量に余裕があると考えられていたAH-64ですら，その調達をカットしてLHXの新規開発に予算を回すことには批判があった。このような状況において，とりわけ重大な数量不足に直面しつつあった海軍航空兵力の整備計画に関しては，当然のように同様の批判が噴出した。この時期には海軍航空兵力の深刻な数量不足が発生しており，また，将来的にその不足はより一層深刻化すると見られていた。にもかかわらず，国防総省ではF-14D，EA-6B，A-6等の新規調達を中止することで，NATF（Navy Advanced Tactical Fighter）やA-12の開発予算を捻出するという決定が下されていた。これはつまり，数量の縮小によって生じる短期的な脅威への対処リスクを受け入れることで，長期的にはより高い能力を持った兵器システムを導入することによって数量不足を補完するということを意味していた。

　研究開発の不確実性に伴うリスクは，調達中止措置を伴うことで，短・中期的な軍事的リスクを高めるかもしれない。このような問題はむろん，国防総省も了解していたことであった。チェイニーは，海軍航空の不足問題を懸念する声に対して，航空戦力は不足しているものの備えはあり，軍事力全体のバランスから考えるとこれらの海軍航空機の調達中止は仕方のない決定であるとした上で，状況が急激に変化することになれば，その際には再考する旨を述べている[84]。しかし問題は，国防総省のこうした計画が，開発プログラムが予定通りに完了するという楽観的な前提のもとに組み立てられていることにあった。ジョージ・ホックブリュークナー（George J. Hochbrueckner）下院議員が指摘するように，A-6の不足やF-14の調達中止が問題となってい

る中で，A-12やNATFに計画の遅れが生じ，予定通りの配備が見込めなくなるような状況が生じれば，海軍航空全体の不足が深刻化することになる[85]。こうした問題意識からすれば，仮にチェイニーのいうように，将来的な状況の激変に対応する形で取得計画を再考したところで，その時にはすでに能力の不足は取り返しのつかないレベルまで悪化してしまっているかもしれない。

　いい換えるならば，このようなアプローチは，エクソン上院議員が述べたように，脅威の動向が不明確であるにもかかわらず「一つの籠に全ての卵を入れる」ようなリスクの高いアプローチであった[86]。一方で，当時の新技術の動向や新兵器の開発見込みが国防予算の縮小問題と結び付き，研究開発に力点を置いた軍事的能力の効率的な維持を目指す論理を形成しつつあった，ということはいえよう。しかしそれは，たとえ財政的には有効な方策であっても，ソ連の脅威に対して依然強い懸念が示されている状況下においては，必ずしも妥当なものではなかったのである。

第4節　国防予算の維持—議会による予算付与の根拠—

　このように，新技術の利用による軍事的能力の向上はすなわち，効率的な軍事システムの構築や作戦遂行を可能とするものであり，また，効率的な軍事システムとはすなわち，財政的負担の軽減を意味するものであった。いい換えるならば，この時期の軍事支出に対して制約的な方向を向いていた軍事的，財政的要素のベクトルを逆転させる触媒となったのが，科学技術の可能性の高まりであった。他方で，調達の問題はあくまでも軍事の論理，特に脅威の動向と結び付けられていた。その結果，財政的観点からは研究開発の問題に比して，批判されることが多かった。

　だが，1990-1991年度に向けて最終的に決定された国防予算には，調達費，研究開発費の別なく，大きな変化が見られなかった。上院軍事委員会の報告書では，戦略戦力及び核抑止に関する小委員会の見解として，予算規模は十分ではなく，戦略的近代化が今後数年にわたって遅れていくとの見通しが表明されると同時に，すでに過去10年以上にわたって近代化が試みられてきていることや，国際的に緊張緩和が進んできていることにも言及されている[87]。このことは，戦略分野については，ある程度の余裕をもって事態に対処しう

る状況があるという委員会の認識を示しているといえよう。これに対して，通常戦力及び同盟防衛に関する小委員会からは，大統領予算要求における過度の調達削減に対して懸念が表明された。その例として挙げられるのが，弾薬・ミサイルに関する問題である。委員会では，行政府の求める先端通常兵器への予算配分は不適切なものとなっており，ミサイル調達の大幅な削減が生産ラインの非効率化をもたらすと同時に，弾薬の不足につながるとされた。したがってこうした措置は，「軍事的に賢明ではなく，経済的に健全でない」ものであると結論付けられた。[88]

　下院軍事委員会でも同様に，ソ連の動向を過度に楽観視する態度への警鐘が鳴らされている。下院の報告書では，ワルシャワ条約機構諸国の兵力削減が「仮に宣言通りに履行されるのであれば」，またCFEが「もし達成されるのであれば」，米ソ双方の軍縮が見込めるとしながらも，「一方的になされた（軍備の）削減は，一方的に取り消される可能性がある」こと，また，合意がまだ達成されていないこと等の留保が付けられた。財政的な困難ゆえに国防予算を削減すべきであるとの見解も同時に述べられてはいたが，[89]上記のような不確実な安全保障情勢の中では，決定的な軍縮に踏み切ることもまたできなかったのである。そのため下院軍事委員会の見解としては，「不可逆的な行動がとられるまでに，財政的理由のみに基づいて行政府から要求のあったような形で予備役を削減することは一時停止」するとした上で，国防総省による最終的な脅威評価報告がなされるまで，軍の構造的縮小は実施しないことが表明された。[90]

　むろん，ソ連の動向が依然として不確実であるという議会の立場からすれば，研究開発の重要性もまた，損なわれるものではなかった。上下院は技術の利用を積極的かつ注意深く進めていくことの重要性について，見解を同じくしていた。たとえば，下院の報告書では予算付与の根拠の一つとして，近接航空支援（Close Air Support：CAS）能力を向上させることを目的とした技術開発の重要性を強調しており，そこでは「われわれは装備の技術的先端性を重視してきたが，それは十分なものではない。戦闘部隊の組織や任務割り当ての方法に適う形で，新技術との関わりに注意を払っていくことも必要である」と結論付けられた。[91]また，上院では，陸軍，海兵隊の軽量かつ攻撃力の高い兵力構築を目指す試みはさらに進められるべきであるとした上で，

陸軍，海兵隊の研究開発プログラムは，新型ヘリや攻撃機といった先端戦闘システムに偏っていることを指摘し，両軍が目指す能力を有した兵器システムの開発に一層の力を入れるべきであること[92]，また，1980年代に低下した機甲・対機甲戦力のバランス回復を目指す陸軍の措置を引き続き支持することなどが盛り込まれた[93]。

第5節 小括

　第3章の分析で明らかになったのは，対ソ戦を想定してなされたレーガン政権期の研究開発への投資が，ソ連の動向の変化や財政赤字の拡大を背景として，その意味合いを問い直されていったということである。そのような状況下，国防総省や軍からは，財政赤字の拡大を理由に調達を中心として国防予算を大幅に削減し，研究開発に対する取り組みを加速させて軍事的能力の維持を図るという方策の有効性がしばしば主張された。こうした主張が，国内の財政的な制約を反映したものであったことは重要である。これは，財政的な制約が1990年代以降ますます強まっていくことになり，国防予算の拡大が望めない中で，どのような軍備計画が可能であるかを先取りして提案したものであったといえよう。
　そこで提起された研究開発を中心とした軍備計画は，新たな技術の効用を背景に財政面，軍事面での効率性を高めようとするものであった。本書の枠組みに沿っていえば，それは技術の論理と政治の論理が複合的に新たな政策論理を形成しつつあることを示していた。しかしそれが受容されるには，もう一点，研究開発への投資の移行に伴うリスクの問題が解決されねばならなかった。国防総省や軍の主張からは，こうしたリスクが比較的小さなもの，許容可能なレベルにとどまると見積もられていたことが読み取れる。その背景として，国防総省や軍が楽観的な技術評価を下していたことも重要である。
　だが，議会ではなお，ソ連の動向に対する強い懸念から，リスク評価により慎重な立場をとっていた[94]。ソ連の脅威の変容を認めながらも依然として不確実な脅威認識のもとで国防予算を組まねばならなかったことが，軍や国防総省と議会の脅威評価とその対策のずれを生じさせたと解釈することができよう。そのため，議会では積極的な調達削減を促すような決定を認めるこ

とができなかったのである。いうまでもなく，予算の付与権限は議会にある。それゆえに，この年の予算には，軍の求める近代化を通じた効率化の試みが，十分に反映されなかったと見ることができよう。もちろん，ソ連の脅威が今後も維持されるという前提に立てば，軍事委員会の立場からしても対ソ戦の文脈で計画された研究開発プログラムの方も中止する理由は，少なくとも軍事的な観点からは乏しい。結果的に1990年度予算においては軍事調達・技術開発の大規模な方針転換には結び付かなかったのである。

　こうした状況は，しかし，脅威の後退が現実のものとなり，それが立法府と行政府の双方で共有された前提として認められるような状況になれば，調達から研究開発への投資比重の移行が可能となる土壌がすでに生まれていたことを意味していた。財政問題を解決する糸口が見えないままに冷戦の終焉を迎えたことで，軍事支出の正当性はますます失われていくことになるが，それに伴って生じた脅威の後退は，軍備の効率化を進めるためのリスクの低下をも意味するものであった。第4章では，冷戦の終焉が軍備計画をめぐる諸要因の意味合いをどのように変えたのかを具体的に検討していくことにしたい。

注）

1) OMB, *Budget of the United States Government*, Fiscal Year 1990, Part 2, pp.16-18; Part 5, pp.5, 8. ただし，法案の作成から議決に至るまでの権限は全て連邦議会にある。そのため，こうした行政府の予算要求は，あくまでも議会における法案審議のための参考資料にとどまるものである。
2) この分析の前提となっている条件は，現在の米軍規模が維持されること，現在開発中ないし生産中の兵器システムによる近代化措置であること，プログラムの中止や新規立ち上げといった変更がなされないこと，とされている。CBO, "Costs of Supporting and Modernizing Current U. S. Military Forces," Briefing Summary, September 1988, p.1.
3) Stockholm International Peace Research Institute Website, SIPRI Military Expenditure Database, 〈http://www.sipri.org/databases/milex〉.
4) Bush, George H. W., "Inaugural Address," January 20, 1989.
5) たとえば，Bush, George H. W., "Remarks at the Texas A&M University Commencement Ceremony in College Station," May 12, 1989; "The President's News Conference With President Mitterrand of France," May 21, 1989等を参照。また，政府レベルの対ソ認識については，Haas, Mark L., "The United States and the End of the Cold War: Reactions to Shifts in Soviet Power, Policies, or Domestic Politics?," *International Organization*, Vol.61, No.1, 2007, pp.145-179を参照。

6) チェイニーはまた，ソ連の軍縮に合わせて米国の軍縮も可能かと問われた際に，たとえゴルバチョフの一方的軍縮が完全に履行されたとしても，NATOの主要な兵器分野におけるバランスは依然として2対1と劣勢にあるため，米国側の軍縮は困難であるとも述べている。Cheney, Richard B. (Secretary of Defense), "Amended Defense Authorization Request for Fiscal Years 1990 and 1991," May 3, 1989, CIS: 90-S201-5, pp.8-9, 102.
7) *Ibid.*, p.10.
8) Biddle, Stephen D. (Institute for Defense Analysis), "U. S. Defense Budget in a Changing Threat Environment," May 16, 1989, CIS: 90-H201-25, p.2.
9) Wolfowitz, Paul (Under Secretary of Defense for Policy), "U. S. Defense Budget in a Changing Threat Environment," May 17, 1989, pp.89-90.
10) Vuono, Gen. Carl E. (Chief of Staff, U. S. Army), "Amended Defense Authorization Request (Fiscal Years 1990 and 1991) and The Five Year Defense Plan (Fiscal Years 1990-1994)," May 4, 1989, CIS: 90-S201-5, pp.137, 260.
11) Crowe, Adm. William J., Jr. (Chairman of Joint Chiefs of Staff), "Amended Defense Authorization Request for Fiscal Years 1990 and 1991," May 3, 1989, pp.36, 43.
12) Welch, Gen. Larry D. (Chief of Staff, U. S. Air Force), "Amended Defense Authorization Request (Fiscal Years 1990 and 1991) and The Five Year Defense Plan (Fiscal Years 1990-1994)," May 4, 1989, pp.159-160.
13) Gray, Gen. Alfred M., Jr. (Commandant, U. S. Marine Corps), "Amended Defense Authorization Request for Fiscal Years 1990 and 1991," May 3, 1989, p.177.
14) *Ibid.*, pp.177-178.
15) Brooks, Rear Adm. Thomas A. (Director of Naval Intelligence, U. S. Navy), "H. R. 2641 Department of Defense Authorization for Appropriations for Fiscal Year 1990-Title 1," February 22, 1989, CIS: 90-H201-9, pp.9-10.
16) Gray, "Amended Defense Authorization Request (Fiscal Years 1990 and 1991) and The Five Year Defense Plan (Fiscal Years 1990-1994)," May 4, 1989, p.178.
17) Canby, Steven L. (Adjunct Professor for Military Studies, Georgetown University), "U. S. Defense Budget in a Changing Threat Environment," May 16, 1989, pp.48, 68.
18) Brooks, "H. R. 2641 Department of Defense Authorization for Appropriations for Fiscal Year 1990-Title 1," February 22, 1989, p.30.
19) Shoffner, Maj. Gen. W. A. (Assistant Deputy Chief of Staff for Operation and Plans, Force Development and Integration, U. S. Army), "Implementation of the Army's Armor and Anti-Armor Programs," May 4, 1989, CIS: 90-S201-9, p.21; Welch, "Amended Defense Authorization Request (Fiscal Years 1990 and 1991) and The Five Year Defense Plan (Fiscal Years 1990-1994)," May 4, 1989, p.247.
20) Vuono, "Amended Defense Authorization Request (Fiscal Years 1990 and 1991) and The Five Year Defense Plan (Fiscal Years 1990-1994)," May 4, 1989, p.137; Shoffner, "Implementation of the Army's Armor and Anti-Armor Programs," May 4, 1989, p.22.
21) Brooks, "H. R. 2641 Department of Defense Authorization for Appropriations for Fiscal Year 1990-Title 1," February 22, 1989, p.3; Trost, Adm. Carlisle A. H. (Chief of Naval Operation, U. S. Navy), "Long-Range Future of the U.S. Navy," May 4, 1989, CIS: 90-H201-9, pp.905-906.

22) Brooks, "H. R. 2641 Department of Defense Authorization for Appropriations for Fiscal Year 1990-Title 1," February 22, 1989, pp.2-3, 53.
23) *Ibid.*, pp.19-21.
24) Trost, "Long-Range Future of the U. S. Navy," May 4, 1989, p.903, 915.
25) Vuono and John Warner (Senate, Virginia-R), "Amended Defense Authorization Request (Fiscal Years 1990 and 1991) and The Five Year Defense Plan (Fiscal Years 1990-1994)," May 4, 1989, p.224.
26) Hunter, Duncan (House, California-R) and Thomas F. Faught, Jr. (Assistant Secretary of the Navy for Research, Engineering, and Systems), "Shipbuilding and Conversion Program," February 28, 1989, CIS: 90-H201-9, p.229.
27) Trost, "Long-Range Future of the U.S. Navy," May 4, 1989, p.903.
28) Aspin, "U.S. Defense Budget in a Changing Threat Environment," May 17, 1989, p.112.
29) Thurmond, Strom (Senate, South Carolina-R), "Amended Defense Authorization Request for Fiscal Years 1990 and 1991," May 3, 1989, p.6.
30) Dixon, Alan J. (Senate, Illinois-D) "State and Capabilities of the U. S. Marine Corps," March 10, 1989, CIS: 90-S201-8, p.3.
31) Warner, "Amended Defense Authorization Request (Fiscal Years 1990 and 1991) and the Five Year Defense Plan (Fiscal Years 1990-1994)," May 4, 1989, pp.132-133.
32) McCain, John (Senate, Arizona-R), "Program Recommended for Termination," June 15, 1989, CIS: 90-S201-5, p.409.
33) The Letter from Scowcroft, Brent (National Security Advisor) to William S. Cohen (Senate, Maine-R), March 1, 1989, quoted in "State and Capabilities of the Marine Corps," March 10, 1989, pp.39-40.
34) Trost, "Long-Range Future of the U.S. Navy," May 4, 1989, p.914.
35) *Ibid.*, p.974.
36) Vuono, "Amended Defense Authorization Request (Fiscal Years 1990 and 1991) and The Five Year Defense Plan (Fiscal Years 1990-1994)," pp.139-140.
37) ただしウェルチ空軍参謀総長は，こうした低強度紛争や特殊作戦への対処能力をV-22の新規取得を通じて向上させることは諦め，現行兵器の組み合わせによって補わざるをえないと述べている。Welch, "Amended Defense Authorization Request (Fiscal Years 1990 and 1991) and the Five Year Defense Plan (Fiscal Years 1990-1994)," May 4, 1989, pp.170, 202.
38) Gray, "State and Capabilities of the Marine Corps," March 10, 1989, pp.10-11, 19. 特にベトナム戦争における技術依存の問題については，松岡完『ケネディとベトナム戦争—反乱鎮圧戦略の挫折—』錦正社，2013年，129-132頁を参照。
39) *Ibid.*, p.13.
40) The Letter from William S. Cohen to Gen. Alfred M. Gray, February 10, 1989; The Letter from Gen. Alfred M. Gray to Sen. William S. Cohen, March 8, 1989, quoted in "State and Capabilities of the Marine Corps," March 10, 1989, pp.36-37.
41) Cohen, "State and Capabilities of the Marine Corps," March 10, 1989, p.23.
42) Nunn, Sam (Senate, Georgia-D), "Amended Defense Authorization Request for Fiscal Years 1990 and 1991," May 3, 1989, p.3.

43) 待鳥聡史『財政再建と民主主義―アメリカ連邦議会の予算編成改革分析―』有斐閣, 2003年, 189頁。
44) 室山, 前掲書, 125頁。
45) CBO, "Effects of a Constrained Budget on U. S. Military Forces," Staff Working Papers, March 1989, pp.10, 14.
46) Cheney, "Amended Defense Authorization Request for Fiscal Years 1990 and 1991," May 3, 1989, p.10.
47) Loftus, Rear Adm. Stephen F. (Director, Fiscal Management Division, Department of the Navy), "Adequacy of Torpedo Testing Plus Other Weapons and Other Procurement Programs," May 7, 1989, CIS: 90-H201-9, p.513.
48) Gray, "State and Capabilities of the Marine Corps," March 10, 1989, p.54.
49) たとえば, Pihl, Lt. Gen. Donald S. (Military Deputy to the Assistant Secretary for Research, Development, and Acquisition, U. S. Army) and Shoffner, "Implementation of the Army's Armor and Anti-Armor Programs," May 4, 1989, pp.33-36; Welch, "Amended Defense Authorization Request (Fiscal Years 1990 and 1991) and The Five Year Defense Plan (Fiscal Years 1990-1994)," May 4, 1989, p.261.
50) 外科的攻撃とは, PGMなど精度の高い兵器を用いて特定の軍事目標のみを攻撃し, その他の施設や市民などを傷つけないような形でなされる介入方法を指す。
51) Exon, J. James (Senate, Nebraska-D), "Strategic Bomber and Cruise Missile Programs," June 13, 1989, CIS: 90-S201-10, p.308.
52) Nunn, "Strategic Bomber and Cruise Missile Programs," June 13, 1989, CIS: 90-S201-10, p.346.
53) Bowsher, Charles A. (GAO, Comptroller General), "Five Year Defense Program," May 10, 1989, CIS: 90-S201-5, pp.286-290.
54) *Ibid.*, p.286.
55) *Ibid.*, pp.290, 307.
56) *Ibid.*, p.314.
57) *Ibid.*, p.293.
58) Warner and Bowsher, "Five Year Defense Program," May 10, 1989, p.312.
59) この時に提起された問題は, CBOの見積もりとの間のずれに関するものであったが, GAOとCBOの見積もりは比較的近く, 双方とも国防総省の見積もりが楽観的に過ぎることを指摘するものであった。
60) Atwood, Donald J. (Deputy Secretary of Defense) and Warner, "Program Recommended for Termination," June 15, 1989, p.401.
61) Bowsher, "Five Year Defense Program," May 10, 1989, pp.317, 325.
62) *Ibid.*, p.337.
63) *Ibid.*, p.290.
64) Bowsher and Timothy Wirth (Senate, Colorado-D), "Five Year Defense Program," May 10, 1989, pp.328-329.
65) Ireland, Andy (House, Florida-R), "Five Year Defense Program," May 10, 1989, p.283. このような見解は, 事前にGAOや国防総省との間でなされた手紙のやり取りを踏まえた上で提起されたものであった。A Letter from Cheney to Ireland, April 27, 1989;

A Letter from Ireland to Bowsher, May 3, 1989; A Letter from Math, Paul F. (Director of Research and Development, Acquisition, and Procurement Issues, GAO) to Ireland, May 8, 1989, quoted in "Five Year Defense Program," May 10, 1989, pp.283-285.

66) 実際のところ，同法の実効性はそれほど高いものではなかったということも指摘されている。待鳥はその原因が，多くの議員が支出の後年度負担化，政府資産売却などによる一時的歳入増や，甘めの経済見通しによる歳入見積もりの過大視を通じて，強制一律削減措置の回避を試みたことにあると指摘している。待鳥，前掲書，7-8頁。

67) Gee, Rear Adm. George N. (Director, Surface Combat System Division, U. S. Navy), "Surface Navy of the Future: Numbers and Technology," February 23, 1989, 90-H201-9, pp.65, 67-68.

68) イージスシステムに対する海軍の期待は，軍事的観点からも極めて高く，トロストはこれを全次元の空の脅威に対応するものであると位置づけている。Trost, "Long-Range Future of the U. S. Navy," May 4, 1989, pp.976-977.

69) Nyquist, Vice Adm. John W. (Assistant Chief of Naval Operations for Naval Warfare, U. S. Navy), "Shipbuilding and Conversion Program," February 28, 1989, p.146.

70) Graham, Cap. Clark (Commander, David Taylor Research Center, U. S. Navy), "Surface Navy of the Future: Numbers and Technology," February 23, 1989, pp.74-75.

71) TRANSCOMは1986年のゴールドウォーター・ニコルズ国防総省再編法の成立に伴い，1987年に創設された軍の輸送担当部門である。

72) Cassidy, Gen. Duane H. (Commander in Chief, U. S. Transportation Command), "Fast Sealift Requirements," June 5, 1989, pp.267-272.

73) Quinn, Thomas P. (Principal Deputy Assistant Secretary of Defense for Command, Control, Communications, and Intelligence) and Rear Adm. Cargill, D. Bruce (U.S. Navy, Deputy Director, Space, Command and Control, Office of Naval Operation), "Space Launch and C^3 Programs," May 31, 1989, CIS: 90-S201-10, pp.131-132, 146.

74) Gray, "Amended Defense Authorization Request (Fiscal Years 1990 and 1991) and The Five Years Defense Plan (Fiscal Years 1990-1994)," May 4, 1989, pp.186-187.

75) ビドルはこのような見解を，NATO戦力の文脈で主張している。Biddle, "U. S. Defense Budget in a Changing Threat Environment," May 16, 1989, pp.3, 6.

76) Trost, "Amended Defense Authorization Request (Fiscal Years 1990 and 1991) and The Five Year Defense Plan (Fiscal Years 1990-1994)," May 4, 1989, p.145.

77) Gray, "Amended Defense Authorization Request (Fiscal Years 1990 and 1991) and The Five Years Defense Plan (Fiscal Years 1990-1994)," May 4, 1989, p.175.

78) McCain and Atwood, "Program Recommended for Termination," June 15, 1989, pp.403-404, 406. マケインのこのような懸念に対しては，アトウッドは国防調達委員会 (Defense Acquisition Board) において専門家がそのリスクを見積もっている最中であると回答している。

79) Dixon, "Program Recommended for Termination," June 15, 1989, p.348.

80) Ibid., p.348.

81) Dixon and Atwood, "Program Recommended for Termination," June 15, 1989, pp.382-383.

82) McCain, "Program Recommended for Termination," June 15, 1989, p.406; Dixon, "Pro-

gram Recommended for Termination," June 15, 1989, pp.380-381.
83) Atwood, "Program Recommended for Termination," June 15, 1989, p.406.
84) Glenn, John (Senate, Ohio-D) and Cheney, "Amended Defense Authorization Request for Fiscal Years 1990 and 1991," May 3, 1989, pp.105-106.
85) Hochbrueckner, George J. (House, New York-D), "Long-Range Future of the U. S. Navy," May 4, 1989, pp.1027-1028.
86) Exon, "Program Recommended for Termination," June 15, 1989, pp.361-362.
87) Senate, Committee on Armed Services, "National Defense Authorization Act for Fiscal Year 1990-1991, Committee Report," 101-81, July 19, 1989, p.9.
88) *Ibid.*, pp.10-12. このような懸念をより具体的に反映した例として挙げられるのが、マーベリック・ミサイルの調達問題であった。空軍はマーベリック・ミサイルの調達を必要量の三分の一で打ち切ることを提案していたが、上院では、次世代対戦車ミサイルの開発も今後数年間は完了しないことから、追加予算を付与するべきであるとの見解を示した。*Ibid.*, p.15.
89) House of Representatives, Committee on Armed Services, "National Defense Authorization Act for Fiscal Year 1990-1991, Committee Report," 101-121, July 1, 1989, p.13.
90) *Ibid.*, p.14.
91) *Ibid.*, p.16.
92) Senate, Committee on Armed Services, "National Defense Authorization Act for Fiscal Year 1990-1991, Committee Report," 101-81, July 19, 1989, pp.12-13.
93) *Ibid.*, p.13.
94) ここで、軍や国防総省と軍事委員会の間でなぜこのような技術評価の差異が生じたのかという点が重要な問題となってくるが、この点を本書の資料を用いて実証的に論じるのは難しい。考えられる答えとしては、一つに軍の組織防衛という動機が挙げられよう。つまり、技術的な困難さを認めてしまえば当時の財政状況のもとでは開発の流れが止まってしまう可能性があるため、あくまでも技術的には可能であるということを主張し続けなければならなかったという理解である。もう一つ考えられるのは、情報の非対称性が与えた影響である。議会は特に技術的先端性の高いプログラムに対して、十分な情報アクセス権を与えられていないケースがあった。そのため、軍が所管のプログラムに関する情報に基づいて（主観的にではあるが）状況を判断し、その上で進捗状況に問題がないということを議会に説明していた一方で、議会の方では相対的に不確実な情報ゆえに「考えられる最悪のケース」に基づいた評価を下さざるをえず、結果として軍以上の安全策をとる傾向が生まれた、という理解である。

脅威の後退と研究開発投資の重点化
―1990年―

　1989年末，東欧において政治体制転換の波が起こった。冷戦の象徴であったベルリンの壁も崩壊した。こうした東欧の動きをソ連が黙認したことで，ソ連の脅威の後退，とりわけもっとも大きな関心が寄せられてきた欧州戦域における脅威の後退がある程度実証されることとなった。1989年12月にマルタ会談で冷戦の終結が宣言されたこと，さらに翌年2月にゴルバチョフが一党独裁の放棄と市場原理の導入を宣言したことは，こうした流れがもはや不可逆的なものとなりつつあることを示していた。その後，1990年7月にはNATOのロンドン宣言において，ワルシャワ条約機構をもはや敵とはみなさないことが表明された。このことは，米国のみならず，西側全体でソ連を主要な仮想敵国とする冷戦戦略から，それ以降を見据えた戦略への転換が始まりつつあることを意味していた。

　ブッシュは1990年1月の一般教書演説において，ベルリンの壁崩壊が戦後秩序を終わらせたと述べた。その上で，ソ連の軍事的脅威が低下したことにも言及し，ソ連との間に新たな関係を築いていくことが必要であると説いた。前年度同様に，依然としていくつかの留保も付されてはいたが，中東欧において米ソ間のさらなる軍縮を進めるべきであるとの見解も示されている。ここでさらに重要なことは，ブッシュが米ソ関係のみならず，世界の多くの地域で紛争が起こっていることについても言及し，それらの地域において米国が平和の提供者となる意志を明らかにしていることである。このことは，第三世界への介入能力を米国がいかなる形で保持し，発展させていくかという問題にかかわるものであった。

　このように，軍事的には徐々にソ連の脅威が後退していくとの認識が強まり，同時に第三世界の脅威に目が向いていく中，ブッシュ政権は税収増や支

出削減を含む財政赤字の削減策に積極的な態度を取り始めてもいる[3]。こうした中,軍備をめぐる議論において調達や研究開発の是非をめぐるベクトルのバランスはどのように変化していったのであろうか。本章では,1991年度の予算策定をめぐる議論を中心に,研究開発への投資に対する支持が強化されていった理由を検討していく。

第1節 軍事的脅威の変容と軍備をめぐる議論

(1)後退するソ連の脅威,高まる兵力規模縮小への要請

ソ連の脅威の存在が,軍事支出の正当化の事由としては決定的なものではなくなりつつあったことは,軍事力の構築方針をめぐる議論に深刻な課題を投げかけた。軍の規模と支出額の縮小が既定路線となり,前年度微増した国防予算は,1991年度予算において大幅に圧縮されることになった。その中で調達と研究開発の意味合いの差が大きくあらわれるようになっていく。もっとも大きな帰結は,調達費が大規模な削減の対象となる一方で,研究開発に対する投資が優先されるようになったことである。こうした国防予算の編成方針は,行政府の予算案にも明示された。そこでは,「現在,国防予算の節約が可能となっている」との認識のもとで,将来的には「インフレを相殺可能なレベルを下回る」ことが予想されるほどの大幅な予算圧縮が提示された。そのような国防予算の編成方針の中で行政府が特に強調したのが,兵力の質の維持であった。特に,研究開発への投資や近代化の試みを進めておくことは,将来の不確実性に対する保険となる措置であり,さらに必要な際に縮小された兵力を元の水準に戻すことにもつながると考えられていたためである[4]。

軍事支出は,予算を付与するにも軍事的な理由が必要であるが,削減するにもそれなりの軍事的な根拠が必要である。前章で述べたように,研究開発を中心とした軍事力や国防予算の再編を試みることで財政的制約の問題に対処しようというのは,国防総省や軍を中心にすでに主張されていたことであった。だがその際には,ソ連の脅威に対する理解やそれに伴うリスク評価の違いから,こうした形での軍備の効率化の試みは十分に議会の支持を得ることができなかった。冷戦の終焉は,このような議論が受け入れられていく過程にいかなる影響を及ぼしたのであろうか。また,その中で装備品の調達や技

術開発をめぐる論理に,どのような変化が生じていったのであろうか。

1-1 ソ連の脅威の後退と軍備方針―国防総省の見解―

　国防総省は1990年1月,議会に1991予算年度に向けた年次報告書を提出した。そこでは冒頭,楽観と悲観の入り混じった対ソ認識が表明されている。一方で,ソ連及び東欧の変化は安全保障環境の改善を促し,ソ連との軍縮交渉や持続的な平和協力のための枠組みの発展への追い風となっている。しかし他方で,こうしたソ連の政策的変化がソ連の意図の変化を反映したものであるものの,そのような変化の履行はまだ始まったばかりであり,依然として容易に逆流しうるものであるし,ソ連は強大な軍事的能力を保有し続ける。こうした現実がかつてない機会と潜在的な脅威を同時に提供するものであるとして,米国の安全保障政策はその両者に対応するものでなければならないというのが,国防総省が公式に表明した立場であった。[5]

　しかし,実際の国防予算をめぐるやり取りにおいては,国防総省もまたソ連の脅威の後退に伴う軍規模や軍事支出の縮小は免れえず,その結果として従来のような規模での投資が困難となっていくことを前提として議論を進めていたように見える。それまで強硬な対ソ戦略をとるべきとの立場を表明していたウォルフォウィッツ国防次官[6]は,1990年2月に開かれた新たな予算方針に関する公聴会において,東欧の民主化,ソ連の国内改革を歓迎していること,これらの一連の出来事は,東欧やソ連の意図の変化,能力の低下をもたらしており,それはCFEやSTARTの将来的な成功にもつながっているなど,欧州における状況の変化を一定程度認めた上で,それに伴う計画の変更の必要性を示唆するようになっていた。[7]ウォルフォウィッツによれば,1992年度の国防計画指針(Defense Planning Guidance)の策定方針は,多くの留保がつくものではあるものの[8],こうしたCFEの成功,あるいは東側がそれ以上に軍縮を進めていくであろうという「見込み」を背景として,米軍の規模を縮小していくことを狙うものであった。その中にあって,人材,技術,同盟といった要素は,再建困難な領域であるがゆえに,主要な脅威が後退したとしても,また,軍事力の規模を犠牲にしてでも守らねばならないということが強調された。特に新技術に関して,ウォルフォウィッツはステルス技術,精密誘導技術,高速データ処理技術等が兵器システムのみならず,新たなド

クトリンや作戦コンセプトを構築する前触れともなりうる重要な領域であると位置づけ，技術基盤の維持を繰り返し求めていた[9]。このように，規模を縮小しながら先端技術を獲得していくという方策は，東側の脅威が後退していく中で強調されていくようになる。

1-2 軍の主張——脅威の後退による研究開発の推進——

　軍の脅威認識も，国防総省のこうした見解を反映したものとなっていた。海軍が通常戦力及び同盟防衛に関する小委員会で提示した1995年の戦略環境予測は，「①世界は冷戦期よりも1914年の状況に似たものとなる，②戦略的抑止は突出して重要だが，より低いレベルで維持することが可能である，③大国間紛争の可能性が低下する，④ソ連の軍事力の流動性が高まる（海軍力は維持される），⑤核兵器，化学兵器，先端兵器の拡散が見込まれる，⑥世界的な米軍の能力／プレゼンスが依然として求められる」[10]というものであった。こうした予測は海軍に特殊なものではなく，程度の差や力点の置き方の違いはあるものの各軍に，そして議会にも共通する当時の情勢認識を示したものであった。重要なことは，こうした情勢認識が軍備計画を考える上でいかなる意味を持つのか，ということである。端的にいえばそれは，ソ連の脅威が依然として見過ごしえないものでありつつも，そのリスクはある程度受容可能なものであり，それゆえに軍事力の規模を縮小していかねばならない，あるいはそうすることが可能であるとの見方につながるものであった。

　少なくとも短期的には米ソ間の紛争の可能性が低下したと見られたことは，各軍の軍備をめぐる方針が研究開発を重視するものへと移行していく背景となった。ドナルド・ライス（Donald B. Rice）空軍長官は，将来的に世界レベルの戦争が発生する蓋然性が低下したことを前提とした兵力構築が可能となったとの見解を述べ，そのような状況のもとでは，核戦力の均衡を維持しながら，技術面，人材面での質的向上を図りつつ，通常戦力を地域的，限定紛争対処型のものへと転換していくことが求められると主張した[11]。空軍は，軍事力を縮小しなければならないという前提のもとで，AMRAAMやマーベリック・ミサイル等，資金節約のためにいくつかのプログラムの中止を計画していたが，その旨を議会に説明するに当たり，脅威が低下したことによってプログラムの中止に伴うリスクを受容することができる旨を説明していた。空

軍によるマーベリック・ミサイルの調達中止提案に対しては，近接航空支援能力の向上に寄与する重要な兵器であるとの観点から，一部の議員から懸念も示されていた[12]。これに対してジョン・ウェルチ（John J. Welch）次官補や取得担当のロナルド・イェーツ（Ronald W. Yates）首席副次官補は，マーベリックの中止決定が予算の都合によるものであると同時に，脅威の低下を反映したものであること，また，軍事力の規模縮小に伴い航空機の数が減っていく状況下では，不要になっていくものであるとの反論を展開している[13]。加えて，マーベリックの中止によって損なわれる能力は，開発中のセンサー信管兵器（Sensor Fused Weapon：SFW）[14]による代替を狙うことが明らかにされていた。それは，SFWの開発がうまくいくことを前提にしなければ主張しえない方策であり，SFWの開発プログラムは，財政的な制約を受けてはいるものの，テストを含めて概ね良好な進捗状況にあることが同時に示された[15]。

また，海兵隊のグレイ総司令官は，ソ連や東欧情勢とは関係なく，守るべき米国の国益が世界中にあることを強調しながら，対ソ戦略の文脈で構築された軍事力を縮小していく作業を続けていくことになると述べた[16]。加えて，短期的，長期的には国防予算の問題が改善される見込みがない中で，海兵隊は装備品の無用な重複や特化を行うことなく，兵力の量を減らしながら質を向上させていくことに力を注いでいかねばならないことも主張された[17]。

陸軍でも同様に軍事力再編の方策が検討されていた。ヴォノ参謀総長によれば，ソ連の脅威が後退し，また，財源が縮小されていく中では，人員，訓練，装備を同時に現在のレベルで維持していくことは不可能であった[18]。陸軍はそのような状況下で，全方位にわたって軍事的能力を維持し，今後より小規模だが能力の高い戦力を持たねばならず，そのためにさまざまな観点からの能力構築方針の再検討が進められていた[19]。特に兵器の近代化については，将来的に必要とされる能力を時宜にかなう形で獲得するために積極的な研究開発への投資を行うことの重要性が強調された。予算が不足する中でこうした目的を達成するには，ある程度のリスクの受け入れが必要となるとされ，兵力の縮小に伴う短期的なリスクをとって長期的な近代化，陸軍再編を推進することが繰り返し表明された[20]。

脅威の後退と研究開発の推進を因果的に結び付けるこうした論理は，陸軍の研究開発取得担当であったスティーブン・コンバー（Stephen K. Conver）

次官補やドナルド・ピール（Donald S. Pihl）副次官補の発言によりよくあらわれている。彼らによれば，陸軍近代化は破壊力，生存能力，技術基盤の維持，全方位にわたる効率性の向上の四点を重視し，未来志向の軍事システムの構築を目指すものであった[21]。そのためにはM-1（Abrams）戦車，AH-64, OH-58D等，陸軍の主力であった兵器システムの新規調達を諦めなければならなかったが，その理由とは必ずしもこれらの兵器システムの軍事的有効性が否定されたことではなく，あくまでも直接の原因が財政上の制約にあることが繰り返し強調された[22]。こうした調達部門における犠牲は，将来の研究開発のためのものであった。コンバーはM-1の生産中止をめぐる委員会での質問に対し，こうした調達の犠牲が可能になった理由として，ソ連の脅威の低下に伴い短期的なリスクを冒すことで生じる問題が小さくなっていることを指摘している[23]。このような主張は，脅威の低下をむしろ研究開発投資の推進力として位置づけるものであったといえよう。

1-3 ソ連の技術開発能力の後退

このように，ソ連の脅威の後退は研究開発への投資を正当化する一根拠となった。この点に関してもう一点留意すべきは，ソ連の研究開発の動向に対する米国側の認識の問題である。もし，総体的にソ連の脅威が後退しているとの認識が広まっていたとしても，その中でソ連が研究開発に軍事的資源を特化しようとしているとの理解が米国側にあれば，それは従来の質的軍拡をめぐる作用・反作用モデルの予測になじむものといえるだろう。実際にも，急激な近代化を進めることでかえって米国の国防支出が拡大するとの懸念もあったが[24]，ソ連の研究開発や近代化への懸念がそのようなインセンティブを刺激することもありえた。

しかし，この年の米国における研究開発投資の維持は，ソ連の研究開発の試みに対抗するものであったとはいい切れない。一部の専門家からは，ソ連にはもはや十分な技術開発能力がないという見解も明らかにされていた。たとえば，マサチューセッツ工科大学のスティーブン・メイヤー（Stephen Meyer）教授はソ連軍の状態の評価に関する公聴会で，ソ連が技術の高度化を追求している証拠があるのかどうかを問われ，それを否定するような証言をしている[25]。メイヤーによれば，確かにここ数年でソ連の先端技術への言及は増えて

いるものの，ソ連の技術者はペレストロイカの余波で，冷蔵庫や自転車を作らざるをえないような状況に陥っており，人材や技術の流出，軍民の緊張関係の高まりもまた，ソ連の開発能力の低下を促しているという。また，実際にソ連では研究開発費が縮小され，そのことが軍の怒りを買っていることも説明されている。[26]

　こうしたソ連の技術開発能力に対する評価が，単に外部の専門家による分析にとどまるものではなかったという点は，その予算の策定に対する影響を考える上で重要なことである。国防総省もまた，こうした専門家の見解を支持するかのような説明を議会に対して行っていた。たとえば，ウォルフォウィッツはソ連の軍拡や近代化に対する懸念を示しており，ソ連による技術開発の「意図」を重視していたことは確かだが，一部の議員から表明されたソ連の近代化を懸念する声に対しては，そのペースに懸念を示しつつも，ソ連経済にはそれを賄う力がないと回答している。[27]このようなソ連の技術開発能力に対する評価が政策決定に一定の影響を与えているとすれば，この時期の米国で研究開発への志向性が高まった理由を，単純な米ソ間における技術開発の作用・反作用モデルの観点から理解可能なものとして捉えるのはやはり十分ではない。

　このように，東側の脅威のレベルが低下したと見られたことは，研究開発に伴うリスクをある程度受け入れられることになったことをも意味し，前年度にも主張されていた技術重視の政策への転換を加速させる要因となった。その一方で，東側の脅威の後退が軍事支出の削減圧力を高め，また，脅威の後退が軍の規模縮小を促した結果，現行の兵器システムを調達することの正当性は徐々に失われていった。このことからは，国際システムの変動の影響は，米国の軍事力に変化をもたらす要因となったが，それは調達と研究開発に対して一様の影響を与えていたわけではなく，軍事支出が総体的に縮小される中で調達を減少させ，研究開発への積極性を高めるという形で作用したことが推察される。

(2)「トレードオフ」関係に置かれる調達と研究開発

　ソ連の脅威が後退していくという当時の情勢は，一般的に見て軍事支出の削減を進める要因である。そのような状況下で重要なのは，財政的制約の中で

研究開発への投資を積極的に進めていくためには，調達費を削減することによって資金を捻出しなければならないと考えられていたことである。つまり，調達と研究開発は，この時期にはトレードオフの関係に置かれていたと見ることができよう。このことは，予算の絶対額をめぐる問題だけでなく，具体的な兵器システムの是非が論じられる際にもしばしば言及されていたことであった。第6章で具体的に検討するが，この時期にそのようなトレードオフの関係に置かれた上でその是非を議論されていたプログラムには，たとえば陸軍のヘリコプター近代化プログラム，海軍の艦載機更新プログラム，空軍の輸送機や爆撃機近代化プログラムなどが挙げられる。

調達と研究開発がトレードオフ関係に置かれている状況下では，財政的な制約の中で調達量を十分に確保することはすなわち，研究開発を犠牲にすることを意味する。そしてそれは，長期的な軍事的脅威のリスクを高めることを意味する選択肢でもあった。また，数量を維持することはメンテナンスコストの増大にもつながるものであり，軍事力全体の費用対効果の観点からも，あまり有効な方策であるとは考えられていなかった。その中で，研究開発への投資比重を高めようという動きが加速し，さらにソ連の脅威の後退が，研究開発への依存度の高まりに伴うリスクを軽減する役割を果たしたことは，すでに述べた通りである。

しかし元来，調達と研究開発ではその軍事戦略上の目的が異なっている。調達はすでに技術的，産業的にある程度確立された兵器を獲得する措置であり，その実行はより短期的な軍事力の強化につながる。これに対して，研究開発は技術的な失敗やスケジュールの遅れというリスクを伴いながら，将来的に軍事力をより近代的な兵器によって置き換えることを目的とするものである。このような観点から見れば，財政的にはこのような調達と研究開発のトレードオフ関係の成立は，投資の柔軟性を確保することが可能であるという点で望ましいものであっても，軍事戦略上は必ずしも自明ではない。

さらに問題なのは，この時期に投資の是非を問われていた多くの技術は，第2章で述べたような，対ソ戦略の文脈で計画されたものであったという点である。研究開発は長期的な脅威の動向やそれに対処するための軍事的能力を見据えて進められるものであるため，ある時点で開発を計画された兵器システムをめぐる軍事上の要請が，開発の完了時点ではすでに変わってしまって

いる可能性がある。この時期の研究開発投資は，冷戦の終焉を迎えたことで，まさにこの問題に直面するはずであった。実際に，B-2やATFといった新たな航空機の開発プログラムに対しては，ソ連の脅威が後退しているにもかかわらずなお投資を継続することに，しばしば疑念が示されていた。いい換えれば，たとえ冷戦の終焉がリスクの許容度を高める役割を果たしたとしても，それだけに焦点を当てれば，そもそも研究開発が軍事的観点から見てなぜ重要なのか，という点が説明されずに残る。実際に，研究開発関連の支出を正当化するには，より積極的な理由も必要だったのである。

こうした中で，調達を削減することで研究開発への投資を継続していくという提案が軍事的観点からも説得力を持ち得たのはなぜなのだろうか。一つには，たとえ東側の脅威が後退しているのだとしても，それは依然として無視できるものではないという懸念があったことも重要な要因である。しかし，前年までの議論と比べてもっとも大きく異なり，それゆえに取得の正当化に際してより重要な役割を果たすことになったと考えられるのは第三世界諸国をめぐる議論であり，しかもそれが長期的には高度な技術を持った脅威となっていくという予測が立てられていたことであった。

(3)「ソ連」の脅威から「ソ連型」の脅威へ
―第三世界における技術拡散―

第三世界の問題は，調達や研究開発の必要性を主張する際の根拠として，繰り返し取り上げられるようになっていった。ウォルフォウィッツの議会に対する説明に見られるように，第三世界に関して主要な懸念の対象となったのは，技術拡散に伴う第三世界諸国の先端兵器獲得であり，それが研究開発の強化や産業技術基盤の保護の必要性を主張する根拠ともなっていた。[28]同様の懸念は，各軍個別の文脈においてもしばしば明らかにされていた。たとえば海軍は，ソ連の脅威は後退したと言っても，その他に40カ国が240隻ものディーゼル潜水艦を保有しており，そのような状況下では引き続き対潜水艦戦闘能力を向上させていく必要があるという主張を展開していた。[29]さらに，第三世界の脅威の台頭は，現行の兵器に夜戦や悪天候に対処可能な能力を付与する必要性が高まっているとの主張につながり，さらには電子戦システムやスタンド・オフ兵器の獲得，海軍航空兵力の維持を正当化する根拠にもなっ

た[30]。特に，第三世界への技術拡散は，EA-6B等の電子戦機への需要を高めているとされ，その必要性が再三にわたって主張された[31]。空軍でも，ソ連の脅威が後退し，基地の閉鎖，縮小が世界規模で進められていく中で，拡散していく比較的高度な技術を保有する第三世界の諸国に対処する方策が考えられていた。そのために，「グローバルパワー・グローバルリーチ」のコンセプトを掲げ，兵力の戦略的，戦術的な柔軟性，機動性を高める努力を続けていた。また，CAS／BAI（Battlefield Air Interdiction：戦場航空阻止）任務を最優先事項と位置付け，その能力の向上を熱心に進めようとしていた[32]。

海兵隊や陸軍でも同様に，より洗練された地域的脅威の高まりが見られるがゆえに，ソ連が緩やかに行動してもそれが必ずしも平和と安定につながるわけではないという認識の下，対ソ戦略の文脈で構築された軍事力を縮小しながら，世界レベルの地域的脅威に対処するために必要な能力の構築を求めるようになっていた。また，第三世界の兵器が高度化，増加していることは，高強度紛争への対処能力に問題を投げかけるにとどまらず，テロや低強度紛争において先端兵器が使用されることへの懸念にもつながっており，こうした状況もまた研究開発の重要性を高めているという主張につながった[33]。このように，第三世界で台頭しつつある脅威に対処する必要があるという目的意識，そしてその脅威とは技術的に高度なものであり，米国は先端技術を第三世界の脅威に対処するという目的を達成するためにも維持しなければならないという情勢認識は，四軍に共通したものであった。

このように，軍事的脅威の観点から見て重要なことは，戦略兵器部門を除けば，ソ連と第三世界の脅威の性質，それに対して必要な能力上の要請がほとんど同じものとみなされていたことであった。第三世界の脅威は低強度紛争の文脈で論じられるにとどまらず，技術拡散が進むにつれて第三世界の諸国がソ連型の兵器を取得するようになり，高強度紛争で用いられる技術のレベルが高まっていくことが想定された。いい換えるならば，第三世界で台頭しつつある脅威がソ連型のハイテクの脅威と考えられていたことで，対ソ戦を想定した兵器システムや技術は，第三世界が獲得しつつあるソ連型のハイテクの脅威に対しても有効であると考えられた。

これに先立って実施されたパナマへの軍事介入（Operation Just Cause）によって，第三世界の脅威に対処する際に先端技術の利用が有効であるとい

う評価が高まったこともあいまって、研究開発を進めて先端技術や新兵器の獲得につなげていくという取り組みは軍事的な観点から見てもますます妥当なものと考えられるようになった。[34] このような形で、第三世界の諸国がソ連型の兵器を獲得し、高強度紛争で用いられる技術のレベルが高まっていくとの想定があったことは、対ソ戦略の文脈で計画された新兵器の開発プログラムを、ソ連の脅威が後退したあともなお維持していくためには無視しえない要因であった。それが、調達予算と研究開発予算をトレードオフの関係に置く上で欠かせない背景となっていたのである。こうして、国防予算が総体的に縮小され、調達と研究開発のバランスが問題となる中で、研究開発投資の価値が高まっていくことになる。実際、このような状況下では、いくつかの分野を除けば、調達量（予算）の維持、拡大を目指す声はほとんどなかった。程度の差こそあれ、研究開発への投資を求める声が強まっていったこと、そのためには国防予算、特に調達費の削減もやむをえないことであるとの意見がしばしば表明されるようになっていったことは、前年度との大きな差である。

ただしこうした中、海軍が例外的ともいえる姿勢を見せていたことには触れておくべきであろう。程度の差こそあれ、この頃には海軍にも新技術を利用して軍の運用効率を高めようとする試みがあったことは、前章でも触れた通りである。その点に目を向ければ、海軍も国防総省や軍が目指した技術中心の効率化の流れに乗っているといえる。ところが海軍からは一部、「個人的には」という断わり付きながらも、ソ連との直接的な対峙の問題以上に第三世界への「ソ連型」の兵器の拡散が進むことによる脅威の増大が問題であるという根拠をもって、国防予算の削減に懸念を示す声も上がっていた。

こうした態度には、上院軍事委員会のナン委員長から苦言が呈されている。ナンは第三世界の脅威が問題であることを認めつつも、ソ連の脅威が後退したことを根拠として、海軍に国防予算の縮小を認めさせたかったようである。上院予算委員会から求められていた130億ドルの予算節減に、部分的にではあるが同意していたことも、その理由の一つであった。ナンは予算削減に消極的な主張を繰り広げる海軍のリチャード・ダンリーヴィ（Richard M. Dunleavy）海軍作戦部長補に対して、海軍の協力がなければ軍事委員会の方で予算削減の判断を下さねばならなくなると述べた。また、ソ連との危機に

際しての警告時間（warning time）が伸びていることや，湾岸のような重要地域に対して必ずしも艦船ではなく，海上，地上発進の航空機を派遣できることも指摘し，海軍にこうした要素を利用して予算の削減という「不快な決定」を支持するよう理解を求めている[35]。第三世界の脅威の高まりは，少なくともソ連の脅威が短期的には後退したとの認識とあいまって，研究開発投資の比重を高めた一方で，それ自体で冷戦期にソ連と対峙するために構築したレベルでの軍事力の維持を正当化するものとはなりえなかったのである。研究開発費が維持される一方で調達費の縮小が進められたのは，こうした背景にも理由がある。

第2節　能力の向上，多目的化と効率性の論理
―技術による付加価値の高まり―

　第三世界の脅威に対処しながら，残存するソ連の脅威に対処しなければならないというのが，当時の米国における考え方の主流であった。しかし，ソ連の脅威が後退したことで一定程度の軍縮が可能であるという考え方が支配的になりつつもある状況下では，そのために冷戦レベルの軍事力を維持するという方策は必ずしも認められるものではなかった。加えて，財政的な観点からはもはや米国にそのような余力はないことが，国防総省，軍，議会を問わず，共通した理解であった。実際，財政支出を削減しなければならず，軍の規模も縮小せねばならない中で，第三世界の脅威への対処能力に各軍の機能が収斂していく状況には疑問の余地も残されていた。

(1)効率性の追求と技術

　第三世界の動向をベースとした軍事的要請にのみ基づいて編成を正当化することが困難になっていたことは，以下の例にあらわれている。陸軍では安全保障環境の変化に基づき，軍の軽量化を進めようとしており，議会に対してもその旨を説明していた。アスピンは，陸軍の変革方針に賛意を示しつつも，1989年12月12日付のニューヨーク・タイムズの記事を引きつつ[36]，陸軍はどのような組織として，いかなる任務を遂行しようとしているのか，それはこれまですでに海兵隊が実施してきた任務とはどう異なるのか，果たして

「もう一つの海兵隊（another Marine）」は必要なのかと，陸軍のヴォノ参謀総長と海兵隊のグレイ総司令官に問いただしている[37]。ヴォノは，世界的に高まる第三世界への脅威に対処するための方策として，陸軍力の軽量，重量，特殊部隊の混合を進めていく方針を明らかにし，さらに緊急対応部隊の必要性が高まっているとの主張を展開していた[38]。また，グレイも任務の補完と軍の堅牢性の観点から陸軍の変革を支持しており，世界の強力な兵器を有する地域に介入するには軽量・重量兵器の混合を進めていく必要があること，その上で陸軍の緊急対応部隊への要請は高まっていることを述べた[39]。このような形で海兵隊と陸軍の任務が重複していくような軍の再編方針への疑問が投げかけられるのは，いかに軍事的環境の変化に合わせて各軍が変革を試みたとしても，それだけでは新たな軍事戦略やそれに伴う調達・研究開発の正当化には十分ではなく，同時に軍事力の「効率性」が欠かせない要素となっていたことを意味するものであった。

　研究開発それ自体も，ソ連の脅威が後退し，財政的な制約が強くかかる状況下では，それまでのような脅威の論理のみで正当化されうるものではなかった。軍事的脅威の性質が同じなのであれば，ソ連から第三世界への脅威の移行という状況は，調達を非正当化しながら研究開発を正当化する必要条件ではあっても，十分条件ではなかった。いかにソ連型の兵器が拡散し，第三世界の脅威の高度化につながっているとは言っても，それが質の面で往時のソ連の脅威に匹敵するレベルにあるとは考えにくく，脅威の低下に伴って研究開発費を削減していくべきであるという議論もありえたからである。実際，LHXやB-2といったいくつかの研究開発プログラムは，脅威の後退に伴う軍事的要請の低下を理由に，一部の議員から中止を求められることになった。また，アスピンは，不確実性をヘッジするために技術基盤を残す必要があることには理解を示す一方，ソ連や東欧の状況が変化していく中で，高価でリスクの高いハイテク兵器の開発を追求していく必要はないかもしれないとした上で，ブッシュ政権の予算案においてそのような兵器が求められていることに疑問を投げかけていた[40]。さらに，別の公聴会で証言を求められた元国防長官のジェームズ・シュレジンジャー（James R. Schlesinger）は，財政的な制約によってプログラムに遅れが生じ，兵器調達のユニットコストが増大していくことを懸念し，開発中の新たな兵器システムを生産に移すことに

は消極的な態度を見せている。[41]

　他方，こうした状況下において，先端技術を追求することそれ自体が，研究開発を正当化する根拠となった側面もあった。一部の専門家からは，革命的な技術の登場がもたらす軍事力の変化の可能性が指摘され，それに対応するために先端技術を維持することが求められるとの見解も示されていた。[42]同様に軍からも，こうした新たな技術の登場自体が，研究開発を推進する根拠として用いられた。グレイはすでにこの時期，利用の可能性が高まりつつある新たな技術分野を列挙した上で，後にその多くの要素がRMAという概念のもとに描き出される戦場の様子を示し，新技術の獲得を正当化する論拠として用いている。[43]

　　次世紀の戦場に投入されるであろう多くの技術が明らかになってきている。指向性エネルギー・レーザー兵器，垂直離着陸航空機，精密誘導兵器，センサーの改善，ロボット工学，ステルス，そしてより高度な宇宙システムはすでに開発途上にある。遺伝子工学を含むバイオテクノロジーは，かつて想像もされなかったような能力を生物化学兵器にもたらすだろう。（中略）次世代の戦場はますます流動的かつ破壊的，広範囲にわたるものとなり，後方地域は消滅する。膨大な情報を迅速に処理し，融合させ，分析にかけ，送信する能力を持つ，完全に統合されたC^{4}I（Command, Control, Communication, Computer and Intelligence）や相互運用的なシステムが求められるようになる。（中略）未来の戦場において生き残るには，分散した兵力・火力を迅速に結集する能力を有し，全天候下で日夜，同じテンポで行動可能な，高度な機動性と自立性を備えた兵力が必要となる。（中略）米国が次世紀にも軍事力の信頼性を維持しようとするのであれば，新技術の利用を続けなければならないのである。

　しかし，軍事的，財政的に軍事支出に対する批判が高まっている状況下においては，それでもなお研究開発の正当化には十分ではなかった。その中で重要な役割を果たしたのが，軍事的，財政的な効率性の論理であった。効率性の論理は，主に次の二つの観点から主張された。第一に，兵器システムに多目的性や共通性を持たせるべきであるという主張である。それはいい換え

れば，地理的な観点からは機動力を高め，機能的な観点からは少ない兵器システムによって多くの機能を兼ねることを求めるものであった。国防総省では，前方展開レベルの低下によって作戦範囲の拡大が必要となっていること，また，ソ連の脅威が復活する可能性と技術拡散に伴って高まる地域的脅威に備えながら，テロやドラッグ対策を含めた全方位の任務を遂行可能な軍を構築する必要があることから，軍事力の多目的性を追求する立場をとっていた。[44]

　第二に，軍事力の質的な向上を図ることで能力を維持しながらも，量的な削減を目指さねばならないという主張である。すでに述べたように，軍事力の量的削減はこの時期には既定路線となっていたが，こうした措置は脅威の動向のみならず，財政的な問題をかなりの程度反映したものであった。つまり，軍事的にはソ連の脅威が以前より低下してはいるものの，いまだ米国にとって危機をもたらす一因であると理解されており，かつ，第三世界の脅威が台頭しつつある状況下においては，財政的制約を同時に反映した過度の量的削減に伴う能力の低下を何らかの形で相殺する必要があったのである。

　各軍から議会に対して説明された具体的な方策は，こうした国防総省の見解を反映したものであった。たとえば陸軍からは，潜在的かつ予測不可能な脅威はあるものの，個別の地域に特化した軍事力を用いて全ての脅威に対処することは財政的に不可能であることを理由に，軍事力の多目的性や高い展開能力が求められること，さらにソ連の重機甲戦力に対処するためには破壊力の向上が必要であり，そのためには新技術の獲得が重要な意味を持つことが説明されている。[45] こうした軍事力の多目的性の獲得や能力の向上を進めていくためには，短期的，中期的な近代化の試みをいくぶん控えてでも，長期的な近代化に向けた取り組みを保護していく必要があるとされた。海兵隊もまた，長期的な軍事力の信頼性を確保するためには，財政的にも適切な新技術が求められるとの見解を明らかにしていた。グレイは，そのためには軍民双方の技術を応用することが必要であり，そのような取り組みを通じて軍事力の多様性，機動性とともに各種能力の向上，そして効率性を獲得していくべきであると述べている。[46] 加えて，各軍が口をそろえて述べているように，世界的な米軍基地，海外展開の縮小傾向にもかかわらず，依然として米軍は世界規模の展開が想定されており，柔軟かつ機動的な能力の必要性が高まっていたことも，軍事力の多目的化が求められる背景となっていた。このように，

新たな技術を開発していくことによって，軍事的能力を向上，多角化させていくことが，この時期の軍事力の構築方針として各軍に共通した目標となっていた。

ただし，効率性という観点から見れば兵器の多目的化や共通化は有効な方策の一つとなるという理解が広まっていた一方で，軍の一部にそのような傾向への抵抗感も見られたことは，こうした措置の難しさを示している。たとえば，グレン上院議員は，乏しい財源のもとではジョイントプログラムの重要性が高まることを指摘した。これに対して，ダンリーヴィは各軍独自の要請には個別に対応していかねばならず，プログラムの共通性（＝効率性）を求めるあまり軍事行動に必要な要素を犠牲にしてはならないとの見解をもって応じている。当時の流れからすれば，こうした見解は例外的なものと位置づけることができるものの，激しい効率化の流れに抵抗するに当たり，軍事の論理―特に能力の確保，向上の論理―が依然として重要な正当化の根拠として用いられていたことも，後の軍備計画に対する影響という観点から見れば無視しえない問題である。

(2) 議会の反応―軍備の縮小と効率化方針の支持―

国防総省や軍のこうした目標は，前年度にはリスクの観点から議会で十分な支持を集めることのできなかったものであった。それが，冷戦の終焉を経て受け入れられるようになったことも，当時の政策転換を理解する上で重要なことである。通常戦力及び同盟防衛に関する小委員会では，陸軍，空軍，海軍及び海兵隊のそれぞれについて，調達，研究開発プログラムの見直しが行われた。委員長を務めていたカール・レヴィン（Carl Levin）上院議員は各公聴会の冒頭，調達と研究開発プログラムをより小さな兵力構成に合わせてどのような形で修正していくかが問題となるとの指針を示した。そこでの議論はすでに軍事力の縮小が既定路線となっているという前提のもとで進められることとなった。

通常戦力の維持に責任を有する小委員会からすれば，過度の軍事力縮小は望ましくなかったし，国防総省や軍の主張するような，調達と研究開発のバランスを大きく崩すような措置にも不安が残った。実際，レヴィン議員は小委員会委員長という立場から，調達を大幅に削減しながら研究開発の維持に

努めるという行政府の計画が,現在と将来のバランスを欠いたものであるとの批判を述べていた[49]。その一方で,ピート・ウィルソン（Pete Wilson）上院議員の主張に代表されるように,行政府の計画の妥当性を認める立場も強まっていた。ウィルソンは,財源が不足していく状況下では調達と研究開発にどのような形で資金を振り分けていくかを考えねばならないと述べた上で,軍備計画が厳しい制約に置かれる状況では,兵力を縮小しながら研究開発費の大規模な削減は控えるという国防長官の方針は「もっともましな方策」であり,「正しい」ものであると主張した[50]。

ここで重要なことは,ウィルソンのような研究開発志向の軍備計画の支持者もまた,それに伴うリスクを認識していたことである。

　……（第一に,研究開発は大きな熱狂をもって支持されているわけではない。）最初に論点となるのは,研究開発が何か有用なものを生み出せるかどうかが,〔実際に〕生産し,試験にかけてみなければわからないという疑念である。第二に,研究開発〔の成果〕は消えゆくもの,急速に旧式化していくものであるという懸念があるのも理解できる。そのことが,われわれが何か無鉄砲で,リスクの高い行為に携わることになるという人々の主張につながってきたのだろう[51]。

研究開発に重きを置いた軍備計画を支持する議員らは,このようなリスクを理解した上でなお,場合によっては研究開発のリスクをとらなければならないと主張していた[52]。こうした調達と研究開発のバランスをめぐる議論を経て,軍事委員会は最終的に短期的なリスクをとることによって財政問題や軍事環境の変化に対処しつつ,技術開発のリスクを最小限にとどめようとする方針を支持している。このような考え方は,湾岸戦争以降にあらわれたような技術革新そのものに対する支持というよりは,財政や軍事動向といった複数の視点から勘案して最適な軍備計画とは何かを考えた結果であった。それをもっともよく体現したのが,第4節で述べる"fly before buy"という軍事委員会の原則であった。しかし,本章の結論としてこの点を詳しく述べる前に,軍備問題を論じる従来の見方の中でも有力なものの一つとなっていた経済産業の視点から,この時期の政策転換の論理をながめておく必要がある。

第3節　産業基盤の縮小への懸念と研究開発

　総体的には軍事支出の縮小が既定路線となっている状況下において，こうした新技術の開発を担保する産業基盤をどのように維持していくか，という問題は無視しえない。ただし，産業基盤を維持する動機は，非軍事的な経済産業上の利益によるものと，軍事安全保障にかかわるものとに大別した上で検討する必要がある。この時期にも，国防予算や兵力規模の縮小に伴い，産業基盤をどのような目的のもとに，いかなる形で維持していくべきかという点が，高い政策的関心を集めていた。

　前年度予算の審議においても，経済的利益や産業保護の観点から国防予算削減の問題を懸念する声はすでに表明されていた。たとえば，下院では過去に軍事力の量的劣位を相殺する上で技術的な優位が重要な役割を果たしてきたことが指摘され，産業技術基盤の保護を求める見解が示されていた[53]。同様に上院においても，防衛産業及び技術に関する小委員会の見解として，仮に，現在の国際的緊張緩和の流れが逆転した場合には，将来の脅威への対処に必要な研究開発や兵器生産を十分に行いえないとの懸念が示されていた[54]。このような軍事上の懸念に加えて，産業利益の観点からも，技術基盤の維持を求める声が上がっていた。下院の技術開発小委員会では，軍事支出の縮小に伴う産業技術基盤の喪失への懸念が表明されており，今後も大学や産業を含む技術基盤への投資を進めることで，民間セクターへのさらなるスピン・オフの機会を高めていくべきであるとの主張が展開されている[55]。

　このような懸念があったにもかかわらず，1991年度予算においては軍事支出の劇的な削減が進められた。すでに述べたように，冷戦の終焉や財政赤字の問題が軍事支出削減の重要な根拠となったのに対して，経済産業的な利益の問題は国防予算の検討に際していかなる形で考慮されたのであろうか。

（1）経済的損失への懸念？

　経済産業の観点からは当時，調達のみならず，研究開発にもさまざまな批判が投げかけられていた。冷戦期にしばしば主張された，公共事業としての軍事支出（軍事ケインズ主義的な投資）の効果については，この時期には必ずしも一致した見解があったわけではなく，経済産業的な利益の観点からも

軍事技術開発の正当化が難しくなっている状況があった。1990年3月に発表されたCBO報告書では，国防予算の削減が米国経済にもたらす長期的利点として，非国防分野の予算増，減税，赤字の縮小などが挙げられている。加えて，科学技術の発展という面でも国防予算の削減はむしろ効果があるものとされた。国防予算の削減によって軍事から民間への技術のスピン・オフは弱まるものの，それによって科学技術予算が非軍事研究部門に移行されるためである。短期的には国防予算の縮小が経済成長を鈍化させ，失業率を上昇させるなどの問題点があることも指摘されていたが，その影響は米国の経済成長によって吸収することが可能な程度にとどまるものであり，不況を誘発する可能性は低いとされた。CBOではこうした分析を踏まえて，負の影響を最小限にとどめるために，急速な国防予算削減を行わず，長期的な観点から予算削減計画を立案することを求めている[56]。

　国防予算の削減が軍事のみならず，経済的な観点からも注意深く対処すべき問題であると考えられていたことは間違いない。しかし論点は，縮小を食い止めること自体ではなく，縮小の中でいかに深刻な経済的損失を回避するかという点に置かれた。こうした方向性は，1990年3月21日に開催された「技術の蓄積と適切な防衛産業基盤」と題した公聴会にもあらわれている。この公聴会では，産業基盤を縮小しなければならないという点は，すでに所与の目標とされつつあった。その上で主要な論点となったのは，依然としてソ連，東欧の動向が不安定な中で，重要な部分を残しながら合理的に産業基盤の縮小を進める方策とはいかなるものかという点であった[57]。そこでもすでに，雇用と産業保護のために国防に投資すべきであるという声は衰えていた。元陸軍次官補，続けて次官に就いた経歴を持つ，マーティン・マリエッタCEOのノーマン・オーガスティン（Norman Augustine）やドナルド・ヒックス（Donald A. Hicks）といった防衛産業の専門家からは，国防支出の割合はGNP（Gross National Product）の6％以下であるため，その削減が経済に与える影響は必ずしも大きくはないとの主張が展開された[58]。さらに，民生技術へのスピン・オフを狙った軍事支出についても疑義が呈された。研究開発の民生技術に対するスピン・オフの効果は，過大に見積もられており，民生技術を発展させたいのであれば，軍事費という形ではなく民生に直接投資すべきである，軍事費は国防に必要である限りにおいて支出されるべきであるという

のが，オーガスティンらの見解であった。議員の中にも，米国の産業競争力の低下が軍需品の輸出に伴うオフセットの結果であるという理解があったことに見られるように，一部では軍事支出を通じた民生産業の活性化の効用について一定の疑問符が付されていたことも重要である。公共事業としての軍事支出という論理は，少なくともこの時期，表向きにはあまり妥当なものではなくなりつつあったのである。

(2)産業技術基盤の維持をめぐる安全保障上の懸念

　経済産業政策上の効用という観点からは，国防支出を正当化する声は力を失いつつあった。これに対して，防衛産業の外資への依存傾向の強まりや国防予算の縮小に伴う産業技術力の低下が安全保障の文脈で捉えられる際には，軍，国防総省，議会，専門家を問わず，強い懸念が示されていた。一部の議員からは，米国が過去に技術上の優越を失ってきており，外国企業の台頭を許した結果，米国の軍事技術が外国に依存するという問題を生み出してきたことを理由に，研究開発への投資を含む支出の維持を求める声も上がっていた。また，外国企業が米国の秘密プログラムを扱うことについては，必ずしも当時に新しい現象ではなかったものの，外資への技術依存が強まるにつれて，こうした問題がますます憂慮すべきものとなってきているとの意見もあった。国防総省や軍からも，ソ連の脅威の後退を機に軍の規模を縮小しながらも，必要時に軍事力を再建するための基盤は残しておかねばならず，軍の規模縮小に由来する産業への過度のダメージは，そうした軍事力の再建能力をも失わしめるものとして警戒されていた。

　しかし，その影響は研究開発と調達に対して等しく及んでいたわけではない。一方で，ブッシュ政権に調達をカットして新システムの開発を守ろうとする傾向があることには，条件付きながら支持が表明されていたのに対して，調達にかかわる産業の生産能力は，むしろ縮小されるべきであるとの主張がしばしばなされていた。すでに述べたように，調達の削減に関しては，予算の制約と軍事的脅威の後退という観点から，一定程度進めざるをえない措置であり，また，それが可能な状況が生まれているとの理解が生まれていた。そのような状況においては，調達の縮小に伴う生産ラインの縮小，その結果として生じる産業基盤の縮小もまた，やむをえないことであった。軍の立場か

らも,生産基盤が一旦失われれば,その回復には大きなコストがかかってくることが問題視されており,仮に資金が潤沢であれば生産ラインを停止せずに産業基盤を保護したほうが新規生産も円滑に行うことができるとの理解があったにもかかわらず,現行の生産ライン停止は財政上の理由から認めざるをえなかった。オーガスティンが公聴会で述べたように,防衛産業セクターの生産能力は過多の状態にあり,痛みを伴いながらも効率性を持たせる形で,産業を縮小していくべきであると考えられていたのである。

　他方,必要となった際に軍事力の再建を可能にする要素として,また,軍の掲げる軍事力の近代化を進める手段として,産業技術基盤の維持は不可欠のものであった。特に,技術のリードタイムや生産移行へのコストの問題を考えれば,一旦技術的な優位を失えばそれを再び手に入れて戦場に反映させるまでに長い時間を要することになるという問題があった。かといって,研究開発と並行して生産段階にまで入ってしまえば,兵器が時代遅れとなっていく可能性があることも問題視されていた。技術がその先端性を維持できる期間は短い一方で,一旦生産され,在庫扱いとなったシステムの寿命は相対的に長いと考えられていたためである。このような兵器の旧式化問題は,冷戦期のように抑止の観点からも大規模な軍事力を常時備えていなければならない状況下では,受け入れるべきコストとして捉えうるものであっただろう。しかし,兵力規模を削減し,その兵力もいつどのような形で必要となるかが明らかではない状況においては,こうした兵力の老朽化は避けるべきコストと考えられたとしても不思議ではない。調達を削減しながらも,研究開発への投資を維持しておくことは,こうした問題を緩和するために重要な措置であり,かつ,そうした形での先端技術の維持は,新たな脅威発生のリスクをヘッジするという観点からも,望ましい措置であると考えられていたのである。

　むろん,産業技術基盤の保護という文脈においても,研究開発予算の維持が無条件に支持されたわけではなく,どのような形で開発を進めるかという点についてはさまざまな方策が論じられた。特に,一部の専門家からは研究開発への傾斜について総論としては賛意を示しながらも,こうした集中的な研究開発への投資については,その効果を吟味した上で行うべきであるとして,無駄な開発を戒める声も上がっている。現行システムの削減による研究

開発への投資は，新システムの能力が高く利益が大きい場合にのみ，ケースバイケースで行われるべきものである。中にはステルス技術のように価値ある投資対象もあるが，無条件にあらゆる性能向上に資金を投じることも避けるべきである。また，マッハ2以下で飛行する必要のある航空機にマッハ2.5で飛行する能力を与えようとするのは馬鹿げており，国防総省はこうした問題に対してほとんど注意をはらっていない。こうした専門家の見解は直接に予算に反映されるものではないが，当時の軍の再編において重要な役割を果たした先端技術の投資もまた，効率性の追求という指針から逃れうるものではなかったことを示す一例として位置づけられるだろう。実際，次節で述べるように，上下院の軍事委員会では調達ほどではないにせよ，行政府の要求した多くの研究開発プログラム予算に対しても財政上の無駄や計画の無理を指摘し，一定の修正を求めている。

　いずれにせよ，経済問題や雇用の問題は，この時期には国防予算の削減を押しとどめるほどに説得的な根拠を提供するものとはならなかった。実際に冷戦後，防衛産業セクターはいわゆる「最後の晩餐」を経て，大きく再編されていくことになる。その中にあって，防衛産業基盤の維持が積極的に正当化されたのは，あくまでも研究開発を中心とした軍の再編方針の実行可能性を担保するという，いわば軍事的考慮によるところが大きかったといえよう。

第4節　政策転換をめぐるコンセンサス
　　　　―調達の削減と研究開発の維持―

(1) 湾岸危機とアスペン演説

　こうして，軍事力の量的な削減が既定路線となる中で脅威の多様化に対処するためには，新たな技術を開発し，あるいはそれらを既存の兵器システムに取り込んでいくことによって軍事的能力を向上ないし多角化させることが，もっとも有効な方策であると考えられるようになった。このような措置をとることで，軍事的な要請を満たしながら財政の健全化を目指すことが可能となると考えられるようにもなっていった。湾岸危機の発生と，それに対する米国の関与は，こうした方針を第三世界の脅威という文脈の中で正当化する役割を果たした，という位置づけとなる。

ブッシュ大統領はイラクによるクウェート侵攻が発生した1990年8月2日，アスペンにおいて冷戦後の国防戦略と米軍の再編方針について演説した。そこでは，「ソ連がほとんど，あるいは全く事前警告もなく西欧に侵攻してくるという脅威は，今日では（第二次世界大戦の）戦後のどの時点よりも小さなものになっている」とされた。その上で，第一に西欧に対する直接的な脅威と世界戦争の危険がそれほど大きな脅威ではなくなった現在において，米軍の規模は地域紛争や平時の海外への軍事プレゼンスの必要性によって決まること，第二に1995年までに現在より25％少ない戦力で米国の安全保障上の要請を満たしうること，第三に米軍の再編に当たっては，米国は地球上のいかなる場所，いかなる時においても，紛争の発生に対処する戦力を持たねばならず，したがって必要とされる場所に，また，必要とされる時に軍を輸送する機動力を保持しなければならないことが主張された。
　重要なことは，こうしたアスペン演説に見られる冷戦後の米軍構築の方針が，これまでに行政府と立法府の間で議論されてきたものの総括に過ぎず，その内容には特に目新しい点が見られたわけではないということである。それゆえに，アスペン演説に見られる「基盤戦力（Base Force）」の考え方は，議会にも一定程度認められるものとなっていた。実際に，国防予算権限法に対する軍事委員会の根拠付けは，研究開発重視の予算編成への移行を積極的に支持するものとなった。

(2) 議会の予算付与方針とその根拠

　1991年度予算では，調達，研究開発ともに予算規模が縮小されたが，議会の決定はそれぞれの扱いに大きく差をつけるものであった。調達費が対予算要求比で13％以上削られたのに対して，研究開発費の削減は5％強にとどまっている。これには，次のような委員会の最終的な情勢認識が反映されている。上院軍事委員会では公聴会を通じて，ワルシャワ条約機構の欧州における脅威が事実上消滅したこと，その結果，安全保障政策の基本的な前提の多くを根本的に変えることとなったことを確認したと結論付けた。また，CFEは合意に至る見通しが立っており，そのことがソ連による攻撃の可能性をさらに低下させると考えられたことや，ソ連の域外における海軍力（作戦遂行能力）も低下し続けるとの見方も明らかにされた。加えて，欧州における通常戦争

発生の蓋然性が低下するにつれ，通常戦争のエスカレーションによる核戦争の発生の可能性もかなりの程度低下してきたというのが委員会の見解であり，総体的には脅威の低下が認められていた。[72]

もちろん，ソ連の動向に対する警戒心も依然として残っていたことは確かであり，それは議会の見解にも部分的にではあるが反映されている。たとえば，ソ連では戦車の生産量が半減されてきたものの，それでも米国の年産数の倍近くあること，また，ソ連の軍事費が下降しているとは言っても，それはかなり高い水準での動きであること，さらに，ソ連では新型潜水艦の建造も1980年以来の規模で進められていることなどが指摘されている。[73] しかし，こうした懸念はあくまでもいくつかの個別の領域におけるものにとどまり，東側の復活という懸念を総体的に高めるものとはならなかった。

また，地域的脅威についても，若干の留保が付されながらも，この時期には取り立てて重要な問題が浮上しているとは考えられなかった。特に上院の報告書提出が湾岸危機発生前の7月20日だったことを考えると，このことも不思議ではない。報告書によれば，中東がイスラエル・アラブ間の紛争やテロ発生の問題を抱える危険地域であることに変わりはないが，ソ連が石油を求めて中東に進出してくる可能性は，注目に値するほど高いわけではない。また，イランが米国に大規模な介入を求めるほどの事態が生じることも想像しにくく，従って米国の中東戦略はより小規模なものとなるというのが，上院軍事委員会の見解であった。東アジアに関しても，中国の台頭や台湾の地位問題，カンボジア問題等が解決されずに残っているとした一方で，北朝鮮の脅威は依然として残存しているものの，韓国の軍事力は長期的に北朝鮮の侵攻を抑止しうるだけの優位にあると結論付けられた。ラテンアメリカについても同様に，ドラッグ問題や左翼の動向は依然として重要な懸念事項であるが，パナマに対する介入作戦の実施，ニカラグアの民主的な政権樹立を目指す選挙の成功で脅威レベルの低下が進んでいるとの見方が示された。[74]

下院軍事委員会の結論は，より明確にソ連の脅威の後退を指摘するものとなっている。同報告書では，1990年末までにソ連の一方的軍事力削減によって，その戦闘能力が15-25%近く低下し，さらに総動員による攻撃の警告時間が5-10日ほど伸びるとされた。[75] こうしたソ連，東欧の変化を裏付ける根拠として列挙されたのが，当時のウィリアム・ウェブスター（William H. Webster）

中央情報局（Central Intelligence Agency：CIA）長官による以下のような主張であった。[76]

①ソ連の軍事計画立案者は，NATOとの紛争に際して，東欧諸国の戦力を当てにすることができない。
②モスクワは原則として，ポーランド，ハンガリー，チェコスロヴァキアから戦力のほとんどを引き上げることに同意し，今年には抜本的な軍事力削減が行われる。
③すでに実施された兵力の引き揚げによって，ソ連が軍を動員し，欧州で大規模な攻撃を実施するのにかかる時間が延びている。ただし，残存兵力は依然として強力かつ高い能力を有していることには留意するべきである。

また，下院軍事委員会からは上院軍事委員会と同様に，ICBMや潜水艦の建造等，ソ連の戦略的能力に変化はないが，ソ連の意図の変化や（通常戦争からの）エスカレーションの可能性が小さくなったことで，核戦争の可能性は低下しているとの見解が示された。さらに重要なことは，将来的なソ連の復活の可能性も小さくなっていると結論付けられたことである。ソ連の経済は最悪の状況に陥っているとされ，将来的にソ連の軍事力の近代化が進められ，再び脅威として台頭するという見方にも疑問が呈された。また，委員会報告書では，「彼（ゴルバチョフ）が失脚した場合，ポスト・ゴルバチョフ体制はゴルバチョフの政策の踏襲を強いられる」，また，「ソ連，東欧における脅威の低下は，元に戻りえないほどに大きな変化となっている」とのウェブスターCIA長官の発言も引用された。こうした安全保障環境の変化を踏まえて，下院軍事委員会は，①脅威が低下した領域においては，人員と兵器を削減する，②除隊する人員は公平に扱われねばならない，③縮小された軍においては，人員と即応性は兵器に優先される，④技術基盤を保護し，不確実性に対処するために，現在の兵器の研究，購入プログラムを純粋な研究開発に置き換えねばならない，⑤新兵器システムは，機能し，（軍事的）要請を手ごろな価格で満たすという要件を厳格に満たしている場合にのみ，生産に移るべきである，⑥国防総省の業務に関するコスト削減は，効率性を高めるよう

な形での予算削減を伴うべきであるとの方針に基づき，1991年度国防予算を策定することとした。[77]

　こうした安全保障環境の変化に基づいて，議会では新たな軍事戦略の一環として，装備品の取得において効率性を追求する明確な方針がとられた。上院の報告書では，「金を費やさず，賢く考える（think smarter, not richer）」ことを目指した資源配分戦略が詳細に説明されている。[78]このようなコンセプトが具体的に指し示していたのは，複雑な軍用規格（military specification）の使用や無駄の大きい調達手続きを廃止し，商業用ないし入手の容易な既製品（off-the-shelf）を用いて調達過程を単純化するということであった。[79]またそこでは，兵器の開発や生産が重複するケースが多すぎること，兵器の配備後に正常に作動させるための追加投資がなされなければならなくなっていることが問題視され，国防総省の兵器開発，調達は「購入前に飛行させる（fly before buy）」という原則に立ち戻るべきであること，また，兵器システムの設計においては兵器のメンテナンス費用や人員の削減によって，その保有コストを削減することが，新たに重視されるべきであるとされた。[80]それは，新たな技術を否定するものではなく，「単に（兵器の）高度化を目指すのみならず，適切な価格かつ維持の容易さを高めるために技術を利用すること」を意味するものであった。[81]将来的には，新兵器の利用が財政的な観点から小規模なものとなると考えられるため，現行のプラットフォームやシステムの改良策も実施していくべきであるとされ，さらに古い単一目的の兵器を早期に退役させることで，改修や運用にかかる経費を大幅に削減することが求められている。[82]加えて，こうした技術の利用可能性を高めるために，技術基盤の保護を目的とした投資を行うことも重要であるとされた。上院軍事委員会では，1990年3月に国防総省から示された「クリティカル・テクノロジー・プラン（Critical Technology Plan）」を精査した結果，1991年度予算には高性能演算技術，マイクロエレクトロニクス，先端素材，光学，エアブリージング推進技術等への予算を増額することを求めている。[83]

　このように，財政的制約が強くかかる中，技術の可能性の高まりは軍の効率性の追求という選好の形成に寄与し，さらにはそのような方針が議会にも受け入れられるようになっていた。1989年末の東欧諸国の体制転換と冷戦の終結宣言を受けて，ソ連の脅威の後退が不可逆のものであるという認識が強

まったことによって，調達量を大幅に削減することで生じる短期的リスクや，不確実な研究開発の成果に依存することの長期的リスクがある程度受け入れ可能なものと見られるようになったのである。そのため，財政問題を解決するためにも，脅威の後退という状況を捉えて積極的に研究開発への投資を促していくべきであるとの議論が受け入れられるようになっていった。このことが，研究開発への投資の正当性を高める一方，調達量の削減を促すことで，こうした選好を具体的な予算の再配分に反映させる一因となったのである。この時期に議会が重視した"fly before buy"の原則は，このことをもっともよく体現するものであったといえよう。

　その一方で，1991年度予算における国防予算と調達量の縮小が既定路線となる中，経済産業政策面での利益を根拠とした研究開発維持の主張は後退しつつあった。すでに述べたように，こうした見解は予算審議の過程でもしばしば議員や専門家から提起されていた。上院軍事委員会の報告書では，兵力縮小に伴う基地の閉鎖や調達契約の中止によって，地域経済が受けるダメージも懸念されており，その対処のための予算も増額すべきとの見解が示された。しかしそれは，従来の軍事ケインズ主義的発想に基づく，経済の活性化を目的とした投資とは異なり，軍事支出や兵力の縮小が不可避となるとの見通しの中で，産業構造の転換を無理なく進めていくためのコストであったと位置づけられるだろう。[84]

　こうした1991年度予算をめぐる議論の帰結は，レーガン政権期に対ソ戦略の文脈の中で強調されてきた新技術の開発の有効性が，第三世界の脅威への対処と同時に，財政の効率化に寄与するものとして，その位置づけを変化させていったことを示している。もちろん，こうした軍事的，財政的な効率化を基軸とした軍事力の再編成の達成度は，あくまでも軍事委員会において妥当なレベルと判断されたのであって，立場を変えれば必ずしも十分な予算削減措置とはなっていないと見られていたことも確かである。この年の予算案に対しては，上院予算委員会からより一層の予算削減を求める三つのオプション──①人員と即応性に関する予算の追加削減，②調達・研究開発予算の追加削減，③上記二つの複合案（調達費を増額し，作戦維持費と研究開発費を中心として全体的な削減を試みる）──が提示されていた。これに対して上院軍事委員会は，これら三つのオプションをいずれも受け入れられない提案であ

るとして拒絶している。すでに大幅な縮小が行われていた作戦維持費の追加削減はさらなる即応性の低下を招くものであり，研究開発費の削減は軍事委員会の支持する"fly before buy"の原則に反する。さらに，調達予算の増加は，将来のさらなる予算縮小を妨げる上に，軍が必要としない兵器への予算付与につながると考えられたからであった。しかし逆に捉えるならば，このような予算委員会との見解の差異は，少なくとも軍事委員会と国防総省の間で新たな軍備の方針をめぐるコンセンサスが生まれつつあったことをかえって際立たせるものでもあると解釈できるだろう。

第5節 小括

　国際構造の変動は，米国の軍事力に変化をもたらす一因となった。だが，それは調達と研究開発に対して一様の影響を与えていたわけではない。東欧における政治体制の転換等を受けてソ連の脅威の後退が不可逆のものであるという認識が強まったことは，調達量を大幅に削減することで生じる短期的リスクや，不確実な研究開発の成果に依存することの長期的リスクが，ある程度受け入れ可能なものとなったことを意味した。それは，研究開発重視の政策への転換を加速させることに一役買うことになった。その一方で，東側の脅威の後退が軍事支出の削減圧力を高め，また，軍の規模の縮小を促した結果，現行の兵器システムを調達することの正当性は徐々に失われていった。つまり，冷戦の終焉に伴う脅威の後退は，米国のグローバルな戦略の転換と財政的圧力の高まり，そして技術的可能性やリスクの問題と結び付くことによって，効率性の論理の価値を高める形で連鎖的に軍備政策の変化を促していったのである。

　もちろん，すでに述べたように，こうした試みは前年度までにも軍から提起され始めていたものであった。重要なことは，研究開発を中心とした効率化の試みの妥当性，そしてその背景となる国際レベルでの脅威の後退，変容が議会にも受け入れられるようになっていたことであった。このような認識を代表するのが，上下院の軍事委員会が兵器開発，調達の原則として打ち出した"fly before buy"の原則であった。「購入前に飛行させる」（あるいは，「購入前に完成させる」といい換えてもよい）という，一見当然の理屈である

ようにも見えるこのような原則は，実はそれ以前にも時代によって大きく揺れ動いてきたものであった。[86]そのような原則を，冷戦の終焉を迎えた段階でわざわざ議会が強調した背景として，次の二点を指摘しておくべきであろう。第一に，財政上の制約が高まっていた結果として，早急な研究開発の成果の獲得を目指すことによって，かえってプログラムのコスト増大をもたらすようなリスクを避けなければならなかったということである。第二に，脅威の後退によって技術開発の成果獲得がその緊急性を低下させたため，コストの増大を回避するための措置をとることが可能となったということである。このことは，脅威が後退したことによって開発の遅延といったより軍事的問題に直結しやすいリスクをとりやすくなったこととあいまって，研究開発に依存した軍備計画の策定を容易にした。逆に冷戦期には，ソ連との間で絶え間なく続く軍拡競争の中で，開発プログラムを早急にものにして生産，配備までこぎつけることが求められ，そのためには多少のリスクを抱えたまま生産に入ることもやむをえないと見られていた側面があった。こうした点からすれば，研究開発予算をめぐる決定に脅威の動向が与えた影響は大きいといえよう。

　その後クリントン政権期を通じて，米国の軍備をめぐる方針は研究開発への投資を重視する形で定着していくことになる。こうした軍備の技術依存の流れを加速させる重要なきっかけとなったのが，湾岸戦争であった。

注）

1) Bush, George H. W., "Address Before a Joint Session of the Congress on the State of the Union," January 31, 1990.
2) たとえばここでは，ソ連の軍事的脅威が減少したとはいえ，戦略兵器の近代化についてはほとんど変化していないということが指摘され，その脅威に対しては米国の戦略兵器の近代化とSDIが必要であるとも主張されている。
3) 待鳥，前掲書，190頁。
4) OMB, *Budget of the United States Government*, Fiscal Year 1991, p.152.
5) Cheney, Richard B., Department of Defense, *Report of the Secretary of Defense to the President and the Congress*, January 1990, p.1.
6) ウォルフォウィッツはマルタ会談後の12月12日の公聴会でも，ソ連や東欧の劇的な変化や国内の軍事費縮小圧力は認めつつも，現段階で米国やNATOの安全保障政策を変更することは時期尚早との見解を表明していた。Wolfowitz, "Early Warning Time in Europe," December 12, 1989, CIS: 90-S201-16, pp.5-12.
7) Wolfowitz, "New Planning Guidance Prepared for Fiscal Year 1992 Budget Request,"

February 28, 1990, CIS: 91-H201-26, pp.60-61.
8) いうまでもなく，ソ連の脅威は「なくなった」と考えられていたわけではなかった。これらの条約交渉の進展にもかかわらず，ソ連には軍事的能力を維持する意図があるため，CFE関連の交渉が完了するまでは大規模な軍事力の削減は時期尚早であり，早期の兵力削減が交渉を阻害する可能性もあるという点もまた強調されていた。また，近い将来には，中欧地域での展開規模が大統領のCFE提案である19万5千人を下回ることはないとの見方も明らかにしている。*Ibid.*, pp.63, 77, 85-87.
9) *Ibid.*, pp.63, 73-75.
10) Dunleavy, Vice Adm. Richard M. (Assistant Chief of Naval Operations), "Department of the Navy's Force Structure and Modernization Plan," May 2, 1990, CIS: 91-S201-6, p.115.
11) Rice, Donald B. (Secretary of the Air Force), "Air Force Budget Request," February 8, 1990, CIS: 90-H201-35, pp.5, 11-12.
12) Ray, Richard (House, Georgia-D), "Air Force Budget Issues," March 16, 1990, p.160.
13) Welch, John J. (Assistant Secretary of the Air Force for Acquisition) and Lt. Gen. Ronald W. Yates (Principal Deputy Assistant Secretary of the Air Force for Acquisition) "Air Force Budget Issues," March 16, 1990, pp.160-161.
14) SFWは，米国空軍の運用するクラスター爆弾の一つである。
15) Welch, "Air Force Budget Issues," March 16, 1990, pp.139-140.
16) Gray, "New Planning Guidance Prepared for Fiscal Year 1992 Budget Request," February 28, 1990, pp.147, 150-151.
17) *Ibid.*, p.153.
18) Vuono, "New Planning Guidance Prepared for Fiscal Year 1992 Budget Request," February 28, 1990, pp.137-139.
19) 陸軍では今後の軍事力の構築に関して，軍のクオリティ，エアランドバトル・ドクトリン，軽量・重量・特殊戦力のミックス，現実的訓練，近代化，リーダー育成という六つの命題を設定していた。
20) Vuono, "New Planning Guidance Prepared for Fiscal Year 1992 Budget Request," February 28, 1990, pp.145-146.
21) Conver, Stephen K. (Assistant Secretary of the Army for Research, Development and Acquisition) and Pihl, "Army Budget Issues," March 20, 1990, CIS: 90-H201-46, pp.185-186.
22) *Ibid.*, pp.187, 194-200, 215.
23) Conver, "Army Budget Issues," March 20, 1990, p.224.
24) CBOはSTARTをめぐる対話が自動的に国防予算の縮小を意味するわけではないことを懸念していた。なぜなら，戦略兵器の量的縮小が進んだとしても，米国が急激な近代化を進めればその分費用がかかり，かえって支出が拡大するからである。CBO, "Budgetary and Military Effects of the Strategic Arms Reduction Talks (START) Treaty," Staff Memorandum, February, 1990.
25) Spratt, John M., Jr. (House, South Carolina-D) and Stephen Meyer (Center of International Studies, MIT), "State of the Soviet Military," April 25, 1990, CIS: 91-H201-26, pp.404-405.

26) Meyer, "State of the Soviet Military," April 25, 1990, p.406.
27) Skelton, Ike (House, Missouri-D) and Wolfowitz, "New Planning Guidance Prepared for Fiscal Year 1992 Budget Request," February 28, 1990, p.98.
28) Wolfowitz, "New Planning Guidance Prepared for Fiscal Year 1992 Budget Request," February 28, 1990, pp.74-75.
29) Dunleavy, "Navy/USMC Procurement Budget Issues," March 15, 1990, CIS: 90-H201-46, p.4.
30) Pitman, Lt. Gen. Charles H. (Deputy Chief of Staff for Aviation, United States Marine Corps) and Dunleavy, "Navy/USMC Procurement Budget Issues," March 15, 1990, pp.12, 15, 34-40.
31) Pitman and Dunleavy, "Navy/USMC Procurement Budget Issues," March 15, 1990, pp.24, 48, 104.
32) Welch, "Air Force Budget Issues," March 16, 1990, pp.124, 146-148.
33) Vuono and Gray, "New Planning Guidance Prepared for Fiscal Year 1992 Budget Request," February 28, 1990, pp.135-136, 150-151, 165-166.
34) Vuono, "New Planning Guidance Prepared for Fiscal Year 1992 Budget Request," February 28, 1990, p.144.
35) Dunleavy and Nunn, "Department of the Navy's Force Structure and Modernization Plan," May 2, 1990, pp.176-177, 180-181.
36) この記事では，一義的には戦車を含む重火器によって西欧を防衛することを念頭に置いた兵力を，世界展開可能なより軽量で柔軟性を持った兵力へと変更するという陸軍の計画に対して，「健全な陸軍が必要なのであり，もう一つの海兵隊は必要ない」とする海兵隊将官の反論が上がっていることが報じられている。Gordon, Michael R., and Bernard E. Trainor, "Army, Facing Cuts, Reported Seeking to Reshape Itself," *The New York Times*, December 12, 1989.
37) Aspin, "New Planning Guidance Prepared for Fiscal Year 1992 Budget Request," February 28, 1990, pp.170-171, 174.
38) Vuono, "New Planning Guidance Prepared for Fiscal Year 1992 Budget Request," February 28, 1990, pp.171, 174.
39) Gray, "New Planning Guidance Prepared for Fiscal Year 1992 Budget Request," February 28, 1990, p.173.
40) Aspin, "Technical Stockpile/Right Defense Industrial Base," March 21, 1990, CIS: 91-H201-26, pp.199-200.
41) Schlesinger, James R. (former Secretary of Defense, former Secretary of Energy, and former Director of Central Intelligence), "Implications of Changes in the Soviet Union and Eastern Europe for Western Security," January 30, 1990, CIS: 90-S201-16, p.314.
42) Augustine, Norman (CEO of Martin Marietta), "Technical Stockpile/Right Defense Industrial Base," March 21, 1990, pp.230-231.
43) Gray, "New Planning Guidance Prepared for Fiscal Year 1992 Budget Request," February 28, 1990, pp.160-161.
44) Wolfowitz, "New Planning Guidance Prepared for Fiscal Year 1992 Budget Request," February 28, 1990, pp.62, 65, 87.

45) Vuono, "New Planning Guidance Prepared for Fiscal Year 1992 Budget Request," February 28, 1990, pp.139-142.
46) Gray, "New Planning Guidance Prepared for Fiscal Year 1992 Budget Request," February 28, 1990, pp.161-162, 165-167.
47) Glenn and Dunleavy, "Department of the Navy's Force Structure and Modernization Plan," May 2, 1990, p.187.
48) Levin, Carl (Senate, Michigan-D), "The Air Force's Force Structure and Modernization Plans," April 27, 1990, 91-S201-6, p.73; "Department of the Navy's Force Structure and Modernization Plan," May 2, 1990, p.112.
49) Levin, "The Army's Modernization Plans in the Context of Projected Force," April 25, 1990, 91-S201-6, p.30.
50) Wilson, Pete (Senate, California-R), "The Army's Modernization Plans in the Context of Projected Force," April 25, 1990, p.41.
51) *Ibid.*, p.42.
52) Wilson, "The Air Force's Force Structure and Modernization Plans," April 27, 1990, p.75.
53) House of Representatives, Committee on Armed Services, "National Defense Authorization Act for Fiscal Year 1990-1991, Committee Report," 101-121, July 1, 1989, p.127.
54) Senate, Committee on Armed Services, "National Defense Authorization Act for Fiscal Year 1990-1991, Committee Report," 101-81, July 19, 1989, p.17.
55) House of Representatives, Committee on Armed Services, "National Defense Authorization Act for Fiscal Year 1990-1991, Committee Report," 101-121, July 1, 1989, p.9.
56) CBO, "Summary of the Economic Effect of Reduced Defense Spending," CBO Staff Memorandum, March 1990.
57) Aspin, "Technical Stockpile/Right Defense Industrial Base," March 21, 1990, pp.199-200.
58) Hicks, Donald A. (Chairman of Hicks and Associates, Inc., former Directors of Defense Department Research and Engineering) and Augustine, "Technical Stockpile/Right Defense Industrial Base," March 21, 1990, p.271. なお，ヒックスはこの公聴会において，ステルス技術の権威かつ推奨者として紹介されている。
59) Augustine, "Technical Stockpile/Right Defense Industrial Base," March 21, 1990, p.273.
60) Kasich, "Technical Stockpile/Right Defense Industrial Base," March 21, 1990, p.276. 輸出のオフセットとは，製品の輸入国に対して技術供与等の形で見返りを与えることを指す。
61) Lancaster, H. Martin (House, North Carolina-D), "Technical Stockpile/Right Defense Industrial Base," March 21, 1990, p.268.
62) Foster, John Stuart (Defense Science Board and former Directors of Defense Department Research and Engineering), "Technical Stockpile/Right Defense Industrial Base," March 21, 1990, p.207.
63) Pihl and Conver, "Army Budget Issues," March 20, 1990, pp.191- 225.
64) Augustine, "Technical Stockpile/Right Defense Industrial Base," March 21, 1990,

pp.233-234.
65）たとえば空軍では，軍事力を縮小する中でも，いざという時のための再構築能力を失ってはならないとして，産業技術基盤の維持を求めている。また，陸軍では，近代化原則の一つとして技術基盤の維持を挙げつつ，未来志向のシステム構築を目指すこととしている。Welch, "Air Force Budget Issues," March 16, 1990, pp.125, 129; Conver, "Army Budget Issues," March 20, 1990, p.185.
66）Augustine, "Technical Stockpile/Right Defense Industrial Base," March 21, 1990, pp.231-232.
67）*Ibid.*, p.231.
68）*Ibid.*, pp.261-262.
69）Bush, George H. W., "Remarks at the Aspen Institute Symposium in Aspen, Colorado", August 2, 1990.
70）Eaton, *op.cit.*, pp.60, 63.
71）Senate, Committee on Armed Services, "National Defense Authorization Act for Fiscal Year 1991, Committee Report," 101-384, July 20, 1990, p.9.
72）また，このような情勢認識は軍にも共有されたものであるとの見解も表明されている。*Ibid.*, p.10.
73）*Ibid.*, pp.9-10.
74）*Ibid.*, pp.11, 13.
75）House of Representatives, Committee on Armed Services, "National Defense Authorization Act for Fiscal Year 1991, Committee Report," 101-665, August 3, 1990, p.8.
76）*Ibid.*, pp.9-10.
77）*Ibid.*, pp.11-14.
78）Senate, Committee on Armed Services, "National Defense Authorization Act for Fiscal Year 1991, Committee Report," 101-384, July 20, 1990, pp.14-21. 米国のとるべき新たな軍事戦略として，資源戦略の他に，核戦争の抑止，同盟支援の強化，予備役の活用，柔軟な即応性の維持が列挙されている。
79）*Ibid.*, pp.25-26.
80）より正確にいえば，"fly before buy" は生産開始前にプロトタイプの開発及びテストを完了させることを求める兵器取得方針の概念である。このようなアプローチを適用すべきプログラムとして，B-2, V-22, LH, A-12, ATF, AMRAAM, SSN-21, C-17, MX 等が挙げられている。*Ibid.*, pp.26-27. また，高価な新兵器の開発，配備に入る前に，現行兵器システムの改修を進めることで，予算の負担を削減すべきであるとして，F-15, M-1, フェニックスミサイル，C-130等の例が挙げられている。*Ibid.*, p.27.
81）*Ibid.*, p.21.
82）*Ibid.*, p.24.
83）*Ibid.*, p.28.
84）*Ibid.*, p.30.
85）*Ibid.*, pp.31-36.
86）過去の経緯を振り返ると，"fly before buy" の原則をとるべきかどうかはプログラムの同時並行性の問題とあいまって，時代によって大きく揺れ動いていたようである。1960年代末からは開発が完了しないままに生産に入ることによる兵器取得の失敗が問題視さ

れるようになり，"fly before buy" アプローチが推奨されるようになった。1970年代に入ると国防総省は "fly before buy" アプローチを実行し始め，プログラムの開発と生産は，（同時並行的にではなく）順次的に進められるようになった。しかし，1977年にDSB（Defense Science Board）が兵器取得にかかる時間の長期化を問題視し，その短縮を求めた。DSBはプログラムの同時並行性とそのコスト，スケジュール，能力目標の達成度との間に何ら相関はないと結論し，国防総省に期間短縮のためにプログラムの同時並行性を高めるよう勧告したとされる。CBO, "Concurrent Weapons Development and Production," August 1988, pp.22-23.

5章 湾岸戦争と政策転換の加速
―1991年―

　1991年初頭に起こった二つの出来事は、冷戦の終焉と前後して加熱した研究開発、調達をめぐる議論に対して、それぞれ異なる形で影響を与える可能性をはらんでいた。一つは、湾岸戦争である。湾岸戦争はしばしば、新技術の効果を明らかにし、かつ、第三世界の脅威に対する認識を強化した出来事として、その後の米国の軍事戦略に大きな影響を与えたといわれる。このこと自体は、第三世界の脅威の高まりと新技術の有効性を重視する前年までの議論の傾向に反するものではない。しかし、湾岸戦争はあくまでも、レーガン政権期までに調達された従来型の兵器システムを中心に遂行されたものであった。そのため、湾岸戦争は新技術への期待を高めると同時に、従来型の兵器調達の妥当性を高める役割を果たすこともありえた。

　もう一つは、ソ連の外交方針の不安定化と、その背景にあると考えられていたソ連国内の政情をめぐる問題である。ソ連によるバルト三国への介入は、米国に「新外交」の揺らぎを感じさせた。ホワイトハウスは公式見解として、ソ連のバルト三国に対する攻撃に懸念を表明してはいるものの、同時に米国の目的はバルト三国における人々の願望達成を支援することであり、ソ連を罰することではないとも述べている。この点だけを見れば、ホワイトハウスはソ連に対して、それ以前のような警戒感を示していたわけではなかった。その後、東側の脅威の低下を実証する出来事として、1991年3月にはワルシャワ条約機構の軍事的機能が停止され、7月には機構そのものが解散に至ったことも、米国の対ソ認識の変化を理解するには重要である。しかし同時に、そのようなソ連の実際の行動のみならず、米国内ではソ連国内における保守派の再台頭、あるいはゴルバチョフ自身の保守化に対する懸念を抱くものも依然として存在しており、一部ではソ連の脅威への対処の必要性が声

高に主張されていたことも確かである。

　第4章で論じたように，調達を犠牲にすることで研究開発を維持し，軍全体の効率性を高めるという措置が進められたのは，ソ連の脅威の後退に伴って軍事力の量的削減や研究開発の不確実性に伴うリスクを一定程度受け入れることが可能になったことを一因としていた。ワルシャワ条約機構の解体は，こうした流れを加速させる可能性があった。しかし他方で，バルト三国への介入を契機として，ソ連の政情不安定化，その結果としてソ連の脅威の揺り戻しに対する懸念が高まったとすれば，調達の削減を正当化する根拠が弱まる可能性もあったはずである。従って，ソ連の動向が米国の軍備計画を策定していく上でどのように認識されたのか，また，それがいかなる形で調達や研究開発への要請と関連付けられていたのかを具体的に検証していくことは，1991年の予算策定過程を分析する上でもなお，重要な課題である。

　1992年度に向けた大統領予算要求は，ソ連の脅威が後退しているという情勢認識に重きを置いたものとなった。そこでは，ソ連との大規模紛争の可能性が低下したことを受け，1995年までに25％の兵力削減が可能になったという文脈のもとで国防予算の根拠づけがなされている。実際に，行政府による1992年度予算の見通しは，1988年の段階では3,243億ドル，1989年には3,209億ドルと大幅な予算トレンドの逆転が想定されており，冷戦が終焉した1990年の段階においても前年度から微増の2,951億ドルの要求が計画されていた。これに対して，1991年に入ってから提示された予算要求額は前年度より221億ドル減の2,730億ドルにとどまっている。しかし同時に，たとえ大規模紛争の可能性が低下したという理解に立ったとしても，ソ連は依然として大規模な戦力を保有しているという，軍縮とは逆のベクトルを持った意識が行政府の予算案には内在していた。また，行政府の予算案には湾岸戦争の帰結も大きく影響しており，地域的紛争への対処能力を高めていくために軍事的能力を選択的に強化，再編していくということも，冷戦後の方針の一つとして重視されていたのである[2]。

　冷戦後の軍備方針に見られるこうした多義性は，議会でも理解されていたことであった。実際に，アスピンは1992年度予算をめぐる検討事項として，ワルシャワ条約機構の変化とソ連の混乱といった東側の動向，湾岸戦争，財政の問題の三つがあることを指摘し，さらにそれらが予算の動向に対して異

なるベクトルを与えていると述べた。湾岸戦争の発生は戦力や国防支出のレベルを維持する方向を，東側の脅威の後退は軍事規模の縮小と軍の再編という方向を指し示す一方で，財政の問題がいずれのベクトルに対しても支出抑制の圧力をかける状況は依然として続いていた。[3] また，議会では，軍事力の縮小を決定した時点ではフセインの意図もゴルバチョフの保守化も明らかではなかったことから，脅威の変化が軍構造をめぐる議論にもたらす影響を改めて考え直さねばならないという問題を提起するものもいた。[4] しかし，結果的に1992年度予算においては，研究開発を維持し，調達のさらなる削減を進めるという方針が覆ることはなかった。本章では，湾岸戦争が調達，研究開発をめぐる議論に対して実際にどのような影響を与えたのか，また，ソ連の動向が米国内でどのように理解され，調達や研究開発の方針をめぐる議論に結び付けられていったのかを検討し，前年までの投資傾向がいかなる根拠のもとに維持されたのかを論じる。

第1節 湾岸戦争をめぐるホワイトハウスの言説と帰結の乖離

　これまでに論じてきたように，米国内では湾岸戦争の発生以前から，技術的な優越を追求して効率的な軍の再編を行うことの重要性が主張されてきた。しかし，それはあくまでも，新技術の有効性に関する「仮説」に基づいたものであり，また，中・長期的な目標として主張されるものにすぎなかった。湾岸危機から湾岸戦争の発生に至る間に，ホワイトハウスが米国内世論に向けて明らかにした姿勢は，技術上の優越に依拠した武力行使の有効性が，少なくとも湾岸戦争の開始段階では必ずしも明らかではなかったことを示す一例として位置づけられるだろう。

　米国は湾岸危機の発生以来，湾岸地域への増派を進めながら（「砂漠の盾（Operation Desert Shield）」作戦），イラクとの開戦の可能性を繰り返し示唆してきた。ブッシュ政権が湾岸地域に対する米軍の大規模な増派を発表した際には，必要ならば適切な攻撃的行動を選択することも述べられた。11月29日には，イラクに撤退履行の最終期限を提示する安保理決議（第678号）が採択された。これはすなわち，1991年1月15日までにイラクが撤退を履行しない場合には，加盟国が国際的な平和と安全の回復のために必要な全ての手

段を用いる権限を付与されるとする，武力行使容認決議であった[5]。

　このように，戦争の可能性が高まっていく状況下，特に懸念されていたのが，米国内世論の揺らぎであり，なお残存する「ベトナム症候群」の問題であった。一方で，米国内世論は確かに，クウェート侵攻の発生以来，ブッシュ政権のイラク政策に対して一貫して高い支持を与えていた[6]。また，米軍のサウジアラビア展開はかなりの程度肯定的に捉えられていた[7]。しかし，11月の時点では，戦争は必ずしも支持される選択肢とはなっていなかった。世論調査は，中東への増派を認める意見が47％に対し，これに反対する意見が46％と，世論が二分していることを示していた[8]。加えて，問題解決に向けて米国がイラクとの戦争を主導すべきであるとする意見は28％にとどまり，戦争を主導すべきでないとする意見が65％にのぼっていた[9]。こうした状況の下，ブッシュは米国内における湾岸危機の「第二のベトナム（another Vietnam）」化に対する懸念を指摘しながら，ベトナム戦争時との国内外状況の相違を引き合いに出しつつ，この介入が長期化することはないことを強調するなど[10]，国内における「ベトナム化」の懸念に対処する必要に迫られた。ベトナム症候群の懸念に対する言及は，この後空爆開始を経て終戦に至るまでの経緯の中で繰り返しなされることとなる[11]。

　しかし，開戦に至るまでに，米国内における死傷者発生に対する懸念が払拭されたわけではなかった。上述のような米軍の死傷者に関する言及にもかかわらず，1月の時点では，戦争が終結するまでに米国人の死者数が1,000人以下に抑制されると考えていたのは国内世論のわずか6％にとどまった。その一方で，それ以上の死者を予想する世論は49％，中でも50,000人以上の死者を予測する意見は15％にのぼっていたのである[12]。このように，湾岸地域に対して武力を行使した場合に，介入が「ベトナム化」するかもしれないという懸念は，介入直前まで世論に深く根ざしていた。それが，ブッシュが湾岸地域に対して武力を行使するに当たって一定の制約要因となっていたということは推測できるだろう。

　このような経緯は，少なくとも湾岸戦争を開始した時点では，新技術に裏打ちされた米軍の新しい能力に関する認識が必ずしも一般的なものではなかった，ということの裏返しでもある。しかし，湾岸戦争の帰結は，事前に懸念されていた「ベトナム化」の予測を大きく裏切るものとなった。1991年1月

16日に開始された「砂漠の嵐作戦（Operation Desert Storm）」の目標は10日間という極めて短い期間のうちに達成され，同時に死傷者の発生数も，介入の規模に見合わないほどに抑制されたものとなった。「砂漠の嵐」作戦において，多国籍軍側は約700人あまりの死傷者を出しつつも圧倒的勝利を収めた。米兵に限れば，戦闘中の死者数は148名であった。この数字は，当時の水準からいえばかなり低く抑制されたものであり，また，よい意味で世論の予測を大きく裏切るものであった。結果的にブッシュ政権は，1月の開戦から2月の終結宣言に至るまで，概ね80％以上の高支持率を維持し続けることができたのである[13]。

　ブッシュは湾岸戦争終結直後，1月29日の一般教書演説において，改めてイラクによるクウェートへの軍事侵攻を批判し，湾岸戦争を全体主義との戦いと位置づけた上で，「新世界秩序」に言及している。ここで「新世界秩序」は，さまざまな国家が世界的な人類の抱負の達成——平和と安全，自由，法の支配——のために共通の理想に寄り添うものであるとされ，米国はその実現を求めてリーダーシップをとり，自由のために働く責務を持つと説かれた[14]。このような言明は，米国が冷戦後，世界の紛争に関与すること，少なくともその意思があるということを，公式に表明するものであったといえよう。こうした世界への関与は湾岸戦争のような第三世界の脅威への対処を念頭に置いたものであり，それは1990年8月にアスペン演説で明らかにされた地域的脅威に焦点を絞るという方針とも矛盾するものではなかった。そのため，このような方針は湾岸戦争によって裏付けを得る形で，その後の国防計画に反映されるようになっていった。

第2節　新たな軍備政策の加速

　湾岸戦争の軍事的，政治的帰結がその後の国防計画をめぐる議論に対して与えた影響は大きい。その内容は主に，第三世界の脅威の動向に関する側面，米軍側の能力上の要請に関する側面，それまでに開発，調達の進められてきた新技術の有効性の実証という側面の三つに分けることができる。ここでは，これらの諸側面が具体的に研究開発や調達をめぐる議論にどのような影響を与えたのかを観察していくことにしたい。

(1) 第三世界の脅威の実証と新技術の有効性

　湾岸戦争を経て明らかになったのは，第三世界の脅威が技術的に高度化しているとの議論の妥当性であった。さらに，高度化した第三世界の脅威に対して，米軍戦力の先端技術が有効な対応策となるという議論も強い根拠を持つようになった。このことが意味するのは，湾岸戦争が軍備計画に対して新たな正当化の根拠を提示する出来事であったというよりも，それまでの議論の妥当性を証明するというニュアンスを強く持っていたという点である。つまり湾岸戦争は，新たな軍事力のあり方を目に見える形で示したものの，それは軍備計画をめぐる議論の「断絶」をもたらすことにつながったのではなく，その「継続」を担保する役割を果たしたといい換えてもよい。

1-1 米軍の能力と高度化する第三世界の脅威

　前章で述べたように，湾岸戦争の発生以前から，第三世界の脅威の台頭と，その軍事力の高度化に対する懸念は高まっていた。湾岸戦争は，高度な兵器を保有する第三世界の国家が現実のものとなりうるということを明らかにした点で重要であり，各軍はそれに対処するための指針を議会に対して説明していた。

　海軍や海兵隊では，ソ連の脅威ではなく，多極化した世界の問題に対処するに当たり，軍の規模を縮小しながらもいくつかの能力を維持すべきであると述べている。[15] 海軍のフランク・ケルソー (Frank B. Kelso II) 作戦部長によれば，海軍は1990年8月のアスペン演説を受けて，さまざまな任務に対処すべく「より小規模だが能力の高い」軍事力の実現を追求していたという。そのような試みの中で注目すべき点として，技術拡散がもたらす脅威の増大について言及し，次のように米国の技術的優位の確保の重要性について述べている。

　　先端兵器の拡散による脅威の増大は，すなわちわれわれがよりいっそう技術的な優位に依存しなければならなくなるということを意味している。今日では，米国の作戦司令官は複雑な伝統的兵器の膨大なリストの中から，必要なものを選び出すことになっている。海軍の艦船数が全体的に削減されていくため，海軍は先端的な兵器技術の利用によって兵力

構造の縮小がもたらす問題を相殺しようと試みている。[16]

陸軍では，湾岸戦争で見られたようなイラク型の脅威や，ソ連型の高い能力を有した兵器の脅威は拡大しており，それに対処するためには高い多用途性，展開能力，破壊力を備えた陸軍の構築が必要であるとしていた。[17]空軍でも同様に，質的に改良されていくソ連の兵器が第三世界の諸国に輸出されるため，米国は近代化を進めざるをえないという立場をとっていた。[18]実際に湾岸戦争におけるいくつかのケースでも，米軍と同様に高いレベルの航空機が敵によって使用されたことへの懸念が表明されていた。また，敵対勢力が湾岸戦争の経験から学習することで，将来的には現在の米軍が有する優位が失われる可能性があることも問題視されていた。[19]このように，湾岸戦争を通じて，第三世界の脅威が技術的に高度化したという理解がそれまで以上に強まっていたのである。

1-2 第三世界における任務と先端技術の有効性

さらに重要なことは，湾岸戦争で大きな軍事的成功を収めたことで，こうした第三世界の脅威に対して先端技術が有効な対応策となることもまた，実証されたとみなされたことであった。コリン・パウエル（Colin L. Powell）統合参謀本部議長によれば，湾岸戦争以前には，精巧過ぎる技術は実際の戦争ではうまく機能せず，対ソ戦を想定された「高性能（high-end）」な技術は「低能力（low-end）」な地域的脅威には向かないとされていたという。しかしパウエルは，湾岸戦争を先端技術の有効性に対して投げかけられていたこのような批判の誤りを示す例として位置づけた。なぜならパウエルによれば，さまざまな高性能兵器が湾岸戦争で用いられたことで，それらが第三世界における任務にも有効なことが明らかになったためである。[20]

各軍もそれぞれの任務と湾岸戦争における経験に照らし合わせて，新技術の獲得を中心とした軍事力の再構築方針を正当化した。陸軍のコンバーは，将来の武力行使が過去とは幾分異なった形になっていくことを示唆した。たとえば，ATACMSやJSTARSが湾岸戦争で果たした役割は，地上車両や航空機を用いることなく，敵陣の奥深くまで攻撃を実施することが可能になるということを示すものであった。砂漠の嵐作戦が明らかにしたのは，総じてハ

イテク・アプローチの正しさであるとされ，スマート兵器，C^3システム，ナイトビジョン技術等の使用が決定的な役割を果たしたことが強調された。[21]

　湾岸戦争の経験は，このように，陸軍が先端技術の重要性を強調する論拠となった。しかし，財政的な制約が湾岸戦争後に緩和したわけでもなく，依然として軍事力の効率的な再編成が求められていたことも確かであった。そのために重視された方策の一つが，古い兵器システムに新たな技術的成果を組み込むことで，兵器の部分的近代化を進めようという試みであった。湾岸戦争でその効用が明らかになった先端技術としてしばしばシンボリックに扱われるGPSの導入は，その代表例として位置づけられる。湾岸戦争時には米国のGPSシステムはまだ完成しておらず，初期作戦能力の達成が宣言されたのは2年余りが経過した1993年12月のことである。また，受信機の数も十分ではなく，急遽10,000台の民生品を発注することで不足分が補われたという。[22] しかしそのような状況においてなお重要な役割を果たしたと認められたことによって，GPSに対する軍の要請はますます高まった。陸軍は湾岸戦争において明らかになった技術革新の成果として，それ以前に用いられていた長距離航法システム（Long-Range Navigation：LORAN）に対するGPSの能力の優越性を議会に説明した。[23] また，後の公聴会ではGPSの高い性能ゆえに，ありとあらゆる兵器システムに軽量GPS受信機を搭載する必要があるとも議会に主張している。[24] このような主張は，陸軍の目指していた「安上がりの近代化」を進めるために，新規技術を既存のプラットフォームに導入するという方法にも適ったものであった。[25]

　空軍からは，湾岸戦争において近年の航空兵力の特徴として，速度，航続距離，柔軟性，正確性，破壊力が重要な要素となること，さらに「グローバル・パワー，グローバル・リーチ」ドクトリンの重要性が明らかになったとの主張が展開された。[26] 空軍はこうしたコンセプトを兵力と財源が縮小されていく中で達成することを求められていたが，そのために進めていたのが人材の質の確保と技術革新による軍の効率化の試みであった。[27]

　湾岸戦争で明らかになった新兵器の軍事的能力の利用と，財政的制約への対処という要件を同時に満たすような軍備が求められる中，空軍ではいくつかの新技術開発プログラムや戦術コンセプトを，これらの要請に応えるものとして積極的に売り込んでいる。特にC-17は戦略航空輸送のかなめとされ，そ

の開発の重要性が主張された。C-17の導入によって，展開能力という作戦上の利点と，ライフサイクルコストの低減という利点を同時に得られるためである。また，第三世界の航空機の高度化という認識は，航空機の開発に対する投資の正当化に結び付けられた。空軍で取得を担当していたジョン・ジャキッシュ（John Jaquish）副次官補によれば，ATFは世界に拡散する先端航空機の脅威に対抗し，航空の優越を確保するために欠かせないものであった[28]。また，空軍戦術プログラム担当のジョセフ・ラルストン（Joseph W. Ralston）は，湾岸戦争では戦場偵察能力の重要性が明らかになったこと，作戦テンポが加速している現状ではフィルムによるデータ処理に限界が見えてきたことを指摘した上で，軍による統合的な次世代戦術偵察システムの開発が重要になることを主張した[29]。

このような空軍の方針を具現化させるために求められたのが，「正確かつ即時的な」C^2能力への積極的な投資であった。C^2能力を向上させるために，空軍はAWACS（Airborne Warning and Control System）とJSTARSに対して予算を付与し続ける旨を議会に説明したが，これらの兵器システムの重要性は，湾岸戦争ですでに証明済みのものとして扱われていた[30]。

海軍や海兵隊でも同様に，第三世界の脅威に対する先端兵器システムの有効性が主張されている。中でも海軍が湾岸戦争の教訓から重要視していたのは，海軍航空の近代化であった。湾岸戦争で明らかになったのは，地域的脅威に対処するために戦力投射能力を高めることの重要性であり，そのためには航空兵力が有効であるというのが海軍の見解であった[31]。海軍が問題視していたのは，このように航空兵力の必要性が高まっていくとの見通しが明らかになったにもかかわらず，世界規模での米軍基地の縮小が進められることで航空基地を持てない地域が増えていくこと，さらには冷戦終結を受けて空母戦闘群の縮小が既定路線となっていたことであった[32]。こうした状況下において海軍航空の展開能力を維持し，第三世界への技術拡散に対処していくためには，先端技術の維持が必要であると考えられたのである。

海軍の航空兵力をめぐるこうした研究開発への要請に拍車をかけたのが，湾岸戦争で明らかになったステルス技術の重要性であった。海軍では，A-6やF/A-18といった航空機が湾岸戦争で高いパフォーマンスを発揮したことを認めてはいたが，同時にそれが1960年代に開発された時代遅れの技術であった

ことを問題視していた。そのため，「洗練された」脅威に対抗するためには，これらの機体の瑣末な改修に終始するだけでは不十分であると主張されたのである[33]。そこで海軍が強調したのが，ステルス性を備えた機体の新規開発の重要性であった。海軍は，ステルス機であるF-117が湾岸戦争で果たした役割を高く評価していた。ダンリーヴィ海軍作戦部長補は，代替が求められているA-6の後継機は多様な任務に対処できるよう，夜戦能力や全天候下での任務遂行能力を有し，兵器のペイロードと航続距離のバランスのとれたものであると同時に，今後さらなる強化が予想される敵の防空体制に対応するためにステルス技術を適用することで生存能力を高めたものでなければならないと述べた[34]。当時，海軍航空の量的不足が深刻な問題になりつつあったことに加え，それを補完する上で重要な計画と位置づけられていたA-12の開発プログラムが中止されたために，艦載機の開発計画を立て直さねばならなかったことも，こうした技術の有効性がとりわけ強調された重要な背景であった。計画の立て直しのために，高い能力を有した航空機の開発を何らかの形で正当化する必要に迫られていたのである。

　このように，湾岸戦争はかねてから懸念されていた第三世界の脅威が現実のものとなりうるだけでなく，それが比較的高い技術レベルを有した脅威であることを明らかにした例として位置づけられた。さらに重要なことは，こうした高度な技術を持つ第三世界の脅威に対して，米軍の持つハイテク兵器が有効な役割を果たすことが実証されたことであった。こうした湾岸戦争の経験は，それ以前にはあくまでも仮説の域を出なかった「技術の可能性」や第三世界の脅威を実証したものとして扱われ，研究開発投資の重要性をさらに高めることになったのである。

　むろん，こうした軍の要請が無条件に軍備計画に体現されるわけではないことは，これまでにも繰り返し述べてきた通りである。国防総省や軍による技術への期待が具体的に予算に反映されるには，議会において湾岸戦争における先端技術の有効性が認められていることも重要であった。ステルス航空機（F-117），JSTARSのようなプラットフォームから，GPSのような情報通信技術，トマホークのようなスタンド・オフ兵器まで，より具体的な兵器システムの湾岸戦争における成功例についても，議員らの関心は高かった[35]。ある議員の示した，「先端技術なくしては兵力を投入することはもはやできず」，

「兵力が縮小されていく中で次世代の技術が戦力を倍増させ，その効果を増大させる」ことが求められるとの状況理解は，湾岸戦争の経緯が研究開発予算を維持することの正当性を議会においてより一層高めたことを示す一例であるといえよう。また，サーモンド上院議員が述べたように，湾岸戦争で明らかになった技術的成果は「過去数十年の技術への投資の蓄積がもたらした優越」であるからこそ，将来の「新たなサダム・フセインによる挑戦」に確実に対処するには，今こそ研究開発への投資が必要となると考えられていたのである。

ただし，「砂漠の嵐」は軍にとっても議会にとっても，完全無欠の作戦であったと理解されたわけではない。たとえば，機動力のギャップのためにAH-64がOH-58を置き去りにするケースがあったこと，C^3システムは総体的には良く機能したものの，部分的に通信の欠陥があったこと，UAV（Unmanned Aerial Vehicle）はその効果が認められ，多大な要請があったにもかかわらず数量の制限があったことなど，湾岸戦争はいくつかの点で今後改善すべき課題を提起するものでもあった。また，当時の軍や議会で高い支持を受けていたステルス技術も全く問題がないものと考えられていたわけではなく，対抗技術の発達を懸念する一部の議員からは，その投資に疑問符が付けられることもあった。

しかし，これらの問題点は，あくまでもより一層の技術的発展と軍の近代化によって解決可能な事柄とみなされており，研究開発への支持を弱める原因とはなりにくかったといえよう。ステルス技術も，湾岸戦争において実際にF-117がイラクの防空網をかいくぐったことが強調され，技術的な有効性自体は実証済みのものとみなされたことが，投資を正当化する上での強みとなっていた。

(2) 人命と技術

このように，湾岸戦争はそれまでにはあくまでも仮説的に主張されていた冷戦後の脅威の性質や，諸技術の有効性を裏付ける役割を果たした。これらに加えて，湾岸戦争がもう一点後押ししたのは，技術による人命リスクの低下という主張であった。海軍及び海兵隊の予算要求をめぐる議論において，ローレンス・ギャレット（Lawrence H. Garrett, III）海軍長官は科学技術へ

の投資に高い優先順位を与えた。その根拠として挙げられたのが，湾岸戦争で「先端兵器システムが米兵の生命のみならず，非戦闘員の死亡や損害を著しく縮小することにも寄与した」ことであり，そのような能力が軍の構造縮小に伴って必要な要素となってくると論じている[41]。

　議会の中にも，湾岸戦争を通じて人命の尊重と技術を結び付ける議論が見られるようになっていた。マルコム・ワロップ（Malcom Wallop）上院議員によれば，先端技術なくしては兵力の投入ができない状況が生まれているが，その理由の一端として挙げられたのが，湾岸戦争を通じて生じた人命の尊重という意識であった。湾岸戦争の経緯からすれば，最高の近代的装備なしに兵士を戦場に送りこむのは罪であり，「本当の費用対効果というのは，結局のところ人命保護の文脈でのみ測られうるものなのである」[42]。また，カート・ウェルドン（Curt Weldon）下院議員は，湾岸戦争で技術的な能力と戦場における死傷率が直接的な関係にあることが明らかになったという軍の発言を指摘して，V-22プログラムをコストの観点から中止しようとするチェイニーの意図を批判していた[43]。

　湾岸戦争後に取り上げられた友軍誤射の問題も，このような人命問題の重要性を強調するのに一役買った。湾岸戦争以前には，友軍誤射の問題は比較的常態化していると同時に，それは「戦争の霧」を払拭できないゆえに不可避のものとして受け入れられてきたともいわれる[44]。しかし，当時第六艦隊の指揮をとっていたウィリアム・オーウェンス（William A. Owens）は後に，友軍誤射の問題を湾岸戦争におけるもっとも重大な失敗の一つと述べた[45]。砂漠の嵐作戦で発生した米兵の死者のうち，24％が友軍誤射によるものであったのである。当時の議会や軍でもこれは問題視されており，戦場把握技術等の開発の支持に結び付いていた[46]。

　こうした，人命リスクの縮小という観点から先端技術の有効性を主張しようとする議論は，湾岸戦争以前にはあまり見られなかったものであった。しばしば指摘されるように，湾岸戦争は武力行使や能力構築における人命という要素の重要性を高めた。その結果，軍事力の構築方針を人命の観点から正当化しようとする主張も徐々に力を持つようになり，最終的には後のコソボ紛争における「ゼロ・カジュアルティ（zero casualty）」，つまり死傷者ゼロの武力行使という要求につながっていったのである。ただしその起源を厳密

に観察してみると，武力行使をめぐるそのような態度は死者の発生を嫌忌する世論の態度のみを考慮した結果として生じたものでは必ずしもない，ということには注意すべきであろう。あくまでも湾岸戦争直後の，特に軍からの主張の根拠として重要であったのは，軍が構造的縮小を余儀なくされる中での兵力の効率的運用や友軍誤射の問題の解決という，軍事的な合理性を追求する意味合いが強く，後にしばしば論じられるようになる規範的な側面はまだそれほど高まっていなかったのかもしれない[47]。

(3)湾岸戦争の成果による調達の正当化

　湾岸戦争は，先端技術に依拠することによって軍事力の効率的かつ効果的な運用が可能であることを裏付け，それが研究開発予算を正当化する根拠となった。しかし実際には，湾岸戦争はそれ以前に計画された兵器が投入された戦争であった。つまり，湾岸戦争で有効な役割を果たした諸技術は，決して将来のための投資がもたらしたものではない。そのため，湾岸戦争で明らかになった諸技術の有効性は，これまで述べてきたような形で将来的な軍事技術を獲得するための研究開発投資を正当化する根拠となるとともに，現行の兵器システムの調達を正当化する根拠にもなりえたはずである。

　実際に，湾岸戦争の戦果は，現行の兵器システムがいかに新たな安全保障環境において有効なものとなりうるかを説明する際にも引き合いに出され，その結果としていくつかの調達プログラムを正当化する論拠としても用いられていた。たとえば陸軍では，1980年代に調達が進められた「ビッグファイブ」と呼ばれる兵器システムが，湾岸戦争で活躍したにもかかわらず調達規模を縮小ないし中止されることで，かえって軍の近代化が停滞することを問題視していた[48]。また，この問題をめぐっては，一部の議員からも疑問が投げかけられていた。ジョン・カイル（Jon Kyl）下院議員は，AH-64を含む対ソ戦用の重火器は，ソ連の脅威の後退に伴って当初想定されていた欧州での展開に向かなくなったと考えられてきたものの，湾岸戦争で見られたようなハイテク兵器を備えた脅威に対しても有効であることが明らかになったとの見方を示している[49]。また，ディッキンソン下院議員は，湾岸戦争におけるAH-64の有効性を強調し，その中止で捻出した予算をLH開発に振り向けるという措置に疑問を投げかけた[50]。

しかし，このような批判は，軍事支出に対する財政的な圧力が強くかかり，かつ，軍構造の縮小が既定路線となる当時の流れに反するものであった。ディッキンソン議員の批判に対して，チェイニーはAH-64の有効性を認め，可能であれば生産ラインを維持したいとしながらも，同時にそれは財政的な観点からは不可能であり，軍構造が縮小されるのであればAH-64の配備数は削減されてもよいとの見解を示した[51]。第6章でのプログラムに関する個別の検討でも触れるが，湾岸戦争の成果が個別の調達プログラムに与えた影響の大きさはケースバイケースであり，全体的な軍備方針について量の維持，拡大を正当化する根拠となるまでには至らなかったといえよう。
　このように，湾岸戦争の軍事的帰結，また，国内政治上の帰結は，この年の国防予算をめぐる議論にも大きく反映された。中でも，冷戦後の新たな脅威が第三世界にあること，その脅威が洗練された高度な技術を備えていること，また，その後のRMAをめぐる議論にもつながっていくように，第三世界の脅威に対して新たな技術を体現した兵器システムが有効であることが具体的に明らかになったことは重要である。しかしそれは，従来の軍備をめぐる議論を覆すような意味で「革命的」なものだったわけでは必ずしもなかった。むしろ，湾岸戦争で明らかにされたこれらの議論の妥当性は，前年度までに冷戦の終焉を乗り切るために提示された新たな軍備計画の継続を正当化する形で作用したのである。

第3節 ソ連の動向に対する反応

　湾岸戦争の経緯は，研究開発への投資を積極的に行う上で決定的な根拠となった。と同時に，限られた財政資源の中で研究開発への投資を確保するには，調達をある程度削減していくことがやむをえない措置であるとされていた。しかし，1991年初頭に発生したソ連のバルト三国介入や，それと前後して高まっていたソ連邦内における保守勢力の台頭，あるいはゴルバチョフ自身の保守化に対する懸念は，その評価いかんでこうした投資バランスの変化に歯止めをかけうる事態であった。なぜなら，前章で述べたように，調達削減を進め，同時に不確実な研究開発投資のリスクを受け入れ可能にする重要な背景となっていたのがソ連の脅威の後退であったからである。バルト三国

に対するソ連の関与は西側の懸念事項となっていたが，実際に介入が行われたことで米国内でも批判が高まり，ブッシュ政権はその圧力にさらされていた。[52]

(1) さらに後退するソ連の脅威

　1991年2月7日に開催された1992-1993年度の国防予算要求に関する公聴会において，チェイニー国防長官はまず，ソ連が東欧から引き揚げたこと，ワルシャワ条約機構が実効的な軍事組織としての形を失ったことなどを指摘し，米ソ関係が総合的に改善されているという情勢認識を明らかにした。こうした形で東側の脅威の後退が明白になったことによって，アスペン演説に見られるような新たな環境に即した戦略的要請に応えることが求められており，ソ連との全面戦争を想定した40年あまりも前の戦略から離れ，ソ連の能力と湾岸戦争型の地域的脅威との双方に気を配ることが重要であるとされた。[53]

　むろん，ソ連の意図に関する疑念が，一部には根強く残っていたことも確かである。1991年2月26日に開かれた「ソヴィエト連邦の最新動向」と題する上院軍事委員会の公聴会は，ソ連によるバルト地域への関与や，軍の近代化傾向への懸念を示すディクソン上院議員の発言で始まっている。[54]また，ソ連内にいる反ゴルバチョフ派の動向を危惧する声も上がっていた。[55]ソ連の国内政情が不安定化していること自体は，多くの専門家の共通見解でもあった。カーター（Jimmy Carter）政権下でズビグニュー・ブレジンスキー（Zbigniew K. Brzezinski）の補佐官を，レーガン政権下では国家安全保障局（National Security Agency：NSA）長官を務めた陸軍退役中将のウィリアム・オドム（William E. Odom）は，モスクワ内部に政治的対立があることを指摘している。それは，エリツィンらの台頭に対して，1990年にはゴルバチョフが徐々に保守化の姿勢を見せるようになっていることに起因するものであった。その結果，ソ連の改革は滞っており，民主主義や市場経済体制への移行は依然としてなされていないとみなされた。さらに，ソ連内部で軍が依然として共産主義イデオロギーを強く保持しているために，政軍間に緊張関係が生まれていることも問題視されていた。[56]

　しかし，重要なことは，これらがソ連の意図を評価する際の不安定要因として，部分的に懸念されるものにとどまっていたという点である。もはやソ

連の脅威が冷戦期のようなレベルにまで高まることはないというのが，専門家らの共通認識であった。その根拠の一つは，ソ連における政情の不安定化はあくまでも一時的なものであり，ソ連の変化自体はある程度不可逆のものとみなされていたことである。カリフォルニア大学のソ連専門家であったゲイル・ラピドゥス（Gail Lapidus）教授は一部の議員が有していた懸念に対して，ソ連の変化の特徴を，古い価値や権威の解体，権力の分散，文化や伝統の差異化，透明性の増加の四つの観点から分析し，ソ連においては古い価値観はすでに崩壊しており，共産主義の勝利はもはやありえず，従ってソ連が以前の状態に戻ることはないとの見解を示した。また，中東欧や湾岸地域におけるソ連の動向は，「新思考」の帰結であるという点も述べられた[57]。それ以前にはソ連の意図の表明が実行を伴っていないことを懸念する声があったことを考えると，このことはソ連の脅威評価を覆す重要な根拠になりうるものであった。このような見解を支持するならば，ソ連の脅威は意図の面から見ても，「劇的に縮小している」とみなすことが十分に可能だったのである[58]。

　さらに，ソ連の「意図」だけでなく，その技術開発「能力」が低下しつつあるとの認識が共有されていたことも重要である。オドムによれば，ソ連経済は依然として新規の兵器生産を行いうるレベルにあるため，ソ連は向こう10年にわたって大規模な軍事力を保有し続ける見通しがあるものの，米国の質的軍拡についてくるだけの力はなく，従って米国の国益に深刻な問題を投げかけることはもはやなかった[59]。また，ソ連の専門家として前年度に引き続き証言を求められていたマサチューセッツ工科大学のメイヤーは，ソ連の軍事技術開発が中途半端な経済改革やプログラム削減の影響を受けて苦境に立たされているとの見解を明らかにした。その上で，人材上の理由からソ連が新たな技術を外部から吸収することは困難であり，かつ，産業上の理由から内部供給することもできず，1990年代の見通しとしては西側が技術上の優位を獲得することになるとの見通しも示している[60]。また別の専門家からは，さらに財政的な理由から，ソ連が先端技術を導入した上でハイテク戦争を遂行しうる軍を持つとは思われないとの見解も示された[61]。

(2) 残されたソ連の脅威としての側面

　むろん，ソ連の脅威が大きく後退したとの認識が広まっていたとはいえ，

この時期にソ連脅威論が完全に消滅していたわけでもない。たとえば，湾岸戦争の成果は米国のみならず，ソ連による学習の対象にもなりうるという懸念があった。欧州司令部のジョン・ガルヴィン（John R. Galvin）司令官は，CFEの締結による戦争の可能性の著しい低下や，NATOのロンドン宣言に触れ，欧州を取り巻く状況がかなり改善されてきているとの理解を示してはいたが，他方でソ連においては高い軍事的能力が依然として残存していること，また，湾岸戦争の経験を経て，ソ連のハイテク追求への志向が高まっていることを懸念していた。[62]

　加えてしばしば問題視されたのは，総体的にはソ連の脅威の後退が認められていたとしても，個別の領域に目を向ければ，ソ連が高い軍事的能力を有している部分が残っているという懸念が燻（くすぶ）っていたことであった。特に各軍は，それぞれの軍備の状況や任務に照らし合わせて，なおもソ連が脅威となりうる領域について指摘を繰り返していた。たとえば海軍では，依然としてソ連が高い潜水艦技術を有しており，それが脅威になりうると考えていた。[63] また，空軍でも一部では，ソ連の航空兵力の近代化が進む可能性を脅威とみなしていたようである。[64] 特に問題視されたのは，仮に通常兵力分野におけるソ連の脅威が後退しているとしても，戦略分野においては依然として米国に深刻な損害を与えかねない能力を維持していると理解されていたことであった。一部の専門家からは議会に向けて，ソ連が戦略核戦力の近代化を進めることは間違いないとの説明もなされていた。[65] ソ連の戦略的脅威がまだ根強いという理解は，対抗策として空軍がICBMと戦略爆撃機の近代化を進めながら，START後に米国核戦力が縮小される中でトライアッドを基礎とした適切な抑止能力を維持していくべきであるとの主張にもつながった。[66]

　このように，各論に目を向ければ，ソ連の動向が当時の研究開発や調達をめぐる方針に与えた影響は必ずしも一様ではなく，プログラムの是非は固有の条件に左右されていたということも推測できよう。また，個別のプログラムについて研究開発を推進するという結果に一致が見られたとしても，その根拠はそれぞれに異なっていた可能性もある。この点については第6章で詳述するが，いずれにせよ総論としては，ソ連の脅威がかつてのレベルにはないことが認められていたことは確かであった。個別の領域についてはソ連の脅威を問題視していた海軍と空軍でさえ，全体的な投資戦略としては限られた

財政資源の中で量的な縮小を目指し，研究開発の推進によって能力を高めるという措置の遂行を目指した。その重要な前提として挙げられたのが，ソ連の脅威の後退に伴って世界戦争が発生する蓋然性が低下したことであり，それゆえに軍は，このような方針を能力の再構成のための一義的な目標として設定し得たのである。

　ソ連が米国の軍備計画に与えた影響としてむしろ重要なことは，直接的な軍事的脅威となりうることよりも，第三世界への技術拡散の起点となりうることであった。前章ですでに触れた通り，この問題については前年度の議論でもしばしば問題視されており，米国が冷戦終焉後もなおハイテクを追求することの妥当性を示す，根拠の一つとなっていた。その後ますます悪化するソ連経済の動向は，第三世界への技術拡散問題に対する懸念をさらに高めた。なぜなら，ソ連の国力の縮小，特に経済力の急激な落ち込みは，外貨獲得のためのソ連製の兵器輸出をより一層加速させるとも考えられたからである。[67]つまり，ソ連の脅威への懸念が低下していったことが相対的に第三世界への関心を高めたことは確かであるが，それは単に認識上の転換にとどまるものではなく，技術拡散の問題を通じてより現実的な裏付けを与えられているものと理解されていたのである。このような形で，ソ連の脅威の後退が第三世界の脅威の高まりと因果的に結び付けられていたことも，各軍や議会が研究開発を支持する根拠が「ソ連」の脅威から，第三世界における「ソ連型」の脅威へと移行していく重要な背景となった。

第4節　議会による予算付与の根拠

　東側の脅威動向という点では，議会が重視したのはソ連の政治的逆流よりも，3月に起こったワルシャワ条約機構の軍事的機能停止や，7月1日の同機構の解散であった。しかし，それ以上に予算付与の根拠に直接的な影響を与えたのが，湾岸戦争であった。議会の対応は，湾岸戦争の経験と欧州におけるワルシャワ条約機構の解体に伴う脅威の低下を踏まえたものとなり，それゆえに前年度に示された予算付与の根拠を引き継いだものとなった。

(1) 湾岸戦争から得た教訓の反映

　下院軍事委員会は，ソ連が不可逆的に弱体化していく状況が1991年を通じて明らかになったこと，また，湾岸戦争が先端技術の有効性やゴールドウォーター・ニコルズ法に基づく軍改革の効果を示したこと，そしてそれでもなお世界が依然として危険な状態にあることを法案作成の背景として重視した。こうした状況認識に基づき，機能的な防衛能力を作り上げるための予算付与の指針として，次の点が強調されている。①ステルス技術の価値が湾岸戦争において明らかになったこと，②地域的なミサイル防衛，地上展開ベースの国防，技術的なブレイクスルーに関する研究が，現在の脅威にそぐわないSDIに優先されるべきこと，③通常兵器システムは現在の脅威に即した形で改善されるべきこと，また，次世代システムの早急な生産を避けること，④技術基盤を再活性化するために，研究開発は基礎研究に集中すべきことなどである[68]。

　同様に上院軍事委員会の報告書でも，1991年度予算の策定の背景となった欧州におけるワルシャワ条約機構との紛争可能性の低下や，その他の地域での緊張緩和といった国際的な脅威の動向，そしてそれを元に策定された新たな軍事戦略が適切なものであるということが，ワルシャワ条約機構の機能停止によって明らかになったとの認識が示された[69]。このような理解のもとで，前年度に引き続き"fly before buy"の原則が繰り返し強調されたことは，脅威の低下を背景とする研究開発投資の重点化が，冷戦後の新たな軍備計画の指針として確立されつつあったことを意味した[70]。また，湾岸戦争における米国の勝利は，「スマートな」技術への投資の妥当性を明らかにしたとの見解も盛り込まれ，それゆえに上院軍事委員会の勧告する1992年度に向けた予算調整は，1990年に提示された新戦略と湾岸戦争での経験の双方に鑑みたものとなると位置づけられた[71]。

　とりわけ，両院が強調したのは湾岸戦争の経験であり，その結果明らかになった先端技術の重要性であった。上院軍事委員会では，湾岸戦争で活躍したタイプの航空機の購入を進めることで，空軍の攻撃能力がかなりの程度改善されうると考えており，軍備計画にそのような措置を反映させることを求めた。たとえば，湾岸戦争への参加が全体の16％にとどまったF-16の生産をさらに2年間継続するという空軍の予算要求方針に対して，上院軍事委員会

はF-16の生産を中止し，50機あまりの参加にもかかわらず決定的な役割を果たしたF-117（24機）の調達を進めるよう勧告した。下院軍事委員会ではさらに，湾岸戦争の経緯を踏まえて，1990年代末まで他のステルス機が利用できない状況を懸念し，F-117の改修やその派生形の開発に対する積極的な投資を求めた。

湾岸戦争で明らかになった新兵器の効用が，軍備計画の修正勧告につながった別の例として挙げられるのが，UAV開発をめぐる合理化問題であった。下院軍事委員会では，湾岸戦争の経緯を踏まえて，危険地域における標的捕捉のためのUAVが必要となるとの理解を示しつつ，各軍のUAV開発プログラムの重複が問題となっていることを指摘し，UAV開発を軍種の垣根を超えた統合プログラムとして進めるべきであるとの勧告を行っている。また，同様の指摘は，上院軍事委員会からもなされた。

こうしてみると，湾岸戦争は国防総省や軍のみならず，議会における先端技術への志向性を大きく高めた，ということがいえるかもしれない。このような傾向は，議会による次のような修正点の指摘にも見られる。下院軍事委員会では，砂漠の嵐作戦において兵力に対する諜報面での支援が不適切であったことが考慮された。湾岸戦争は情報収集の重要性を明らかにはしたものの，他方で軍事的近代化のペースに戦術的情報収集能力への投資が追い付いていないことが問題視され，今後そのような能力を高めていくことが求められた。上院軍事委員会では，このような情報収集技術への投資の重要性が，友軍誤射の問題と結び付けられて強調されている。上院軍事委員会の報告書では，湾岸戦争においては友軍誤射が歴史的な低水準にとどまったことが指摘されながらも，これを今後解決すべき重要な問題とする見解が繰り返し表明されている。このような見方は，第三世界などにおける将来的な紛争では，敵味方を区別する能力がこうした問題を回避する上で決定的に重要となるがゆえに，より安価で効果的な戦場認識システムや情報処理関連技術の開発予算を追加するべきであるとの勧告につながった。

（2）産業技術基盤の維持，強化

この年の国防予算の方針についてもう一点重要なのが，湾岸戦争を通じて先端技術の重要性に対する認識が高まったこと，それに続いてワルシャワ条

約機構が機能停止，解散したことによって，産業技術基盤の維持をめぐる問題意識がより切実なものとなったことであろう。前章でも述べたように，技術基盤を中心とする防衛産業の維持は，予算や軍の規模縮小に伴う重大な問題として理解されおり，湾岸戦争を契機に突然明らかになったものではない。下院軍事委員会は，過去2カ年の予算が産業技術基盤の衰退をめぐる議会の懸念を反映したものであると述べている。ここで指摘される問題が，諸外国による技術への投資や開発が将来的に米国の防衛関連技術における優位の喪失につながることであったことは，前年度に引き続き，産業技術基盤の問題があくまでも軍事安全保障上の文脈で捉えられるべきものであるという意識が高かったことを示しているといえよう。下院軍事委員会では，防衛産業基盤を下支えし，また，軍事から民生への技術のスピン・オフの機会を高めるために，国防総省，産業，大学の結び付きを促進させることが重要であること，また，米国の技術的優位に対する国際的な挑戦に対処し，また，国家安全保障の確実性を高めるために，5カ年にわたり実質年率2％の技術インフラの成長が必要となるとの見解を示している。

　このような産業技術基盤への投資をめぐる問題意識は，ワルシャワ条約機構の機能停止や国防予算の縮小に伴う脅威の変化によってかえって高められているというのが，下院軍事委員会の見解であった。なぜなら，予算削減の見込みが，技術基盤のような長期的な問題に対する投資計画を妨げるためである。加えて，砂漠の嵐作戦が，国防近代化，特に研究開発投資の有効性に関する再評価の機会をもたらすこととなったことも重要視された。研究開発予算，調達予算の急速な削減が1990年代前半期に生じ，既存の産業基盤に深刻な影響を与えるであろうという懸念の下，下院軍事委員会からは，DARPAにおける基礎研究，応用研究や競争の基礎となる技術への投資計画の見直し，産業基盤育成につながる新技術の独立研究開発の強化が必要であるとの勧告がなされた。[78]

　上院軍事委員会は，前年に引き続き産業基盤の健全性に強い懸念を抱いていることを表明すると同時に，公聴会を通じて国防総省がこの問題の深刻さについて十分理解していないことが明らかになったとの見解を示した。その理由として挙げられたのが，特定の兵器については事実上，防衛セクターの持つ技術や活動を代替できる民間企業がなく，現在の兵器生産が完全に中止

された場合にはこうした技術は失われるかもしれないという問題であった。このような危機感から，委員会は保全を要する産業基盤について個別的かつ注意深い調査を実施するよう国防総省に求めている。また，米国の国防技術の優位を維持するためには，科学技術プログラムや製造技術プログラムなどへの積極的な投資を促すことが必要であること，連邦政府，学界，産業の緊密かつ強固な協力関係の推進が重要であることを挙げている。こうした協力関係への国防総省の参加に向けて，DARPAや各軍への予算を追加し，また，軍民の重要技術の利用を促進するための予算を付与するとの方針が，上院軍事委員会による勧告の一貫したテーマとして掲げられた。

第5節 小括

　湾岸戦争は，新たな論理を生み出すような形で軍備政策の決定的な転換点となったわけではない。しかし，軍備をめぐるそれまでの論理の説得力を高めたという点で，政策転換を加速させる重要な役割を果たした，という位置づけとなる。湾岸戦争は第三世界における新たな脅威への対処が必要になってくるという主張の妥当性を裏付けるものとなった。加えて，そうした脅威に対してステルス技術や情報通信技術等を駆使した兵器の運用が有効であることの実証例として扱われたことも重要である。その結果，湾岸戦争を通じて明らかになった，米軍が「獲得すべき能力」の認識は，科学技術の可能性をめぐる新たな認識に強く裏打ちされながら，旧来型の兵器システムと新たな兵器システムとの置き換えを進める根拠となったのである。

　むろん，湾岸戦争で明らかになった「新たな技術の効用」というのは，多くの場合すでに開発を完了した運用中の兵器システムを通じて明らかにされたものであった。その意味では，湾岸戦争で証明されたのは「現行の兵器システムの効用」でもあり，それが既存の兵器の新規取得を目指す調達予算を正当化することもありえた。しかし，それはあくまでも兵器システムの軍事的効用という観点のみに基づいた場合に妥当な議論であるともいえる。冷戦の終焉に伴ってソ連との間で大規模紛争が発生する蓋然性が低下し，さらに財政的制約がますます高まっていく状況下では，長期的な視点に立った軍備の選択は，やはり軍備の量的縮小を技術開発の推進によって補完するという

方針に沿ったものでなければならなかった。したがって、短期的な装備の更新を進めるという方針が、軍事、財政の両面において長期的な効率性を求める研究開発投資の重点化という方針を上回る説得力を持つことはなかったのである。

　加えて、国防総省や各軍が求めてきた冷戦後戦略の大枠とそこで求められる軍事力、そのために必要な兵器をめぐる理解が、湾岸戦争を通じて上下院の軍事委員会でも高まったことも重要である。いい換えるならば、冷戦終焉前後の予算編成過程における議論を通じて行われた、国防総省や軍と議会との間の見解のすり合わせが、湾岸戦争をきっかけに一定の合意に至ったと見ることができる。そこではすでに、軍事戦略的な諸問題のみならず、財政の効率化や経済産業界の再編問題も含めた議論が展開されていたため、冷戦後の軍備の方針をめぐって、複数の政策領域にまたがる正当性が構築されつつあった。このことが、クリントン政権期にさまざまな個別の問題が噴出する中で、大枠では先端技術への依存による軍備の効率化という方針から外れずに米軍再編が進む重要な背景となったのである。

注)

1) Bush, George H. W., "Address Before a Joint Session of the Congress on the State of the Union," January 29, 1991.
2) OMB, *Budget of the United States Government*, Fiscal Year 1992, p.182.
3) Aspin, "Fiscal Years 1992 and 1993 National Defense Authorization Request," February 7, 1991, CIS: 91-H-201-31, p.1. 実際、1991年度以降の予算をめぐってはCBOからより厳しい予算削減案も提示されていた。CBO, "Implications of Additional Reductions in Defense Spending," CBO Staff Memorandum, October 1991.
4) Hutto, Earl (House, Florida-D), "Navy and Marine Corps Requests," February 21, 1991, CIS: 91-H-201-31, p.402.
5) United Nations Security Council Resolution 678, UN Document S/RES/678, November 29, 1990.
6) *The Gallup Poll Monthly*, November 1990, p.13.
7) サウジアラビア駐留に関するこのような世論の支持傾向は翌年1月の開戦まで続いた。*The Gallup Poll Monthly*, January 1991, p.14.
8) *The Gallup Poll Monthly*, November 1990, p.16.
9) *Ibid.*, p.13.
10) Bush, George H. W., "The President's News Conference," November 30, 1990.
11) たとえば、Bush, George H. W., "The President's News Conference," January 12, 1991;

Bush, George H. W., "Statement on Allied Military Action in the Persian Gulf," January 16, 1991; Bush, George H. W., "Exchange With Reporters in Kennebunkport," February 17, 1991などに見られる。
12) 45％が意見なしと回答した。*The Gallup Poll Monthly*, January 1991, p.6.
13) *The Gallup Poll Monthly*, January 1991, p.33; February 1991, p.16; March 1991, p.2.
14) Bush, George H. W., "Address Before a Joint Session of the Congress on the State of the Union," January 29, 1991.
15) Garrett, Lawrence H., III (Secretary of the Navy), "Navy and Marine Corps Requests," February 21, 1991, pp.310-311.
16) Kelso, Adm. Frank B. (Chief of Naval Operations), "Navy and Marine Corps Requests," February 21, 1991, pp.336-337, 344. 海軍が特にその重要性を指摘していた技術分野としては、たとえばステルス技術、カウンター・ステルス技術、高速コンピューターネットワーク技術、無人機、先端C^3システム等が挙げられる。*Ibid.*, p.340.
17) Vuono, "Department of Army Budget Fiscal Years 1992-1993," CIS: 91-H201-31, February 20, 1991, pp.128-129.
18) Jaquish, Lt. Gen. John (Principal Deputy Assistant Secretary, Acquisition), "Air Force Fiscal Year 1992 Procurement Budget Request," April 17, 1991, CIS: 91-H201-34, pp.226, 229.
19) Rice and McPeak, Gen. Merrill A. (Chief of Staff, U. S. Air Force), "Fiscal Years 1992 and 1993 National Defense Authorization-Air Force Request," February 26, 1991, CIS: 91-H201-31, p.473.
20) Powell, Gen. Colin L. (Chairman, Joint Chiefs of Staff), "Fiscal Years 1992 and 1993 National Defense Authorization Request," February 7, 1991, pp.52-54. ここで「高性能兵器」として具体的に取り上げられたのは、トマホーク対地攻撃ミサイル、F-117、PGM (Precision Guided Munitions)、F-15E、夜間低高度赤外線航法・目標指示システム (Low Altitude Navigation and Targeting Infrared for Night：LANTIRN)、スタンドオフ対地攻撃ミサイル (Standoff Land Attack Missile：SLAM)、JSTARS、ATACMS (Army Tactical Missile System) などである。
21) Conver, "Fiscal Year 1992-1993 Budget Request for the Army Procurement Program," March 21, 1991, CIS: 91-H201-34, pp.3, 4.
22) Pace, Scott, et al., *The Global Positioning System: Assessing National Policies, Critical Technologies Institute*, RAND, 1995, pp.245-246 〈http://www.rand.org/pubs/monograph_reports/2007/MR614.pdf〉.
23) Conver, "Fiscal Year 1992-1993 Budget Request for the Army Procurement Program," March 21, 1991, p.43.
24) Belston, Maj. Gen. Richard D. (U. S. Army, Deputy for Systems Management, Office of the Assistant Secretary of the Army, Research, Development and Acquisition), "Army Acquisition Plans and Modernization Requirements," May 10, 1991, CIS: 91-S201-22, p.192.
25) Conver, "Fiscal Year 1992-1993 Budget Request for the Army Procurement Program," March 21, 1991, pp.6-7.
26) Ralston, Maj. Gen. Joseph W. (U. S. Air Force, Director, Tactical Programs, Office of

the Assistant Secretary of the Air Force Acquisition), "Air Force Acquisition Plans and Modernization Requirements," April 22, 1991, CIS: 91-S201-22, p.39; Jaquish, "Air Force Fiscal Year 1992 Procurement Budget Request," April 17, 1991, p.231.

27) Ralston, "Air Force Acquisition Plans and Modernization Requirements," April 22, 1991, pp.38, 40.

28) Jaquish, "Air Force Fiscal Year 1992 Procurement Budget Request," April 17, 1991, pp.232, 234.

29) Ralston, "Air Force Acquisition Plans and Modernization Requirements," April 22, 1991, pp.49-50.

30) Jaquish, "Air Force Fiscal Year 1992 Procurement Budget Request," April 17, 1991, pp.234-235.

31) Kelso, "Carrier Attack Aircraft Requirements," April 10, 1991, CIS: 91-H201-34, p.65.

32) *Ibid.*, p.92; Cann, Gerald A. (Assistant Secretary of the Navy for Research, Development, and Acquisition), "Navy Acquisition Plans and Modernization Requirements," May 7, 1991, CIS: 91-S-201-22, p.104.

33) Kelso, "Carrier Attack Aircraft Requirements," April 10, 1991, p.65.

34) Dunleavy, "Carrier Attack Aircraft Requirements," April 10, 1991, p.66.

35) 具体的には，たとえばリチャード・レイ（Richard Ray）下院議員がJSTARSの運用について，ワロップ上院議員が遠隔操縦機（Remote Piloted Vehicle：RPV）の効果について，ジーン・タイラー（Gene Taylor）下院議員がGPSの優位性についてそれぞれ陸軍の将官らに質している。Ray and Conver, "Fiscal Year 1992-1993 Budget Request for the Army Procurement Program," March 21, 1991, p.36; Wallop, Malcolm (Senate, Wyoming-R) and Conver, "Army Acquisition Plans and Modernization Requirements," May 10, 1991, p.175; Taylor, Gene (House, Mississippi-D), and Conver, "Fiscal Year 1992-1993 Budget Request for the Army Procurement Program," March 21, 1991, p.43. また，タイラー議員は海軍のトマホークミサイルについても質問しており，スタンド・オフ兵器の重要性が高まっていることを確認している。ただし，この際にはこうした兵器が高価なものであり，継続的で大量の投入を必要とするような作戦においてではなく，湾岸戦争のような短期決戦で使用すべきものであるとする説明も受けている。Johnson, Adm. Jerry (Vice Chief of Naval Operations) and Taylor, "Carrier Attack Aircraft Requirements," April 10, 1991, p.93. ステルス技術は議会においてもとりわけ多くの関心を集めており，たとえばチャールズ・ベネット（Charles E. Bennett）下院議員は，砂漠の嵐作戦で果たした役割を鑑みれば，海軍がステルス機を配備しないのは誤りに見えるとの見解を示している。ベネット議員はまた，パトリオットが湾岸戦争で大きな成功を収めたとの理解に基づき，陸軍によるパトリオット改良計画についても関心を払っている。Bennett, Charles E. (House, Florida-D), "Carrier Attack Aircraft Requirements," April 10, 1991, p.86; Stone, Michael P. W. (Secretary of the Army) and Bennett, "Department of Army Budget Fiscal Years 1992-1993," February 21, 1991, p.157.

36) Wallop, "Air Force Acquisition Plans and Modernization Requirements," April 22, 1991, p.5.

37) Thurmond, "Army Acquisition Plans and Modernization Requirements," May 10, 1991, p.148.

38) Conver and Belston, "Army Acquisition Plans and Modernization Requirements," May 10, 1991, pp.149, 157.
39) Ireland, "Carrier Attack Aircraft Requirements," April 10, 1991, pp.89-90.
40) Miller, Rear Adm. William C. (Chief of Naval Research), "Carrier Attack Aircraft Requirements," April 10, 1991, pp.90-91.
41) Garrett, "Navy and Marine Corps Requests," February 21, 1991, p.306.
42) Wallop, "Air Force Acquisition and Modernization Requirements," April 22, 1991, p.5.
43) Weldon, Curt (House, Pennsylvania-R) and Cheney, "Fiscal Years 1992-1993 National Defense Authorization Request," February 7, 1991, pp.103-104.
44) Owens, William A., with Edward Offley, *Lifting the Fog of War*, The Johns Hopkins University Press, 2000, p.155.「戦場の霧」は，情報や状況の不確実性がもたらす机上の理論と実際の戦場との間のギャップ，その結果生じる予測不可能性と混乱の描写としてクラウゼヴィッツ（Carl von Clausewitz）が用いた概念である。クラウゼヴィッツ，カール（篠田英雄訳）『戦争論』（上）岩波書店，1968年，130-136頁。1990年代以降に注目されたRMAでは，衛星，航空機に搭載されるセンサーの能力向上が戦場認識能力を高めることにより，劇的に「戦場の霧」が軽減されることがしばしば重視された。この点について指摘する文献には枚挙にいとまがないが，たとえばBacevich, Andrew J., "Morality and High Technology," *The National Interest*, Fall, 1996, pp.37-47; Sloan, Elinor C., *The Revolution in Military Affairs*, McGill-Queen's University Press, 2002, pp.6-9. 邦語文献では，高橋杉雄「RMAと日本の防衛政策」石津朋之編『戦争の本質と軍事力の諸相』彩流社，2004年等を参照。
45) Owens, *op.cit.*
46) Skelton and Conver, "Fiscal Years 1992-1993 Budget Request for the Army Procurement Program," March 21, 1991, p.29; Wallop and Ralston, "Air Force Acquisition and Modernization Requirements," April 22, 1991, pp.51-52.
47) 武力行使における人命保護の規範化を示唆するような指摘はこれまでにもさまざまな研究でなされてきているが，たとえばデヴィッド・ゴンパート（Devid Gompert）は，「デザートストームはアメリカ人に誤って，テレビゲーム戦争の中の一握りの犠牲を伴うことで死活的利益を守ることができると教えてしまった」と述べている。Gompert, David, "How to Defeat Serbia," *Foreign Affairs*, Vol.73, No.4, 1994, p.42. また，このことが米国の対外介入における国内政治上の制約を高めた結果，「使いやすい」兵器―航空宇宙を中心とした展開能力を有する兵器―を取得することによって人的リスクを回避する必要が生じているという議論にもつながってくる。Luttwak, Edward N., "A Post-Heroic Military Policy," *Foreign Affairs*, Vol.75, No.4, 1996, pp.33-44; Boot, *op.cit.*, pp.55-58.
48) Conver, "Fiscal Year 1992-1993 Budget Request for the Army Procurement Program," March 21, 1991, pp.12-15. ここでは陸軍の「ビッグファイブ」システムとして，M-1, M-2, AH-64, UH-60, パトリオットが挙げられている。
49) Kyl, Jon (House, Arizona-R), "Department of Army Budget Fiscal Years 1992-1993," February 21, 1991, p.165.
50) Dickinson, "Fiscal Years 1992 and 1993 National Defense Authorization Request," February 7, 1991, pp.59-60.
51) Cheney, "Fiscal Years 1992 and 1993 National Defense Authorization Request," Feb-

ruary 7, 1991, pp.59-60.
52) Fischer, *op.cit.*, p.283; Pravda, Alex, "The Collapse of the Soviet Union," in Leffler, Melvyn P., and Odd Arne Westad (eds.), *The Cambridge History of the Cold War*, volume III, 2010, p.369.
53) Cheney, "Fiscal Years 1992 and 1993 National Defense Authorization Request," February 7, 1991, pp.4-6.
54) Dixon, "Current Trend in the Soviet Union," February 26, 1991, CIS: 91-S201-17, pp.2-3.
55) Warner and Thurmond, "Current Trend in the Soviet Union," February 26, 1991, pp.3-4.
56) Odom, Lt. Gen. William E., retired (Director, National Security Studies, The Hudson Institute), "Current Trend in the Soviet Union," February 26, 1991, pp.4-6.
57) Lapidus, Gail (Professor of Political Science, University of California, Berkeley), "Current Trend in the Soviet Union," February 26, 1991, pp.15-16, 18.
58) *Ibid.*, p.19.
59) Odom, "Current Trend in the Soviet Union," February 26, 1991, p.7.
60) Meyer, "Current Trend in the Soviet Union," February 26, 1991, pp.22-23.
61) Pipes, Richard (Baird Professor of History, Harvard University), "Current Trend in the Soviet Union," February 26, 1991, p.34.
62) Galvin, Gen. John R. (U. S. Army, Commander in Chief, U. S. European Command), "NATO Security," March 7, 1991, CIS: 91-S201-17, pp.163-164.
63) Garrett, "Navy and Marine Corps Requests," Februrary 21, 1991, p.313.
64) Ralston, "Air Force Acquisition Plans and Modernization Requirements," April 22, 1991, p.39.
65) Meyer, "Current Trend in the Soviet Union," February 26, 1991, p.74. メイヤーはソ連の核戦力近代化が進むとする根拠として，核の近代化措置が「安価である」という理由を挙げている。
66) Rice and McPeak, "Fiscal Years 1992 and 1993 National Defense Authorization-Air Force Request," February 26, 1991, p.468. この時期に議論の対象となっていたトライアッドはむろん，冷戦期と同様にICBM, SLBM (Submarine Launched Ballistic Missile), 戦略爆撃機の三本柱からなるものを指す。
67) Wallop, "Air Force Acquisition and Modernization Requirements," April 22, 1991, p.48.
68) House of Representatives, Committee on Armed Services, "National Defense Authorization Act for Fiscal Year 1992-1993, Committee Report," 102-60, May 13, 1991, p.3.
69) 例外的に核抑止については，依然として高い危機感がソ連に対して示されている。上院軍事委員会の見解としては，米国側では戦略兵器レベルを縮小させながらも抑止力を維持し，安定性を高める必要があるが，ソ連では経済的問題にもかかわらず，戦略核戦力の近代化が進められていることが懸念されていた。このような理解は，当時その価格高騰と軍事的価値の揺らぎによって大きな政治論争を巻き起こしたB-2開発プログラムを，戦略兵器としての側面から正当化する背景ともなっている。Senate, Committee on Armed Services, "National Defense Authorization Act for Fiscal Year 1992-1993, Committee Report," 102-113, July 19, 1991, pp.5-6.

70) ここでは特に，B-2，V-22，C-17，先進中距離対戦車兵器システム（AAWS-M）プログラムが懸念対象として取り上げられている。*Ibid.*, p.9.
71) *Ibid.*, pp.3-4.
72) *Ibid.*, p.5.
73) House of Representatives, Committee on Armed Services, "National Defense Authorization Act for Fiscal Year 1992-1993, Committee Report," 102-60, May 13, 1991, pp.48-49.
74) *Ibid.*, pp.62-63. 米国におけるUAVへの投資はここから急速に伸びていくが，現在もなお，同様のマネジメント問題に直面している。齊藤孝祐「米国の安全保障政策における無人化兵器への取り組み―イノベーションの実行に伴う政策調整の諸問題―」『国際安全保障』第42巻，第2号，2014年9月，34-49頁。
75) Senate, Committee on Armed Services, "National Defense Authorization Act for Fiscal Year 1992-1993, Committee Report," 102-113, July 19, 1991, p.99.
76) House of Representatives, Committee on Armed Services, "National Defense Authorization Act for Fiscal Year 1992-1993, Committee Report," 102-60, May 13, 1991, pp.7-9.
77) Senate, Committee on Armed Services, "National Defense Authorization Act for Fiscal Year 1992-1993, Committee Report," 102-113, July 19, 1991, pp.5, 63.
78) House of Representatives, Committee on Armed Services, "National Defense Authorization Act for Fiscal Year 1992-1993, Committee Report," 102-60, May 13, 1991, pp.27-29.
79) Senate, Committee on Armed Services, "National Defense Authorization Act for Fiscal Year 1992-1993, Committee Report," 102-113, July 19, 1991, pp.8-9.
80) *Ibid.*, pp.7-8.

第6章 マクロトレンドの変容と個別の政策論争
―研究開発・調達プログラムの分析―

　本章では，これまでに明らかにしてきた軍備をめぐる政策転換の論理が，よりミクロなレベルではいかなる形で作用していたのか，また，さまざまな要因がどのように連鎖していたのかを，プログラム単位での議論に焦点を当てて明らかにする。その上で，最後にこれらのプログラムをめぐる議論を比較検討しながら，諸要因の説明力や政策選択の方向性をめぐる当時の議論をさらに具体的に観察していく。ここで分析単位を改めてプログラムに設定するのは，米国においては多くの場合，兵器システムを基本的な単位とする開発・調達プログラムをめぐって政治が展開されるためである。また，プログラムという単位は科学技術システムの一つのレベルに過ぎないが，何百もある兵器システム，より細かく見れば際限なく分化していく技術の単位を，政治の問題として観察可能かつ意味のある単位でまとめることができる。[1]

　個別のプログラムをめぐる軍や国防総省，議会の立場については，第3章から第5章の議論においても具体例としてたびたび触れているが，そこでの議論と本章ではこうした記述の目的は異なっている。これまでの章ではいかなる要因が政策に影響を及ぼしてきたかを広く引き出してくる作業であったのに対して，本章で進めるのは当時の政策のマクロトレンドがよりミクロな選択のレベルでどの程度まで当てはまるのか，当てはまらないとすれば他にどのような要因が影響を及ぼしているのかを検討する作業である。

　そのために，ここでは当時予算の付与を継続することが決定されたJSTARS，ATF，LHX，V-22，及び中止されたA-12開発プログラムの五つを取り上げる。加えて，研究開発と調達との間に生じた選択性の問題にも目を向けるために，いくつかの関連する先行プログラムについて検討することにしたい。これらのプログラムを取り上げるのは，以下の理由による。第一に，これらのプログ

ラムは数多ある中でも比較的大きな規模の予算を付与されたものである。予算縮小の観点からは中止を求める声に晒されていたこれらのプログラムを扱うことは，当時の財政的制約に対する抵抗力を理解するのに適している。

　第二に，新冷戦期以前に計画されたプログラムを扱うことで，当該期の戦略環境の変化を受けて軍事的要請が再構成されていく過程やその根拠を理解することにつながる。これには，量産前の小規模調達（試作機等）段階にあったプログラムも含まれる（そのための予算は調達費として計上される場合もある）。この際，異なる複数のプログラムを扱うことで，ソ連の脅威の問題にとどまらず，いかなる軍事的要請（たとえば脅威の変容，戦略の転換，現行システムの老朽化，能力の向上等）がプログラムの正当化や非正当化にかかわっていたのかを明らかにする。また，戦略論や装備調達政策論の観点からは，ここで取り上げるプログラムの多くが，冷戦後の米国の軍事戦略やRMAの進展に際して重要な役割を果たした，あるいはその是非をめぐって論争が戦わされ続けたという点でも，注目すべき示唆を含んでいる。

　第三に，これらは新たな技術を体現するものとして軍や議会の期待が集まっていた開発プログラムであり，しばしば時代遅れとされる先行兵器システムとの間にどのような議論の差異が現れるのかを検討するのに適している。同時に，米国が軍事戦略上も財政再建の観点からも科学技術上の利点を生かそうとする中で，先端性を認められていたにもかかわらず中止されるプログラムがあったのはなぜかを検討することで，先端技術であることが決定の十分条件ではないこと，その他の必要条件は何だったのかを推論することができよう。

　第四に，当時各軍が最優先事項かそれに準ずるものと位置づけていた研究開発プログラムを個別に扱いながら，他のアクターがそれをどのように捉え，いかなる形で支持ないし不支持を表明していたのかを明らかにすることで，組織的要請の果たした役割を検討する。また，そのようなプログラムに対して議会がそれぞれどのように反応したのかを検討し，政治制度による影響の検討を行う。

　もちろん，米国における兵器システムの調達・研究開発プログラムはかなりの数にのぼるため，その中からいくつかを選び出すことで，何らかのバイアスが生まれてしまう可能性は否めない。特に，当時政治的，軍事的な観点

から争点化されており，それゆえに観察が容易なプログラムを選び出すことにより，逆に争点化されていない諸プログラムに影響を与えていた要因を明らかにすることが難しくなってくる。だが少なくとも，争点化されたものの多くは，予算規模が大きいことや軍事的環境が変化し始めていたこと，技術的な実現可能性に疑問が呈されていたことから見直しを迫られていたのであり，その意味では本書が焦点を当てる諸要因をカバーするには十分な事例の選択であるとみなすこともできるだろう。また，第3章から第5章までに検討した当時の流れと照らし合わせることによって，各プログラムに固有の特徴があることと，それにもかかわらずあらわれる共通の選択基準があることを可能な限り示している。

第1節 新兵器開発をめぐる論争――JSTARSとV-22を例に――

(1) JSTARS――科学技術による量的縮小の相殺――

　JSTARSは，戦闘において敵対地上兵力の索敵，追跡を行い，正確かつ効率的な地上戦の遂行を支援するためのレーダーシステムである。このプログラムはもともと陸軍の「戦場データシステム（Battlefield Data System）」と空軍の「ペイブ・ムーバー（Pave Mover）」として個別に進められていたものであり[2]，レーガン軍拡期にJSTARSプログラムとして統合された後も，開発自体は陸軍が地上局モジュールを，空軍がプラットフォームとなる航空機，レーダー，データリンクを担当する形で，分業的に進められていた[3]。その後，湾岸戦争において試験機が実戦投入され，一定の成果を収めたことで，情報技術革新に基づくRMAの到来にリアリティを与える一要素となる。

　イラクの通常兵力に対して初めて用いられたJSTARSであったが，計画当初に与えられた任務は，JTF（Joint Tactical Fusion）やJTACMS（Joint Tactical Missile System，後にATACMS）との連携によってワルシャワ条約機構の地上兵力の量的優位を相殺し，NATOの地上兵力との均衡を達成することにあった[4]。しかし，当初想定されていた東側の脅威が後退を始めると，JSTARSの取得をめぐる軍事的要請は徐々に変化し始めた。欧州で東側の兵力の量的優位を相殺する必要が低下したために，技術的優越を目指す必要性がもはやなくなったという議論もあらわれ始めたのである[5]。

1-1 冷戦終焉に伴う妥当性への疑義（1990年）

　東側陣営の変化に伴い，JSTARSは欧州におけるワルシャワ条約機構軍との戦闘を想定した従来の意味合いとは異なる文脈に置かれ始めていた。1991年度予算の策定をめぐる議論では，JSTARSの有用性や，軍事的環境の変化に伴う開発，調達継続の妥当性について，意見が分かれていた。たとえば空軍のウェルチ次官補はJSTARSの必要性について，CFE後においては監視任務が重要性を増すため，戦争の時代におけるよりもJSTARSを利用する便益は大きく，通常兵器の削減という観点からは欠かせない兵器であると説明している[6]。また，同じく空軍のイェーツ首席副次官補は，欧州における戦争発生時にはJSTARSの索敵能力が必要となるという従来の目的に則った説明をしつつも，同時に中東で有事が発生するという状況を想定し，その際に欧州におけるJSTARSの必要性が薄れるわけではないという立論によって，東側の脅威が後退する中での従来規模の取得計画の維持を正当化した[7]。

　プログラムの目的や脅威の想定を変化させる形であらわれたこうした論理とは別に，JSTARSの正当化に際して重要な役割を果たしたのが能力構築の論理である。当時，C^3技術の発展を背景に，広義の電子戦機に対する能力的要請は全軍に共通して高まっていた。とりわけ陸軍は，エアランドバトル・ドクトリンにおける縦深作戦（Deep Operations）を遂行するための能力が現行のシステムでは十分に得られないとして，JSTARSの取得を正当化しようとしていた[8]。また，空軍の方では，すでにC^3能力の向上に寄与することが一定程度認められていたAWACSとのアナロジーを用いることで，JSTARSの運用によって得られる地上戦での利点を強調している[9]。加えて，JSTARSの取得は，能力の連続性という観点からも注目されていた。たとえばグレン上院議員は，長らく偵察任務を担ってきたOV-1D（Mohawk）が近い将来に退役予定であることを指摘し，JSTARSの取得計画が中止されることによる能力の断絶に懸念を示していた[10]。

　だが同時に，この時期にかかっていた厳しい財政的制約をいかにして乗り越えるかという点が，プログラムの生き残りにかかわる重要な問題であった。一部にはJSTARSを予算縮小の中でも維持すべきプログラムとして理解する向きもあったが[11]，それでも空軍はJSTARSの取得に際して，コスト削減の配慮を示していた。ウェルチによれば，JSTARSの開発プログラムは当時，最

終テストにかかるコスト増大とプラットフォームとなるべきボーイング707の生産ラインの閉鎖という問題を抱えていた。空軍はこうした問題に対して，民間市場に流通している中古のボーイング707を利用することで対処することを明らかにしていた[12]。信頼性という観点からは，中古の機体を使用することに対しての懸念もあった[13]。だが，空軍では新たな航空機を採用する際にかかる，莫大なコストの方を気にかけていたのである[14]。

　このような軍によるJSTARSの開発，調達をめぐる見直しに対して，上院軍事委員会ではJSTARSの従来規模での調達が承認されたものの，下院軍事委員会では審議の結果，JSTARSの開発，調達を以後見送るべきであるとの結論を出した。1991年度予算に関する下院軍事委員会の報告書では，JSTARSをめぐる軍事的要請の変化や投資規模，プログラムの実行状況に対する懸念が表明され，その中止が勧告された。同委員会が重視したのは，やはりJSTARSが中欧におけるソ連との大規模な戦闘を想定して計画されたプログラムであり，ワルシャワ条約機構軍に対して技術的な優位に立つことを目的として設計されている，という点であった。こうした点を重視するならば，東欧，ソ連の変化に伴い，JSTARSに対する軍事的要請はもはや妥当なものではなくなっているとの結論に至るのも不思議ではない。また，下院ではコストの面からもJSTARSの妥当性に疑問を呈した。当初計画に従えば，JSTARSへの投資が今後も莫大な額にのぼることになる。加えて，下院軍事委員会では，若干の能力低下は生じるものの，UAVの使用がより低コストの代替案となりうると見ていた[15]。

　上下院の見解の相違を受けて，両院協議会ではJSTARSプログラム継続の是非が議論された。最終的には下院の主張が取り下げられ，行政府の要求通りに予算を付与するという結論が出されたが，そこでとりわけ重視されたのは，JSTARSの非NATO任務における利用価値，また，中古のボーイング707を利用するという空軍の取り組みであった[16]。第4章で論じたように，この頃には脅威の後退を背景に研究開発を中心とした軍備の効率化を重視するトレンドが強まっていた。JSTARSに関しても，技術的可能性を背景とする能力向上の要請，これが財政問題と結び付くことで提起される効率的な軍事力を構築することの妥当性が，軍を中心に強調されるようになっていた。だが，JSTARSは計画当初からソ連の量的優位の相殺を目的としてきたという

点で，効率性の追求に比較的なじみやすい兵器システムであったにもかかわらず，1991年度予算案をめぐる実際の説得力はあくまでも潜在的なものにとどまっていたといえるだろう．

1-2 湾岸戦争を通じた再評価（1991年）

しかし，こうしたJSTARSプログラムに対する評価は，湾岸戦争を通じて大きく変化した．1991年の議論では，軍，議会を問わずJSTARSの効用が殊更に強調されるようになった．軍の基本的な主張は前年度までとほぼその内容を同じくしている．湾岸戦争の経験はこうした方針が妥当であることを示す根拠として持ちだされるようになった．空軍は，効果的で柔軟な展開を行うために，正確で即時的なC^2能力を追求するという改革方針のもと，湾岸戦争においてJSTARSがAWACSとともに果たした役割に言及し，議会に対してその開発は順調であること，実戦でもうまく機能していることを強調し，今後もこれらの兵器システムに対して予算を付与し続けるべきであると主張した[17]．また，空軍はJSTARS等の偵察を任務とする兵器が，将来的には敵対勢力に対する抑止効果を持つものとの期待を示し，冷戦後におけるこれらの重要性を強調した[18]．

JSTARSは陸軍においても，湾岸戦争における成功を示す例として位置づけられた．コンバーによれば，湾岸戦争はJSTARSがATACMSなどの兵器と並んで，地上車両や航空機を用いることなく縦深攻撃を可能にするものとなることを示した．またそれは，当初計画において想定されていた欧州戦域のみならず，湾岸地域でも有効であるものと理解され，その重要性が議会に説明された[19]．

議会でも，湾岸戦争の成果や軍の主張を受け，JSTARSに対する支持が高まっていた．このことは，湾岸戦争前にはプログラムの中止を求めていた下院軍事委員会が，1992年度予算以降には行政府の要求を認める旨の決定を下したことにもあらわれているが，それ以上に上院軍事委員会の支持はかつてないものとなっていた．上院委員会報告には，JSTARSは湾岸戦争において素晴らしい性能を発揮したとされ，特にそれが米軍の戦闘力を最大化しながら戦死者を最小化する技術であること，また，現行のJSTARSのプレゼンスがAWACS同様，中東地域の安定化任務を特徴づけるものとなっているとの見

解が盛り込まれた。上院軍事委員会はこうした理解のもと，空軍にJSTARSの積極的な調達を促した上で，2機の追加調達を行うことが適当であるとの見解を示した。[20] さらに，湾岸戦争の経緯から，現在利用可能なものより下位の作戦レベルにおいて，JSTARSに依拠した情報が広く必要となるとの理解が示された。そのため，陸軍はより下位の作戦レベルにおいて大量に利用可能な，簡易型の軽量JSTARS端末の開発を開始するべきであるとされ，上院軍事委員会は軽量端末開発のために要求額（4,870万ドル）に対して2,500万ドルの予算増額を勧告している。[21]

　上下院の軍事委員会ではJSTARSの開発，調達の継続を支持するという点では一致していたものの，その程度には差異があったため，両院協議会での調整が求められた。そこでの決定は上院の見解を大きく反映したものとなった。行政府がJSTARS（E-8B）の初期生産費用として6,270万ドルを要求していたのに対して，上院がJSTARSの生産を確実なものとするべく予算の倍増を求めたことを受け，両院協議会では1億2,540万ドルを先行調達費として計上することが決められた。[22] また，軽量端末についてはその開発プログラムに着手するため，上院の主張が受け入れられる形で7,330万ドルの予算が認められ，その迅速な配備を求めると結論された。[23]

1-3 まとめ

　このように，当初の計画では対ソ戦での運用を想定されていたJSTARSは，財政的な困難と脅威の後退によって一旦はプログラムを継続する妥当性を失いつつあった。軍からは，JSTARSを効率的な兵器とみなすことで，プログラムの妥当性を強調する声も上がっていたが，それだけでは議会を説得する十分な根拠を提供するものとはならなかった。しかし，JSTARSは湾岸戦争を通じて，情報運用の重要性を示す代表的な例として位置づけられるようなった。陸軍から議会に説明されたように，JSTARSは湾岸戦争での効果を認められるのみならず，今後の任務やシステムのあり方，その評価に有用な基準を提示してくれるものとみなされるようになったのである。[24] 議会がこうしたJSTARSの効用を理解し，積極的な支持者となったことも，JSTARSへの投資を加速させる重要な背景であった。JSTARSは湾岸戦争を通じて，軍や議会の情報通信分野を中心とした技術革新の有効性に対する認識をまとめ上げ

たという点で，極めて象徴的な役割を果たした。実際，その後のRMAをめぐる議論において，JSTARSが湾岸戦争で果たした役割は無視しえないものとして繰り返し触れられていくことになる。

ただし，JSTARSはある特定の新技術の効用を明らかにした象徴的かつ重要な例ではあっても，プログラム単位で見れば，当時の政策転換をめぐる政治的議論の代表的な例として位置づけられるわけではない。なぜなら，本書で扱う軍備計画の転換期に計画の継続を決定されたプログラムの中で，JSTARSのように湾岸戦争における実戦の成果が直接的に実証されたものは多くはないからである。研究開発への投資比重の移行がいかなる論理に従ってなされていったのかを論じるには，湾岸戦争で必ずしもその妥当性が証明されたわけではないにもかかわらず，なぜ技術への投資をめぐる政治的価値が高まっていったのかを明らかにしていく作業が重要になってくる。

(2) V-22—プログラムの中止要求とその復活—

V-22（JVX）は海兵隊の上陸作戦や中距離輸送任務，また，海軍の戦闘における捜索救助任務を担う新型航空機として計画された。そのもっともユニークな技術的特徴は，ティルト・ローターを搭載していることであった。V-22に搭載されるティルト・ローター技術は，垂直上昇機の多目的性と，通常の固定翼機が持つ航続距離，速度，生存能力という双方の利点を生かすことができるものと見込まれていた。1985年度予算の段階では，1991年には海兵隊に最初の生産モデルが納入されることになっていた。また，国防総省からは，V-22の効果と価格が適正であることが明らかになった場合には，航空攻撃や特殊作戦支援，捜索救助などの多様な任務を遂行するために，陸軍や空軍での利用を予定した派生型を含め，1990年中期から後期にかけて全軍でV-22の購入を進めるという見通しを明らかにしていた。[25]

2-1 国防総省の中止提案と議会による復活（1989年）

海軍は1990年度予算要求においてすでに，2001予算年度の配備に向けて12機の(M)V-22を調達することを求めていた。[26] しかし，国防総省は1990年度予算にV-22の研究開発プログラム継続のための費用を盛り込まず，事実上の中止を決定した。チェイニーが議会に対して説明したところによれば，V-22

は軍事的な能力の向上とともに，商業的な成功の可能性も望むことができるプログラムであった。にもかかわらず国防総省がプログラムの中止を決断した一義的な根拠は，財政的な面での実現可能性が低かったことにあった[27]。予算が不足する中でV-22をあえて採用することで，他のプログラムが圧迫される可能性があることも問題であった。実際，アトウッド国防副長官はV-22プログラム等の中止によって，海兵隊の空挺，上陸，長距離特殊作戦能力は低下するものの，5年間で78億ドルの節約が見込めるとの予測を議会に対して述べている[28]。このような国防総省の計画からすれば，V-22は可能であれば維持したいプログラムではあるものの，必ずしも「最優先事項には置かれない」ものであった[29]。JCSも国防総省と見解を同じくし，財政的な考慮によるV-22プログラムの中止決定を支持していた[30]。

しかし，このような国防総省の決定に対して，議会は猛烈な反論を展開した。上下院の軍事委員会では，V-22が将来的にもたらすであろう能力は，軍事的な観点から見て不可欠という考え方が主流となっていたからである。もとより，議会では戦術分野における軍事力の縮小について，必ずしもコンセンサスができあがっておらず，戦術分野における軍縮に反対する立場からはV-22の中止は適切な措置とは思われなかった。また，V-22の中止は古いCH-46への依存につながり，そのことによって軍事的能力が低下するという，兵器の旧式化や老朽化に対する懸念も示されていた[31]。ソ連の動向が依然として不安定なものと見られていたことも，問題の種であった。一部ではソ連の脅威が突然復活するような状況を想定し，そのような場合にV-22の開発を再開することはできないという理由から，V-22の中止に反対する声も上がっていた[32]。さらに，ソ連の脅威復活という文脈のみならず，今後は世界的に中小規模紛争が対処すべき重要な課題となってくるという立場からも，その対処にV-22が不可欠であるとの主張が展開された[33]。

多くの議員はV-22プログラムを，こうした軍事上の要請という観点のみならず，財政の観点からも支持に値するものと見ていた。このことは，当時の財政問題と技術的可能性に対する期待がどのように結び付いていたのかを具体的に示す例として位置づけられる。V-22の開発継続に関して積極的な支持を表明していたグレン上院議員は，V-22に対してはすでに20億ドルが費やされており，開発継続の準備はできていると主張した。また，V-22は海軍の

みならず陸軍も関心を有するプログラムであることを示唆し，その恩恵が海兵隊にとどまるものではないことを強調している。さらに，V-22では現行のヘリコプターに比して速度も航続距離も倍増するものと理解されており，その自律的な展開能力もプログラムの魅力となっていることも付け加えられた。V-22の展開能力は，軍事的観点のみならず，財政的効率性の観点からもプログラムの妥当性を高める根拠として位置づけられていた。V-22の中止に伴う代替案では，CH-53（Sea Stallion）などに加えて追加の輸送船舶を必要とするため，代替コストの方が割高になるという試算があったからである。そのため，V-22の中止はコストの観点からも「間違った決定」であると主張された。[34] V-22が効率的兵器であるという主張は下院でもなされており，財政的制約を根拠としてプログラムの中止を進めようとする国防総省への有力な反対の根拠となっていた。[35]

　こうした議会からの批判に対して，国防総省はとにかく費用対効果と軍構造全体のバランスという問題を強調し，V-22の中止を正当化し続けた。特に重要だったのは，少なくとも議会に対する説明では，国防総省がV-22に議会が主張するほどの効率性を認めていなかったことである。チェイニーはV-22について，高価な割に比較的用途のせまいプログラムであるという認識を示し，V-22に想定されている任務は低能力ながらも現行のヘリコプターで対応可能であり，かつ，代替案には低コスト，低リスクであるという利点があるとの主張を展開した。また，V-22の中止に伴う長距離特殊作戦能力の低下に関する議会の懸念に対しても，V-22が必ずしも効率的な手段とはなりえないことを強調することで反論を試みた。アトウッド国防副長官は，長距離特殊作戦任務の多くは現行のヘリコプター等で代替可能であり，V-22が必要となるのはリスクは高いが発生の蓋然性の低い作戦に限られるとの見解を示し，そのための投資としてはV-22は高価に過ぎると結論付けた。加えて，V-22を採用することで得られる展開能力も，CH-53E（Super Stallion）に比べて瑣末な増加にとどまるというのが，国防総省の見解であった。[36]

　国防総省がV-22の能力を必ずしも効率性につながらないものと位置づけていた背景には，そもそも各軍が共通の運用を計画していたV-22について，海兵隊を除く各軍の態度が消極的なものとなっていたこともあったようである。海軍からは，V-22が探索救助や空母艦載機としての限定的な使用にとどまる

ものとして理解していることが説明された。[37] 陸軍も，V-22の技術的可能性には注目しているものの，現在の能力不足を補うのはAHIP（Army Helicopter Improvement Program）とLHXであり，V-22の優先順位は高くないとの見解を議会に示した。また，空軍でも特殊作戦用に55機のV-22の運用計画があり，プログラムの中止が長距離特殊作戦能力の低下を招くという懸念はあったものの，それは諦めざるをえないものであり，海兵隊と同様にC-130やすでに運用中のヘリコプターなどで能力の低下をカバーするほかないという見方が，議会に対して説明されていた。[38]

　国防総省と議会が対立し，陸海空軍による支持も十分に得られない中で，海兵隊の置かれた立場は微妙なものであった。そもそも，V-22をめぐる国防総省の見解と海兵隊の主張は必ずしも一致していたわけではない。国防総省の方では財政的な問題を一義的な中止の理由としながらも，軍事的な効用に対する期待がそれほど高くはないことも中止の重要な根拠として挙げていた。これに対して，海兵隊ではV-22の中止の理由を軍事的コンセプトの問題によるものではなく，あくまでも財政的な実現可能性の問題に起因するものであるとの立場をとっていた。実際，グレイが議会に説明したところでは，V-22は海兵隊の能力構築に不可欠のものとして位置づけられていた。海兵隊ではあらゆる種類の紛争に対処する組織として，遠征任務を中心とした効果的な危機対処能力を構築していくことが必要となり，V-22を含む装備の近代化はそのために欠かせないものであると考えられていたためである。さらに，海兵隊は低強度紛争への対処能力を構築するための遠征能力向上が，中強度，高強度紛争にも有益であるとの見解を示しており，V-22はこうした海兵隊の多任務化方針に適合するという面でも高い効用が見込まれる兵器であるということが議会に説明されていた。逆にいえば，V-22の中止は海兵隊の近代化を遅らせ，作戦コンセプトの達成を困難なものにし，任務の遂行により多くの人員が必要となるような状況を作り出し，航空機の種類の削減を難しいものとする。この点で，海兵隊の主張は国防総省のものとは異なり，V-22の開発，配備が，軍事的観点からも財政的観点からも軍の効率化に寄与することを重視したものとなっていた。[39]

　しかし制度上，海兵隊の立場は国防総省の決定から完全に自律的なものとはなりえない。グレイは一方で，あくまでもV-22の中止決定を支持するとい

う立場を崩さなかった。だが同時に，議会に対しては常にV-22の利点を強調することを忘れない点に，海兵隊の置かれた難しい立場が見てとれる。グレイは，国防長官の直面する財政と軍事的能力との間のジレンマを理解するとしながらも，V-22は兵器のライフサイクル全体の視点からはもっともコスト安なシステムであるとの見解を堅持していた。また，グレイは海兵隊の採用する機動戦ドクトリンを空間的，時間的に可能とするのはV-22をおいて他にないとし，数において劣る軍隊が決定的な優越を得るために必要な能力をもたらすものであると位置づけた。さらに，V-22最大の利点は生存能力にあり，兵員の犠牲を極小化できることも魅力として挙げられた。このようなV-22の利点に対して，国防総省の提示している代案―CH-53EとUH-60（Black Hawk）の混成運用―では，V-22がもたらすような展開能力を維持できないとの見通しも強調された。つまり，V-22を欠いたとしても海兵隊のミッションは実行可能だが，それは速度において劣り，より柔軟性を欠き，より多くの死傷者を伴うものとなるというのが海兵隊の立場であり，「V-22は単なる旧式兵器の置き換えではなく，技術を背景とした方法上の革命」を意味する，軍の近代化計画を進める上で最重要の戦力だったのである。[40]

議会がV-22に関して出した結論は，こうした海兵隊の主張とかなり親和性の高いものとなり，最終的に国防総省の決定は覆された。上院軍事委員会では，①V-22のティルト・ローター技術は輸出等の面で商業的な価値が高いこと，②その結果としてさらなるコスト低下の可能性があること，③すでに開発完了までに予定されている95％の投資を終えているにもかかわらず，飛行テストに移ることができなくなることへの懸念が挙げられた。このような懸念のもと，上院ではV-22の飛行テストのために2億5,500万ドルの研究開発予算を1990年度予算に限って付与することとした。また，前年度までに付与されたV-22の調達に関する支出権限については，不要とみなして許可しないこととし，それを飛行テストプログラムの継続費用にあてることを求めた。[41]下院軍事委員会でも同様に，V-22への投資がサンクコストとなることが懸念され，プログラムの中止は時期尚早であるとして3億5,100万ドルの研究開発費を付与することを求めた。[42]上下院でそれぞれ勧告した予算規模の違いから，両院協議会でもV-22に関する議論がなされたが，そこでもV-22が「軍事的に大変な成功を約束された革命的な技術」であるという点では見解の一致を見

ており、1990年度には調達予算を認めない一方で、2億5,500万ドル以内の研究開発予算を付与することとした。コストの高騰に対する懸念が無視されていたわけではなかったが、この点は商業利用の可能性を切り開くと同時に、他軍種、他任務での利用可能性を探ることでコストを削減しうるとの見解から、とりたてて大きな問題とは見なされなかった[43]。一旦は国防総省が中止を決めたV-22プログラムは、こうして議会の判断によって復活したのである。

2-2 二度目の復活（1990年）

しかし翌年、国防総省は再びV-22プログラムの中止を発表した。国防総省がこのような決定をしたこと自体は、理解のできないことではない。前年度に中止の最大の根拠となっていた財政問題が、1990年に入って劇的に改善したわけではないからである。むしろ、冷戦終焉に伴い軍事支出の総体的な削減が試みられるようになったことで、財政的制約を根拠とする国防総省やJCSの主張の説得力はより高まっていくはずであった。

しかし、冷戦の終焉が決定的になったとはいえ、V-22やその任務をめぐる軍事的要請が低下したと見られたわけではなかった。特に海兵隊からは、中距離輸送能力の不足問題が再三にわたって強調されていた。そこでは、中距離攻撃輸送用の機体を新たに獲得する必要がかつてないほどに高まっていること、将来のヘリコプターは固定翼機と同様の環境下でも活動可能でなければならないこと、さらに財政上の効率化を目指すためにも運用中の多種多様な機体をまとめていかねばならないことが主張された。こうした特色は、V-22に求められていたもの以外の何物でもなかった[44]。さらに、第三世界の問題に目が向く中で、特殊作戦などに対する要請も高まっており、V-22の中止が任務の遂行に困難をもたらすという主張も説得力を高めつつあった[45]。海兵隊の立場から見れば、「過去には満たしえなかった技術、能力を提供する」ことになるであろうV-22プログラムの是非を、財政的な問題だけに目を向けて決定することは、将来的な能力の欠如につながり、ひいては軍事的リスクの増大をも意味するという点で、やはり望ましいことではなかったのである[46]。

加えて、V-22の中止によってもたらされる損失が軍事的なものだけではないということも、議会に対して強調されていた。海兵隊はV-22の中止がもたらす不利益について、次のように言及している。第一に、プログラムの財

政的な実現性が単年度では問題となるものの，長期的には財源の節約になる（つまり，中止によってその機会が失われる）。第二に，中止によって生じる能力の欠如が，人命リスクを高める。第三に，米国がV-22の開発を取りやめることによって，他国に先んじられる恐れがある。これらの主張に示されるように，海兵隊はV-22に世界的なニーズとコストダウンの可能性があるとも見ていた。そのため，仮に当時あらゆるプログラムに対する決定的な制約要因となっていた財政問題に目を向けたとしても，それのみをもって中止という結論には容易に賛成し難く，国防総省の決定には再検討の余地があるものと考えていたのかもしれない[47]。

　前年度同様，軍事委員会はこうした海兵隊の立場に同情的であり，逆に国防総省の決定には懸念を通り越して怒りを感じてさえいると述べる議員もいるほどだった。加えて，前年度に一旦その開発継続が決められたはずのV-22が，1990年に入ってから再び中止の是非を議論されていることについて，チェイニーがプログラムの是非をめぐる決定に関して違法な形で遅延行為を行っているとの批判もなされていた[48]。V-22の中止に対してはさらに，当時米国で高まりつつあった日本脅威論と結び付けられる形で，産業技術基盤の観点からも批判が展開されていた。軍事的な要請が必ずしも否定されておらず，商業的な成功も見込まれるにもかかわらずプログラムを中止することで，米国は結局のところ，V-22を日本から購入する羽目になるのではないか，とする懸念も高まっていたのである[49]。総じて，議会はV-22をめぐる国防総省の決定に批判的な立場をとりつづけていたのである。

　これに対して，国防総省やJCS，海軍からは，財源不足の問題を根拠とするものを除けば，有力な反論が展開されたわけではなかったようである。議会では多くの議員が海兵隊と同じく，V-22プログラムを中止した場合に生じる能力の低下を懸念し，さらにはその代替案の有効性にも懐疑的な目を向けていた。このような疑問の高まりに対して，パウエルはV-22の中止決定があくまでも財政的な問題に起因するものであり，能力的には代替案の方が劣っているとの回答を繰り返すにとどまっている[50]。さらにパウエルは，軍事的能力という側面では，国防総省と海兵隊の間に必ずしもV-22の是非をめぐるコンセンサスがあるわけではないことを公式に示唆してしまった[51]。海軍も，V-22の中止があくまでも財政問題への対策としてとられた措置であるとの立場を

とっていた。ダンリーヴィは議会に対して，V-22がA-12を中心とした海軍航空プログラムの間で，財政上のジレンマに陥っていることを強調した（A-12開発をめぐる議論の経緯については後述）。そのため，追加予算なしにV-22プログラムの復活が強制されることになれば，海軍航空全体の損失にもつながるというのが，海軍の立場であった。しかし，こうした説明は，財政上の困難を説明するものではあっても，海兵隊の主張するような中距離輸送能力の不足をめぐる解決策を示すものではなく，軍事的観点から見れば説得力を欠くものにとどまった。[52]

こうして，国防総省による二度目のプログラム中止案も，議会の支持を全くと言ってよいほど得られなかった。下院軍事委員会の報告書には，前年度予算にV-22の研究開発支出条項が挿入されたにもかかわらず，国防総省が議会の意向を無視したことに対する非難が明記された。その上で，近年は低強度紛争や特殊作戦軍への要請の高まっていること，V-22の中止に伴う大規模なサンクコストの発生への懸念が高いこと，飛行テストの結果が良好であるとの判断から，開発と飛行テストを完了すべきであるとして，予備調達費1億6,500万ドル，研究開発の継続予算2億3,800万ドルを1991年度予算に計上することを求めた。[53] これに対して上院軍事委員会では，V-22に2億3,800万ドルの研究開発費を付与し，計画継続を求めたという点では下院と見解をほぼ同じくしたが，調達予算に関しては"fly before buy"の原則に従い1991年度予算には盛り込まないこととし，さらに前年度までに付与されていた調達予算2億ドルも研究開発予算に移行することでプログラムの不確実性を解消するよう勧告した。[54]

両院間の協議では上院がほぼ全面的に主張を取り下げ，研究開発については2億3,800万ドル，調達には3億6,500万ドル（そのうち，2億ドルは前年度までに計上されたものの繰越）の予算を付与することとなった。その根拠は，委員会がV-22を軍事的にも商業的にも将来性のあるプログラムと見ていることにあるとされた。また，国防総省が議会の勧告に反対する姿勢を見せていることに「失望」している旨も明記された。ただし，ここでは技術的問題への懸念から，調達予算の付与の前に試験の成功を証明しなければならないという条文も挿入されている。このことは，上院案で強調された"fly before buy"の原則が，両院にまたがって受け入れられたコンセプトであったこと

を示しているといえよう。[55] また，V-22の代替案であるCH／MH-53Eの調達予算も，結局は削除した上でV-22に投資を集中するという案が採用された。[56]

2-3 三たび復活（1991年）

　V-22プログラムは1989年，1990年と2年続けて議会での予算審議を通じて復活させられることとなった。にもかかわらず，国防総省は三たび，V-22プログラムの中止を決定した。議会では，三度目となる国防総省のV-22プログラム中止の決定が議会をないがしろにするものであるとの批判が噴出していた。[57] ある議員によれば，国防総省は国防政策についての知識を有する唯一の機関ではない。[58] むしろV-22が本来は多岐にわたる任務を遂行可能であるにもかかわらず，国防総省の近視眼的な評価のせいで開発を進めることができなくなっているという点で，国防総省の態度は国防政策に不利益をもたらしているとも考えられていた。[59] 加えて，前年度までにも繰り返し懸念されていた，V-22プログラムの中止に伴う民生技術上の利益の低下や日本からの輸入の可能性といった産業的問題も，解決されないまま残されていると見られていた。[60]

　国防総省は頑(かたくな)な態度を取り続けた。あくまでも財政的観点から見れば，軍備計画全体のバランスを保つためには，V-22プログラムは中止せざるをえないものであるという立場を崩していなかったためである。前年までにも強硬にV-22プログラムの継続を支持していたウェルドン議員は，湾岸戦争によって技術の有効性と人命保護との間の結び付きが明らかになったという理解に基づいて，コストの観点のみに基づいたV-22の中止の妥当性に再度疑義を呈した。しかしチェイニーは，先端技術の追求という文脈ではティルト・ローター技術の開発を進めることには反対していなかったものの，コストの観点からV-22自体の配備には依然として消極的であった。[61] ある国防総省の財務担当者によれば，チェイニーはV-22が良質のプログラムであることを理解しているものの，同時にそこで求められる能力はより安価な代替案をもって満たすことが可能であると考えており，それでもなおV-22の開発に固執することになれば，他のプログラムの実施に悪影響を与えることになるとの見方を変えていなかった。また，前年までに議会や海兵隊がV-22にはコスト削減の可能性があることを強調していたのに対して，チェイニーはV-22に依然としてコスト増の見込みがあるというGAOの分析を支持していた。[62] このことも，国

防総省がV-22の中止を強く求め続けた一つの背景となっていた。

さらに国防総省が強調していたのは，V-22には重量超過という技術上の問題が依然として残されていることであった。海軍のゲリー・カン（Gerry Cann）次官補（研究開発，取得担当）は，重量超過を最大の技術的問題と位置づけており，それがV-22の利点である速度と展開範囲を殺してしまうことが危惧されるとの見方を議会に示した[63]。しかし，こうした技術的問題に対しても，議会では異なった見方がなされていた。たとえばマリリン・ロイド（Marilyn L. Lloyd）議員は技術的問題をV-22中止の根拠として提示するカン次官補の見解に対して，通常はあらゆる研究開発プログラムが何らかの小さな技術的問題を抱えていることを指摘し，それを理由として中止措置を講ずることに疑問を投げかけた[64]。また，一部の議員にはこうした国防総省の技術評価が，単に国防長官の好き嫌いを反映した「ダブルスタンダード」に基づくものであると見る向きもあった。なぜなら，当時同様に開発が進められていたC-17は，まだ飛行段階にすら至っていないにもかかわらず，多額の予算を付与されていたからである。このような見方からすれば，技術的問題を理由としたプログラムの中止は，やはり納得のいくものではなかった[65]。

こうして，議会は三たび，V-22プログラムの中止を覆した。上下院の軍事委員会の結論では，V-22をめぐる軍事的要請や商業的価値は依然として失われていないものと評価された。国防総省が主張していたような技術上の困難が残されていることも理解されてはいたものの，V-22の軍事的，商業的な価値が実現されるべきものと捉えられていたために，技術問題は中止の根拠ではなく，むしろ積極的に解決していくべき問題として捉えられた[66]。その結果，V-22には7億9,000万ドルの予算が付与され（このうち，1億6,500万ドルは前年度予算からの移行），さらに特殊作戦仕様のV-22開発に向けて，空軍にも1,500万ドルが認められた[67]。ただしそれは，研究開発予算としてのみ使用することができるものとされた。上院軍事委員会が強調したように，V-22をめぐるこうした措置は，前年度に引き続き"fly before buy"の原則を体現するものであった。

2-4 まとめ

V-22をめぐる国防総省と議会の対立は，強調点の違いによるものというよ

りは，それぞれの論点において相互に排他的な解釈が並べられたことによるものであった。国防総省によれば，V-22の軍事的要請は必ずしも最優先事項とされるものではなく，財政的にも困難であり，さらには技術上の問題点も無視しえないものであった。こうした認識を持つ国防総省からすれば，V-22の中止は合理的な判断であったといえよう。これに対して議会では，V-22への投資は海兵隊を中心とした将来的な軍の任務をより高い水準で実行する上で，不可欠のものであった。加えて，V-22は財政の効率化や商業機会の拡大という面でも非常に価値のあるものとされ，国防総省が懸念していた技術的問題も解決可能なもの，あるいは積極的に解決すべきものであるとの立場をとっていた。こうした解釈の差異は最後まで収斂することはなかったがゆえに，プログラムの復活という帰結は軍事や財政といった要因の作用というよりは，制度に由来する権力関係がもっとも顕在化したケースとして理解するほうがよさそうである。

とはいえ，このような議会の選好がなぜ生じ，いかにして正当化され得たのかという点まで目を向ければ，そこにはやはり脅威の後退を背景とした開発リスクの受容や，調達削減措置の妥当性の高まりといった要因の影響が見られることも重要である。V-22の予算が研究開発目的の支出に限定されたことや，代替案としての現行システム調達への支出が認められなかったことは，その一例であろう。第3章で論じたように，財政的制約を背景として技術を中心とした軍の効率化を図るというイニシアティブをとったのは国防総省や軍の方であったのだが，その後は国防総省の思惑以上に，こうした措置の妥当性が議会に浸透していったと見られる。湾岸戦争の勃発を待つまでもなく，議会は技術への投資による軍事と財政の再建措置を高く評価し始めていたのである。

こうしてプログラムの継続が認められたV-22は，1990年代以降の開発過程の中で事故を繰り返し，スケジュールにも遅れが生じた。だが，こうした問題を許容し得たのも，2001年までは米国が決定的な脅威の高まりを経験しなかったためである，ということはいえよう。2000年代に入ってV-22の開発は成功へと向かっていった。その後，イラクでの実戦投入が行われ，沖縄への配備計画も進められるなど，米国の軍事戦略において占める重要性は大きく高まった。こうした冷戦後の経緯を見ると，V-22は冷戦終焉と前後して進

められた政策転換，そこでふるいにかけられ生き残ったプログラムの中でも，当時の狙いをうまく実現した成功例として位置づけられるものであった．

第2節　新規開発と先行兵器の調達―ATFとLHXを例に―

(1) ATF―新旧システムのバランスと軍備計画の合理化―

　ATF（後にF-22）は，ステルス性，継続的な超音速航行能力，高い操作性などを備えた，次世代戦闘機として計画された．当初のプログラムの一義的な目的は，量的な優位にあり，技術的にも発展しつつあるソ連の脅威を，質的な優位を維持することで相殺するというものであった．こうした目的は，冷戦終焉直前の1989年においても変化しておらず，ソ連の航空兵力に対処する手段という位置づけのもとで，ATFの全規模開発及び調達を1993予算年度から開始する計画となっていることが，国防総省の報告書に示されている．[68]

　ATFは空軍の主力であったF-15シリーズの後継機として計画された．ここで重要なのは，ATF計画が進んだ冷戦末期にも，F-15やF-16が依然として高い有用性を備えた機体であると理解されていたことである．1980年代中頃には，これらの機体の運用を通じてソ連に対する十分な対空戦が実行可能とされていた．さらに，ソ連がより高い対空戦闘能力を有した新型戦闘機を配備するという予測のもとで，F-15とF-16の改良も進めていた．1985年度のプログラムでは，F-15とF-16に新たに対地戦闘能力を付与し，さらに対空戦闘能力や航続距離，積載量を改善した「複数任務戦闘機（dual-role fighter）」への予算を続けることとされており，1986年の国防年次報告書では複数任務を実行可能な機体であるF-15Eを392機，1994年度までに調達するとの計画が示されている．[69]

　もう一点重要なのは，ATFの開発が空軍の次世代航空機としての運用を目的としているのみならず，海軍のNATF開発と重なる共同プログラムとなっていたことである．NATF計画では，ATFを海軍機として改修することによってF-14シリーズを将来的に代替することが目指されていた．海軍のF-14は1980年代後半，ソ連の新世代航空機に対抗するためにレーダーやエンジン性能等において優れたD型に改修され，1988予算年度から調達を開始することが決定していたが，NATFは近い将来にこのF-14Dの後継機として導入さ

れることが期待されていたのである。1989年の段階でも，NATFは次世紀におけるソ連の航空戦力の脅威に対する有効な対抗手段となるものとして，海軍の重要なプログラムと位置づけられていた。[70]

問題は，これらの「優秀な」現行システムの調達プログラムと，「高い期待を集めた」新たな研究開発プログラムが同時に実行されていたことであった。冷戦末期に脅威の後退が国防予算に重要な影響を与え始め，それに伴って財政赤字削減の問題が議会の国防予算決定に対する影響の度合いを高めるにつれ，これらのプログラムの優先順位をどのように付けるか，あるいはどのような形でバランスをとるかが問題となり始めたのである。

1-1 高い期待（1989年）

1989年の段階では，国防総省は依然としてATFをあくまでもソ連との戦争を念頭においた兵器システムとして位置づけていた。チェイニーは議会に対して，「ATFは対ソ戦のために残す」旨を伝えていた。[71] 軍の見解も，より戦術的な観点から総じてATFの将来性を高く評価し，積極的なプログラムの推進を求めるものであった。空軍は，航空の優越を得るためにATFは決定的に重要であり，プログラムは予定通り進めると主張していた。また，ATFの開発は当面のところ，F-15，F-16との置き換えのみならず，これらの現行システムの効率化による対空戦闘能力の向上と並行して進められるべきものであるとも考えられていた。[72]

もう一点ATFに期待が集まっていたのは，次世代海軍航空機としての役割が与えられていたためであった。このNATFプログラムには，当時大きな懸念の対象となっていた海軍航空の不足を将来的に補うものとして，軍事的な観点から大きな関心が集まっていたのである。NATFへの期待は，当時提案されていたF-14Dの生産中止計画とも密接に絡る問題となっていた。F-14Dプログラムの中止が計画される中で，それによって生じる能力上の損失を補完するには，F-14Dの新規生産を継続するか，あるいはF-14の削減をNATFによって相殺するしかないというのが，海軍が議会に対して繰り返し説明した見解であった。より具体的にいえば，当時海軍は運用中のF-14について，2000年には56機，2005年には235機もの不足が発生すると予測していたが，2000年の不足は運用の効率化で賄いつつ，2005年の段階では不足分をNATFで補

う計画を立てていることを明らかにしていた。[73]

　ATFプログラムをめぐるこうした国防総省，軍の主張に対して，議会がもっとも懸念を示したのはその開発リスクの問題であった。JCSからは，ATFなどの開発スケジュールに遅れが生じていることは公にされていた。[74]だが，国防総省や軍がその遅れを「受容可能なリスク」と位置づけたのに対して，軍事委員会ではそのような遅れがもたらすリスクの度合いが問題視されたのである。このような問題意識は，ATFに直接向けられるのではなく，F-15やF-14などの現行システム生産を中止することによってもたらされるリスクへの批判という形で国防総省に向けられた。たとえば，上院軍事委員会においてディクソン議員は，F-15が「世界でもっとも素晴らしい航空機である」ことに触れながら，財政上の理由でこうした良質の兵器調達プログラムを後継機の完成を待たずして中止する結果として，ATFのような成果の不確実な新規開発プログラムに頼らざるをえなくなる状況をリスクとして捉えていた。その上で，ATFプログラムに遅延が生じた場合にはどうするのかという問題を国防総省に問いただしていた。また，ディクソン議員はF-15Eの中止は節約にならず，むしろ中止コストとメンテナンスコストを増大させ，さらに後継機への圧力を増加させるというCBOの指摘を引きながら，同プログラムの中止に対する懸念を示している。こうした懸念に対して，国防総省の方ではF-15Eの中止が長期的には節約につながることを強調しながらも，F-15の再生産に入るには時間がかかるなどの理由から，短期的には一定のリスクを伴うことは認めていた。[75]

　さらに，深刻になりつつあった海軍航空の不足問題の文脈でも，NATFをめぐる研究開発と調達のバランスの問題は大きな懸念を呼び起こしていた。エクソン議員の主張に見られるように，NATFのような新規開発プログラムへの投資を進めるためにF-14Dなどの航空機の調達プログラムを中止することは，航空機不足の発生を招きうる，いわば「全ての卵を一つのかごに入れる」アプローチではないのかという懸念があった。また，マケイン議員が述べたように，NATFに深刻な遅れが生じたり，緊急事態が生じたりすることによって航空機の不足が発生することは十分に考えられることであった。こうした問題について海軍は，今のところNATFが遅延する理由は見当たらないものの，経験的にはプログラムに遅れが生じるのは何ら驚くに値しないとの警戒

感をにじませていた。その一方で国防総省は，短期的にはF-14の改修を進め，長期的にはATFによる代替を実施することで海軍航空の能力不足を補うと説明している。また，NATFの開発リスクについては，今後数年のうちに分析を行うと述べるにとどまった[76]。このように，当時のATF，F-15，F-14をめぐる議論では，財政的制約がもたらす問題については共通認識があったものの，プログラムの選択をめぐる軍事的，技術的リスクの問題については，国防総省と軍の間には若干の，議会との間には大きな認識のギャップがあったのである。

　いうまでもなく，予算の策定に際して，制度上は議会の見解が大きく反映されることになる。そのため，いかなるプログラムに優先的な予算付与を行うかは，議会の方針いかんにかかっていた。しかし，F-15Eの生産に関しては，上下院の軍事委員会の見解は割れた。下院軍事委員会では1990年度予算のF-15Eの13億3,880万ドル（36機）については，行政府の予算要求通りに満額付与することとされたが，上院軍事委員会では調達予算の支出が禁じられた。最終的には，両院協議会において上院案が採用され，改修やスペアパーツの購入，プログラム中止にかかる費用を除いたF-15Eプログラムの予算は付与されないこととなった。こうした経緯からは，議会がさまざまな要因を勘案しながら，ここでは財政的制約への対処を優先したことが見て取れる。ただし，ここで同時に，両院共通の見解として，F-15E中止に伴うリスクへの懸念が示されていることは重要である。下院ではF-15Eプログラム中止がATFや空軍仕様のATAが配備されない状況下で行われることに留意した上で，F-15Eの中止，継続それぞれのリスク評価や，生産継続の場合の予算上の危機管理計画を国防総省に示すよう求めた。同様に上院でも，調達プログラムの実施をめぐる財源の不足には理解を示す一方，F-15Eの生産ラインを閉鎖する前にA-12に問題がないことを明らかにしておかねばならないと考えられており，空軍で運用予定のA-12の動向を見た上で改めてF-15中止の問題を再検討すると結論付けられている。最終的に，F-15Eの調達プログラムをめぐる中止の是非については，次年度の予算編成において再検討することが，両院協議会の報告書に盛り込まれた[77]。

　国防総省が提案していたF-14調達プログラムの中止案については，議会はさらに慎重な結論を下したといえよう。上院軍事委員会がF-14Dの調達中止

を認めたのに対して，下院軍事委員会は，NATFの配備によるF-14の代替が十分に行われない中でF-14の追加調達を中止することは，対応不可能な航空機の不足を生じさせうるという観点から，F-14Dの調達中止案を時期尚早と結論付けた。両院協議会ではこれらの主張がすり合わされたが，短期的には下院の主張を大きく反映する形での結論に至った。総論としては，F-14は中止されるべきであるものの，各論としては海軍航空が不足するという問題があること，一旦生産ラインを閉じればその再開は困難であることが重視された。その結果，両院協議会では，18機分の新規調達とその後のプログラム中止費用を除いてF-14関連予算を支出しないという例外条項として，F-14調達プログラムへの支出を法案に盛り込んだ。[78]

このように，議会はATFの予算をめぐって，関連するプログラムの調達削減にかなり慎重な姿勢を示した。だが，このケースにおいては，従来型プログラムへの支出削減への慎重な姿勢が必ずしも新兵器の研究開発プログラムに対する支出の正当性を損なったわけではなかった。軍事委員会では要求額に対して若干の減額はあったものの，最終的にATF開発予算の付与が支持された。減額の理由も，プログラムの延長等の事情を考慮したものであり，ATFの存在意義自体を問い直すものではなかった。むしろ，両院協議会ではATF／NATFを運用予定の空軍，海軍の要請が十分に調整できていないとの下院の指摘を受け，ATFを海軍での使用に適切な形をとりつつ空軍戦闘機としても最適なものとすることは可能であり，さらに海軍はもっと積極的にNATFの開発に関与しなければならないとの見解も盛り込まれた。議会はATFに対して，冷戦が終焉に向かっていく状況下においてもなお高い期待を抱いていたのである。[79]

1-2 効率性と能力（1990年）

前年度までの議論で明らかになったように，国防総省と議会の双方において，ATFに対する期待は高かった。その中でもなお，冷戦の終焉がATF開発プログラムの妥当性に一定の疑問を投げかける要因になったことは間違いない。実際，議会からは戦略環境が激変する中で，ATFの目的である航空の優越の確保という任務自体が妥当であるのかという声も上がっていた。[80] プログラム自体が問題を抱えるようになっていたことも，議会の懸念するとこ

ろとなっていた。空軍は当初，ATFプログラムにコスト面の問題はないこと，また，全規模生産への移行は1997年を予定していることを議会に説明していた。しかしその後，安全保障環境が変化した結果として最終的な調達数の削減が提案されたことで，予算上の懸念がもたらされた。調達数の削減はユニットコストの上昇につながるためである。さらに，開発自体が2年ほど遅れるとの発表がなされたことも，議会で問題視された。サーモンド上院議員は，ATF開発の遅れによって2000年頃までF-15に依存することになることを指摘し，ソ連の航空産業の動向やF-15の耐用年数を考えると，将来的に米国の航空の優越はリスクにさらされることになるとの懸念を表明した[82]。

　空軍はこうした批判を次のような形で退けた。まず，空軍では，基本的に航空の優越の確保という任務が冷戦後も全軍で必要とされていることを理由に，ATFに対する需要は冷戦後も低下しないとの立場を打ち出していた。それがもっともよくあらわれているのが，シングルロール機とマルチロール機のいずれが望ましいかという点をめぐってなされた議論である。ATFのようなシングルロール機よりもマルチロール機を用いることで調達，運用の効率性を図る方が，当時の軍事的，財政的状況に対処する上でより好ましい措置であると考えられたのは，ごく自然な流れであった。グレン上院議員はこの点を指摘し，ATFはF-15EやF/A-18のようなマルチロール機であるべきではないのか，また，現在の技術水準をもってすればそのような機体の開発は可能なのではないかとの疑問を投げかけている。これに対して空軍は，ATFにも対地攻撃兵器の搭載能力が付与されることにはなるが，それは航空の優越を確保する能力とはトレードオフになるため，後者を優先した開発を進めていると応じている[83]。

　この点に関連してもう一つ空軍が強調していたのが，ATFに求められる水準で航空の優越を確保可能な機体は他にないということであった。一部の議員からは，ATFの任務をF-15の改修によって遂行するべきであるとの意見も出ていたが，空軍はこうした措置に消極的であった。なぜなら，F-15にATFレベルのエンジン，アビオニクス（avionics：航空電子工学）性能，低視認性を付与しようとすれば，その改修費用はATF開発に匹敵するものとなる上に，ATFの能力水準を満たすものにもならないと考えていたからである[84]。空軍の立場から見れば，F-14やF-15Eの調達中止計画が進む中で将来的に航

空の優越を確保する能力を持ちうるのは唯一，ATFだけだったのである[85]。

このように，空軍はあくまでも，将来的な航空の優越確保のための能力を向上させるべきであるという目的意識のもと，ATF開発に積極的な姿勢を崩さなかった。その背景には，空軍が第三世界の航空兵力に対して強い警戒心を抱いていたことがあった。空軍は第三世界の脅威の動向について問われ，中東諸国がソ連の航空機を保有していること，北朝鮮が多数の航空機を擁して韓国に脅威を投げかけ続けていることなどが問題となると述べている。また，諜報コミュニティの間に将来的に米国と第三世界諸国との能力格差が縮まっていくというコンセンサスがあるということも引き合いに出され，第三世界で長期的に兵器の高度化が進んでいくことへの懸念も強調された[86]。こうした問題意識が，第三世界の脅威に対処するためにATFのような先進航空機が必要となってくるとの主張につながったのである。

技術的問題に伴うATFプログラムのリスクについても，空軍は許容範囲内であるとの見方を示している。ATFの遅れでリスクが生じることは認められていたが，ソ連の脅威が後退したことで短期的なリスクの許容度が高まったという当時広まりつつあった考え方は，ATFにも当てはまるものと理解されていた。それゆえに，空軍はATF開発の遅れに伴うリスクをあまり大きな問題とは捉えていなかったようである。欧州における戦争の可能性が低下しているため，F-15の改良といった措置をとることで少なくとも短期的にはリスクを許容範囲内に収めることができるというのが，空軍の見解であった[87]。

上下院の軍事委員会の結論は，ATFの必要性こそ否定しなかったものの，その開発には着実な成果を求めるものとなった。報告書には，そのために開発に多少の遅れが出ることもやむをえないという見方が反映された。まずは実証試験を完了させ，試作段階で十分な費用対効果と，ステルス性や海軍への応用可能性などを含む全ての技術を獲得することが求められ，1991年度に全規模開発への移行予算を計上することは見送られた。こうした結論が導き出されたのは，海軍がNATFに対して空軍とは異なる多任務性を求めていたこととも無関係ではないだろう。それは，満たすべき技術水準が高まることを意味したからである[88]。

下院軍事員会はこうした技術的要求を満たすために調達開始を遅らせることが可能となった理由を，「脅威の変容によって"fly before buy"のための

十分な時間が与えられた」ためであるとし，両院協議会の報告書にも技術的リスクの高い領域については効果が実証されるべきであるとの見解が盛り込まれた[89]。いい換えるならば，長期の技術的リスクを低減することを求めるこうした措置は，短期，中期的に生じる軍事上のリスクを受け入れることでもあった[90]。

1-3 NATFの中止と編成効率化の試み（1991年）

　ソ連の脅威という文脈から見れば，ATFの位置づけはあいまいなものとなりつつあった。CBOからも指摘されていたように，一方で，ソ連が依然として脅威だとすればATFは必要だが，仮にソ連の脅威が低下しているならば，その他の諸国の脅威はより抑制されたものであるがゆえに，ATFの必要性はそれほど大きなものではなくなる。当初は対ソ戦の文脈で高い期待を寄せられていたATFは，冷戦が終結したために，対処すべき脅威が不明確であるとの批判を免れえなかったのである[91]。にもかかわらず，ATFは依然として空軍の兵器開発プログラムの中でも最優先事項として位置づけられた。その背景には第三世界の諸国が高い性能を持った航空機を保有していくことへの懸念があった。それは，ATFを軍備縮小の中で空軍を効率化していくという側面以上に，将来的な航空の優越の確保のための能力を維持するという観点から正当化することにつながった。

　そのような見通しの確からしさを示す根拠となったのが，湾岸戦争であった。空軍からは，湾岸戦争を通じて航空の優越を確保することがいかに重要であるかが明らかになったと主張された。その重要性は湾岸戦争における敵の爆撃機の阻止や，その後に北イラクで行われているような空海輸送作戦にも見て取れるものであり，陸海空問わず行動の自由を確保する上で欠かせないものであるとされた[92]。また，湾岸戦争において他国の航空技術が向上していると捉えられたことも，ATFの開発継続を正当化する重要な根拠となった。ライス空軍長官は，湾岸戦争におけるいくつかのケースで敵が米軍と同様に高性能の航空機を使用したとの見解を示した。その上でさらに，将来的に敵が湾岸戦争の経験から学ぶ可能性もあることから，ATFの開発は先端技術を確保するために必要となってくると述べている[93]。

　もちろん，湾岸戦争ではATFそのものが実戦投入されたわけではなく，む

しろ実際に高いパフォーマンスを発揮したF-15の評価が高まり，相対的にATF開発への支持が低下するということも起こりえた。しかし，空軍の見解では，ATFが不要であり，航空兵力の整備にはF-15の改修で対応可能という意見があるとしても，それはかつてF-4からF-15への移行期に見られた議論と同じくATFの重要性を否定するものではなかった。F-15の開発に際してもF-4の改修で対応するという代案があったが，湾岸戦争ではF-15が活躍したのであり，逆にF-4では湾岸地域の危機には対処できなかった，というのがその理由である。[94] 空軍の立場から見れば，世界規模で航空技術が向上している中で米国だけが戦闘機の新規開発を中止し，1990年の水準の航空機をもって2015年に湾岸戦争で明らかになった以上の脅威と対峙するのは，当然好ましいことではなかったのである。[95] このように，湾岸戦争はATFをめぐる軍事的要請が依然として高いことを証明するものと位置付けられた。

だが同時に，プログラムのマネジメントに対する懸念も持ち越されていた。一つには，ATFの技術的な実現性の問題に不安が残されていた。空軍では，ATFプログラムの技術的経過は良好であり，あくまでも最大の問題は財源にあると認識している旨を議会に説明していた。[96] しかし，1990年末にA-12プログラムが技術的な理由から中止されるに至り，議会ではATFも同様に中止される可能性があるのではないかという懸念の声も上がっていた。[97]

こうした懸念は，NATFプログラムにおいて現実のものとなった。海軍はATFを艦載機として運用する計画を立てていたが，重量超過の問題をクリアできないとして，公式にその利用を諦めたことを明らかにしたのである。[98] 海軍によるNATFの中止決定が軍事的なものではなく，むしろ技術的な問題に起因したものとして議会に説明されたことは重要である。このことは，軍事的な観点から早急な代替案が望まれたことからも推測できる。海軍はNATFの中止に伴い，対ソ戦能力を高めるためにF-14やF-18の近代化を進めつつ，さらにF/A-18E/Fへの改修を実施し，高い効率でこれらの機体との置き換えを進めることが急務である旨を議会に説明している。[99]

こうした技術面での懸念に加えて，ATFプログラムに対してはもちろん財政的な制約も依然として強くかかっていた。空軍は，財政的制約の中で戦術戦闘機部隊の縮小が見込まれる中，制空権維持のためにはATFの取得がAMRAAMと並んで近代化のカギとなると主張していた。[100] 空軍の主張は，兵

器一単位当たりの能力を向上させることによって兵器の量的削減に伴って生じる能力の低下を相殺し，それによって運用コストを含めた全体の費用対効果を高めるという，当時の全体的な政策転換の方針にも合致している。しかし，効率性を強調するこうした主張に対して，CBOからはそもそも空軍のコスト計算が楽観的に過ぎるという批判も上がっていた[101]。ATFの最終的な調達数の削減が提案されているために生じた，ユニットコストの増加を懸念する声も高まっていた。海軍によるNATFの中止もATFのスケジュールやユニットコストに影響を与える可能性があったため，こうした懸念が問題に拍車をかけた[102]。空軍でもユニットコストの増加は意識されていたが，議会からはこうした空軍の見積もりとCBOの見解との間に差がありすぎることも問題視された[103]。

　ATFの開発，調達コストの問題は，当時の財政的制約や安全保障環境の変化の問題ともあいまって，プログラムを再検討する機運を高めていた。軍からも，一部ではATFの開発方針自体に見直しの余地があるとの声が上がっていた。たとえば，当時の大西洋軍司令官のレオン・エドニー（Leon A. Edney）は，ソ連と戦うかどうか，財政動向がどのように変化していくかによって優先順位は変わってくるという断り付きながらも，ATFプログラムの見直しについて，強力なシングルロール機よりもマルチロール機が必要となってくることを指摘した[104]。

　財政的な制約下においては複数任務の遂行能力を有した機体が有効となるというのは，前年度までにも議会から指摘されていたことであった。しかし，空軍がATFに求めていたのは，複数任務の遂行能力を持たせることによる効率的な軍の運用手段としての役割以上に，高い能力を持った制空戦闘機としての役割であった。そのため，ATFのマルチロール化を大胆に進めるという選択肢は，軍事的要請の観点から見ればあまり現実的なものではなかった。とはいえ，ATFのコストが問題となっている以上，それのみで戦術航空戦力の編成を考えることもできない。

　では，大幅な戦術航空戦力の縮小が進められる可能性がある中で，いかなる形で戦術航空戦力の編成を進めるべきか。この問題に解を与えるためには，より安価な航空機をいかに組み合わせていくかを考えなければならなかった。そこで重要になってくるのが，空軍が発表していた，新型の多目的戦闘機（後

のF-35) 開発によるF-16の置き換え計画とのバランスであった。空軍の計画では，新たな多目的機は21世紀に入ってすぐにF-16の後継機として導入され，さまざまな空対空，空対地任務を担うものとされていた。将来的にはおよそ2,000機のF-16と置き換えることになるため，プログラムの実施においては価格がもっとも重要な要素となると見られていた。[105]

CBOからは主にコストの観点から，ATFプログラムの中止という案も含めて大きく二つの選択肢が提示されている。第一の選択肢は，ATFを中止してF-16を大幅に改修したものを購入するという選択肢であった。これにより，規模を維持することは可能だが，ステルス性を欠くために能力面ではATF案よりも劣ることになる。といってもその能力は現行の航空機よりも高い水準を維持できるため，非ソ連型の脅威に対処するには十分かもしれない。この案を実行するには，ATFからF-16改修に開発プログラムを切り替えつつ，生産ラインを維持するためにF-16を少量生産し続ける必要があった。

第二の選択肢として提示されたのは，少数のATFを配備することで，将来の不確実な安全保障環境における強力な敵に対処させるという，いわゆる「銀の弾丸 (Silver Bullet)」型の編成であった。この際に問題となるのは，新たな多目的戦闘機のコストであった。なぜならこのケースでは，将来的に部隊の大部分を担うのがこの新型機となるためである。その際には，新型機は完全に新しい機体を開発するのではなく，既存のF-16を改修することによってコストを抑えることが求められるとされた。第二の選択肢を実行するためにはF-16の生産を維持するべく44億ドルの追加予算が必要となると見積もられ，その不足分を補うためにはATFの開発を数年ほど延長させる必要があるとされた。このようなATF開発の延長が受け入れられない場合には，空軍の他のプログラム，あるいは他軍の予算を削ってこなければならなかった。[106]

空軍は将来的に航空の優越を確保するにはATFが不可欠としていたうえに，これに代わる低コストの代替案はないと考えていたため，その開発を断念することはなかった。したがって，空軍のとりうる選択肢は，必然的に第二案，「銀の弾丸」オプションのみとなる。CBOによる「銀の弾丸」オプションの評価では，予算捻出のためにATFの開発，配備を延期することが求められていたが，空軍はそのような案があまり望ましくないことを主張した。なぜなら，ATFの開発プログラムにはすでにかなりの遅れが見込まれていたからで

ある。その上で空軍は、多目的航空機や近接航空支援用の航空機を乏しい財源の中で近代化しながらも、ATFを開発していく予算は確保可能であり、高い交戦能力を確保することもできると結論付けている。[107]

　上下院の軍事委員会からは最終的に、ATF開発の軍事的な必要性自体についての疑義は呈されていない。開発、生産の方法に関する見直しは求められていたものの、それもプログラムのスケジュールや予算に深刻な影響を与えるものではなかった。[108] こうした帰結は、NATFの中止によってコストの問題がより顕著なものとなる中でなお、議会がATFを必要とする空軍の方針を認めるという立場をとり続けたことを意味している。

1-4 まとめ

　ATFは当初、空軍の対ソ制空能力の向上を目的として計画されたプログラムであった。また、海軍においても、運用中の艦載機の老朽化、不足問題を解決しうるシステムとして、ATFの海軍仕様であるNATFの開発には高い期待が寄せられていた。冷戦が終わったことで、こうしたプログラムの価値は一定程度減じられることになるが、第三世界へのソ連型航空機の拡散問題に注目が集まることで、ATFの必要性は地域的脅威への対処という別の形で認められるようになった。湾岸戦争が、新たな地域的脅威に対して高い技術力、能力を有した航空機をもって対処し、制空権を得ることの重要性を示したことも、冷戦後における戦闘機開発の意義を高める役割を果たした。

　重要なことは、実際にプログラムを正当化する際にしばしば強調されたのが、ATFが航空の優越を確保する能力を持つ唯一のプログラムだったということであった。当時の軍備計画をめぐる流れからすれば、能力を追求するあまり効率性を無視した計画を進めることもまた、困難なことであった。実際、空軍も国防予算の大幅削減が見込まれる中で軍の編成を効率化する試みを進めており、ATFもそのような計画の中で重要な役割を果たすことが主張されていた。その点に着目すれば、ATFは他のプログラムの例と同じく、先端技術を通じた軍備の効率化方針の一端を担うものであったと理解することもできる。だが、銀の弾丸オプションをめぐる議論を観察すると、ATFをめぐっては他で明らかにした効率化の試みとは逆の因果関係があったとも解釈することができる。機体の多用途化は当時、軍の効率化を進める上で重要な役割

を担っていたが，それは空軍にとって，航空の優越を確保するというATFに当初求められていた能力をある程度犠牲にすることを意味していたため，あまり望ましい選択肢とは映らなかった。そのため，F-16の改修や新型多目的戦闘機の計画との兼ね合いを考えながら，ATFの能力を犠牲にせずに兵力全体の構成を考え直す方向に議論が進んでいったのである。つまり，ここでは軍の効率化を進めるために先端技術を積極的に利用していくということ以上に，先端技術を獲得するためにいかに調達計画を効率化していくかが争点となっていたことがわかる。

　もちろん，こうした措置には予算の都合によるATF計画の延長などのリスクも伴っていた。議会はこのようなリスクに対して，空軍がATFに求めていた航空の優越の追求という目標を認めながら，同時にその開発に当たっては"fly before buy"の原則を持ち出し，予算付与の根拠づけを行っていた。こうしたことは，ATFプログラムをめぐる一連の措置を実行する上でも，脅威の後退という情勢判断が不可欠の背景となっていたことを意味しているといえよう。

　こうしてみると，ATFは脅威への直接的な対処を目指すというよりは，高い能力水準を満たすためにひたすら技術の先端性を追い求め続けるという色彩の強いプログラムであった。しかしそのために，兵器のユニットコストは著しく高騰し，結果的にその調達量は制約され，場合によっては調達自体を諦めざるをえなくなるような状況が生じうる。こうした問題は，他の兵器システムの取得プログラムにも程度の差こそあれ当てはまるものであるが，ATF開発の経緯にはその理由がもっとも良く体現されているといえよう。ATFはその後F-22として開発を完了し，実際に生産，配備されるに至った。だが，2000年代後半に入って米国が深刻な経済不況と財政赤字の拡大に再度悩まされるようになると，その過度に高騰したコストを問題視され，国防予算削減措置の一環として生産中止に至った。

(2) LHX ―効率性の追求と従来型兵器のトレードオフ問題―

　LHXは，次世代の偵察任務，攻撃任務を担う陸軍の多目的ヘリコプターとして，老朽化したAH-1，OH-58，OH-6ヘリコプターを代替するべく計画された。1987年には，陸軍が運用中の7,000機以上の多目的，偵察，攻撃用ヘ

リコプターを，1990年代中盤から後半にかけてLHXによって代替していくという見通しが示されていた。こうした方針は，冷戦終焉直前に加速した陸軍航空機の規模縮小計画とも合致するものであった。1989年になると，陸軍では財政的に可能かつ脅威に対して効果的な戦力を構築するために，ヘリコプターの運用数を1994予算年度までに8,500機から6,500機までに縮小するという方針を打ち出していた。[109] 高い能力で複数の機体を代替可能なLHXの果たす役割は，兵力規模の縮小が計画される中で無視しえないものと見られていたのである。1988年頃にはLHXプログラムの規模を縮小し，機体の目的を軽攻撃任務と偵察任務に的を絞りなおすという見直しも行われているものの，1990予算年度には，運用中の軽攻撃，偵察ヘリコプターを代替するべく，将来的に2,100機のLHXを調達するとの見通しも示されるなど，国防総省の期待は依然として高かった。[110]

　ここで重要なのは，LHX開発が陸軍の別のプログラムの動向と密接に関係していたことである。LHXの調達開始は1990年代中盤以降になるとの見通しがあったため，それまでに何らかの形で能力維持のための措置をとる必要があった。なぜなら，当時偵察任務を担っていたヘリコプターは，すでに老朽化，旧式化が著しく進んでおり，能力の不足が生じていると見られていたためである。その暫定措置として計画されていたのが，AHIPであった。これは従来のOH-58ヘリコプターを改修することで，より迅速かつ生存能力の高い偵察ヘリコプター（OH-58D）を陸軍に提供することを目的としたプログラムであった。陸軍では1989年の段階で，1994予算年度のプログラム終了までに375機のOH-58Dを調達するという計画を立てていたものの，[111] 最終的にはそれもLHXに置き換えることになっていたため，AHIP計画はLHXの配備状況を見ながら決定していくべきものとされていた。[112]

　他方，AH-64ヘリコプターは陸軍の対戦車攻撃能力を著しく向上させる兵器として，特に対ソ戦の文脈で重視されてきたものであった。1988年頃に計画されたLHXプログラムの規模縮小は，AH-64のアップグレード計画や新規調達プログラムを遂行する資金を捻出することを目的の一つとしていた。また，この頃には陸軍のヘリコプター運用総数を大幅に縮小するという計画が進められていたにもかかわらず，1990-1993予算年度間には「予想される脅威に対抗する」ために，新たに72機のAH-64を調達する計画が立てられていた。[113]

このことは，冷戦終焉間際になってもなお，対戦車攻撃任務を担うAH-64の調達が陸軍において高い優先順位を与えられていたことを意味している。問題は，冷戦の終焉と前後して，これらのプログラムの軍事的役割が見直されると同時に，予算配分の根拠をめぐる論争が高まったことであった。

2-1 異なる能力間のトレードオフ案（1989年）

　冷戦終焉の直前においても，国防総省や陸軍ではLHXプログラムを高く評価していた。チェイニーは，LHXに対する軍事的要請，その費用対効果，能力がいずれも高い水準にあり，かつ，将来的には陸軍において複数のヘリコプターの後継機種となる，陸軍の最優先プログラムであると位置づけていた。またそれは，ソ連との間の軍事バランスを有利にする上でも価値のあるプログラムであるとされた。陸軍からも，LHXが長期的な軍事的要請を満たす，もっとも費用対効果の高いプログラムであるとの説明が議会に対して行われている。将来的な能力の向上には技術が必要であるとの観点からLHXの推進は最優先事項として，国防総省と陸軍の間には共通の了解があったのである。[114]

　ただ，国防支出が強い縮小圧力にさらされている状況下では，いかにLHXへの軍事的要請が高かろうとも，その開発に無条件で予算を付与することは難しかった。そこで国防総省や陸軍が打ち出したのが，財源捻出のためにAH-64やAHIPの調達を中止するという措置であった。国防総省や陸軍からは議会に対して，LHXとAH-64，AHIPがトレードオフ関係に置かれたとの説明が繰り返しなされた。国防総省の見解では，こうした措置は予算の都合上やむをえないものであった。[115]

　チェイニーは公聴会において，陸軍はLHXに満額投資すべきであるため，その結果としてAH-64に回す財源がなくなったと述べた。[116] 陸軍もこのような国防総省の措置には賛同しており，陸軍航空の近代化計画をバランスよく実現させていくためにはやむをえない措置であることが繰り返し議会に対して説明されていた。予算が削減されていく中で軍事的能力の低下を最小限度にとどめるためには，これがもっとも効率的な措置であると考えられていたのである。[117] 実際，アトウッドは議会に対して，AH-64とAHIPの中止によって36億ドルの予算削減を見込むことができる一方，予算削減の代案として位置づけられることになるLHXの中止による削減幅は28億ドルとなることを示

し，財政的にもAH-64の中止が望ましい措置であることを強調していた。[118]

　さらに重要なことは，LHX開発のためにAH-64の調達を中止するという財政的効率化の試みが，軍事的観点からも正当化されうる状況が生まれつつあったことである。そもそもこのような措置は，仮に財政面で望ましいものであったとしても，軍事的に妥当であるとは限らない。調達と研究開発は，軍事的機能の面から見て代替可能な関係にあるわけではないからである。実際，陸軍からはAHIPを中止することで，後継機となるLHXが配備されるまでの間，古いタイプのヘリコプターの使用を継続しなければならないことが議会に対して説明されていた。[119]このような措置は，軍備の近代化という観点から見れば，短期的には能力の停滞を引き起こしうる可能性があった。しかしそれ以上に問題となったのは，LHX開発の推進手段として，AH-64の中止が決定されていたことであった。攻撃任務を担うAH-64と偵察を主な任務とするLHXでは，必ずしもそのトレードオフ関係が自明ではなかったのである。実際，陸軍や国防総省はAH-64の調達中止によって対戦車能力が15％程度低下するとの見通しを持っていた。だが，同時にそれは受容可能なレベルのリスクであるというのが，国防総省と陸軍に共通した見解でもあった。AH-64中止に伴う攻撃力低下のリスクはあるが，LHXによるOH-58Dの置き換えが進めば，このリスクは再び是正される。さらにこうした措置に伴って1990年代後半に攻撃ヘリコプターの生産ラインが閉じることもリスクとなるが，それもまた1997年にはLHXによって相殺されるものであるとの見通しも明らかにされた。[120]逆に，AH-64の調達量を積み増せばLHXのプログラム規模を縮小せざるをえなくなるが，そうなれば生存能力の落ち込みに伴って結局のところ戦闘力が低下し，さらに先端技術を維持することもできなくなるということにもなる。[121]そのため，陸軍にとってはLHX開発への投資とAH-64の調達中止を同時に実行することが最大の利益をもたらす方策であり，かつ，想定される任務の違いにもかかわらず，そのようなトレードオフが実行可能なものと理解されていたのである。[122]

　だが，議会はこうしたアイディアに対して，必ずしも賛意を示していたわけではなかった。国防総省や陸軍がLHX開発をめぐる措置の軍事的，財政的な妥当性を強調する一方で，なぜ議会にはこうした措置が不適切に見えたのか。一つには，AH-64やAHIPに対する高い評価があったために，その中止

には抵抗感があったことも重要であった。[123]しかしそのもっとも大きな背景は，国防総省や陸軍がソ連の脅威に由来するリスクを受容可能なレベルにあると解釈していたのに対して，議会においては依然として根強い対ソ不信を前提として議論が組み立てられていたことであった。サーモンド上院議員は，ワルシャワ条約機構の脅威がマージナルな部分で変化したにすぎないにもかかわらず，AH-64などの将来的な能力を担うプログラムをカットすることに懸念を示していた。[124]また，議会ではAH-64の調達中止によって対戦車能力が不適切なレベルまで低下すること，AH-64の調達を一旦中止すれば再生産の開始には時間と資金がかかることで，対ソ戦略上のリスクを負うことになるという問題も懸念されていた。[125]こうした議会の問題意識に対して，国防総省や陸軍は，AH-64やAHIPの中止によって生じるリスクは，LHXが1997年に登場するまでの，短期的かつ受容可能なリスクであるとの答弁を繰り返している。[126]

このようなリスク評価の差異は，ソ連の動向をどのように評価するかという点に加えて，プログラムの進捗状況に関する技術的な評価の違いにも由来するものであった。議会からはLHX計画の遅れについての懸念もしばしば表明されていた。[127]このようなプログラム評価を支持する議員にしてみれば，マケインやサーモンドが述べたように，AH-64やAHIPといったより確実なプログラムを中止し，1997年まで配備計画のない，しかも技術的には依然として不確実なLHXに投資を集中させることは，ある種の「賭け」に見えたのである。[128]こうした議会の懸念に対して，国防総省や陸軍の立場は一貫して楽観的なものであった。陸軍では，LHXの初期生産計画はコストの面でもスケジュールの面でもリスクの低いものであると議会に説明した。国防総省からも同様に，LHXが高い確実性とニーズを備えた安定的なプログラムであることが強調された。アトウッドによれば，LHXへの投資によってもたらされる高い技術力は将来の脅威を打倒するという点からも有効であり，結果的にはリスクを低減させることの可能な措置であると見なされていたのである。[129]

こうした国防総省や陸軍の楽観論にもかかわらず，1990年度の国防予算権限をめぐる議会の報告書ではリスクの問題への懸念が表明された。LHXプログラムの妥当性自体はあまり問題とされなかったものの，現行の調達プログラムを中止することによって生じるリスクをどのように考えるかという点に

大きな注意が向けられたのである。AH-64については上下院に見解の相違があったものの，最終的にはほぼ行政府の要求通り，陸軍の重要な対戦車兵器として1990年度に調達予算が付与される一方で，1991年度以降のプログラム中止が認められた。[130)]議会によるリスクへの懸念がより明確にあらわれたのは，AHIPの方であった。下院はAHIPについて，1990年度予算として2億7,640万ドルの利用を認めた上で，その予算を他の陸軍予算を削減することによって捻出するとしたが，これに対して上院はAHIP予算を認めなかった。両院協議会では，AHIPは中止されるべきものであると結論付けられながらも，LHXの開発の見通しが暗いことに対する危機感も表明され，LHXが抜本的な見直しを求められた際の保険として，AHIPの調達延長のための費用1億9,500万ドルを付与するという結論に至った。[131)]

上記のような予算の根拠づけは，財政的な制約に起因する国防予算の縮小圧力を反映したものであると同時に，依然としてソ連が脅威を投げかけているという当時の議会における脅威認識の潮流とも一致している。こうした状況下では，財政的制約に対処しつつ軍事的要請を満たすという目的を達成するために，調達を削減して研究開発に積極的な投資を行うという措置は，依然として困難なものと見なされたのであった。なぜなら，研究開発に伴う技術的なリスクを受容するだけの根拠づけが十分にできなかったからである。しかし，冷戦が終焉し，ソ連の脅威が後退しつつあるという国際情勢の評価が広く受け入れられるようになったことが，こうした措置の妥当性をめぐる議論にも影響を与えていくようになる。

2-2 リスクの受容（1990年）

冷戦終焉に伴って軍規模と予算の縮小が既定路線となる中で，陸軍は1991年度予算におけるプログラムの選択基準として，破壊力，多目的性，展開能力の三点を提示した。LH（この年より改称）は，この三つの要件を満たすプログラムとしてその価値を主張されることになった。陸軍は財政的な制約が強まる中で単一目的，単一シナリオのために高価なシステムを導入する余裕はないことを主張し，LHをこうした状況を打破しうる，最重要のプログラムと位置づけていた。[132)]

同時に，財政上の都合から，長期的な近代化計画を実行するには，短期

的，中期的な兵力の犠牲が必要であり，そのためにたとえば，AHIPやAH-64，M-1の生産を中止し，限られた資源を次世代システムに振り向ける必要があるとの主張も続いていた。[133] 陸軍の見解では，AH-64の調達数はすでに当初計画を上回っており，軍事的な要請も十分に満たされているため，1991年度に生産を終了することには何ら問題がなかった。ただ，AHIPに関しては予算の制約に鑑みて，当初計画されていた507機中243機の調達を終えた段階でプログラム自体を中止することとし，この年の予算要求項目には盛り込まなかったことが説明された。[134]

このように，ソ連の脅威に対する評価が大きく変わろうとしている状況下においてもなお，LHの開発をめぐる軍の主張は基本的には変化しなかった。それは，前年度に国防総省や陸軍が提案していた計画が，すでにある程度の脅威の後退を見越して政策転換を進めようとする意図を内在していたためでもあろう。冷戦の終焉は，このような陸軍の措置の妥当性をさらに高めるはずであったし，冷戦の終焉に伴って国防予算に対する縮小圧力がさらに強まることが予想される状況下では，効率性の論理のもとでその存在意義を強調されてきたLHの妥当性は，さらに高まるはずであった。

だが，LHプログラムの重要性を説くこうした主張に対して，議会からの批判も依然として続いていた。それは前年度の予算審議の中で顕著に見られたような，AH-64やAHIPの中止に対する批判のみならず，LHそれ自体の存在意義にも投げかけられるものであった。上院では陸軍の近代化計画におけるLHの位置づけをめぐって，一部の議員から疑問が投げかけられていた。その主要な論点は，費用の問題にあった。レヴィン上院議員は，軍を縮小していく中で新型ヘリコプターの開発に40億ドルも投資することは，果たして効率的な措置であるといえるのかと問うていた。また，LHの調達総数の削減が計画されていたことも，結果的にユニットコストが高まることへの懸念につながった。陸軍ではこうした問題意識に対して，LHはあくまでも投資する価値のある兵器であると主張し続けた。LHの導入は陸軍航空の不足を解決するものであるという点で軍事的要請は失われておらず，さらに調達総数の削減後にもスケールメリットを得ることは可能であるため，効率性も損なわれないと考えていたためである。[135]

こうした議会と陸軍との間の見解の不一致は，下院軍事委員会でLHをめぐ

る陸軍の主張を痛烈に批判していたラリー・ホプキンズ（Larry J. Hopkins）議員と，パウエル統合参謀本部議長とのやり取りによくあらわれている。ホプキンズ議員は，欧州での変化によって国防予算の節約が可能となっており，しかも連邦財政も健全とはいえない状況下では，LHに高いコストをかける価値はないと断じた。むしろ進めるべきはLHの開発ではなく，AH-64やAHIPのアップグレードであるという。また，LHプログラムを中心とした陸軍航空の改革案は，新たなヘリコプターを高いコストをかけて開発しながら従来型の良質なプログラムをカットするという，「工夫に欠ける」措置であるとも批判している。[136]

　これに対してパウエルは，現在の陸軍にもっとも欠けているのは戦場偵察能力であり，高い能力，信頼性，技術を備えたLHはそれを補うための，いわば将来のための投資なのだと回答している。LHは軽攻撃も可能な多目的性を備えており，展開能力，標的捕捉，作業負荷の縮小，生存能力にも優れており，したがって陸軍や国家にとって最重要なプログラムであるというのがパウエルのいい分であった。[137]また，陸軍からすれば，AH-64やAHIPのアップグレードという措置が長期の軍事的能力構築の観点から不適切であると考えたからこそ，LHの開発に資源を集中することに決めたのであった。さらに，現行機種は旧式化が激しく進んでおり，仮にホプキンズのいう現行機種のアップグレードが財政的観点から見て効率的であるとの主張を陸軍が受け入れたとしても，軍事的観点からは十分な能力確保ができないという問題がなお残された。[138]その上，陸軍内にはLHが低強度紛争に対しても有効なものであり，あるいは朝鮮半島での作戦能力を高めるなど，冷戦後の世界においても高い軍事的効用が見込まれる兵器であるという理解もあった。[139]

　このように，財政的効率性と軍事的要請に関するLHの解釈をめぐって，軍と議会の間で真っ向から対立する論理がぶつかっていたことは確かである。つまり，論理の上ではLHが非効率かつ軍事的に不要なプログラムとして排除されることも，十分にありうることであった。しかし，軍事委員会ではホプキンズの提起したような見解は少数派にとどまり，最終的には軍の見解が支持された。LHをめぐる委員会の結論は，脅威の後退という情勢認識を強く反映したものとなったのである。最終的に上下両院で，LHをめぐる軍事的要請は認められた。上院では，将来的に陸軍がより小規模になっていくこと，規

模縮小を機動力と生存能力の向上で補完せねばならないこと，陸軍の現行ヘリが受け入れがたいほどの脆弱性を有していることを認めており，長期的にはヘリコプターの近代化プログラムが正当なものであることを受け入れていた。下院でも，現行のヘリコプターの老朽化が解決すべき問題であることは認められていた。そのため，両院は行政府による要求額には満たないながらもLHの開発自体は認め，予算の付与を決定した。要求額からの削減が行われたもっとも大きな理由は，両院が全規模開発への移行予算の付与を禁止することで一致したことであった。その理由は，上院の見解に盛り込まれたように，ソ連の脅威が低下したことによって，"fly before buy" の原則に立ち戻ることが許容されるような環境が生まれていることにあった。[140]

これと連動して決定されたAHIPをめぐる結論も，同様に脅威の後退という文脈から理解することができるだろう。AHIPはOH-58にヘルファイアミサイルの発射能力を付与しようとするものであったが，当時陸軍ではヘルファイアミサイルの追加調達中止が計画されていた。しかも同時に，AH-64に搭載するヘルファイアミサイルの数も十分ではなかった。こうした状況に対して上院軍事委員会が下した決定は，ヘルファイアミサイルの増産ではなく，AHIPの中止であった。両院協議会では若干の修正がなされたものの，それでも結論はAHIPに対する研究開発予算の付与は十分なミサイル生産が可能かどうかを見極めてからという慎重なものとなった。[141]

ただし，上院軍事委員会が下した，LHプログラムが中止ないし財源不足になった場合に国防総省がAH-64生産継続のための予算移行計画を策定するという結論は，脅威との関係から見れば解釈の分かれるところでもあろう。これをLHプログラムに対する「保険」と見るならば，一方ではソ連の脅威が低下したために開発リスクの許容度が高まっており，財政状況が苦しい中であえて軍事的能力の維持を図る必要はないという解釈が可能である。しかし同時に，脅威が依然として不確実なものであるという理解に基づくならば，このような保険は前年度にAHIPについて下された決定と同様に，情勢が大きく悪化した場合に備えるものと見ることもできる。財政上の制約がますます強まっていくことが予想される状況下では，開発コストが増加していくことになればそれを理由としてLHプログラムが中止に追い込まれる可能性も十分に予見されることであったため，そのようなリスクに対する懸念が高まる

のも当然のことであった。いずれの解釈が妥当であるかを資料から十分に判断することは難しい。だが，先に明らかにした軍備計画をめぐる当時の潮流に照らし合わせれば，AH-64の生産を再開する余地を残しておくという措置は，あくまでも短期的な脅威の低下を機会にLHプログラムを推進するという目的を優先してとられたものであったということが推測されよう。

2-3 AH-64の価値（1991年）

　1992年度予算をめぐる議論においても，陸軍のLHプログラムをめぐる方針には変化がない。陸軍はあくまでも，LHプログラムの推進が近代化計画の最優先事項である旨を繰り返し議会に対して説明していた。[142] 議会には，安全保障環境が大きく変化していく中で，LHへの要請が依然として確実視できるものなのかどうかを問う声もあったが，国防総省は能力維持の観点からもLHが重要なプログラムであり続けることを強調していた。その背景には，運用中のヘリコプターがベトナム世代の老朽化したものであり，LHはその代替のためにもっとも費用対効果の高い兵器であるとの理解があった。[143] また陸軍は湾岸戦争後，兵器システムの多目的性や破壊力は対象がイラク型であれより小規模な紛争であれ欠かせないものなのであり，そのためにはLHが必要なのだ，とも主張している。[144]

　しかし，1991年の予算審議にもっとも大きな影響を与えた湾岸戦争は，LHよりもAH-64を利するものであった。なぜなら，LHは湾岸戦争で運用されたわけではなく，その能力上の必要性や重要性はそこで実際にテストされたわけではない一方で，[145] 予算の関係でLHとのトレードオフ関係に置かれていたAH-64への評価は，湾岸戦争での運用を通じてむしろ高まったからである。

　AH-64の評価が高まり，その調達に拍車がかかることは，LH開発との間で財源をめぐる論争を再燃させることにつながることをも意味していた。実際に，行政府の予算要求では，湾岸戦争で高まったAH-64の評価を一つの根拠として，同時に明らかになった修正点を改善するべく運用中の254機をB型へと改修し，その他をC／D型へと改修する計画を立て，そのために1992年度における予算を要求していた。チェイニーが，一方で可能であればAH-64の生産ラインを残しておきたいと述べつつも，同時にそれは財政的に困難であり，軍構造は縮小するのであるからAH-64の配備数は削減されても良いと

の見解を示していたことからは，AH-64の位置づけをめぐって国防総省と陸軍が難しい判断を迫られていたことが読み取れる。[146]

　湾岸戦争の成果を根拠として，議会の側でAH-64を支持する主張が高まっていたことも，状況を難しいものとしていた。たとえばカイル議員は，AH-64を含む対ソ戦用の重装備は，ソ連の脅威が後退し，欧州での展開に向かなくなったために数量を削減することになると思われてきたが，湾岸戦争で見られたような比較的ハイテク化された兵器を有する脅威にも有効であることがわかったと述べている。[147]ディッキンソン議員からは，湾岸戦争でAH-64の有効性が証明されたため，LHのために同プログラムを中止することには疑問符が付くとの意見が述べられた。

　このように，LHのみならず，AH-64をめぐっても，プログラムの是非をめぐる議論は高まっていた。その中で，LHの開発予算は最終的に議会の支持を得た。下院軍事委員会の報告書ではその理由として，陸軍で現在運用されている偵察ヘリコプターは老朽化が進んでおり，技術的にも旧式化しているため，戦闘における効果の低減や維持費用の増加が見られることが指摘された。こうした問題を解決するための手段として，LH開発の継続費用に5億780万ドルを計上することが勧告された。[148]

　他方，AH-64の改修計画をめぐっては上下院で見解の相違が見られた。下院ではAH-64C改修については要求通りの予算を認めたものの，AH-64B改修予算の付与は拒否された。なぜなら，下院軍事委員会ではAH-64Bへの改修の財政的負担が大きいうえに，陸軍のAH-64Cに関する長期計画から「正当化しえない逸脱」を見せるものと捉えられたためである。[149]これに対して，上院では陸軍のAH-64改修計画が，「論理的かつ財政的にも実行可能」なものであるとして全面的に支持され，要求額に加えて1992年度には3,200万ドル（研究開発予算として3,100万ドル，調達予算として100万ドル）を増額するとの決定を下した。[150]これについては下院が主張を取り下げ，上院の修正案通りの額が認められた。ただし同時に，両院協議会ではC型のプログラムに重きを置くことを規定した条項が盛り込まれており，下院の慎重な姿勢も反映されていることが窺える。[151]

　AHIPに関しても，同様の傾向が見られる。下院軍事委員会ではAHIPが湾岸戦争において収めた成功を評価すると同時に，陸軍のヘリコプター保有

数が必要数を大幅に下回っており，旧型のAH-1やOH-58A／Cに依存することが受け入れがたいリスクを陸軍の作戦群にもたらすことを認識しているとの見解が示された。こうした根拠のもとに，下院軍事委員会は1990-1991年度国防予算権限法に盛り込まれたAHIPの生産禁止条項を撤回することとし，OH-58Dの改修予算を2億ドル増額することを求めた。[152] 上院の修正予算案にはAHIPをめぐる条項は盛り込まれなかったが，湾岸戦争で損耗があったこともあり，両院協議会では1992年度の陸軍予算の中から24機以内，また，湾岸戦争に伴う追加予算の中から12機以内という制限付きで，1990-1991年度のAHIP生産禁止条項を適用しないことを決めた。これに伴い，両院協議会はAHIPの中止が次年度以降に繰り下げられるという判断に基づき，要求予算から1992年度における中止費用を差し引くとともに，陸軍に1993年度修正予算にAHIP中止予算を含めるよう求めた。[153]

このように，陸軍はプログラムの再編を通じてヘリコプターの質的向上を積極的に試みており，議会もそれを容認する方向で議論を進めていた。ただ，前年度までに見られたように，ソ連の脅威の後退を背景として研究開発を進めるべく数量削減を進めるような姿勢は，湾岸戦争を経てある程度まで緩和された。湾岸戦争によって新技術の可能性とともに従来型の兵器の有効性もまた明らかになったことで，それらを改修しながら数量を一定程度確保して地域的脅威に対処することの重要性が認められるようになったのである。

2-4 まとめ

冷戦期以来，LHの開発はソ連との間の軍事バランスを有利にするものとして，陸軍の最優先事項と位置づけられてきた。冷戦の終焉が期待されるようになってからも，LHに対する要請は低下しなかったが，それはLHが現行のヘリコプター二機種の代替にかかわっており，陸軍航空の能力的向上や運用コストの効率化も見込まれていたためであった。LHをめぐって政治的な争点となったのは，その開発コストの問題であった。LHは，その多目的性によって財政問題の解決に寄与するシステムであるとみなされていたことから，長期的な観点から不要論が出ることは稀であった。しかし，財政的な制約が強くかかる状況下では，短期的に開発資金をいかに捻出するかという問題がしばしば取り上げられた。

陸軍ではAH-64やAHIPの生産計画を中止することで，LH開発のための資金を捻出しようとしたが，そもそも想定される任務の異なるAH-64を中止することでLH開発を推進するというのは，長期的な偵察能力の向上のために，短期的な攻撃能力の低下を受け入れるという選択が行われたことを意味した。LHをめぐるこうした国防総省の決定は，おそらく，軍事的，財政的には合理的な方法であったが，それに対して任務の異なるAH-64を中止するという提案の妥当性は，議会にしてみれば直感的には理解しがたいものでもあったのかもしれない。そのため，議会と国防総省との間では，LHの開発に伴う短期的な軍事的リスクの受容が可能であるかどうかがもっとも大きな争点となったのである。冷戦の終焉は，こうしたリスクを受け入れることが可能な状況が生まれたという認識を，国防総省と議会が共有できる形で示した。いい換えるならば，決定的な脅威の後退が明らかになったことで，LHをめぐる技術的リスクの受容を可能なものとし，調達から研究開発への予算の移行を後押ししたといえよう。こうした点に着目すれば，LHやその代替戦力をめぐって行われた取捨選択は，軍事的脅威の低下がこの時期の軍備計画に与えた影響を象徴する代表的な例の一つとして位置づけられるのである。

第3節　「不可欠の能力」への投資はなぜ中止されたのか
─A-12開発の「リスク」─

1980年代中盤に海軍と海兵隊で運用されていたA-6(E)艦上攻撃機は，地上，海上目標に対する夜間，全天候下での攻撃が可能な唯一の艦載機であるとされていた。だが，A-6は老朽化，旧式化が著しく進んでいたために，新世代攻撃機に対する要請が高まりつつあった。[154] そこで海軍が1980年代から次世代艦載攻撃機の開発を目的として進めてきたのが，A-12プログラムであった。A-12は海軍に高い戦力投射能力を付与し，さらにステルス性を備えることで生存能力を向上させるものとなることが期待されていた。

A-12によるA-6Eの代替は1990年代に入ってから進められることになっていた。その間の暫定措置として，国防総省ではA-6Eの改良型であるA-6Fの調達計画を進め，能力の向上を確実なものとしていくことを目指していた。しかし，1988年度予算ではA-6Fプログラムに対する支出を議会が認めなかっ

たため，それに代わって限定的な A-6E のアップグレードの実施が決定されている。それはあくまでも，A-12 による完全な代替が実施されるまでのつなぎであると位置づけられていた。[155]

　運用中の A-6 が十分な役割を果たせなくなりつつあるという認識の下，A-12 に対する要請は軍においても議会においても高まっていた。これに加えて，A-12 の開発を必要としていたのは海軍だけではなかった。空軍でも長距離空対地攻撃能力を高めるために，A-12 の仕様を変更して調達することを計画しており，海軍と共同でその開発にかかわっていたのである。[156] こうした軍事的要請の高さにもかかわらず，なぜ A-12 開発プログラムは最終的に中止されることとなったのだろうか。

3-1 海軍航空の不足とそのリスク（1989年）

　海軍の A-12 に対する要請は極めて高かった。海軍のトロストが議会に説明したところでは，A-12 は空母部隊に強力な攻撃能力をもたらすものである。それは将来の堅牢な能力の基礎となるシステムとして，イージス艦や新型潜水艦等と並んで重要なものであった。特に，海軍航空の不足が懸念されているという状況もあり，A-12 の開発は最優先事項として位置づけられた。[157] また，空軍からも議会に対して，近接航空支援任務を遂行する上で A-12 の開発が重要なものとなるという見解が示されていた。[158] 国防総省はこのような軍の要請を認め，A-12 の開発継続を積極的に進めようとしていた。

　加えて重要なのは，1989年の段階では対ソ戦略の文脈でも A-12 の強みが主張されていたことである。チェイニーは，さまざまなプログラムを中止していかなければならない中でもなお，A-12 をソ連への対処を目的として残すことを明確に議会に説明していた。[159] また，空母戦闘群の重要性を依然としてソ連の脅威という観点から説明していた海軍でも，1990年代中期に脅威が高まっていくにつれ，現行の A-6 の能力が十分ではなくなっていくという見通しに基づき，A-6 と A-12 を一対一の比率で代替していくことを目指すという方針を議会に示している。[160]

　もちろん，A-12 の開発も他のプログラムの例にもれず，議会によって無条件の承認を与えられていたわけではなかった。もっとも大きな問題は，海軍航空の不足をどのような形で管理していくべきか，という点にあり，議会で

もこの問題は大きく取り上げられていた。こうした問題意識の背景にあったのが，一つに財源の不足であった。ある専門家は，次世代兵器の開発には予算の制約がかかるため，A-12プログラムを完了することはできないかもしれないと述べていた。かといって，財政赤字の縮小を政策目標とし，その達成のためにA-12予算を大幅削減してしまえば，海軍航空の不足解消という軍事的目的を果たすことができなくなる。こうした軍事と財政との間のジレンマが強まっていることは，議会でも理解されていた。空母と艦載機の重要性に同意はするものの，現行の兵器システムの調達量を拡大することは財源の問題から困難であり，仮にA-12が遅延すれば航空機の不足という事態が将来的にますます悪化すると考えられていたのである。

　海軍航空の不足問題の解決をA-12の開発の成否に託してしまうという措置が問題視されたもう一つの背景が，技術的な問題であった。軍でも開発の遅れが生じていることを認め，その旨を議会に説明していた。こうした状況について，たとえばエクソン上院議員は，従来型の海軍航空機の調達プログラムを中止することによってA-12やNATFの開発を進める試みは，航空機不足の深刻化を招く可能性をはらんだ「全ての卵を一つのかごに入れる」アプローチではないかとの懸念を表明していた。

　このように，海軍航空の不足は当時，A-12開発をめぐる財政上，技術上の問題と絡みあい，大きな懸念事項となっていた。国防総省でも海軍航空の不足が問題であることを当然理解していたし，議会がこの問題に強い関心を寄せていることも認識していた。そこで議論の焦点は，A-12の開発自体の是非ではなく，A-12の開発を前提とした上で，それによって生じる諸問題をどのように評価し，解決していくかという点に置かれた。

　国防総省案では，A-12の開発完了までの間，A-6のアップグレードによって能力を維持しながら，財源の不足に対処するために航空機の新規生産を抑えていくという措置をとることになっていた。議会からはその妥当性を疑問視する声が上がる一方，国防総省の見通しは総じて楽観的なものであった。たとえば，議会からはA-6Eが不足していることや，後継機の目途が立つ前にその新規生産ラインを止めてしまうことに伴うリスクなどについて懸念が表明された。これに対して国防総省や海軍は，現行機種の改修や注意深い運用によって，リスクは許容範囲内に収めることが可能であるとの見解を示してい

た。さらに，JCSからはA-12の開発に遅れが生じていることが明らかにされていたにもかかわらず，海軍の説明ではA-12計画がスケジュール通り進んでおり，じきにA-6を補完するという見通しが強調されていた。[166]

　A-12を空軍で利用することによってF-15Eを代替するという計画についても，同様に財政と技術的リスクの問題が重視されていた。議会からは，航空機の不足によって生じる能力の空白を埋めるためにF-15の調達は継続するべきではないかとの意見も出ていた。だが，チェイニーはF-15の中止が財政的な理由によるものであると述べ，A-12計画がスケジュール通りに進むとすれば，その任務はそちらで達成したほうがよいとの見解を示している。さらに，チェイニーはF-15EとA-12との間に生産期間のギャップが確実に生じることを明らかにした上で，それによって生じるリスクは楽観視できる水準にあるとの見方も示している。[167]

　このように，A-12開発プログラムを中心とした海軍航空の再編計画をめぐっては，国防総省が極めて楽観的な見通しを明らかにしていたのに対して，議会は慎重な姿勢を崩さなかった。最終的な議会の法案作成にも，こうしたリスクを回避しようという態度は強くあらわれた。上下院の軍事委員会はA-12の開発予算を認めたものの，現行システムの調達中止案については留保が付されている。上院軍事委員会の報告書には，海軍航空の深刻な不足と，現行システムが望ましいレベルをはるかに超えて運用されることへの懸念が盛り込まれた。[168]また，1990年度分の予算要求で求められていたF-15Eの調達予算13億3,880万ドル（36機）を満額認めると同時に，国防総省が提案していた1991年度のF-15調達中止については，上下院ともにこうした措置がA-12（とATF）の配備がなされない状況下で実施されることを懸念しており，その是非はA-12の開発状況を見定めた上で後日改めて判断することとされ，両院協議会でもこうした慎重論が採用された。[169]

3-2 問題の噴出とプログラム中止（1990年）

　1990年度予算をめぐって議会の示した慎重論は，必ずしもA-12の重要性それ自体を否定するものではなかったし，A-12を中心として海軍航空の再編を進めようとする軍の試みを批判するものでもなかった。1991年度予算をめぐる軍の主張がA-12の軍事的価値を強調するような形で行われたことも，前年

度に比して大きな変更があったわけではない。特にA-6の老朽化などに伴う海軍航空戦力の不足は，さらに懸念の度合いを高めていた。航空戦力の不足を補うために，短期的にはA-6のアップグレードも必要となってくることが説明されていたが，長期的にはA-12による置き換えが最優先課題となっていたことに変わりはない。170) ここで重要なことは，この段階では運用を予定していた海軍と空軍からは，A-12に関するプログラム上の問題はほとんど明らかにされず，むしろ進捗は順調との説明がなされていたことである。1990年3月の段階では，A-12プログラムのコストは増加しないものとされていた。171) また，財政的制約を理由に，空軍ではF-15Eの調達を中止せざるをえないことが説明されたが，こうした措置が正当化され得た背景には，A-12に関して深刻なプログラム上の問題が発生しておらず，したがって計画通りの能力補完が可能であるという見通しがあった。172)

4月下旬に国防総省から空軍仕様の調達延期が発表された結果，5月2日の公聴会では海軍のA-12プログラムの総費用も膨らむことが明らかにされた。だが，海軍は財政面，軍事面の双方から，F/A-18，F-14，A-6シリーズが有効な代替案とはなりえず，依然としてA-12の開発が最優先事項であることを主張し続けていた。プログラムの見通しも楽観的なものであった。ダンリーヴィは4月下旬にマクドネル・ダグラスの工場でプログラムの説明を受けたことを明らかにし，A-12開発の進捗状況は満足のいくものであったとも議会に説明している。173)

しかし，上下両院の軍事委員会が下した結論は，A-12プログラム自体は強く支持する一方，プログラムの動向に関する軍の説明に対しては極めて懐疑的なものとなっていた。上院軍事委員会は，予算要求に調達費が含まれていることを問題視し，その削減を求めた。A-12プログラムでは依然として重量超過という技術的問題が解決されておらず，さらに能力上の要請も達成できていないという見方がとられたためである。この時期に議会が重視していた"fly before buy"の原則からすれば，このような不確実性を伴った状態でA-12の調達を認めることはできなかったのである。174) 下院軍事委員会の報告書にも同様に，調達計画を策定する前に"fly before buy"の原則を満たす必要があるとの見解が盛り込まれた。さらに下院軍事委員会が問題視したのは，委員会には契約企業の財政的，技術的問題に伴う開発計画の遅れがあるとの認識

があるにもかかわらず，国防総省のプログラムの機密性が評価を困難にしていることであった。そのため，下院軍事委員会は1991年度の調達予算から11億5,000万ドルの削減を求めると同時に，調達計画の策定に先んじて機密解除を求めることとした。[175]

また，こうしたA-12の開発への懸念は，従来型の航空機の追加調達を促すことにもつながった。F/A-18については1991年度に18億9,410万ドル（66機）の調達費が要求されていたのに対して，22億9,010万ドル（84機）を付与するものとした。その根拠となったのは，A-12やNATFにスケジュールの深刻な遅延が発生していること，これらのプログラムの予定調達数が財政上の制約から将来的には削減される見込みとなること，さらにA-6Eが能力確保のために求められる機体数の70％程度しか満たしていないことへの懸念であった。[176]このことは，高い開発リスクが懸念された結果として，より安定した従来型の兵器に依拠することによる能力不足問題の解決が試みられたことを示している。

両院協議会の結論にもA-12に対するこうした懸念は反映され，一方では1991年度予算にはA-12調達費用を与えないこと，空軍のA-12関連予算を削減することなどが盛り込まれた。しかし他方で，この時点ではまだA-12の開発，調達を完了する見通しのもとで議論がなされていたことは確かである。実際，議会はA-12プログラムが十分に進展しさえすれば，1992年度予算には生産実施に向けて5億5,450万ドルの予備調達費を付与すること，さらには海軍に対してA-12プログラムへの全面的な関与を継続することを求めていた。[177]しかし，この時すでにA-12プログラムは，その継続を断念せざるをえないほどに大きな問題を抱えていたのである。

1990年末に開かれた上下院合同公聴会でA-12問題が大きく取り上げられるに至り，議会では国防総省のA-12プログラムへの対応を非難する声が噴出することとなった。アスピンは公聴会の冒頭，1990年4月にチェイニー国防長官が「主要航空機の見直し（Major Aircraft Review）」を発表したこと，それに関する公聴会が開催された際に，A-12に危険信号は出されていなかったことを指摘し，にもかかわらずその5週間後にはコスト，スケジュールの問題が明らかになったことを論点に据えた。[178]さらに，研究開発小委員会の委員長を務めていたロナルド・デルムズ（Ronald V. Dellums）下院議員は，1988

年1月に全規模開発に入って以来，議会はA-12プログラムを支援してきたものの，今日ではプログラムに18カ月の遅れと13億ドルのコスト超過があることを指摘し，この問題が今後の米国の軍事技術開発を考える上で重要な問題をはらむものと思われる，との見解を示した。[179] また，同様の問題を抱える数あるプログラムの一つとしてB-1も引き合いに出され，その問題の大きさが指摘される場面もあった。後にはこの問題がA-12プログラムに個別の失敗だったのではなく，取得システム全体にかかわる制度設計上の問題であるとの議論もあらわれるようになった。[180] この問題は，国防総省や全軍の兵器プログラムのマネジメントにかかわるものとの理解が広まっていたのである。[181]

ギャレット海軍長官からは，A-12開発の契約を結んでいたマクドネル・ダグラス社とゼネラル・ダイナミクス社に，過度に楽観的な見通しがあったことが議会に説明された。両社からは当初，A-12が1991年3月までに飛行可能と伝えられていたものの，6月になってから1991年9月まで飛行はできないこと，全規模開発のコストが契約企業によって吸収できないほどに上昇すること，さらに，計画されていたいくつかのスペックを満たすことができないことが伝えられたという。[182] 国防総省は，企業側のもたらした楽観的な情報をきちんと検討できなかったことを認めた。[183] チェイニーはこうした経緯を経て，極めて軍事的要請の高かったA-12開発プログラムの中止を発表した。

3-3 未解決の不足問題と高まる不信感（1991年）

A-12開発プログラムは，こうして中止された。ただ，その決定はあくまでも財政的，技術的問題を原因としたものであり，その軍事的要請は極めて高いものとされたままであった。逆にいえば，A-12の財政や技術上の理由による中止が，軍備計画に影響を与えることも容易に想像しうることであった。チェイニーは，A-12をコストの観点から中止を決めたと説明し，それは間違いではないと主張する一方，こうした決定のために能力不足の問題は残されるとも述べている。[184] 海軍は，国防総省によるA-12の中止を困難な決定であったとして理解を示しつつも，同時にステルス性，精密攻撃を含む高い能力を有したA-6後継機の必要性は失われていないことを強調した。[185] 空軍にも，A-12の中止が空軍の次世代戦力投入能力に影響してくるとの懸念があり，各所からその復活を望む声も上がっていた。[186]

海軍の主張に見られるように，こうした軍事上の要請は海軍航空の不足や現行のA-6の老朽化が進んでいることに対する懸念に加え，湾岸戦争で明らかになった地域的脅威の性質やそれに対するステルス機の有効性といった観点から正当化された。たとえソ連の脅威に対する評価が変化したとしても，将来的に地域的紛争でソ連型の兵器やそれと同様に高度な第三世界の兵器システムと対峙することを考えなければならないし，こうした地域的脅威に対処するために必要な戦力投射能力として，航空兵力が有効であることは湾岸戦争の事例から明らかなものとされたためである。[187] 海軍の見解では，確かに湾岸戦争でA-6やF-18は米軍側に素晴らしい航空兵力の優越をもたらしたものの，これらは技術的にも旧式化しており，能力的にも時代遅れとなっているものであった。これに加え，今後10年の間にハイテクの脅威が発生することは明らかであるとの見通しもある。そのため，洗練された脅威に対抗するためには古い機体の瑣末な改修では不十分であった。A-6の後継機は多様なシナリオに対処できるよう，夜戦，全天候任務が可能で，ペイロードと航続距離がよくバランスされたものでなければならず，そしてますます強化される敵の防空体制に対応するために，ステルス技術を他の技術と組み合わせながら利用することで生存能力を高めたものでなければならない。[188] これはまさに，A-12に求められていたものであった。つまりその中止は，新たな脅威の動向と米国の軍事的能力との間のギャップを埋め合わせる手段の喪失を意味していたのである。[189]

　議会がA-12の重要性をめぐる国防総省や軍の主張を支持していたことも重要である。たとえば，A-12を中止した結果として軍事的要請とその手段の獲得との間にギャップが生じているというアスピンの主張は，軍の主張と軌を一にするものであった。[190] また，一部の議員からはソ連海軍の拡張と米軍構造の縮小が同時に発生しており，その中で海軍航空の不足が発生しているとの情勢認識から，A-6の後継機問題の解決はさらにその重要性を高めているとの見方も示された。[191] 加えて，湾岸戦争もA-12やそれに準ずる航空機が重要であるとの認識を高める一因となっていた。なぜなら，湾岸戦争が明らかにしたのは「新世界秩序において海軍の役割が後退していない」ということであり，その中で「より多くの任務をより小さな規模でこなすことを考えると，ステルス機を取得しないというのは誤った措置に見える」ためであった。[192] 上院で

も，A-12の中止に伴う海軍航空能力をめぐる懸念が表明され，技術に裏打ちされた次の計画を打ち出すことが必要であるとの声が上がっていた[193]。

こうした議論が軍にも議会にも蔓延する中，A-12プログラムの中止が問題を何ら解決するものではないと見られたことも当然であった。海軍航空戦力の計画修正は，次の二つのオプションを中心に考えられた。第一に，A-6やF/A-18といった現行兵器のアップグレードにより，当面の能力低下を防いでいくというものである。第二に，A-12に代わる新たなステルス機開発プログラムとしてAX（次世代海軍攻撃機）計画を立ち上げ，中止されたA-12プログラムの予算をそちらに移行するというものである。

海軍が求めたのは，新たなステルス機の開発によるA-6の代替計画を進めると同時に，F/A-18をF/A-18E/Fへとアップグレードするというものであった[194]。海軍には当時，F/A-18ではA-6を代替できず，AXのみが可能なオプションとなるとの認識があったようである[195]。だが，A-12の開発が失敗した直後では，新たな機体の開発が早急に完了するとも思われない。実際，海軍は議会に対して，AXを進めた場合には全規模開発の完了は2003年から2004年以降のこととになるとの予測を議会に説明していた[196]。その間のギャップを埋めるために，F/A-18など従来型の機体のアップグレードが必要だと考えられたのである。

議会は海軍航空問題への対処の必要性を十分に認識していたため，こうした海軍のオプション提示に対して一定の理解を示していた。だが，そのために何をすべきかという点については，必ずしも海軍の説明を無条件に受け入れたわけではなかった。A-12を中止した経緯からAXの見通しへの懐疑もあり，さらに財政規律を回復させるという当時の流れから，プログラムの多重化はあまり好ましいことではないと考えられていたためである。A-12の失敗が明らかになったことにより，軍のみならず議会も財政の論理と軍事の論理に挟まれ苦しい立場に置かれるようになったといえる。実際，議会はこの時期にさまざまなプログラムの中止や規模縮小を勧告していた一方で，その行動が海軍航空機の不適切な削減につながるという懸念を，議会自身が持っていた面もあったのである。

こうした状況のもとでは，AX計画が冷戦後もなお軍事的に妥当であるかどうかという点はあまり問題とならなかった。むしろ問題とされたのは，AX計画の実行可能性であった。たとえばディッキンソン議員は，海軍がステル

ス機を保有することの重要性を認めつつも,そもそもA-12プログラムが中止された理由は軍事的要請ではなく,財政と生産能力の方にあったはずであると主張し,AX計画の妥当性について疑義を呈している。¹⁹⁷⁾これに加えて,そもそも海軍は現在の技術水準に見合わない要求をしているのではないか,との懸念もあった。¹⁹⁸⁾

　海軍でもA-12計画をそのまま引き継ぐ形でAXを計画するということは考えられていなかった。一方で,A-12開発の過程で得られた技術は投資に見合う程度に大きいものとされ,そういった技術的蓄積をAXの開発に際しても積極的に利用していくことは,A-12開発への投資をサンクコスト化させないためにも重要なことであった。¹⁹⁹⁾他方,海軍はこうした技術的蓄積を生かしながらさらにAXの実現可能性を高めるために,ペイロード,ステルス性,航続距離といった要素間のトレードオフ関係を考慮しながら,AXの能力水準をA-12よりも落とす予定であることも議会に対して説明していた。²⁰⁰⁾その意味で,AXは当時議会で批判のあった「名前を変えたA-12」ではないというのが,海軍が議会に対して繰り返し示していた見方であった。²⁰¹⁾つまり,海軍の立場から見たAXプログラムとは,軍事的要請と財政的制約,そして技術的可能性との間のバランスを再検討し,より高い実現性を求めた結果として策定されたものだったのである。

　しかし,A-12プログラム中止の経緯を目の当たりにした議会は,新たなプログラムに対しても不信感をぬぐい去ることができなかった。AXの信頼性に疑問符がつく上に,海軍航空の不足問題の解決が喫緊の課題として認識されていたため,AXへの集中投資が短期的,長期的に極めて高いリスクを伴うものとされたのである。こうしたリスクの回避を重視する立場から見れば,AXはあまり好ましい選択肢には映らなかった。一言でいえば,A-12からAXのプログラム切り替えに際して生じたのは,脅威の低下を背景とした研究開発への比重の移行という当時のマクロトレンドとは逆の流れだった。それゆえに,AXに集中投資するよりも,よりリスクが低く,数量の調達も見込むことのできるF/A-18への投資を進めるべきであるとの見解も,一定の正当性を持った主張となったのである。たとえばレヴィン上院議員は,A-12が中止された結果として海軍航空が他の軍種にはない流動的な状態に置かれていることを懸念し,その中でF-18の近代化プログラムの重要性が高まっている

ことを主張していた。海軍はF-18やF-14シリーズが，A-12のみならずAXの代替オプションとしても不適切であるとの立場をとっていたが，にもかかわらず，AXへの投資リスクを考慮すればF-18プログラムを推進することが望ましいと考える議員もいた。シシスキー議員は海軍がAX開発の完了時期を2003年前後と説明していたのに対して，GAOの試算では15年かかるとされていることを指摘した。その上で，AX計画に海軍航空計画の全てを賭けることの危険性に触れ，GAOが是とするF/A-18E/Fプログラムへの支持を表明した。議会があまりにも強く制約をかけることで，海軍から航空機が消えてなくなってしまうことを恐れていたのである。

下院軍事委員会ではAXプログラムの立ち上げに賛同し，予算を付与することとしたが，そこにはいくつかの留保がついた。一つに，A-12プログラムをめぐる情報アクセスの制限，それに付随するマネジメントの失敗に対する懸念が表明され，AXについてはプログラムマネジメントが適切に行われるよう，情報アクセスの制限を可能な限り取り除くこと，国防総省内の適切なマネジメントを実施することが求められた。こうした勧告は，AX問題が軍事上の要請の有無以上に，プログラムの実行可能性という観点から関心を集めていたことの結果としてなされたものである。もう一つに，AXをめぐる要請を満たすためにF-14シリーズの利用について考えるよう，国防長官に求める旨が盛り込まれた。上院軍事委員会の方でも，最終的には国防総省によるA-12の中止を「海軍航空近代化計画の中核を損なうものであり，さらに中距離攻撃能力の長期的近代化に対する当座の対策を失わしめるもの」と見なした。その上で，AXの重要性を認めるとともに，それを柔軟な形で実施することが勧告された。また，A-12の中止に伴い，委員会はA-6の改修やF-18の追加調達費に充当するべく，1991年度の海軍の研究開発予算を航空機調達予算に移行するという条項の挿入を勧告した。

上下院の報告書に盛り込まれたこうした勧告は，AXプログラムの見通しに対する不安感を反映したものといえるだろう。それはA-12が中止された経緯が，議会における開発リスクの問題意識を高めた結果でもある。下院軍事委員会が懸念を示したプログラムの実効性や，それにまつわる情報の秘匿性の問題は，両院協議会でも再確認された。その結果，国防長官はAXに関して，コストやスケジュールに関する情報を機密扱いとしてはならないとする

条項が，最終的に挿入された[209]。また，上院軍事委員会が求めていたA-12プログラムから他の海軍航空プログラムへの予算の移行も，両院協議会を経て最終的な法案に盛り込まれた[210]。

3-4 まとめ

A-12は海軍航空の近代化を目的として計画された最優先事項に位置づけられるプログラムであった。そこではステルス性や迅速性，運用の柔軟性の向上が意図されるなど，その技術的特徴や能力に対する期待は開発の継続を決定された他のプログラムと比べても遜色ないものであった。また，研究開発を促す論理を形成した効率性の追求，現有能力の不足，能力向上の要請といった言説があいまってA-12をサポートしている状況もあった。にもかかわらず，技術的，財政的な問題が決定的な障害となり，A-12プログラムは最終的に中止されることになったのである。そのもっとも大きな原因は，軍事戦略，戦術上（ないし能力上）の要請が「高すぎた」ことにあったといえるだろう。当時，海軍航空は老朽化とそれに伴う数量不足が懸念されており，議会はA-12の開発に早急な成果を求めていた。しかし，開発は遅れ，現行システムの調達を中止してA-12の開発に投資するという海軍の方針は，短期的リスクを受け入れがたいレベルにまで上げるものと理解された。つまり，A-12に限っていえば，能力の空白をいかに埋めるかという軍事的要因によって，技術的困難に伴うリスクが際立ったことが，プログラムを中止する原因となったのである。さらに，そこでリスクマネジメントをめぐる懐疑論が高まっていたことも，否定的に作用した。それが決して軍事上の要請が低下したことによるものではないことは，直後に類似したAXプログラム開始の是非が議論され始めたことからも推測できる。

こうしてみると，A-12が中止されたのは国防総省や軍の考える軍事的要請が低下したからでも，議会の熱意が冷めたからでもない。その意味で，国内政治レベルの分析を行う際に重視される国内アクターの選好の制度化という観点からこの帰結を分析することは難しい。この経緯を説明する上で重要なのは，総体的には脅威が低下しているという理解が主流となっている中にあって，海軍航空に関してはソ連の軍拡傾向に加えて，米軍側の能力不足問題が殊更に強調されたことによって，戦力整備の緊急性がむしろ高まったという

状況があったことである。さらに湾岸戦争の教訓から，第三世界に対して海軍航空を通じた戦力投射を行うことの重要性が高まったとみなされたことも，こうした緊急性を際立たせた。これを一般的な意味での脅威の高まりと呼ぶのは難しいが，少なくともこうした状況が組み合わさったことで，議会や軍の主観では脅威のレベルとその対処能力との間のバランスが崩れつつあるとの認識が高まっていたということはいえるだろう。そのため，A-12の開発プログラムをめぐって最終的に明らかになった技術的リスクや，それに伴って軍事的能力の空白が生じるリスクを受け入れることができなかったのである。

　逆にいえば，仮に海軍航空の整備が十分になされており，ソ連海軍の動向がより抑制的なものと見られていたならば，A-12プログラムはその技術的問題にもかかわらず継続されていた可能性もあろう。その意味で，A-12が中止に至る経緯は，継続された他の研究開発プログラムとは対比的な形で，軍拡をめぐる要因間の連鎖関係を際立たせる例であると位置づけられるだろう。

第4節　小括

　本章で取り上げた5つのプログラムには，研究開発を中心に軍備の効率化を目指す措置という共通性があった。またその多くに，対抗関係に置かれた調達プログラムの予算削減につながるという特徴があったことも重要である。このことは，第5章までに明らかにした研究開発予算の維持と調達予算の削減を同時に実行することによる効率性追求のトレンドに概ね当てはまるものである。さらに重要なのは，本来は機能の違いから選択的関係に置かれることが自明ではない調達と研究開発をトレードオフ関係にあるものと位置づけた上で，予算の正当化を行うというトレンドが，個別の軍事的機能がより明確な形で問題となりやすいプログラムのレベルでも確認できたことである。こうした選択が行われた背景には，脅威の後退や財政的制約の高まりという要因があり，そこで技術的なリスクの許容度が問題となったという点でも，特にV-22，LHX，ATFに関しては共通性が見られた。

　同時に，それぞれのプログラムに当時の政策転換の異なる側面が反映されていたことも重要である。JSTARSプログラムをめぐる議会の態度は当初消極的なものであったが，湾岸戦争の経緯がそれを覆した。その意味では，当時

の軍備計画をめぐる軍や議会の方針と湾岸戦争との関係を示す，もっとも象徴的な例として扱うことができる．しかし，この時期に冷戦期からのプログラムの継続性が問題とされていた研究開発プログラムの多くは，湾岸戦争時には開発の途上にあったものがほとんどであり，実戦に投入された上で直接的にその有効性を実証されたものはあまりなかった．その意味では，JSTARSプログラムは象徴的なケースではあるが，同時に例外的なケースでもあるといえよう．いい換えるならば，技術の先端性がプログラムを正当化する重要な根拠となっていたことは一面では間違いないが，その論理は湾岸戦争によってもたらされたものだけではない．

LHXプログラムの例は，必ずしも湾岸戦争の成果に拠らない技術の論理が，研究開発プログラムの正当化に寄与したことを明らかにするものであった．LHXの開発は，陸軍の航空兵力の規模を縮小しつつ高い能力を維持することで，より効率的な軍備を獲得するために不可欠のものとされた．もちろん，先端技術を積極的に利用することで軍事的，財政的効率化を達成するという論理は，JSTARSプログラムの正当化においても主張されたことであったが，重要なのはLHXについては，それが湾岸戦争以前にすでに説得力を持ち始めていたことであった．また，その資金を捻出するためにAH-64やAHIPの調達削減が主張されたが，こうした主張が説得力を高めたのは，ソ連の脅威の後退によって兵力規模の縮小に伴うリスクを受け入れる余地が広がったためであった．その意味で，LHXプログラムをめぐる経緯は，第5章までに明らかにした当時の軍備の効率化というトレンドをもっともよく体現したものであると位置づけられよう．

V-22プログラムをめぐっても，JSTARSやLHXにおいて主張されたような効率性の論理が大きな力を持った．しかし，そこでは行政府と立法府の見解が大きく対立し続けたという点で，他のプログラムとは異なっている．結果的にV-22開発の継続を求める立法府の主張が通ったことは，予算をめぐる制度枠組みを考慮すれば不思議なことではない．また，立法府の見解が最終的な予算の決定に大きな影響を及ぼすというのは，程度の差こそあれ他のプログラムにも見られることであった．ここで重要なことは，立法府が何ら軍事的根拠なしにこうした決定を行ったわけではなかったということである．V-22の開発をめぐっては，国防総省や海軍が難色を示す一方で，海兵隊から

はプログラムの軍事的な有効性が強調され続け，場合によってはより直接的な要求がなされていた。こうしたことが，議会の決定に軍事的な面での正当性を与えたことは無視できない。

軍事面でも財政面でも，効率性の論理が重要な正当化の根拠となったこれらのプログラムとは異なり，ATF開発では航空の優越確保という任務の達成能力を得ることが一義的な目標となっていたことには注目すべきである。むろん，能力の獲得のみに焦点を当てたとはいえ効率性を無視することはできなかったという点では，ATF開発をめぐる議論も当時のトレンドから大きく外れるものではない。そこでは，多任務化によって運用の効率性を高めるという措置には消極的ながらも，最終的にATFの調達数を削減し，より安価な戦闘機（多任務機）との組み合わせによって航空兵力全体の編成を効率化することで，財政的負担を削減することが試みられていたのである。その意味では，ATFの特色は，効率性が無視されたということではなく，あくまでも能力獲得に効率性の問題が従属していたという点にあるという方がより適切な表現であろう。

総体的には技術開発が軍備の効率化と結び付けられ，積極的に推進されていったのに対して，A-12の開発は最終的に中止されるに至った。他のプログラムとは異なる帰結に至ったという点で，A-12プログラムはここまで論じてきた当時の軍備選択のメカニズムの妥当性を検討するに当たって，重要な知見を含んだケースである。端的にいえば，A-12の開発が中止されたのは，米国側の海軍航空の量的不足が問題となっていたために，相対的に脅威への対処が依然として困難と見られたこと，そのため開発に伴う技術的リスクをとる余地が狭かったことが影響したためであった。その意味では，A-12の中止は個別の事情を反映した措置であるともいえるが，同時に脅威の後退による研究開発の推進という，LHXやATFなどに見られた論理の妥当性が，逆説的に示されている例であるとも解釈することができる。

もちろん，こうした差異はプログラムの技術的な特徴や軍事的位置づけのみならず，かなりの程度固有の「タイミング」の問題に影響を受けていることも事実である。LHXの開発は陸軍近代化プランにおける最優先事項に位置づけられてはいたが，それは他の兵器システムの近代化に一定程度目途がついたことにも起因していた。つまり，LHXの開発は陸軍の計画においては

既定路線であり，それがたまたまこの冷戦末期と重なったことも，この時期に他のプログラム以上の積極的な推進が求められた理由である。また，V-22に対する要請は，当時高まりを見せていた日本脅威論を反映している部分もあったが，それは米国内における効率性の追求を求める選好の形成とは必ずしも関連付けられるものではない。他方，海軍航空の不足は米国の兵器取得サイクルがたまたまこの時期に谷間を迎えたためであるとも理解することができるし，脅威の動向にかかわらず財政的余裕があればA-12も推進された可能性もあろう。こうして見ると，ここで扱った研究開発プログラムの推進の是非はかなり状況依存的な面もあり，また，偶然性を含む個別のプログラムの事情の違いによって説明可能な部分も大きい。その点に着目すれば，本書で扱ったプログラムの比較のみを通じて直ちに一般化可能な結論を導き出すことができるわけではない。

　だが，総論としては，当時の軍備政策転換における研究開発志向の高まりが，脅威の後退とそれに伴う技術的リスクの受容，そして財政的制約への対策としての効率化目標という共通の背景の影響を受けていたということを，明らかにすることができただろう。第5章までに示したマクロトレンドの説明との整合性を，そこに見出すことも可能である。本章で取り上げたプログラムは，あくまでもそれぞれ当時の軍備政策転換の論理の一面を示すものにすぎないが，こうした論理によって正当化された研究開発プログラムは他にも数多くある。たとえば，空軍が老朽化した輸送機の代替を目指して積極的に推し進めていたC-17プログラムは，冷戦後のグローバルな展開能力の確保という戦略上の目的と同時に，運用も含めた費用対効果が運用中の輸送機を上回るという効率性の論理によって正当化されていた。また，もともとソ連の堅固な防空システムをかいくぐるための戦略爆撃機として開発されていたB-2は，冷戦が終焉した後も，そのステルス性による高い生存能力や搭載兵器の精密性ゆえに，より少ない数での戦略，通常任務の実施が可能になるという論理によって正当化されるようになっていた。これもまた，技術的可能性と結び付いた効率性の論理である。こうしてみると，財政の制約，脅威の低下，そして技術の可能性という論理が結び付いて軍備の効率化という措置の妥当性を高めたことが，程度の差こそあれ多くの研究開発プログラムへの追い風となっていたということはいえよう。

注)

1) メルヴィン・クランツバーグ (Melvin Kranzberg) が指摘するように，ある人工物が「異なる技術的要素をより合わせて単一の装置（パッケージ）にしていくという箱詰めの作業の産物」であるとすれば，実際には「人工物」ないし「装置」には階層性があることになろう。クランツバーグ，メルヴィン（橋本毅彦訳）「コンテクストのなかの技術」新田義弘他編『テクノロジーの思想』岩波講座現代思想13，岩波書店，1994年，273頁。本書においてはまず，人工衛星，爆撃機，装甲車，ミサイルといった兵器システムの段階がある。これらの兵器システムはコンピューターやディスプレイ，爆弾の投下に用いられるディスペンサーなど，無数の「異なる技術的要素をより合わせて」作られた「単一の装置」であるが，さらに細かく見れば，これらもまたコンピューターを構成する演算装置や配線用のケーブルによって構成される「装置」であると理解されるかもしれない。松村は技術開発の分析に際して，製品の開発技術を「(1) 素材（たとえば，炭素繊維，半導体），(2) 部品（たとえば，集積回路，接続器），(3) 半組み立て部分品（たとえば，照準器，信管，増幅器），(4) サブ・システム（たとえば，ジャイロスコープ，レーザーの射程計測器），(5) 兵器及び通信機器一式（たとえばスティングレー魚雷，部隊携帯通信機），(6) 主たる兵器プラットフォーム（たとえば，攻撃機），(7) 統合された兵器システムや通信システム，の七つの分類段階で捉えるべきである」と論じる（松村，前掲書，24頁）。こうした議論は端的に，「部品」と「完成品」との関係が相対的なものであるということを指摘するものとしてまとめることができる。軍事技術開発の問題を扱う上で，これらのレベルはいずれも分析の対象になりうるが，兵器システムの研究開発・調達プログラムを中心に議論を展開することは，分析の複雑化を避けつつも，ある程度政治的に意味のある形で分析を進めるためには有効な方法であると考えている。同様に，兵器システムの取得過程を明らかにする際にプログラム単位の分析が有効であるとの指摘は，以下を参照。Farrell, *op.cit.*, p.17.

2) Weinberger, *Annual Report of the Secretary of Defense to the Congress: FY 1985 Budget, FY 1986 Authorization Request and FY1985-89 Defense Programs*, February 1, 1984, p.125.

3) Pihl, "Army Budget Issues," March 20, 1990, p.206.

4) JSTARSが収集した情報をJTFが処理し，JTACMSがその情報に基づいてワルシャワ条約機構軍の前線から離れた深部へのミサイル攻撃を行うことになっていた。Weinberger, *Annual Report of the Secretary of Defense to the Congress: FY 1985 Budget, FY 1986 Authorization Request and FY1985-89 Defense Programs*, February 1, 1984, p.128.

5) Canby, "U. S. Defense Budget in a Changing Threat Environment," May 16, 1989, p.48. また，シシスキー下院議員は，東側の脅威の後退を踏まえつつJSTARSの取得規模について疑問を呈している。Sisisky, "Air Force Budget Issues," March 16, 1990, p.150.

6) Welch, "Air Force Budget Issues," March 16, 1990, p.142.

7) Yates, "Air Force Budget Issues," March 16, 1990, pp.150-151.

8) Pihl, "Army Budget Issues," March 20, 1990, p.206.

9) Welch, "Air Force Budget Issues," March 16, p.141.

10) Glenn, "Military Strategy and Operational Requirements of the Commands Oriented to Pacific Defense", February 8, 1990, CIS: 90-S201-16, p.550.

11) Adams, "U. S. Defense Budget in a Changing Threat Environment," May 16, 1989, p.29.
12) Welch, "Air Force Budget Issues," March 16, 1990, p.142.
13) この懸念は，同様に中古の707を利用しようとするC-17の調達問題の文脈において示されている。Ray, "Air Force Budget Issues," March 16, 1990, p.151.
14) Welch, "Air Force Budget Issues," March 16, 1990, p.142.
15) House of Representatives, Committee on Armed Services, "National Defense Authorization Act for Fiscal Year 1991, Committee Report," 101-665, August 3, 1990, pp.170-171.
16) House of Representatives, "National Defense Authorization Act for Fiscal Year 1991, Conference Report," 101-923, October 23, 1990, p.532.
17) Rice, "Fiscal Years 1992/1993 National Defense Authorization - Air Force Request," February 26, 1991, p.463; Jacquish, "Air Force Fiscal Year 1992 Procurement Budget Request," April 17, 1991, pp.234-235.
18) Rice, "Fiscal Years 1992/1993 National Defense Authorization - Air Force Request," February 26, 1991, p.478.
19) Conver, "Fiscal Year 1992-1993 Budget Request for the Army Procurement Program," March 21, 1991, p.3.
20) Senate, Committee on Armed Services, "National Defense Authorization Act for Fiscal Year 1992-1993, Committee Report," 102-113, July 19, 1991, p.46.
21) ここでは，軽量端末は現在運用されている全ての機能を必要とするものではないとされている。*Ibid.*, pp.61-62.
22) House of Representatives, "Committee on Armed Services, National Defense Authorization Act for Fiscal Year 1992-1993, Conference Report," 102-311, November 13, 1991, pp.13-14（4/5）.
23) *Ibid.*, pp.32-33.
24) Leffler, Maj. Gen. Sam（Vice Director of Information Systems for Command, Control, Communications and Computers）, "Fiscal Year 1992-1993 Budget Request for the Army Procurement Program," March 21, 1991, p.36.
25) Weinberger, *Annual Report of the Secretary of Defense to the Congress: FY 1985 Budget, FY 1986 Authorization Request and FY1985-89 Defense Programs*, February 1, 1984, p.121; Weinberger, *Report of the Secretary of Defense to the Congress on the FY 1986 Budget, FY 1987 Authorization Request and FY 1986-90 Defense Programs*, February 4, 1985, p.164.
26) Carlucci, *Report of the Secretary of Defense to the Congress on the FY 1990/FY1991 Biennial Budget and FY 1990-1994 Defense Programs*, January 17, 1989, p.134.
27) Cheney, "Amended Defense Authorization Request for Fiscal Years 1990 and 1991," May 3, 1989, p.19.
28) Atwood, "Program Recommended for Termination," June 15, 1989, pp.352-353.
29) Cheney, "Amended Defense Authorization Request for Fiscal Years 1990 and 1991," May 3, 1989, p.71.
30) Crowe, "Amended Defense Authorization Request for Fiscal Years 1990 and 1991,"

May 3, 1989, pp.103, 108.
31) Dixon, "Amended Defense Authorization Request for Fiscal Years 1990 and 1991," May 3, 1989, p.5; "Amended Defense Authorization Request (Fiscal Years 1990 and 1991) and The Five Year Defense Plan (Fiscal Years 1990-1994) ," May 4, 1989, p.133.
32) Hochbrueckner, "Long-Range Future of the U. S. Navy," May 4, 1989, p.1038.
33) Weldon, "Long-Range Future of the U. S. Navy," May 4, 1989, pp.1016-1017.
34) Glenn, "Amended Defense Authorization Request for Fiscal Years 1990 and 1991," May 3, 1989, pp.69, 70, 72.
35) Weldon, "Long-Range Future of the U. S. Navy," May 4, 1989, pp.1016-1017.
36) Warner and Atwood, "Program Recommended for Termination," June 15, 1989, pp.384-385, 409-410; Cheney and McCain, "Amended Defense Authorization Request for Fiscal Years 1990 and 1991," May 3, 1989, pp.105, 126-128.
37) Dunn, Vice Adm. Robert F. (Assistant Chief of Naval Operations for Air Warfare), "Aircraft Carrier Force Structure Management," May 15, 1989, CIS: 90-S201-8, p.230.
38) Vuono and Welch, "Amended Defense Authorization Request (Fiscal Years 1990 and 1991) and The Five Year Defense Plan (Fiscal Years 1990-1994) ," May 4, 1989, pp.201-202.
39) Gray, "Department of Defense Authorization for Appropriations for Fiscal Year 1990 and 1991," March 10, 1989, pp.13, 53-54; "Amended Defense Authorization Request (Fiscal Years 1990 and 1991) and The Five Year Defense Plan (Fiscal Years 1990-1994) ," May 4, 1989, pp.175, 186-187; "Long-Range Future of the U. S. Navy," May 4, 1989, pp.1018, 1034-1035.
40) *Ibid.*, pp.262-263.
41) Senate, Committee on Armed Services, "National Defense Authorization Act for Fiscal Year 1990-1991, Committee Report," 101-81, July 19, 1989, pp.46-48.
42) House of Representatives, Committee on Armed Services, "National Defense Authorization Act for Fiscal Year 1990-1991, Committee Report," 101-121, July 1, 1989, pp.8, 10, 54.
43) House of Representatives, "National Defense Authorization Act for Fiscal Year 1990-1991, Conference Report," 101-331, November 7, 1989, p.460.
44) Pitman, "Department of the Navy's Force Structure and Modernization Plan," May 2, 1990, pp.138-139.
45) たとえば特殊部隊司令官であったリンゼイ (James J. Lindsay) は, 第三世界への対処に関する公聴会で, V-22は特殊作戦軍に必要な能力を備えているものであり, その中止の影響は大きいことを繰り返し説明していた。Lindsay, Gen. James J. (U. S. Army, Commander in Chief, U. S. Special Operations Command), "Military Strategy and Operational Requirements of the Unified Commands Oriented to Third World Defense and Unconventional Warfare," February 8, 1990, CIS: 90-S201-16, pp.726-727, 743, 757-758.
46) Gray, "New Planning Guidance Prepared for Fiscal Year 1992 Budget Request," February 28, 1990, p.184.
47) Pitman, "Navy/USMC Procurement Budget Issues," March 15, 1990, pp.93-95, 109, 118.

48) Weldon, "New Planning Guidance Prepared for Fiscal Year 1992 Budget Request," February 28, 1990, pp.189-190.
49) Davis, Robert W. (House, Michigan-R), "Navy/USMC Procurement Budget Issues," March 15, 1990, p.99. また，ウェルドン議員も日本の「松永（光）通産相が工場視察時に，米国が開発しないのであれば日本で作ると述べた」として，日本がティルト・ローター技術で先行することに懸念を示していた。Weldon, "Technical Stockpile/Right Defense Industrial Base," March 21, 1990, p.275.
50) Lancaster and Powell, "New Planning Guidance Prepared for Fiscal Year 1992 Budget Request," February 28, 1990, p.184; Weldon, "New Planning Guidance Prepared for Fiscal Year 1992 Budget Request," February 28, 1990, pp.189-190.
51) Powell, "New Planning Guidance Prepared for Fiscal Year 1992 Budget Request," February 28, 1990, pp.183-184.
52) McCain and Dunleavy, "Department of the Navy's Force Structure and Modernization Plan," May 2, 1990, pp.158-159, 161-162.
53) House of Representatives, Committee on Armed Services, "National Defense Authorization Act for Fiscal Year 1991, Committee Report," 101-665, August 3, 1990, pp.56-57, 160.
54) Senate, Committee on Armed Services, "National Defense Authorization Act for Fiscal Year 1991, Committee Report," 101-384, July 20, 1990, pp.55, 102-103.
55) House of Representatives, "National Defense Authorization Act for Fiscal Year 1991, Conference Report," 101-923, October 23, 1990, pp.487-488, 518.
56) *Ibid.*, pp.426, 517. 代替プログラムについては，両院ともにV-22プログラムへの投資を優先するという観点から基本的には予算付与を認めなかったものの，下院では全面的に予算を認めないと結論付けられていた一方で，上院では予備調達費に限って予算を付与することが認められていた。こうした中で下院案が採用されたことは，V-22をめぐってはよりラディカルな形で研究開発予算への移行が行われたことを示しているといえよう。Senate, Committee on Armed Services, "National Defense Authorization Act for Fiscal Year 1991, Committee Report," 101-384, July 20, 1990, p.55; House of Representatives, Committee on Armed Services, "National Defense Authorization Act for Fiscal Year 1991, Committee Report," 101-665, August 3, 1990, p.56.
57) Dellums, "V-22 Osprey Program Review," April 11, 1991, CIS: 91-H201-34, p.123.
58) Lloyd, Marilyn L. (House, Tennessee-D), "V-22 Osprey Program Review," April 11, 1991, p.220.
59) Glenn, "Navy Acquisition Plans and Modernization Requirements," May 7, 1991, p.123.
60) Hochbrueckner, "V-22 Osprey Program Review," April 11, 1991, p.206; Glenn, "Navy Acquisition Plans and Modernization Requirements," May 7, 1991, p.124.
61) Weldon and Cheney, "Fiscal Years 1992-1993 National Defense Authorization Request," February 7, 1991, pp.103-104.
62) O'Keefe, Sean (Comptroller, Department of Defense), "V-22 Osprey Program Review," April 11, 1991, pp.145-146. この公聴会ではオキーフの証言に先立ち，V-22にはコスト増の見込みがあることがGAOから議会に対して説明されている。Ferber, Martin M. (Director of Navy Issues, GAO), "V-22 Osprey Program Review," April 11, 1991,

p.126. こうしたV-22のコスト評価のもとになっているGAOの分析としては以下を参照。GAO, "Naval Aviation: The V-22 Osprey-Progress and Problems," Report to the Ranking Minority Member, Committee on Armed Services, House of Representatives, NSIAD-91-45, October, 1990.

63) Cann, Gerry (Assistant Secretary of the Navy Research, Development and Acquisition), "V-22 Osprey Program Review," April 11, 1991, pp.123, 147.
64) こうした疑問に対して，カンは全ての技術的問題を解決するのは不可能であることを認めつつも，V-22は依然として生産段階には至っていないと応えている。Lloyd and Cann, "V-22 Osprey Program Review," April 11, 1991, p.221.
65) これに対して，オキーフはV-22の中止がプログラムの選好に基づくものではなく，国防総省内で考えられている任務上の優先順位を反映した結果であると応じている。Darden and O'Keefe, "V-22 Osprey Program Review," April 11, 1991, pp.216-217.
66) House of Representatives, Committee on Armed Services, "National Defense Authorization Act for Fiscal Year 1992-1993, Committee Report," 102-60, May 13, 1991, pp.46-47, 56-57; Senate, Committee on Armed Services, "National Defense Authorization Act for Fiscal Year 1992-1993, Committee Report," 102-113, July 19, 1991, pp.71-72.
67) House of Representatives, "Committee on Armed Services, National Defense Authorization Act for Fiscal Year 1992-1993, Conference Report," 102-311, November 13, 1991, pp.14 (2/5), 56-57 (4/5).
68) Weinberger, *Report of the Secretary of Defense to the Congress on the FY 1988/FY 1989 Budget and FY 1988-92 Defense Programs*, January 12, 1987, p.185, 191; Carlucci, *Report of the Secretary of Defense to the Congress on the FY 1990/FY1991 Biennial Budget and FY 1990-1994 Defense Programs*, January 17, 1989, pp.155-156, 160.
69) Weinberger, *Annual Report of the Secretary of Defense to the Congress: FY 1985 Budget, FY 1986 Authorization Request and FY1985-89 Defense Programs*, February 1, 1984, p.161; Weinberger, *Report of the Secretary of Defense to the Congress on the FY 1986 Budget, FY 1987 Authorization Request and FY 1986-90 Defense Programs*, February 4, 1985, p.182; Weinberger, *Report of the Secretary of Defense to the Congress on the FY 1987 Budget, FY 1988 Authorization Request and FY 1987-1991 Defense Programs*, February 5, 1986, p.200. ただし，1988年にはすでに，国防総省が予算の制約を理由にF-15Eの調達数削減を決定していた。Carlucci, *Report of the Secretary of Defense to the Congress on the Amended FY 1988/FY1989 Biennial Budget*, February 18, 1988, p.209.
70) Weinberger, *Report of the Secretary of Defense to the Congress on the FY 1986 Budget, FY 1987 Authorization Request and FY 1986-90 Defense Programs*, February 4, 1985, p.185; Carlucci, *Report of the Secretary of Defense to the Congress on the FY 1990/FY1991 Biennial Budget and FY 1990-1994 Defense Programs*, January 17, 1989, p.157.
71) Cheney, "Amended Defense Authorization Request for Fiscal Years 1990 and 1991," May 3, 1989, p.32.
72) Welch, "Amended Defense Authorization Request (Fiscal Years 1990 and 1991) and The Five Year Defense Plan (Fiscal Years 1990-1994)," May 4, 1989, pp.161, 261.
73) Dunn, "Air Craft Carrier Force Structure Management," May 15, 1989, pp.248-249.

CRSの報告では1996年末までに121機の不足が起こるとされており、それが議会における懸念の根拠の一つとなっていたが、海軍ではCBOの見解を採用しているということが説明されている。

74) Crowe, "Amended Defense Authorization Request for Fiscal Years 1990 and 1991," May 3, 1989, p.51.
75) Dixon and Atwood, "Program Recommended for Termination," June 15, 1989, pp.348, 382-383.
76) Exon and Atwood, "Program Recommended for Termination," June 15, 1989, pp.361-362; McCain, "Aircraft Carrier Force Structure Management," May 15, 1989, p.250; McCain and Atwood, "Program Recommended for Termination," June 15, 1989, p.406; Dunn and McCain, "Aircraft Carrier Force Structure Management," May 15, 1989, pp.229-230.
77) House of Representatives, Committee on Armed Services, "National Defense Authorization Act for Fiscal Year 1990-1991, Committee Report," 101-121, July 1, 1989, pp.98-99; Senate, Committee on Armed Services, "National Defense Authorization Act for Fiscal Year 1990-1991, Committee Report," 101-81, July 19, 1989, p.69; House of Representatives, "National Defense Authorization Act for Fiscal Year 1990-1991, Conference Report," 101-331, November 7, 1989, p.456.
78) Senate, Committee on Armed Services, "National Defense Authorization Act for Fiscal Year 1990-1991, Committee Report," 101-81, July 19, 1989, p.27; House of Representatives, Committee on Armed Services, "National Defense Authorization Act for Fiscal Year 1990-1991, Committee Report," 101-121, July 1, 1989, pp.7, 53; House of Representatives, "National Defense Authorization Act for Fiscal Year 1990-1991, Conference Report," 101-331, November 7, 1989, p.455.
79) Ibid., pp.492, 505.
80) Shelby, Richard C. (Senate, Alabama-D) and Jaquish, "The Air Force Structure and Modernization Plans," April 27, 1990, CIS: 91-S201-6, p.93. なお、シェルビー議員は後に共和党に転じている。
81) Yates, "Air Force Budget Issues," March 16, 1990, p.172.
82) Thurmond, "The Air Force Structure and Modernization Plans," April 27, 1990, p.94.
83) Glenn and Jaquish, "The Air Force Structure and Modernization Plans," April 27, 1990, p.106.
84) Levin and Jaquish, "The Air Force Structure and Modernization Plans," April 27, 1990, pp.96-97.
85) Spence, Floyd D. (House, South Carolina-R) and Welch, "Air Force Budget Request," pp.48-49.
86) Wilson and Hawley, Maj. Gen. Joseph W. (U. S. Air Force, Director of Operations, Office of the Deputy Chief of Staff for Plans and Operations), "The Air Force Structure and Modernization Plans," April 27, 1990, p.90; Jaquish, "The Air Force Structure and Modernization Plans," April 27, 1990, p.91.
87) Ibid., p.94.
88) Dunleavy, "Department of the Navy's Force Structure and Modernization Plan," May

2, 1990, p.187.
89) House of Representatives, Committee on Armed Services, "National Defense Authorization Act for Fiscal Year 1991, Committee Report," 101-665, August 3, 1990, p.168; Senate, Committee on Armed Services, "National Defense Authorization Act for Fiscal Year 1991, Committee Report," 101-384, July 20, 1990, pp.114-115; House of Representatives, "National Defense Authorization Act for Fiscal Year 1991, Conference Report," 101-923, October 23, 1990, p.552.
90) House of Representatives, Committee on Armed Services, "National Defense Authorization Act for Fiscal Year 1991, Committee Report," 101-665, August 3, 1990, pp.98-99; Senate, Committee on Armed Services, "National Defense Authorization Act for Fiscal Year 1991, Committee Report," 101-384, July 20, 1990, pp.114-115. ただし，この点については空軍の主張通りに，F-15関連の予算を付与することによるリスクヘッジも認められている。
91) Hale, Robert F. (Assistant Secretary of the Navy, Research, Development and Acquisition), "Air Force Acquisition Plans and Modernization Requirements," April 22, 1991, pp.12-13.
92) Ralston, "Air Force Acquisition Plans and Modernization Requirements," April 22, 1991, p.34.
93) Rice, "Fiscal Years 1992/1993 National Defense Authorization- Air Force Request," February 26, 1991, pp.472-473.
94) Jaquish, "Air Force Fiscal Year 1992 Procurement Budget Request," April 17, 1991, p.229.
95) Ralston, "Air Force Acquisition Plans and Modernization Requirements," April 22, 1991, p.35; Rice, "Fiscal Years 1992/1993 National Defense Authorization-Air Force Request," February 26, 1991, p.461.
96) Ralston, "Air Force Acquisition Plans and Modernization Requirements," April 22, 1991, p.36
97) Aspin, "Fiscal Years 1992/1993 National Defense Authorization-Air Force Request," February 26, 1991, p.511.
98) Garrett, "Navy and Marine Corps Requests," February 21, 1991, p.400; Dunleavy, "Navy Acquisition Plans and Modernization Requirements," May 7, 1991, p.126; Cann and McCain, "Navy Acquisition Plans and Modernization Requirements," May 7, 1991, p.114.
99) Garrett, "Navy and Marine Corps Requests," February 21, 1991, p.400; Dunleavy, "Navy Acquisition Plans and Modernization Requirements," May 7, 1991, p.89.
100) Rice, "Fiscal Years 1992/1993 National Defense Authorization-Air Force Request," February 26, 1991, pp.472-473.
101) Hale and Levin, "Air Force Acquisition Plans and Modernization Requirements," April 22, 1991, p.25.
102) Hochbrueckner, "Air Force Fiscal Year 1992 Procurement Budget Request," April 17, 1991, p.275.
103) Levin and Ralston, "Air Force Acquisition Plans and Modernization Requirements,"

April 22, 1991, pp.46-47.
104) Edney, Leon A. (U. S. Navy Commander in Chief, U. S. Atlantic Command), "NATO Security," March 7, 1991, pp.157-158.
105) Ralston, "Air Force Acquisition Plans and Modernization Requirements," April 22, 1991, p.50.
106) Hale, "Air Force Acquisition Plans and Modernization Requirements," April 22, 1991, pp.9-10.
107) Ralston, "Air Force Acquisition Plans and Modernization Requirements," April 22, 1991, pp.38, 45; Ralston, "Executive Session," Aprill 22, 1991, pp.72-73, 77.
108) Senate, Committee on Armed Services, "National Defense Authorization Act for Fiscal Year 1992-1993, Committee Report," 102-113, July 19, 1991, pp.84-85; House of Representatives, Committee on Armed Services, "National Defense Authorization Act for Fiscal Year 1992-1993, Committee Report," 102-60, May 13, 1991, p.64; House of Representatives, "Committee on Armed Services, National Defense Authorization Act for Fiscal Year 1992-1993, Conference Report," 102-311, November 13, 1991, p.57 (4/5).
109) Carlucci, *Report of the Secretary of Defense to the Congress on the FY 1990/FY1991 Biennial Budget and FY 1990-1994 Defense Programs*, January 17, 1989, p.133.
110) Carlucci, *Report of the Secretary of Defense to the Congress on the Amended FY 1988/FY1989 Biennial Budget*, February 18, 1988, p.186; Carlucci, *Report of the Secretary of Defense to the Congress on the FY 1990/FY1991 Biennial Budget and FY 1990-1994 Defense Programs*, January 17, 1989, p.134.
111) Carlucci, *Report of the Secretary of Defense to the Congress on the FY 1990/FY1991 Biennial Budget and FY 1990-1994 Defense Programs*, January 17, 1989, p.134.
112) Carlucci, *Report of the Secretary of Defense to the Congress on the Amended FY 1988/FY1989 Biennial Budget*, February 18, 1988, p.186.
113) Carlucci, *Report of the Secretary of Defense to the Congress on the FY 1990/FY1991 Biennial Budget and FY 1990-1994 Defense Programs*, January 17, 1989, p.133.
114) Cheney and McCain, "Amended Defense Authorization Request for Fiscal Years 1990 and 1991," May 3, 1989, pp.124-126; Vuono, "Amended Defense Authorization Request (Fiscal Years 1990 and 1991) and The Five Year Defense Plan (Fiscal Years 1990-1994)," May 4, 1989, pp.142-143; Pihl and Shoffner, "Implementation of the Army's Armor and Anti-Armor Programs," May 4, 1989, pp.33-36.
115) Cheney, "Amended Defense Authorization Request for Fiscal Years 1990 and 1991," May 3, 1989, p.18; Vuono, "Amended Defense Authorization Request (Fiscal Years 1990 and 1991) and The Five Year Defense Plan (Fiscal Years 1990-1994)," May 4, 1989, pp.142-143.
116) Cheney and McCain, "Amended Defense Authorization Request for Fiscal Years 1990 and 1991," May 3, 1989, pp.124-126.
117) Pihl and Shoffner, "Implementation of the Army's Armor and Anti-Armor Programs," May 4, 1989, pp.52-53, 59-60.
118) Atwood, "Program Recommended for Termination," June 15, 1989, p.351.
119) Thurmond and Pihl, "Implementation of the Army's Armor and Anti-Armor Pro-

grams," May 4, 1989, p.38.
120) McCain and Atwood, "Program Recommended for Termination," June 15, 1989, pp.404-406. また，現行のAH-64の運用数でも，戦闘能力上の要請を満たすことは可能であるとの見方も強調された。McCain and Vuono, "Amended Defense Authorization Request (Fiscal Years 1990 and 1991) and The Five Year Defense Plan (Fiscal Years 1990-1994)," May 4, 1989, pp.277-279.
121) Cheney and McCain, "Amended Defense Authorization Request for Fiscal Years 1990 and 1991," May 3, 1989, pp.124-126.
122) McCain, Pihl, and Shoffner, "Implementation of the Army's Armor and Anti-Armor Programs," May 4, 1989, pp.33-36.
123) たとえばディクソン議員は，AH-64の調達中止が財政的，商業的な機会を失うことにつながると指摘し，マケイン議員はAH-64を理想的なシステムであると評している。また，ワーナー議員は配備中のOH-58Dが高い能力を有しているとの理解から，なぜLHXの開発と並行してAHIPを継続しないのかを問いただしている。これらの疑問に対して，国防総省からは一貫して財政上の制約によるものとの回答がなされている。また，AHIPに関しては，国防総省ではAHIPへの追加投資で得られる能力は瑣末なものにとどまるとの見解があった。Dixon, "Implementation of the Army's Armor and Anti-Armor Programs," May 4, 1989, p.6; McCain and Atwood, "Program Recommended for Termination," June 15, 1989, pp.403-404; Warner and Atwood, "Program Recommended for Termination," June 15, 1989, p.384.
124) Thurmond, "Program Recommended for Termination," June 15, 1989, p.348.
125) Dixon, "Program Recommended for Termination," June 15, 1989, pp.380-381.
126) Atwood, "Program Recommended for Termination," June 15, 1989, pp.380-381.
127) McCain, "Amended Defense Authorization Request (Fiscal Years 1990 and 1991) and The Five Year Defense Plan (Fiscal Years 1990-1994)," May 4, 1989, pp.277-279.
128) Thurmond, "Amended Defense Authorization Request (Fiscal Years 1990 and 1991) and The Five Year Defense Plan (Fiscal Years 1990-1994)," May 4, 1989, p.196; McCain and Atwood, "Program Recommended for Termination," June 15, 1989, pp.403-404.
129) McCain and Vuono, "Amended Defense Authorization Request (Fiscal Years 1990 and 1991) and The Five Year Defense Plan (Fiscal Years 1990-1994)," May 4, 1989, pp.277-279; McCain and Atwood, "Program Recommended for Termination," June 15, 1989, pp.403-404.
130) House of Representatives, Committee on Armed Services, "National Defense Authorization Act for Fiscal Year 1990-1991, Committee Report," 101-121, July 1, 1989, p.26; Senate, Committee on Armed Services, "National Defense Authorization Act for Fiscal Year 1990-1991, Committee Report," 101-81, July 19, 1989, p.33; House of Representatives, "National Defense Authorization Act for Fiscal Year 1990-1991, Conference Report," 101-331, November 7, 1989, pp.455-456.
131) *Ibid.*, p.456.
132) Conver, "The Army's Modernization Plans in the Context of Projected Force," April 25, 1990, pp.4-6.
133) Vuono, "New Planning Guidance Prepared for Fiscal Year 1992 Budget Request,"

February 28, 1990, pp.141-142.
134) Pihl, "The Army's Modernization Plans in the Context of Projected Force," April 25, 1990, pp.19, 22.
135) Levin, Dixon, and Conver, "The Army's Modernization Plans in the Context of Projected Force," April 25, 1990, pp.57, 59.
136) Hopkins, Larry J. (House, Kentucky-R), and Powell, "New Planning Guidance Prepared for Fiscal Year 1992 Budget Request," February 28, 1990, pp.187-188.
137) *Ibid.*, pp.187-188.
138) Vuono and Hopkins, "New Planning Guidance Prepared for Fiscal Year 1992 Budget Request," February 28, 1990, pp.188-189.
139) Menetrey, Gen. Louis C. (U. S. Army, Commander, U. S. Forces, Korea), "Military Strategy and Operational Requirements of the Commands Oriented to Pacific Defense," February 8, 1990, p.573; Conver, "Army Budget Issues," March 20, 1990, p.264.
140) House of Representatives, Committee on Armed Services, "National Defense Authorization Act for Fiscal Year 1991, Committee Report," 101-665, August 3, 1990, pp.144-145; Senate, Committee on Armed Services, "National Defense Authorization Act for Fiscal Year 1991, Committee Report," 101-384, July 20, 1990, pp.92-93.
141) *Ibid.*, p.92; House of Representatives, "National Defense Authorization Act for Fiscal Year 1991, Conference Report," 101-923, October 23, 1990, pp.400-401.
142) Vuono, "Department of Army Budget Fiscal Years 1992-1993," February 20, 1991, pp.162-163; Conver and Belston, "Army Acquisition Plans and Modernization Requirements," May 10, 1991, pp.159-160.
143) Dickinson and Cheney, "Fiscal Years 1992-1993 National Defense Authorization Request," February 7, 1991, pp.106-107.
144) Vuono, "Department of Army Budget Fiscal Years 1992-1993," February 20, 1991, p.166.
145) Shelby and Conver, "Army Acquisition Plans and Modernization Requirements," May 10, 1991, pp.172-173.
146) Dickinson and Cheney, "Fiscal Years 1992-1993 National Defense Authorization Request," February 7, 1991, pp.59-60.
147) Kyl, "Department of Army Budget Fiscal Years 1992-1993," February 20, 1991, p.165.
148) House of Representatives, Committee on Armed Services, "National Defense Authorization Act for Fiscal Year 1992-1993, Committee Report," 102-60, May 13, 1991, p.35.
149) *Ibid.*, p.9.
150) Senate, Committee on Armed Services, "National Defense Authorization Act for Fiscal Year 1992-1993, Committee Report," 102-113, July 19, 1991, pp.12-13.
151) House of Representatives, "Committee on Armed Services, National Defense Authorization Act for Fiscal Year 1992-1993, Conference Report," 102-311, November 13, 1991, pp.17-18 (4/5).
152) House of Representatives, Committee on Armed Services, "National Defense Authorization Act for Fiscal Year 1992-1993, Committee Report," 102-60, May 13, 1991, pp.9-

10.

153) House of Representatives, "Committee on Armed Services, National Defense Authorization Act for Fiscal Year 1992-1993, Conference Report," 102-311, November 13, 1991, pp.3-4 (1/5).

154) Weinberger, *Annual Report of the Secretary of Defense to the Congress: FY 1985 Budget, FY 1986 Authorization Request and FY1985-89 Defense Programs*, February 1, 1984, p.121.

155) Weinberger, *Report of the Secretary of Defense Casper W. Weinberger to the Congress on the FY 1987 Budget, FY 1988 Authorization Request and FY 1987-1991 Defense Programs*, February 5, 1986, p.205; Weinberger, *Report of the Secretary of Defense Caspar W. Weinberger to the Congress on the FY 1988/FY 1989 Budget and FY 1988-92 Defense Programs*, January 12, 1987, p.195; Carlucci, *Report of the Secretary of Defense Frank C. Carlucci to the Congress on the Amended FY 1988/FY 1989 Biennial Budget*, February 18, 1988, p.209.

156) Carlucci, *Report of the Secretary of Defense to the Congress on the FY 1990/FY1991 Biennial Budget and FY 1990-1994 Defense Programs*, January 17, 1989, p.160.

157) Trost, "Long-Range Future of the U. S. Navy," May 4, 1989, pp.952, 982.

158) Ralston, "Evaluating Modernization Alternatives for Close Air Support," June 6, 1989, 90-S201-9, pp.245-246.

159) Cheney, "Amended Defense Authorization for Fiscal Years 1990 and 1991," May 3, 1989, p.32.

160) Navy Response to McCain, "Navy's Future Surface Warfare," May 2, 1989, 90-S201-8, pp.240-241.

161) Adams, "U. S. Defense Budget in a Changing Threat Environment," May 16, 1989, p.74.

162) Hochbrueckner, "Long-Range Future of the U. S. Navy," May 4, 1989, pp.1027-1028.

163) Crowe, "Amended Defense Authorization for Fiscal Years 1990 and 1991," May 3, 1989, p.51.

164) Exon, "Program Recommended for Termination," June 15, 1989, pp.361-362.

165) Cheney, "Amended Defense Authorization for Fiscal Years 1990 and 1991," May 3, 1989, p.106.

166) Warner and Atwood, "Program Recommended for Termination," June 15, 1989, pp.387-388; McCain and Dunn, "Aircraft Carrier Force Structure Management," May 15, 1989, p.249.

167) Dixon and Cheney, "Amended Defense Authorization for Fiscal Years 1990 and 1991," May 3, 1989, pp.100-101; Dixon and Cheney, "Amended Defense Authorization Request (Fiscal Years 1990 and 1991) and The Five Year Defense Plan (Fiscal Years 1990-1994) ," May 4, 1989, p.215.

168) Senate, Committee on Armed Services, "National Defense Authorization Act for Fiscal Year 1990-1991, Committee Report," 101-81, July 19, 1989, p.46.

169) House of Representatives, Committee on Armed Services, "National Defense Authorization Act for Fiscal Year 1990-1991, Committee Report," 101-121, July 1, 1989, p.69;

House of Representatives, "National Defense Authorization Act for Fiscal Year 1990-1991, Conference Report," 101-331, November 7, 1989, p.456.
170) Dunleavy, "NAVY/USMC Procurement Budget Issues," March 15, 1990, pp.5, 18.
171) *Ibid.*, p.101.
172) Yates, "Air Force Budget Issues," March 16, 1990, p.172.
173) Dunleavy, "Department of the Navy's Force Structure and Modernization Plan," May 2, 1990, pp.131, 153, 164-165, 186.
174) Senate, Committee on Armed Services, "National Defense Authorization Act for Fiscal Year 1991, Committee Report," 101-384, July 20, 1990, p.53.
175) House of Representatives, Committee on Armed Services, "National Defense Authorization Act for Fiscal Year 1991, Committee Report," 101-665, August 3, 1990, p.55.
176) *Ibid.*, pp.55-56.
177) House of Representatives, "National Defense Authorization Act for Fiscal Year 1991, Conference Report," 101-923, October 23, 1990, pp.425, 531.
178) Aspin, "The Navy's A-12 Aircraft Program," December 10, 1990, CIS: 91-H201-29, p.1.
179) Dellums, Ronald V. (House, California-D, Chairman of the Research and Development Subcommittee), "The Navy's A-12 Aircraft Program," December 10, 1990, pp.2-3.
180) Ireland, "Navy and Marine Corps Request," February 21, 1991, pp.429-430.
181) Davis, "The Navy's A-12 Aircraft Program," December 10, 1990, p.6.
182) Garrett, "The Navy's A-12 Aircraft Program," December 10, 1990, p.7. 議会で公表された国防総省のメモランダムによれば、国防長官は1990年4月26日には計画における調達量を縮小しながら開発は続けることを発表したものの、6月1日にコスト、スケジュールの変更の報告があり、初飛行予定も1990年6月17日から1991年12月に変更されたようである。Memorandum for the Secretary of Navy, November 28, 1990, quoted in "The Navy's A-12 Aircraft Program," December 10, 1990, p.14.
183) Memorandum for the Secretary of Defense, November 29, 1990, quoted in "The Navy's A-12 Aircraft Program," December 10, 1990, p.9.
184) Cheney, "Fiscal Years 1992-1993 National Defense Authorization Request," February 7, 1991, p.60.
185) Edney, "NATO Security," March 7, 1991, p.140.
186) Rice, "Fiscal Years 1992/1993 National Defense Authorization-Air Force Request," February 26, 1991, p.474; Ralston, "Air Force Acquisition Plans and Modernization Requirements," April 22, 1991, p.52.
187) Miller, "Carrier Attack Aircraft Requirements," April 10, 1991, p.68; Kelso, "Carrier Attack Aircraft Requirements," April 10, 1991, p.65.
188) Kelso, "Carrier Attack Aircraft Requirements," April 10, 1991, p.65; Dunleavy, "Carrier Attack Aircraft Requirements," April 10, 1991, p.66.
189) Kelso, "Carrier Attack Aircraft Requirements," April 10, 1991, p.118.
190) Aspin, "Carrier Attack Aircraft Requirements," April 10, 1991, p.63.
191) Dickinson, "Carrier Attack Aircraft Requirements," April 10, 1991, p.64; Dickinson, "Navy and Marine Corps Request," February 21, p.304.

192) Bennett, "Carrier Attack Aircraft Requirements," April 10, 1991, p.86.
193) Thurmond and Wallop, "Navy Acquisition Plans and Modernization Requirements," May 7, 1991, pp.106-107.
194) Kelso, "Carrier Attack Aircraft Requirements," April 10, 1991, p.82.
195) Dunleavy, "Navy Acquisition Plans and Modernization Requirements," May 7, 1991, p.116.
196) Kelso, "Carrier Attack Aircraft Requirements," April 10, 1991, p.87.
197) Dickinson, "Carrier Attack Aircraft Requirements," April 10, 1991, p.81.
198) Aspin, "Carrier Attack Aircraft Requirements," April 10, 1991, p.84.
199) Garrett, "Navy and Marine Corps Request," February 21, 1991, p.396.
200) Johnson, "Carrier Attack Aircraft Requirements," April 10, 1991, p.84; Kelso, "Carrier Attack Aircraft Requirements," April 10, 1991 p.85; Dunleavy, "Navy Acquisition Plans and Modernization Requirements," May 7, 1991, p.121.
201) Dunleavy, "Carrier Attack Aircraft Requirements," April 10, 1991, p.85; Taylor and Kelso, "Carrier Attack Aircraft Requirements," April 10, 1991, p.94.
202) Levin, "Navy Acquisition Plans and Modernization Requirements," May 7, 1991, p.86.
203) Pickett, Owen B. (House, Virginia-D) and Kelso, "Carrier Attack Aircraft Requirements," April 10, 1991, p.106.
204) Sisisky, "Carrier Attack Aircraft Requirements," April 10, 1991, pp.91-92. 議会が過度の財政圧力をかけることで海軍航空の不足問題が悪化することへの懸念は、上院軍事委員会にも共有された問題意識であった。Cohen, "Navy Acquisition Plans and Modernization Requirements," May 7, 1991, p.87.
205) House of Representatives, Committee on Armed Services, "National Defense Authorization Act for Fiscal Year 1992-1993, Committee Report," 102-60, May 13, 1991, p.41.
206) Senate, Committee on Armed Services, "National Defense Authorization Act for Fiscal Year 1992-1993, Committee Report," 102-113, July 19, 1991, pp.65-66.
207) *Ibid.*, p.22. ただし上院軍事委員会はここで、F/A-18E/Fへのアップグレード、A-12の中止、AXプログラムの立ち上げとの関係をめぐる混乱に注意を促している。公聴会の過程では海軍がF/A-18E/FとA-12ないしAXが直接的な代替関係には置かれていないことを繰り返し説明していたにもかかわらず、しばしばこの点が混同されたためである。
208) House of Representatives, Committee on Armed Services, "National Defense Authorization Act for Fiscal Year 1992-1993, Committee Report," 102-60, May 13, 1991, p.15.
209) House of Representatives, "Committee on Armed Services, National Defense Authorization Act for Fiscal Year 1992-1993, Conference Report," 102-311, November 13, 1991, p.14 (2/5).
210) *Ibid.*, p.18 (4/5).

7章 イノベーション志向の装備調達政策
── 冷戦終焉後の履行とその定着 ──

　冷戦終焉と湾岸戦争を経て，米国では技術の発展を中心とした軍事力の再編が進められるようになった。本章では，このような軍備政策の方針が，冷戦後の米国においてどのような形で実行され，定着していったのかを検討していく。実際の国防予算の推移をみると，1998-1999年度を境にそれまで抑制され続けていた国防総省予算，調達費の割合が再び上昇に転じ，逆に研究開発費の割合が下降していることがわかる。絶対額では，1998年度から1999年度にかけて調達予算が再拡大を始めているのに対して，研究開発予算は1995年度を除き，一貫してわずかずつではあるが拡大し続けてきた。その後，2001年を境に国防予算は激増している。1999年に起こった特筆すべき事項としては財政の黒字転換，2001年に起こった出来事としては同時多発テロの発生が挙げられるが，これらはそれぞれ，冷戦末期に軍備転換の重要な推進要因となった財政赤字問題と脅威の後退（あるいは曖昧さ）が解消されたことを意味しているといえよう。逆にいえば，少なくともそれまでの間は，調達を抑制しながら研究開発費を維持するという傾向に冷戦末期からの一貫性が見られる〔表7-1（図0-1も参照）〕。

　このような傾向からは，冷戦後の軍備政策の方針が冷戦末期から一貫して財政の制約や脅威の後退といった要因に規定され続けたと推測することも可能である。あるいは，冷戦末期に始まる軍備政策の転換に際して，長期的には研究開発の成果をより具体的な軍事力に転化していくために1990年代中頃から調達予算の再拡大が必要となると考えられていたことに鑑みれば，このような冷戦後の国防予算の推移もまた，冷戦末期の政策選択の一部をなすものとして理解することもできるだろう。実際，クリントン政権発足時からの見通しに目を向けてみると，要因の変化にかかわりなく1998年度から国防予

表7-1：クリントン政権期の軍事支出（100万ドル）

予算年度	人件費	作戦維持費	調達費	研究開発費	国防総省合計*
1993	75,974	89,100	52,787	37,761	267,128
1994	71,365	88,577	44,141	34,563	251,296
1995	71,557	93,690	43,646	34,517	255,661
1996	69,776	93,609	42,589	34,968	254,530
1997	70,341	92,298	42,961	36,400	257,947
1998	69,822	97,150	44,818	37,086	258,514
1999	70,649	104,911	51,113	38,386	278,508
2000	73,838	108,724	54,972	38,704	290,440
2001	76,889	115,707	62,608	41,591	318,806

注*：軍事建設費等を除いているため，各項目の合計とは一致しない。
出典：OMB, "Historical Tables," *Budget of the United States Government*, Fiscal Year 2007, pp.21-22.

表7-2：行政府による国防予算の見通し―1993-2000年―
（10億ドル／予算権限ベース）

FY 公表年	1993	1994	1995	1996	1997	1998	1999	2000	2001	2002	2003	2004	2005
1993年	258.9	250.7	248.1	240.3	232.8	240.5							
1994年		250.0	252.8	244.2	241.0	247.5	253.8						
1995年			253.5	246.7	243.5	250.5	257.1	266.9					
1996年				252.6	243.4	248.9	255.0	262.4	270.3				
1997年					263.1	266.0	269.8	275.5	282.0	289.8			
1998年						268.6	271.6	277.0	284.8	288.1	298.0		
1999年							277.0	281.6	301.3	303.2	313.6	322.3	
2000年								294.1	306.3	310.1	316.4	324.1	332.4

出典：OMB, *Budget of the United States Government*, Fiscal Year 1994, Appendix, p.7; Fiscal Year 1995, p.224; Fiscal Year 1996, p.124; Fiscal Year 1997, p.47; Fiscal Year 1998, p.137; Fiscal Year 1999, p.149 ; Fiscal Year 2000, p.167; Fiscal Year 2001 p.171 より筆者作成。

表 7-3：行政府の調達及び研究開発予算の見通し― 1994-2000 年―
（10 億ドル／予算権限ベース）

公表年＼FY	1994	1995	1996	1997	1998	1999	2000	2001	2002	2003	2004	2005
1994年	44.5	43.3	N/A	N/A	N/A	N/A						
	34.8	36.2	N/A	N/A	N/A	N/A						
1995年		44.6	39.4	43.5	51.4	54.2	62.3					
		35.4	34.3	32.7	31.7	30.9	30.2					
1996年			42.3	38.9	45.5	50.5	57.7	60.1				
			34.9	34.7	35.0	33.7	31.9	31.7				
1997年				44.2	42.6	50.7	57.0	60.7	68.3			
				35.9	36.6	35.0	33.4	32.9	34.2			
1998年					44.8	48.7	54.1	61.2	60.7	63.5		
					36.6	36.1	33.9	33.0	33.5	34.3		
1999年						49.0	53.0	61.8	62.3	66.6	69.2	
						36.6	34.4	34.3	34.7	34.5	35.0	
2000年							54.2	60.3	63.0	66.7	67.7	70.9
							38.4	37.9	38.4	37.6	37.5	36.4

注：上段は調達予算，下段は研究開発予算。
出典：OMB, "Historical Tables," *Budget of the United States Government*, Fiscal Year 1995, p.69; Fiscal Year 1996, p.69; Fiscal Year 1997, pp.77-78; Fiscal Year 1998, pp.77-78; Fiscal Year 1999, p.78; Fiscal Year 2000, p.78; Fiscal Year 2001, p.78 より筆者作成。

算の再拡大は既定路線であったという推論も可能である［表7-2］。

　しかしその一方で，第1章で検討したように軍拡の推進要因や制約要因が多様であることを考えれば，たとえ予算配分の傾向が変化しない場合でも，それを規定する要因が同じであるとは限らないということは念頭に置いておく必要があるだろう。実際に，冷戦後に国防予算の動向に影響を与える可能性のあるさまざまな出来事が次々と起こったことも見逃せない。たとえば，BUR（Bottom-Up Review）やQDR1997，JV2010といった戦略・ドクトリンの策定は行政府主導による軍備の方針転換を促しうる要因であるし，ソマリアやボスニア，コソボといった地域への対外介入は，湾岸戦争の例に顕著にあらわれたように，軍備の動向に対して大きな影響を与えるかもしれない。また，

中国脅威論の高まりや財政赤字の縮小，技術発展の動向といった漸進的な変化も，冷戦終焉前後の政策選択の根拠に照らし合わせれば，その妥当性を変化させる要因となりうる。

さらに，1994年の中間選挙で共和党が勝利したことも重要であろう。クリントン民主党政権のもとで進められてきた冷戦後の軍備政策が，共和党多数議会のもとで大きな変更を迫られる可能性もあった。たとえば，行政府の予算案では調達費の再拡大と並行して研究開発予算を削減していく見通しが立てられていたが，実際の予算は漸増し続けている［表7-3］。このことからは，特に研究開発予算については必ずしも行政府の意向が議会に受け入れられていなかったことも窺える。

こうした点を考慮しながら，本章ではさまざまな政策上の選択肢が生まれる中で，なぜ冷戦末期に策定された軍備方針が継続されていったのか，その過程で冷戦終焉と前後して力を持った軍備政策転換をめぐる論理がいかなる形で影響を及ぼしたのかを明らかにしていく。ここでは，冷戦後の米軍の構築方針を明らかにした1993年のBUR，同じく1993年に大きな政治問題を引き起こしたソマリア介入といった出来事にも目を向けながら，これらが実際に法案審議に対して影響を与えるようになった1995年度予算（1994年審議）をめぐる議論から検討を始めることにしたい。

第1節 BURの履行と共和党多数議会の成立
―1995-1996年度予算をめぐって―

冷戦の終焉に伴って進められた軍備政策転換の特徴の一つは，技術的に高度化した第三世界の脅威の台頭を予測し，それをもって調達から研究開発へと投資比重を移行する根拠としたことであった。クリントン政権の発足直前の1993年1月，チェイニー国防長官が発表した「地域防衛戦略（Regional Defense Strategy）」では，対ソ封じ込めから地域防衛へと米国の国防戦略を転換させることが明確に打ち出されることになった。「冷戦の終焉によって地球規模の脅威と敵対的同盟機構はなくなった」ものの，将来的には地域レベルで敵対的な非民主勢力の脅威に直面することになるという情勢認識がその背景にあった[1]。いうまでもなく，こうした国際安全保障情勢の理解は，こ

れまでの軍備政策転換の論理にすでに反映されてきたものであった。つまり，チェイニーの地域防衛戦略の発表は，こうした認識を再確認したもの，あるいは米国政府の公的な戦略として明らかにしたものという位置づけとなる。

　クリントン政権下の軍改革も，基本的にはこのような国際情勢の理解を引き継ぎ，それを反映したものとなった。同時にクリントン政権が進めなければならなかったのは，湾岸戦争で明らかになった「新しい戦争」の遂行能力を高める試みであった。湾岸戦争における「新しい戦争」の可能性とは，戦場における情報支配の確立に基づいた，航空兵力主体の戦争の可能性であり，また，PGMの活用による「きれいな戦争」の可能性でもあった。だが，そのPGMの例に代表されるように，湾岸戦争で実際に使用された兵器のほとんどは従来型のものであり，RMAの成果を利用した軍改革はクリントン政権以降の課題として持ち越されていたのである。新たな国際情勢への対処に当たって必要な能力を獲得するにはどうするべきか，また，そこでいかにして新たな技術から得られる利点を体現していくべきか。その指針を冷戦後初めて，具体的な軍改革のビジョンとして示したのが，1993年に発表されたBURであった。

(1) BURにおける冷戦後戦略と軍備方針

　BURは冷戦後の新たな脅威を，①核兵器を含むWMD（Weapons of Mass Destruction）の危険性，②大規模な侵攻から内戦，国家支援テロなどを含む地域的脅威，③旧ソ連，東欧などにおける民主主義と改革に対する脅威，④経済的脅威の四つの領域に大別した上で，こうした脅威に対抗するために必要な軍事力の種類や規模を提案するものであった。中でもBURの主眼は，地域的脅威への対処に置かれていた。そのために，大規模地域紛争（Major Regional Conflict）における侵略者の打倒，紛争抑止のための海外プレゼンス，平和強制のような小規模侵攻作戦の実施，PKO（Peace Keeping Operation）による人道支援，災害救援を基礎とした多面的戦略を発展させる必要性が論じられている。とはいえ，中心的課題はあくまでも二つの大規模地域紛争にほぼ同時に対処することにあった。ここでは，再軍備を実行したイラクによるクウェート，サウジアラビア侵攻と，北朝鮮の韓国侵攻というシナリオが想定されており，こうした事態に臨んで「砂漠の嵐」型の作戦を二地域で同

時に展開するだけの兵力規模が，冷戦後に維持するべき軍事力の基準とされた[2]。

その一方で，BURでは冷戦後の介入作戦が平和維持や平和強制を含めてさまざまに増えていくとの見通しから，軍事的能力の多様化が必要であるとの認識が示されている。これまで検討してきた通り，能力の多様化を追求する姿勢はブッシュ政権期にその重要性を認められ始めていたものであった。ただしBURにおいては，こうした強度の低い作戦に求められる軍事的能力は，他の目的――大規模地域紛争への対処と海外プレゼンス――のために整備された軍事力の転用によって大部分が確保可能であると理解されていた。この言及は，BURの提起する具体的な改革方針が，あくまでも大規模地域紛争への対処や海外プレゼンスといった従来型の軍事的目的の達成を念頭に置いたものにとどまり，低強度紛争への対処能力の獲得は副次的に達成可能な目標として捉えられていたことを示唆している。この点もまた，第三世界の脅威を主として「ソ連型」のハイテクの脅威として捉える傾向の強かった情勢認識を引き継いだ一つの帰結である。具体的には，BURでは今後改善が求められる点として，空母打撃力の強化，ミサイル，多連装ロケットなど陸軍火力の強化，精密誘導爆弾などを搭載した長距離爆撃機による破壊能力の強化，州兵の活用と予備戦力の強化などを挙げ，短期的に大規模な部隊を緊急展開できる機動的な重武装兵力の整備を目指す考え方を明らかにした[3]。この時期の行政府による予算要求は，NPR（Nuclear Posture Review）と並んでこうしたBURの方針をもとにして策定されている。

クリントン政権は1995年度予算要求において，「……過去数年の間に生じた激しい国際的変化が，超党派的な兵力縮小と米軍再編の試みにつながった。このプロセスはおおむね完了しつつある……」という認識のもと，今後さらに高度な即応性の維持，人員の生活の質の維持及び改善，ハイテク兵器の維持などを進めていくという目標を掲げ，そのために国防総省予算として2,467億ドルを要求した[4]。しかしそれは，軍事委員会の要請を満たすものではなかった。当時はまだ議会において民主党が多数派を占めていた。にもかかわらず，BURの方針に対してはいくつかの疑義が呈され，それをもとに行政府の予算案に対する批判が展開されている。上院軍事委員会が問題視したのは，大統領の予算要求額がBURの想定する二つの大規模地域紛争を同時に遂行すると

いう要求水準に満たないのではないかという点であった．また，行政府が予定している長期にわたる調達規模の抑制に対しても，より近代化の進んだ軍事力によって二つの大規模紛争を履行できる可能性があることを指摘した上で，国防総省が兵力規模と（近代化による）軍事的効果のトレードオフを十分に分析していないとの批判を展開している[5]。

これに対して，下院の見解は民主党議員の間でも割れていたようである．下院の報告書では，二つの大規模紛争に対処するための軍事力規模を明らかにしたこと，また，PKOを含む平時の活動を強調したこと，さらに戦闘部隊の即応性と技術的優越性の維持，そして空海輸送能力を重視したことがBURの利点として積極的に評価された．予算要求の内容に関しても，行政府の提起した優先事項が概ね認められている[6]。しかしその上でなお，BURの信頼性には疑問が投げかけられた．戦略策定や軍の構築に当たっては過誤を許容し，さまざまな偶然性をヘッジすることが求められるにもかかわらず，BURでは多くの「最良条件」が前提されていることが問題視された[7]。端的にいえば，BURにおける行政府の国際情勢判断は楽観的に過ぎるものとみなされたのである．

しかし，民主党議員の間には異なった，場合によっては全く逆の見方も少なからずあった．まず問題視されたのは，BURが「同盟の支援なしに」，「戦域間を動き回りながら」ほぼ同時に二つの大規模地域紛争に勝利することを想定している点であった．こうした想定は，BURが「一つの危機に対して決定的な攻撃を仕掛けながら，……その危機が終結するまで別の地域における攻撃を確実に防ぐ」というブッシュ政権の「基盤戦力」構想以上に厳しい条件を課すものとみなされた．この条件を満たすために，BURでは1990年代末までにさまざまな形で湾岸戦争時の水準以上の軍事的能力の獲得を目指しているが，そのような試みは過剰なものと見られた．潜在的な紛争地域には懸念国に対するカウンターバランスとなりうる勢力も存在しており，さらに「1990年に比べて軍事的脅威が低下しているという一般的認識にもかかわらず」このような措置が取られようとしていると考えられたためである[8]。加えて，同盟国や地域的機構の支援も期待することができるということも指摘された．このような見方からすれば，米国は「必ずしも全ての危機に軍事力を振り向けるよう求められるわけではないということを認めなければならな」

かったのである。加えて，こうしたBURの要請を満たすために過剰な兵力規模を追求することにも警鐘が鳴らされた。限られた予算の中では，そういった措置が人道，平和維持活動を安全に実施する能力を高め，かつ大規模紛争において決定的な勝利を収める可能性を維持するのに重要な研究開発や戦力近代化を妨げることになるというのが，その理由であった。

こうしてみると，BURで示された脅威認識については，当時まだ多様な解釈があったことが窺える。このことは，冷戦終焉直後の国際環境が依然として明確ではなかったことを考えれば，やむをえないことであるともいえる。しかし，脅威の動向がいかなる形で評価される場合でも，軍備の基本方針自体がそれによって大きく左右されるわけではなかった。ブッシュ政権からクリントン政権に引き継がれた研究開発志向の軍備方針は依然として支持されており，むしろ行政府の予算案以上に大規模な研究開発投資，急速な近代化を求める声も少なくなかったのである。

重要なことは，議会共和党にもある程度まで，BURの方針に対する合意があったと見られる点である。上下院の報告書に付された共和党議員の見解をみると，BURの方針それ自体に対して決定的な反対意見が述べられることはほとんどなく，むしろ予算の不足がBURの履行に支障をきたすという点が批判の対象となっていたことがわかる。たとえば共和党のダーク・ケンプソーン（Dirk Kempthorn）上院議員は，1995年度上院予算案には国家安全保障上の要請を満たすような多くの進歩がみられるものの，行政府要求や上院予算案は十分な規模に達していないとの立場から，米国は性急かつ大幅に予算削減を進めすぎているとして，予算案に反対票を投じることを表明した。また，ボブ・スタンプ（Bob Stump）下院議員は，総じて予算の不足が人員や産業基盤に影響を与えることに対する懸念を表明している。実は党派性の観点から見ても，共和党議員のこうした姿勢は何ら不思議なものではない。なぜなら，BUR自体は民主党政権下で策定されたものであるとはいえ，その基本的な方針はブッシュ共和党政権期に進められた軍備政策の転換の指針からそれほど大きく外れるものではなかったからである。むしろBURをめぐるこのようなコンセンサスは，第2節で述べるように，民主党議員のいうクリントン政権の「厳しい軍事力の維持基準」が，1995年の共和党多数議会の成立によって政権の意図するところ以上に推し進められるという状況にもつな

がっていくことになる。

(2) ソマリア介入のフィードバック

　1995年度の国防予算にもう一つ影響を与える可能性があったのが，ソマリア問題であった。クリントン政権は発足当初から，ソマリアへの人道支援に積極的に関与していく方針を打ち出していた[12]。しかし1993年9月25日，作戦行動中の米軍ヘリコプターが撃墜され，米兵3名が死亡する事件が発生した。さらに10月3日には，生存者の救出に向かった米兵が殺害され，市中を引き回される事態に至る。その様子がメディアを通じて米国内に伝わり，ソマリア介入に対する世論の支持は一挙に失われることとなった[13]。その結果，クリントンはソマリアから手を引かざるをえない状況に陥り，1994年3月31日をもって撤兵を完了させる旨の声明を発表した。

　ソマリア介入の経験—いわゆる「モガディシュの悲劇」—は，その後の米国の対外介入政策において，湾岸戦争で一度は解消されたかに見えた「ベトナム症候群」を再発させるとともに，新たに「ベトマリア症候群」を生み出したともいわれている[14]。その結果，ルワンダではソマリア同様に「人道の危機」が発生していたにもかかわらず，クリントン政権はルワンダ問題への対応を拒否することとなった[15]。また，地理的近接性から緊急の対処を要する課題となっていたハイチ問題に臨んで，クリントンはハイチ軍事政権とアリスティドの間に結ばれた合意を履行させるために武力行使を示唆したものの，同時にカーター元大統領らによる代表団を派遣し，政権の平和的な委譲に向けた説得工作を行っている。最終的にはこの説得が功を奏し，問題は一応の決着に至るのだが，ここにもソマリア介入時からは一転して慎重な，同政権の対外派兵に対する姿勢を見ることができよう。

　このように以後の対外介入政策に際して大きな足枷となったソマリアの経験は，なぜ引き起こされたのであろうか。BURにおいては，湾岸戦争で行使されたような大規模紛争対処能力の充足が，その他の低強度作戦の展開能力向上につながるという認識が見られた。こうした認識に基づけば，湾岸戦争における圧倒的勝利という経験が，米軍はソマリアにおいても十分に機能しうるだけの能力を持っているという感覚を醸成していたとしても不思議ではない。実際，米軍はソマリアにおいても湾岸戦争と同様，「良質で即時的なイン

テリジェンス」を欠いていたわけではなく，むしろ情報支配が確立していたことも指摘されている。[16)]正確な地図やナビゲーション施設が不足する地域に対しては，GPSを利用して食糧や支援物資の空中投下を実施することもあった。[17)]だが，こうした情報支配は湾岸戦争のような大規模地域紛争には有効であっても，PKOのような介入形態において必ずしも適切に機能するものではなく，ソマリアで発生したような「民衆の半ば自発的な集合の予知や，そうした民衆を危険なものにした個人所有の火器を全て捜し出すことを可能にするものではなかった」ともいわれる。[18)]その結果が「モガディシュの悲劇」であると見るならば，大規模地域紛争への対応を一義的な目標として構築された兵力が低強度紛争にも転用可能であるというBURの認識には，この時点で早くも疑義が呈されたことになる。

　このような見解は，しかし，国防予算をめぐる実際の政治過程においては後知恵にとどまるものであった。ソマリア介入の失敗は軍事委員会でも大きな問題として取り上げられたものの，軍事委員会はその原因を国連のコマンド問題やクリントン政権の対外介入をめぐる姿勢に求めたためである。特に上院の報告書では，UNOSOM II（United Nations Operation in Somalia II）においてトルコ人司令官とアメリカ人副司令官の双方から不満が表明されていたことが指摘され，国連PKOをめぐる司令部改革等を実施することが求められた。[19)]

　軍備計画に対するより直接的な影響という観点から見れば，ソマリアの経験はむしろ，技術革新に依拠した軍備を推し進めるべきであるという主張の根拠の一つとなった。ソマリアにおける地上兵力投入の失敗にもかかわらず，ソマリアやボスニアのような低強度紛争地域においても先端技術が価値を持つという見解は民主党の内部でも根強く，それが地上兵力の技術的優越を維持ないし拡大するべきであるという主張の背景となっていた。[20)]そのような議論を支持する立場からすれば，完全な形で地上兵力を関与させることなしに地域紛争への対処を成功に導くには，諜報や航空戦力，先端兵器システムやC^3能力を向上させることが重要な課題であった。なぜなら，「圧倒的な戦力（及びそれによる死傷者の限定）は量ではなく，人員と軍事システムの質によってもたらされる」ものであると考えられたためである。こうした主張は，限られた国防予算の枠内で陸軍の（量的な）強化を図ることが，かえって軍

事力を低下させるという見方にもつながるものであった[21]。このように、ソマリアの経験を通じて、軍備に技術革新の成果を取り込んでいくことの妥当性は、ますます高められることになった。

この他にもう一つ、後に装備調達予算をめぐる大きな論争の種となっていく問題が、すでにソマリア介入をめぐって提起されている。それは、共和党が少数意見として、国連PKOなど「国益に直接関係のない」活動に限られた予算が割かれていくことを避けるべきであるという観点から、クリントン政権の対外介入をめぐる積極的姿勢に反対したことである[22]。共和党は国連の多国籍PKOには原則的に反対するわけではないものの、クリントン大統領の大統領決定指令第25号（Presidential Decision Directive：PDD-25）を「独断的多国間主義（assertive multilateralism）」に基づいたものとみなし、この履行によって米国が国際的な平和維持活動の深みにはまり、危険にさらされることを懸念した[23]。軍備の観点からこれが問題となるのは、作戦維持費の膨張が近代化予算を侵食することになるとみられたためである。クリントン政権はその後も、米国の国益にとって重要ではないとみなされる地域への派兵を繰り返し、それにつれてこのような批判が高まっていくことになる。ソマリアはこの問題を最初に提起した事例となった。

(3) 共和党多数議会の成立と「調達の休日」問題の政治的前景化

これまでは民主党の大統領のもとで組み立てられた予算案が、民主党多数議会の審議を経て立法に至っていたわけであり、党派性という観点から見ればその過程で国防予算をめぐる大きな指針の変更がなされなかったとしても、それは不思議なことではない。一般論としては、1994年に行われた中間選挙は、そのような方針を大きく変える可能性のあった出来事であるといえよう。中間選挙では共和党が勝利し、1995年からは議会で共和党が多数を占めることになったためである。

上下院ともに共和党が多数を占めたことにより、下院軍事委員会では新たにフロイド・スペンス（Floyd D. Spence）が、上院軍事委員会ではサーモンドがそれぞれ委員長をつとめることになった。上下院の軍事委員会では過去10年にわたって国防予算が削減されてきたことへの懸念が表明され、国防予算の大幅増額が求められた。議会共和党が試みたのは、国防予算におけるバ

ランスの回復であった。そこでは兵士の生活の質に関わる人件費，軍の即応性にかかわる作戦維持費，そして兵力の近代化を左右する調達費と研究開発費の不足がそれぞれ是正すべき問題として挙げられている。[24] とはいえ，バランスの回復とは事実上，レーガン政権末期から冷戦終焉後にかけて一貫して劇的な削減の対象となってきた調達予算を，高い水準で回復させることに他ならなかった。

　このような共和党の主張は，「調達の休日」を政策上の解決すべき課題として位置づけるところから始まる。共和党は「調達の休日」を軍備の近代化の阻害要因とみなし，その影響を回避すべく予算規模を拡大することを目指していたのである。議会多数派の交代という観点から軍備の動向を理解するに当たって，まずは次の点を指摘しておく必要がある。それは，「調達の休日」が軍備に与える悪影響というのは概ね共和党議員の問題意識に限られており，逆に民主党ではこれがそれほど大きな政策上の問題としては捉えられてはいなかったことである。少数派となった民主党議員からは，1996年度予算が必要以上に高い水準にあるという反対意見が提示されていたが，それは1980年代末から進められてきた兵器調達の削減，つまり「調達の休日」が，戦力の縮小によって生じた過剰装備を吸収するものであるとの理解に基づいたものであった。加えて，民主党からは兵器システムの近代化は適切なスケジュールに則ったものであるという見解も示されていた。このような立場から見れば，共和党の求める近代化の加速は，1980年代に取得された兵器がまだ「新しい（young）」にもかかわらず無駄にそれらを捨て去ることを意味するものであり，税金の無駄遣い以外の何物でもなかったのである。[25]

　ともあれ，共和党が議会の多数派を占めたことで，「調達の休日」が解決すべき政策的な課題となった。下院軍事委員会の報告書では，長期的な近代化のプログラムが欠けていることが指摘され，さらに短期的な即応性の不足に対処するために近代化プログラムが中止ないし延期されていることにも警鐘が鳴らされた。こうした状況を鑑みて，下院は近代化の加速や防衛産業の安定化を目指すイニシアティブへの着手を勧告した。[26] 調達予算の大幅増加は，そのために必要な措置だったのである。近代化を重視した予算の重要性を強調していたという点では，上院軍事委員会も同じ立場をとっていた。[27]

　軍事委員会の目指した国防予算拡大志向，特に調達予算の再拡大を目指す試

みには，次のような二つの含意がある。一つは，共和党の狙った調達予算の拡大は，冷戦期に見られたような大規模な量的拡大を狙ったものではなかったということである。クリントン政権が「より少ない兵力でより多くの任務を」遂行しようとしていることが，予算や装備老朽化などの観点から批判されたことを考えれば，この問題に対処するには軍備の量的再拡大を目指すという方法がとられることもありえたはずである。しかし実際に議会が目指したのは，軍備の量的再拡大を目指す以上に，「調達の休日」によって著しく低下した調達予算を回復させ，同時にレーガン政権期に大規模に調達された兵器システムを刷新することで，近代化を目指すというものであった。その意味では，議会共和党の取り組みは，新技術の効用に依拠しながら米軍の能力を高めていくというそれまでの質的軍拡の方針から大きく外れるものではなかった。

　もう一つ注目すべき点は，調達予算と同時に研究開発予算の増額も求められたことである。下院軍事委員会は，研究開発予算を「20-30年後の米軍が技術的先端性を確保するための『種籾』」と位置づけ，それが行政府の予算要求で大幅に削減されていることに危機感を示した。加えて，限られた研究開発予算が非軍事的な取り組みに振り向けられようとしていることへの懸念も示された。その際に象徴的な形で批判の対象となったが，クリントン政権が発足当初から強調してきた「技術再投資プログラム（Technology Reinvestment Program [Project]：TRP）」であった。クリントン政権は商用技術の発展が軍事利用につながるという理解のもと，デュアルユース技術の発展を積極的に促すことで民生と軍事の両面における競争力の確保を狙っており，TRPはそのような試みの中心に位置づけられていた[28]。しかし，共和党はこうした措置を，国防予算を侵食するものと受け止め，より直接的な軍事プログラムへの投資によって各軍の近代化プログラムを再活性化しようとした[29]。

　議会共和党はこのように，「バランス」のよい国防予算の配分を目指した。だが，こうした共和党による予算の再拡大の試みは，それまでの軍備政策をめぐる方向性自体を大きく変えるものであったというわけではない。実際，下院では兵力構造がBURで想定されている二つの大規模地域紛争への同時対処，勝利という目標を達成するのに適切な水準に達していないことが問題視された[30]。また，上院でも1996年度に行政府に対して国防予算の増額を勧告し

たにもかかわらず，今後の予算はBURで求められる戦力レベルを維持するに十分な額となっておらず，近代化要請を満たすどころかインフレの影響を調整することすらできないという点が指摘されている。端的にいえば，議会共和党の問題意識は，クリントン政権が策定したBURの方針が誤りであるとの批判を展開するものではなく，むしろそこで設定された兵力水準を満たすには予算が不十分であることを問題視するものだったのである。その意味では，1996年度予算について共和党主導の軍事委員会が試みたのは，BUR以来のクリントン政権の軍備方針の転換ではなく，その加速であったという解釈を与えるほうが適切であろう。

議会の多数派が入れ替わったにもかかわらず，軍備計画の方向性が大幅な変更を迫られなかった理由として挙げられるのは，前章までに論じてきた冷戦終焉に伴う政策転換をめぐる共和党の行政府と民主党の立法府の間のコンセンサスであり，クリントン政権のBURがその方針を大幅に変更することなしに引き継いだものであったという点にある。前年度の上下院軍事委員会の報告書では，議会における民主党と共和党との間の国防予算をめぐる見解の差，特にBURで定められた方針をめぐる見解の対立は，その実現のための予算の不足に関するものが中心になっており，戦略の質的な転換を求める声は共和党内でもむしろ少数派にとどまっていた。このような共和党の態度は，議会の多数派となった後にも大きく変化したわけではなかった。

では，予算規模をめぐる行政府と議会（軍事委員会）の差異，あるいは共和党と民主党との立場の差異が生まれた原因は何だったのか。それは一般的にいわれているように，クリントン政権がより大きな政策目標とそこでの優先項目—財政赤字の削減と経済の立て直し—を優先し，それらの目標と整合的である限りにおいて近代化を目指したのに対して，軍事委員会があくまでも軍事的合理性を強調しながら近代化加速の論理を持ち出したことにある。実際，議会民主党による批判には，国防予算の規模を他の政策領域と連関させようとする姿勢も見られる。たとえば議会共和党が，TRPに代表される国防予算における非軍事的支出の拡大を問題視していたのに対して，民主党はその削減による調達予算の捻出に疑義を唱えていた。議会民主党の見方は行政府の方針と軌を一にしており，デュアルユース技術への支援を通じて産業の軍民転換を進め，米国の産業技術基盤を維持しつつ軍備削減の影響を最小限

にとどめようとするという観点からTRPを支持しており，さらにこうした投資を，民間セクターにテコ入れすることによって国防総省にとって重要な技術をも効率的に確保するものだともみなしていた。[32]

　財政赤字への対処は，それ以上に大きな問題であった。民主党からは近代化予算の大幅な増額は，最優先事項となっている連邦の財政赤字の削減を阻害する措置であるとの批判も上がっていた。[33]もっとも，財政問題に関しては民主党の反対以上に，ニュート・ギングリッチ（Newt Gingrich）の主導する議会共和党が「アメリカとの契約」を掲げ，そこで国防能力の回復とともに財政赤字の大幅削減という目標を挙げていたことも，国防予算の増額を容易には達成しえない要因となっていた。そのため，実際に軍事委員会の主張通りに調達を中心として国防予算が大幅に増額されるということはまだなかった。

　このように，財政赤字問題への対処や産業基盤の維持といったより広い文脈から見ると，軍事委員会における共和党と民主党との間のコンセンサスは崩れつつあったようにも見える。しかし，少なくとも軍事的な文脈から1995-1996年度予算をめぐる議論を見ると，行政府と議会との間の，また，議会民主党と議会共和党の間の軍備をめぐる見解の差異は，近代化予算の規模，いい換えるならば近代化の速度をどのように設定するかという問題をめぐるものが中心となっており，技術革新を中心とした軍備の再編という大枠の目標については概ねコンセンサスが維持されていたとみられる。そのため，共和党が議会において多数派となった際には，クリントン政権のBURが大きく変更されるような予算編成がなされるよりは，むしろそれを政権の意図するところ以上に加速させようとする動きが大きくあらわれたのである。

　なお，軍事委員会はこの時期，中国をまだそれほど大きな脅威とは捉えていなかったようである。1994年には，上院軍事委員会は中国を技術の不拡散措置を取るべき対象として，旧ソ連諸国，北朝鮮，イラク，イランと並んで取り上げるにとどまった。また，下院ではスタンプ議員が「中国が説明のつかない形で国防予算を二桁増やしていること」に対する懸念を表明しているものの，こちらも委員会報告書の本論ではなく，追加・反対意見の一つとして表記されるにとどまっている。[34]1995年になると，上院は国防総省に中国との積極的な対話を促しており，下院でも弾道ミサイル防衛（Ballistic Missile

Defense：BMD）予算の文脈で中国核戦力の近代化に対する懸念が表明されたが，問題の優先順位はまだそれほど高くはなかった。[35] 中国の脅威がより具体的な問題として取り上げられるようになるには，台湾海峡ミサイル危機を待たねばならない。

第2節 近代化問題の高まり
―1997-1998年度予算をめぐって―

　共和党主導となった議会において，軍事委員会は近代化のための予算増額を求めた。クリントン政権も近代化それ自体の必要性を否定していたわけではない。行政府による1997年度の予算要求では，装備の老朽化とそれに伴う維持運用コストの高まりが問題視された。さらに，先端技術が迅速でより少ない犠牲による紛争解決につながることからも，近代化に高い優先順位が置かれていることが確認されている。[36] また，行政府予算案では1997年度から2002年度にかけて3,140億ドルの調達費を計上することが求められており，近代化を実際に加速させる意図があったことも窺える。[37] だが，クリントン政権は前年度にとられた国防予算の増額措置を，次のような観点から批判もしている。まず，行政府の国防予算計画が「合理的かつ注意深い」ものであるのに対して，前年度に議会が行った兵器プログラムへの投資を中心とする行政府予算要求への70億ドルの上乗せは，「軍が必要ではないと述べているか，あるいは後に要求することを計画していると述べていたもの」だとされた。また，行政府は1990年代末に新技術が利用可能になった段階での近代化予算の増額を計画しているのに対して，議会は古い技術に対する投資を計画しているということも批判の対象となった。こうした理解から，行政府はいくつかのプログラムを撤回ないし中止することも視野に入れていた。[38]

　予算案をめぐるこうした行政府の見解とは対照的に，軍事委員会において近代化予算の増額を求める声はますます高まっていた。1997年度予算の編成過程では，こうした傾向に拍車をかける二つの特徴がみられる。一つは中国の脅威が大きく問題視されるようになったこと，もう一つはRMAというコンセプトが予算正当化の論拠になり始めたことである。

(1)中国の脅威と米軍近代化の遅れ

　1995年から1996年初頭にかけて起こった台湾海峡ミサイル危機は，議会における中国への危機感を高めた。上院の軍事委員会報告書では，中国の経済成長や軍事力の近代化がアジアの安定や米国の利益に対する潜在的な懸念事項であることが指摘されたものの，中国との対話を継続するよう国防総省に求める旨が記載されるにとどまったが[39]，下院の報告書では台湾海峡ミサイル危機発生の事実が明記され，これまで以上にはっきりとした中国脅威論が展開されるようになっている。下院軍事委員会は，台湾海峡ミサイル危機を「中国が強制外交の道具として軍事力を用いる意思を見せた」ものとみなし，それが「東アジアにおける安定や繁栄，民主主義の成長を脅かす」ものであると捉えた[40]。さらに，台湾海峡における中国の行動がこれまで人民解放軍が進めてきた近代化や技術革新の蓄積を示すものと位置づけられ，中国が米軍のアジアにおける展開を阻止する能力を集中的に高めようとしているとの懸念が表明されている[41]。

　ただし，議会におけるこのような中国脅威論の高まりが，国防予算の傾向を決定的に変化させたかどうかは明らかではない。確かに，中国の脅威が台頭することによって米国側で国防予算増額のインセンティブが高まるというのは，従来の作用・反作用モデルの予測通りの現象である。つまり，冷戦末期には脅威の大幅な後退や財政的制約の高まりによって削減の対象となった調達予算が，中国という新たな脅威の台頭が明白なものになるにつれて，再拡大の対象となったという論理である。実際，1998年度予算においては議会から調達予算の大幅な増額が求められており，中国の脅威の高まりという要因もその根拠の一つとなっていることは間違いない。しかしここで，調達予算の拡大はすでにBURの策定時から議会共和党が熱心に要求するところであったということには留意すべきであろう。そして実際，共和党多数議会の成立時からそのような要求は徐々に法案に体現されるようになっていた。その意味では，この年の予算拡大と脅威との対応関係は必ずしも明確ではないのである。

　調達予算の大幅な拡大を正当化する議会のより直接的な論理に目を向けてみても，それは台湾海峡ミサイル危機の発生にもかかわらず，これまでの予算法案に対するものから大きく変化したわけではなかった。その論理の主な

背景となっていたのは，行政府が策定したBURという戦略と予算規模との間に大きなギャップがあること，さらにそうした状況が長らく続き，とりわけ調達予算の規模が著しく低い状態に置かれていたことによって，軍備の近代化に遅れが生じているという問題意識が高まっていたことであった。[42] 台湾海峡ミサイル危機により明確な形で言及した下院ですら，調達予算の再拡大の直接的な理由を，これまでの調達縮小によって近代化計画に大幅な遅れが生じているという点に置いていた。下院軍事委員会は，JCSから近代化を継続するための予算が必要であるとの説明があり，国防総省もそのような状況を認めたにもかかわらず，クリントン政権がそのような要求に対して無策であったことを批判した。その上で，老朽化した兵器を更新する必要性が高まっているという理解に基づき，兵器調達に重きを置いた装備の近代化のための投資を再活性化することを，国防政策の柱として位置づけた。[43] 台湾海峡ミサイル危機をきっかけに，軍事委員会では中国の脅威の高まりに対する懸念が明示されるようになったが，実際にはそれは調達重視の国防予算の大幅な回復を後追いで正当化するにすぎないものだったのである。

(2) RMAへの積極的対応—Joint Vision 2010の履行とQDR 1997—

脅威の動向と調達との関係が薄れているということは，研究開発予算の動向について考える上でも重要である。冷戦末期には研究開発を維持するための予算を調達の縮小によって捻出しようという動きが強まったが，その背景には財政的制約の高まりとともに，脅威の後退によって技術的リスクを受け入れる余地が一定程度高まったことがあった。1990年代中盤以降には，研究開発予算の重要性をどのように評価するか，さらにその中で調達予算の再拡大の試みと研究開発費とのバランスをどのような形でとるかが，行政府と立法府との間の重要な争点の一つとなりつつあった。

研究開発予算の拡大は，依然として将来の軍事的能力の確保という観点から正当化されていたが，同時にそれは，これまでに明らかになってきた米軍の新しい作戦コンセプトを実現するためのものと位置づけられるようにもなっていた。上院軍事委員会では，戦場における能力の改善が米軍の優越性の維持や将来の予算節約につながるという理解のもと，研究開発予算の付与を積極的に支持している。その指針として議会で重視されるようになってい

たのが，RMAのコンセプトに関する議論であった。そこでは，オーウェンスやマーシャル，クレピネヴィッチといったRMAの専門家が公聴会で展開していた議論をもとに，情報技術を中心とした新技術の利用，冷戦の終焉に伴う地政学的変化，ゴールドウォーター・ニコルズ法に基づく改革による国防総省の組織的変化から軍事作戦の根本的変化が生まれていることが指摘された。また，オーウェンスが「システム・オブ・システムズ」を生み出すような技術に注目する必要があると述べたことも取り上げられた。それは，戦場における優越に必要な既存の能力をかつてないほど高めるものと位置づけられ，精密誘導技術などとともに，偵察や通信に寄与する情報技術が重要となることが確認されている。[44)]上下院の軍事委員会は，RMAをめぐるコンセプト―たとえば情報支配，精密な標的捕捉と攻撃，機動力の向上―に即した新たなドクトリンを研究，実現しようとする各軍レベルの取り組みも積極的に後押ししていた[45)]。また，そのような新たなドクトリンを支える技術そのものへの投資，中でも戦場における情報収集や処理にかかわる技術は，既存の軍事システムの効果をより一層高めるものとみなされ，それが研究開発への投資を正当化する根拠にもなっていた[46)]。

　米軍におけるRMA推進の試みにより具体的な指針を提供したのが，1996年にJCSが発表したJV2010であった。JV2010は，冷戦後における米軍のタスクの多角化と，在外基地を含めた米軍の規模の縮小の必要性を指摘した上で，前方投射能力を維持するための戦略的機動性，及び米軍の効率性の向上という目標を提示するものであった[47)]。この目標を達成するために，JV2010では次のような改革方針が示されている[48)]。第一に，四軍間における制度的，組織的，理論的，技術的な面での完全な「シームレス統合」と，同盟国との相互運用性の向上が必要であるとされている。第二に，長距離誘導能力の向上によって攻撃目標の選択性を高め，軍の経済性，作戦の迅速性を向上させることが求められる。第三に，ステルス技術の向上，戦闘単位の小型化，索敵能力の向上により，戦場における生存能力を高めることが必要とされている。第四に，「システム・オブ・システムズ」の概念に基づく情報・システム統合技術の改善により，支配的戦場認識を獲得することが求められる。第五に，このような技術の複合的利用による，破壊力の向上が求められている。これは，より少ないプラットフォーム，兵器で迅速かつリスクの少ない作戦の展

開を可能にし，また，戦略的には迅速な兵力の投射，兵站の短縮を可能にするものと理解されている．第六に，情報戦における絶対的優越を維持する必要性が高まることが指摘されている．第七に，これらは全て技術，特に情報技術の優越によって可能となるものであるため，より高度な技術の研究開発，採用が必要であるとの方針が示されている．さらに，このような改革に伴う作戦コンセプトの変化も示唆された[49]．「機動の優越」，「精密交戦」，「全次元防衛」，「集中兵站」の四つの領域から成り立つ新たな作戦コンセプトは，その相乗効果により，高強度軍事作戦における米軍の能力を飛躍的に増大させるとともに，人道支援から平和活動に至るまで，「全ての領域における優越 (Full Spectrum Dominance)」を可能にするものであると結論づけられた．

　このような見解を打ち出したJV2010は，しばしば冷戦後の米国におけるRMAの政策的なベンチマークとして重要視されてきた．しかし，その内容の多くは冷戦終焉時の政策転換で重視されたものの延長線上にある．また，JV2010で求められている一貫した先端技術の継続的開発の要請も，ブッシュ政権における政策転換以来の技術開発重視の姿勢が再確認ないし強化されたものにすぎない．議会はこのような方針に対して，これまでも積極的な支持を与えてきたのであり，したがってここで殊更に異議を唱える理由もなかったのである．

　JCSがJV2010で示した米軍改革の方針は，1997年に発表されたQDR1997にも反映されている．QDR1997で示された国防総省の脅威認識は，2015年までは米国が圧倒的な優位に置かれるというものであった．その上で，「全ての領域における」軍事作戦を遂行可能な能力構築という軍改革方針が再確認されたが[50]，この背景には，米軍が対処すべき有事の性質が変化しているという明確な認識があった．QDR1997においてはBURと同様，二つの大規模地域紛争を同時に遂行することが中心的な課題に据えられる一方で，限定的空爆，平和維持，人道支援などを含む多種多様な小規模紛争事態への対応の必要性が過去に比して高まったという認識が示されている．さらに，米軍は顕在的脅威のみならず，今後予想される多様な軍事行動と作戦環境において成功を収めるために，能力ベースの軍事力構築を進めるべきであるとされている点は注目に値しよう．こうした認識からはJV2010と同様，大規模地域紛争への対処能力の転用によって軍事的能力の多様性が獲得されるという認識が転換

しつつあることが読み取れる。つまり，能力構築目標が大規模地域紛争に一義的に対処するものから，これを含むより多様な能力を獲得するものへ，あるいは多様な介入政策の選択肢を提供可能なものへと拡大していると解されるのである。また，こうした任務に対応するための準備として軍の近代化を進めること，技術の優位を維持すること，そこでRMAのコンセプトが指針となることなどは，JCSがJV2010で明らかにした方針と大きく変わるものではない。

しかし，このようなQDR1997の内容は，これまで展開されてきた議会共和党の批判に対して十分に答えるものではなかった。下院はQDRで示された脅威認識が楽観的に過ぎるとの不満を表明している[51]。特に，近年議会が懸念を表明してきた中国，そして将来的な台頭が予想されるロシアについては，現在は米国の敵となっているわけではないものの，米国の国益を脅かすに十分な軍事力を蓄積する力を持っているとの観点から，2015年までは米国にとって有利な安全保障環境が続くというQDRの前提に疑問を投げかけている[52]。

議会におけるこうした懸念は，QDRという戦略そのものの根本的な見直しではなく，QDRの履行に求められる軍事的能力の獲得を迅速に達成すべきであるという主張につながった[53]。その主な論拠はこれまでにも議会共和党が繰り返してきたように，「調達の休日」が米軍の近代化の遅れを招いているという点に置かれた。下院軍事委員会は，「過去五年間にわたる『調達の休日』は終わらせなければならないという広範なコンセンサスがある」ものの，行政府がこれを実施するかどうかは疑わしいと見ていた。そういった疑念の背景には，JCSが近代化を継続するに当たって年間600億ドルが必要となると結論付けているにもかかわらず，1998年度予算要求における近代化予算は426億ドルにとどまっており，前年度までの予算見積もりからも縮小されていることがあった。議会共和党は依然として，「調達の休日」の影響がそれほど大きなものではないことを主張する行政府や議会民主党に対して，「近代化予算の不適切な削減が，湾岸戦争で示された素晴らしい技術的先端性を失わしめる」ことを問題視しており，調達予算の大幅な再拡大を求め続けていたのである[54]。

研究開発の面では，技術やドクトリンの革新の遅れも問題視されていた。すでに1997年度予算をめぐって，上院はJV2010が各軍の新たな作戦コンセプト

の指針となるという評価を下しつつ，それが軍をまたがって統合的に進められる手続きが明らかではないことや，各軍の作業の進捗状況に差があるとの問題を指摘していた。また，厳しい財政的制約の中で，こうした試みの中心をなす新規かつ高価な技術に対する予算の確保が可能となるかどうかも懸案となっていた。さらに，革命的な能力の向上には不確実性が伴うとの観点から，増分主義的な能力向上アプローチとのバランスをどのように取っていくかという問題も提起されている。こうした問題に対する「強い懸念」は翌年度の予算に対しても表明され，各軍のC^{4}ISR（Command, Control, Communication, Computer, Intelligence, Surveillance, and Reconnaissance）能力がいかにして統合されるのか，JV2010の履行に向けた各軍のイニシアティブがどのような形で進められるのかを見直すよう促している。

　このように，軍事委員会のレベルでは調達，研究開発を含む国防予算の増額が求められ続けた。特に下院軍事委員会では，国防予算の不足が年度当たり150億ドル以上にのぼると考えられるのに対して，国防総省による不足額の見積もりがより楽観的なものとなっているため，財源の不足に適切な形で対処できないことを批判していた。ただ，そもそも調達を中心とした大幅な国防予算の削減が実施されたのは，冷戦が終焉したことによって軍事力の規模縮小が可能になったとみられたことに加え，巨額の財政赤字を抱えていたことが原因であった。財政赤字は1990年代後半になると大きく縮小していたことは確かであるが，それでも依然として大きな懸念の対象ではあり続けてきた。加えて，共和党ではギングリッチの主導のもと，軍事力の回復と同時に均衡財政や減税などを目標として掲げていたため，財政状況を無視した国防予算の増額が認められるわけでもなかった。

　軍事委員会の共和党議員の間でも，財政赤字削減の問題が無視されていたわけではない。前年度にも上院で強調されたように，軍事委員会にも調達改革や基地閉鎖などを通じて長期的な効率化を積極的に進めるという意識はあった。しかし問題は，こうした効率化の措置の効果が予定通りに出るかどうかが疑わしい上に，QDRに盛り込まれた近代化予算がそのような不確実な予算節減計画による資金捻出を念頭に置いていることであった。予算節減に失敗すれば近代化計画の実施に影響が出るため，近代化の推進を求める軍事委員会の共和党議員からすれば，このような措置の履行はきわめて不透明なもの

だと考えられたのである[59]。このように，財源の問題というブレーキがかかった状態で，米軍の近代化への要請は大きく高まっていたのである。

(3) ボスニア介入の影響

　この時期の国防予算の動向を理解するには，ボスニア介入の影響についても検討する必要があるだろう。湾岸戦争は，対外介入政策の帰結がその後の軍備計画に大きな影響を与えうることを示した。また，ソマリアの経緯は作戦維持費と近代化予算のバランスという，より間接的な形での軍備に対する影響についての問題意識を高めた。いずれの形にせよ，対外介入の動向はこの時期，軍備をめぐる議論に影響を与える重要な要因となりうるものとなっていた。

　クリントン政権はボスニア紛争に臨んで，ソマリアとは異なる姿勢での対処を試みている。同政権がボスニア紛争への関与を迫られていた背景には，ボスニアの惨状を目の当たりにした米国内世論による，ブッシュ政権期以来の介入を求める声の高まりがあった。しかし他方で，二転三転する世論自体のボスニア介入に対する態度や，ソマリアの経験がもたらした地上兵力投入への恐れがあったことなどが，ボスニアに対する地上兵力の投入を躊躇させていた[60]。こうした世論の動向と介入がはらむリスクという問題のジレンマに直面し，クリントン政権が採用したのは空爆による限定的関与であった。クリントンは1994年2月初頭，セルビア人勢力によるサラエボ市場砲撃事件とガリ国連事務総長による空爆要請を受け，NATOの枠組みで限定的空爆を開始した。だが，そのような努力はボスニア情勢を好転させるには至らず，1995年8月下旬には再びサラエボへの迫撃砲攻撃が発生した。この事件がNATOの大規模空爆開始決定を促す直接的な引き金となり，8月30日には最終的な大規模空爆作戦が開始された（Operation Deliberate Force）。これが一定の成果をあげたことで，ボスニア紛争は12月のデイトン合意の成立に向けて動き始め，一応の終息に向かうこととなる。

　このボスニアにおける成功が米軍の航空兵力に負うものであることはいうまでもない。ボスニア空爆では，米軍の割合はNATO全軍の65.9％を占めた。米軍はレーザー誘導爆弾やトマホーク巡航ミサイルなどの精密誘導兵器を駆使し，その使用率は7割近くにのぼったことが報告されている[61]。こうした兵

器が湾岸戦争でその効果を発揮したものであったという点では，ボスニア空爆はBURで期待された通り，大規模紛争に対処するべく構築された軍事的能力が低強度紛争への対処に転用可能であることを示したといえるだろう。その点は，兵力の転用が必ずしも適切な方策ではないことを示唆したソマリアの帰結と大きく異なっている。こうしたボスニア空爆の方法は，湾岸戦争で構築された武力行使のイメージ——技術的優越を背景とした「新しい戦争」——をさらに推し進めたものであり，さらにその人命保護への寄与という側面が，政策的ツールとして行政府に用いられたケースともいえる。

　だが，軍事委員会の強調点はこうした空爆の成果以上に，戦後の地上展開がはらむ諸問題に置かれた。デイトン合意後のIFOR（Implementation Force）では，NATO諸国，NATO非加盟諸国合わせて6万人規模の兵力が展開されたが，その中で米軍の占める割合は3割程度であった。[62]これを多いと見るか少ないと見るかは判断の難しいところであるが，少なくとも戦闘作戦時に比して米軍が控えめな役割を担ったと理解することは可能であろう。[63]だが，軍事委員会の共和党議員は，クリントン政権がこのような形でボスニアでの地上作戦を継続していたこと自体を問題視した。ボスニアでの地上展開に対しては開始前にも「第二のベトナム」につながる可能性があるとして反対の声が多くあがっており，また，展開後にも米兵の安全確保問題や出口戦略の不明瞭さ，重要な国益の不在が問題視され続けていたにもかかわらず，クリントンがボスニアからの撤兵期限を引き延ばし続けていたためである。[64]

　このような軍事委員会報告書の見解からは，ボスニア介入が軍備関連の予算に対して与えた影響を十分に明らかにすることはできないが，少なくともそれが行政府や議会の進める技術革新を中心とした米軍再編の動きを押しとどめるものとはならなかったということはいえるだろう。実際のところ，JCSは科学技術の発展の重要性を再確認しながらも，科学技術の発展が必ずしも万能ではないという見方もとっていた。JV2010では「多くの軍事作戦が地上兵力による占領や集中的な物理的プレゼンスを必要とする」が，「そうした作戦においては科学技術の持つ前提が明確ではない」[65]という見解が示されている。しかし，こうした主張は行政府の対外介入に臨む姿勢に影響を与えることはあっても，議会の予算法案をめぐる最終的な見解に反映されることはまだなかったようである。むしろボスニアの経緯は，米軍の過剰展開によって

近代化予算が圧迫されるという問題に，新たな事例を付け加えたという意味合いで強調されることになった。

第3節 財政均衡の達成とコソボ介入
―1999-2000年度予算をめぐって―

　国防予算を長らく抑制し続けてきた財政赤字は，1998年度に解消される見通しとなった。これを受けて，国防予算に対して長らくかかっていた制約は大きく低下したかに見えた。中でも，行政府の国防予算案における調達費の要求額が冷戦終焉後初めて拡大に転じ，さらに実際の予算も大きく伸び始めたことは重要である。このことは，それまでの軍事委員会の要求を実現するものとなるようにも思われた。しかし，それは必ずしも，軍備をめぐる要請を十分に満たすだけの予算が付与されるようになったことを意味していたわけではなかった。その理由の一つとして，1997年財政均衡法の成立に見られるように，米国ではよりいっそうの財政の健全化が目指されていたことも挙げられる。しかし軍事的観点からそれ以上に問題視されたのは，それまでに進められた国防予算の大幅な圧縮が，容易には建て直しがたいレベルにまで米軍の状態を悪化させていたとみられていたことであった。

(1) 財政均衡と研究開発予算の問題

　軍事委員会は，国防予算のレベルがQDRの要請水準に満たないとの批判を繰り返していた。下院軍事委員会は前年度に引き続き，BUR以上に米国の冷戦後軍事戦略を明確化したという点ではQDR1997を前向きに評価していたが，それは同時に，それまで議会共和党が問題視してきた戦力と資源との間のギャップをますます浮き彫りにするものとみなされた。その最も大きな背景となったのが，QDRが将来的に中国やロシアの脅威への対処を求めるものとなっており，その戦略的ビジョンがBUR以上に要求水準の高いものとなっていることであった。より高度な脅威が想定されるにもかかわらず，行政府の予算要求が十分な規模に達していないことが問題視されたのである。[66] 特に近代化予算の動向についていえば，JCSが必要な近代化予算の水準を600億ドル程度と見積もっていたことも引き合いに出され，その不足が強調されて

いる。その他にも，将来的に精度の高い弾道ミサイルや大量破壊兵器，先端通常兵器などを備えたイランやイラクのような，地域的なならず者国家が脅威となる可能性や，テロリズム，ドラッグの取引，戦争を辞さない民族主義などの脅威に対する懸念も高まっていた。

　むろん，国防総省が「ついに曲がり角をまがった」ことにより，調達予算の要求額が再拡大したことは，従来の軍事委員会の主張にも適った歓迎すべきことであった。とはいえ，これまでに「調達の休日」が近代化の大きな遅れを招いたことを考えれば，その規模は全く十分なものとはいえなかった。下院では，米国がかつてないほどに他国に対して優越した国家となっていることが指摘されつつも，「調達の休日」によって米国の軍事的優越の背景となる技術的リードは損なわれつつあると理解されていた。技術の喪失は，旧式化，老朽化，そして他国への技術拡散という三つの観点から主張された。まず，レーガン軍拡期に調達された兵器システムは，1970年代の技術に基づいたものであるという点で，すでに旧式化の進んだものであると考えられた。同時に，クリントン政権のもとで米軍の任務が増加していることによって，装備の老朽化も進んでいることも指摘された。こうした形で技術の先端性の喪失が進むことによって，RMAの実現が難しくなることも問題であった。このような絶対的な技術喪失に加えて，他国への技術拡散が米国の技術的優位を相対的に損なっていくということも問題視された。コンピューターや通信，宇宙からの偵察などにかかわる，安価で入手の容易な技術が，将来の敵国の軍事的能力を高めると考えられたからである。こうした見方から，米国は近代化と技術革新を通じて技術的先端性を維持しなければならないということが再三にわたって確認されている。

　調達予算はまだまだ不十分であるとはいえ，財政の健全化に伴って再拡大の流れに乗っていた。しかしここで大きな問題として取り上げられたのは，行政府による予算計画では，今後5年間にわたって調達費の再拡大と同時に研究開発費が少なくとも14％ほど削減される見通しになっていたことである。もっとも，行政府の予算要求の根拠だけを見れば，研究開発の重要性はむしろ強調されていたといってよい。そこでは，調達と並んで研究開発プログラムを集中的に進めていくことで米軍の質的な優位を維持しなければならないことが確認されており，さらにJV2010を通じて米軍再編を進め，将来のため

にRMAを利用していくことの重要性も主張されている[72]。にもかかわらず研究開発予算の縮小が計画されたことを，下院軍事委員会はQDRで勧告された小規模の戦力で能力を最大化する試みと矛盾するものと捉え，問題視した。委員会はこのような観点から，予算の不足から大規模な近代化予算を付与することに困難が伴うことを認めつつも，行政府の要求を上回る調達予算を付与し，かつ，研究開発予算をも守るような法案を求めたのである[73]。

クリントン政権と軍事委員会との間に生じたこうした不一致は，財政均衡の達成が明らかになった翌年にも解消されることはなかった。クリントンが1999年1月19日の一般教書演説において最初に強調した成果は，堅調な経済動向，そして財政均衡の達成であった。1992年には2,900億ドルあった財政赤字が，1998年には700億ドルの黒字を計上し，「30年ぶりに財政が均衡している」ことが述べられ，さらに「今後25年にわたって黒字を計上する」との見通しも明らかにされた。そしてついに，クリントンは「1985年以来の国防予算の縮小を逆転させる時が来ている」と宣言した[74]。

議会は当然，これを国防予算の再拡大を意味するものと解釈した。実際にも，2000年度の行政府予算要求では国防予算の拡大が求められていた。しかし，軍事委員会はこの要求を，巧妙な会計処理と楽観的な経済見通しにかなりの程度依拠したものであり，さらにJCSが指摘している予算の不足を半分ほどしか補填していないものとして批判した[75]。結局のところ，行政府の予算案は軍事委員会の勧告や軍の要望を満たすような形では増額されなかったのである。

2000年度予算要求の内訳の中でも特に軍事委員会による批判の対象となったのは，行政府がなお研究開発費の縮小見通しを撤回していなかったことであった。クリントン政権は繰り返し，米軍の質的優位の維持とそのための調達，研究開発への集中的取り組みの重要性を強調し，軍の変革に向けてRMAを利用することやインフラ整備を進めるという目標を掲げていた[76]。にもかかわらず，研究開発予算を5年で14％削減するという行政府の見通しは維持されたままであった。上下院はともにこうした見通しに対して，前年度に引き続き批判を繰り返した。特に下院軍事委員会では，行政府の予算案において研究開発予算と調達予算が再びトレードオフの関係に置かれるようになっていると捉えられ，それが問題視されたようである。委員会では，国防総省が

調達との比率を概ね2対1にするという方針のもとに研究開発予算の削減を進めているとの理解から，このような措置の妥当性が十分に説明されていないことが批判の対象となったのである。

　もちろん，調達の再拡大はこれまでにも委員会が積極的に求めてきたものであり，2000年度予算をめぐっても調達予算の拡大を含む近代化の加速は，人件費の増加や即応性の改善と並んで勧告の対象となっていた[77]。しかし同時に，短期的，長期的な近代化のバランスをとることで米軍の技術的優位を維持することの重要性を強調してきた委員会にとって，調達不足の解消が国家にとって重要な軍事技術を犠牲にすることによって進められることは受け入れがたいものであった。また，国防総省が研究開発予算の削減を正当化する一方で，各軍からはミサイル防衛プログラムや戦術情報システム，宇宙ベースの早期警戒システムや衛星プログラムなどの研究開発に高い優先順位を置くことが表明されているという矛盾も問題視された。その結果，研究開発予算の縮小という戦略が，より小規模かつ近代的な，高い能力を有する軍事力の必要性を主張するQDRの流れに沿わず，さらに米国の軍事技術上の優位を脅かすものであるという結論が，前年度に引き続き盛り込まれることになったのである[78]。上院でも同様に，トランスフォーメーションやJV2010に対する支持が表明される一方，研究開発費の削減はそこで重要となる技術的優越を損なうという点が問題視され，予算の見直しが求められた[79]。このように，冷戦後の軍備計画の履行を通じて，もはや研究開発の重要性を否定することも，その予算を削減することも困難な状況が生まれたのである。翌年，クリントン政権最後の予算要求において，研究開発予算の見通しは再び拡大を志向するものとなった。

(2)コソボ介入に臨む米国の態度と軍備計画への影響

　国防予算が再拡大に転じたとはいえ，依然としてその不足が問題視される状況下，コソボ介入もまた，ソマリア以来の懸案であった作戦維持費の増大に伴う近代化予算の侵食という問題を強調し，国防予算の増額を求める論調に拍車をかける役割を果たした。クリントン政権は，国内政治上の大きな制約を背景としてコソボへの介入を決定することになった。当時の米国内世論は，コソボへの介入自体に懐疑的であり，その目的は米軍が多くの犠牲を払

う価値のあるものとしては認められていなかった[80]。クリントン政権はこうした背景の下，人道の論理はもとより，国益の保護や同盟の責務をも含む多様な論理を駆使しつつ，コソボへの関与を入念に正当化していった。だが，コソボへの関与に対する世論の支持率は，空爆直前に至っても過半数に達することはなかった[81]。さらに世論には，死傷者の発生を受け入れる準備もできていなかった。空爆に伴う死者発生数についての世論の見積もりは極めて低く，100名以内に収まるとするものが全体の52％を占め，その中でも「ゼロ・カジュアルティ」の予測は18％と，回答者の中でもっとも多かった[82]。その世論が，地上兵力の戦闘参加について消極的であったことは不思議なことではない。この数字は，湾岸戦争に際しての世論による死傷者予測に比べると，驚くほど低い。その一方で，世論は政策目標の達成に向けて地上兵力の投入が不可欠であるとの認識を示していた[83]。だが同時に，実際に空爆が効果的ではなかった場合に地上兵力を戦闘に参加させるべきか否かという点については，一貫して否定的な態度が示されてきた[84]。

　議会も同様に，コソボへの関与に慎重な姿勢をとっていた。1999年3月8日に下院に提出された決議案は，単に大統領に対して米軍のコソボ派遣を認めるというものであったが[85]，3月11日に実際に通過した決議を見ると，審議の過程で様々な条件が追加されたことがわかる。大統領は兵力投入前に，コソボにおける米国の国益，展開する兵力の内訳，出口戦略及び撤退期限，交戦法規，展開の財政的影響について，議会に対して明確に説明しなければならなかった。さらに，NATO全軍に占める米軍の割合を15％以下に抑えることが規定された[86]。その上でなお，この決議案の通過には半数近くの反対を伴ったことに見られるように，コソボ介入は根強い批判の中で実施されたのである[87]。

　こうした状況のもとでは，クリントン政権が空爆に限定した介入を行ったのはやむをえないことであった。クリントンが公式には，当初から地上兵力投入の意図を否定していたことはよく知られている[88]。実際に，コソボ空爆は精密誘導能力の著しい向上を背景に実施された。湾岸戦争におけるPGMの使用率は10％未満であったとされるのに対して，コソボでは投下された約2万3,000発の爆弾のうち，35％が精密誘導化されていた[89]。また，この時までにレーザー誘導兵器はすでに時代遅れのものとされ，JDAM（Joint Direct

第7章　イノベーション志向の装備調達政策—冷戦終焉後の履行とその定着—　277

Attack Munition）のような衛星誘導兵器に取って代わられつつあった[90]。コソボではこのような兵器が用いられ，高高度から極めて人命リスクの低い爆撃が実施された。その結果，航空機の損失は3万8,000回の出撃でわずか2機にとどまった[91]。また，地上兵力投入の必要性が徐々に認識されつつあったが，結局投入の決断は下されないまま作戦は終了した。「ゼロ・カジュアルティ」は，その結果として達成されたのである[92]。

　このように，コソボ介入は1990年代を通じて米軍が進めてきた，技術的優越に依拠した軍事力の構築の成果を端的に示したものであったといえる。しかし，下院軍事委員会にとってコソボ介入は，近代化の遅れと調達予算の不足，そして米軍の過剰展開を証明するケースに他ならなかった。たとえばそれは，紛争地域に展開される空母や巡航ミサイルを含む精密誘導兵器の不足，電子戦用の装備や給油機の損傷，戦闘機や攻撃機にかかる負担などの問題を浮き彫りにするものと捉えられた。特にコソボでの作戦において米軍はNATO最大の負担を負っているために，主要なPGMの在庫が予想よりはるかに速いペースでなくなり，補給品の不足は即応性を劇的に低下させているなどの問題を引き起こしていた。

　さらに，コソボ介入がただでさえ不足している近代化予算をいっそう侵食していくことや，過剰な海外展開が調達予算の不足に伴う装備更新の遅れとあいまって兵器の老朽化を加速させ，その結果として維持費の増大を招いていることも，近代化の重要性を主張し続けてきた委員会にとっては大きな問題であった[93]。もちろん，このような懸念は1990年代を通じて表明され続けてきたものであり，ソマリア介入の際にも，ボスニア介入の際にも取り上げられた問題である。上院軍事委員会ではコソボ介入の前年にも，海外展開の増加に伴って作戦維持費の確保による近代化予算の侵食がますます問題視されるようになっているとの懸念を示していた。そこでは近代化の遅れに由来する装備の老朽化，それに伴う維持費の増大，そして小規模な兵力の過剰使用が問題と見られており，近代化を進めるとともに，将来的に作戦維持費を低下させていくことが求められていることが主張された[94]。コソボの経緯はこのような主張を裏付けるものとして扱われた。コソボを通じて明らかになった，小規模の兵力でより多くの任務をこなすことで発生する兵力の摩耗は，「新しい問題ではなく，ますます悪化している」と見られたのである[95]。

第4節 小括

　本章では，BURの発表からコソボ介入までの経緯をめぐる行政府の動向と，それに対する軍事委員会の反応を検討した。1998年に調達予算が，1999年に国防予算総額が再拡大に転じるまで，国防予算の傾向に大きな変化は生じなかった。しかしその中で，行政府では技術革新に依存した軍の再編を進めようというインセンティブが高まっていった。そしてそれ以上に，抑圧され続けてきた国防予算の再拡大が，軍事委員会や軍を中心に求められるようになっていった。このような動きは，調達予算の再拡大を中心とした近代化の圧力としてあらわれ，それは直接的には議会で共和党が多数派を占めたことによって加速した。その意味では1995年を，米国が冷戦後に軍備政策を履行していくに際しての一つの転換点として捉えることもできるだろう。しかし，共和党の多数派獲得は近代化圧力を具体的な形で予算に体現する大きな力となったという意味で重要な条件ではあったが，それだけではなぜそもそも近代化圧力がこれほどまでに高まり，技術革新に重きを置いた米軍再編が進められていったのかという点を説明するには十分ではないということもいえる。この点を説明するにはむしろ，行政府や議会がいかなる根拠のもとに近代化予算を正当化していったのかに注目する必要がある。

　近代化予算を正当化する上で，BURやQDRのような戦略的指針や，中国の脅威の高まりは重要な要素であった。また，財政赤字の規模が徐々に縮小されていったことは，国防予算の再拡大の正当性を財政的な面からも確保する上で欠かせない背景であったといえよう。しかしそれ以上に重要だったのが，過去に行った軍備をめぐる政策選択との整合性の問題であった。冷戦末期の決定に際しての基準からいえば，財政赤字の解消と軍事的能力の確保という二つの目標を同時に達成するには，調達を削減することによって研究開発予算を維持することがもっとも合理的な方法であると思われた。このような措置に伴い，1990年代半ばには調達予算の再拡大を実施しなければならなくなる可能性については，決定の段階ですでに予測されていたことであった。そして実際に，調達予算の不足が長期にわたって発生し，近代化の遅れを招くことになったことが問題視されるようになり，「予定通りに」近代化を加速する動きにつながったのである。その意味では，この経緯を冷戦末期の選択

の一部として解釈することもできるだろう。

　もう一つ重要だったのは，近代化のために調達予算を拡大しながら，そのための予算を研究開発費の削減によって捻出するという冷戦末期と逆の措置をとることについて，もはや政治的なコンセンサスをえることが難しい状況が生まれていたことである。冷戦末期には，調達を削減して研究開発予算を捻出することが求められたことは，これらの予算が選択的関係に置かれたことを意味している。そのような関係が冷戦後にも維持され続けていたとすれば，1990年代半ばになってから，同様に財政的制約の中で不足する調達予算を確保するために，研究開発費を削減するというアプローチがとられる可能性もありえたはずである。実際にも，1990年代末に行政府の出した答えの一つは，調達予算の再拡大を目指しながら研究開発費の削減を進めるというものであった。だが，技術重視の近代化プロセスを加速させようと試みる議会にとって，そのような措置はもはや許容しがたいものとなっていた。同時に，研究開発予算の縮小を提案した行政府の方でも，予算案では技術革新の重要性や近代化の進展が米軍のカギとなるということ自体はむしろ積極的に主張されていた。さらに，こうした措置が軍事的な成功につながった，あるいは将来の成功の背景となるという意識が，政権と議会の双方に醸成されていたことも，技術革新に依存した軍備への政策選好を高めた。これらのことから考えれば，技術革新に依存した軍備が冷戦後の軍事戦略を遂行する上で欠かせない要件となっているということについて，少なくとも軍事的な文脈においては行政府と立法府の間でコンセンサスができあがっていたと解釈することはできるだろう。

　もちろんその背景には，財政状況の漸進的な改善という要因があった。冷戦末期には脅威の後退と財政赤字という二つの制約要因が相互強化的に国防予算の縮小を促し，それが調達か研究開発かという方針の選択性を強めた。これに対して，予算が拡大局面にある場合，あるいはそのような前提のもとで予算を策定する場合には，重点化項目の予算を確保するためにその他の予算を削減するという形で，あえて投資先の取捨選択を進めるインセンティブは弱まるだろう。財政均衡の達成という長期的な政策目標が1999年までは達成されずに残されていたとはいえ，徐々に財政赤字が縮小されていくことで軍備に対する制約の度合いは弱まっていった。この点に着目すれば，1990年代

後半に達成された財政均衡，それに伴う国防予算への制約の低下が，調達予算の再拡大と研究開発予算の維持ないし拡大を両立させうる状況を生み出し，そのために政策選択をめぐる政治的な対立が大きく後退したと理解することもできる。つまり，行政府と立法府との間に成立した技術依存型の米軍再編というコンセンサスを揺るがすような措置—研究開発予算の縮小—をあえて選択する必然性が低下したのである。冷戦の終焉と前後して追求されるようになった技術革新依存型の軍備政策は，こうした過程を経て履行され，そのアイディアの妥当性は定着していった。このことが，冒頭で述べたW・ブッシュ政権のトランスフォーメーションにもつながり，米国が世界的な技術上のリードと，それに根差す軍事力の優越を今なお維持し続けている背景となっているのである。

　しかしより政策的な観点から見れば，このような措置は利点ばかりをもたらしたわけではなかったことも，ここで指摘しておく必要があるだろう。特に財源に厳しい制約がかかっている中で問題となったのは，技術開発の進展に伴う兵器システムの取得コストの増加であった。「ロールスロイス化」が懸念されていたB-2開発，調達の問題に代表されるように，兵器コストの増加は比較的早い段階から問題視されていた[96]。このような問題意識は，その他の新規開発された兵器が調達に入る段階になってますます高まった。近代化の積極的推進を求めてきた軍事委員会では，F-22, F/A-18E/F, JSF（Joint Strike Fighter）の開発継続を支持し続けていたが，そこにコスト増の問題が発生していることも理解していた。実際，委員会は新たな戦術航空機プログラムのコストが上昇し，それによって各軍の戦力更新や作戦上の要請の充足度が低下していくことを問題視しており，さらにコスト問題が航空機の開発やテストの制限ないし中止につながるような事態を懸念していた[97]。また，行政府も予算案において，主要プログラムのコスト増を抑制する試みを重要課題の一つとして挙げるまでになっていた[98]。

　とはいえ，研究開発への積極的な投資が，最終的にはプログラムコストの増加リスクにつながることは，すでに冷戦終焉前後の政策転換に際しても懸念されていたことであった。さらに，研究開発費を維持し，調達を削減するという決定がなされた当時にも，1990年代中盤から再び調達予算を拡大せねばならないこと，その際に政治的な決定の困難が生じるであろうことは，議

会や国防総省においても想定されていた。にもかかわらず，軍備政策の転換に際して研究開発への投資を重視せざるをえなかったのは，当時の国際安全保障環境や財政動向からすればやむをえないことであった。むしろそれは，短期的に見れば，軍事的にも財政的にも，もっとも合理的な措置とみなされたからこそ，積極的に進められたといえよう。しかし，兵器の取得コストの高騰は，調達の再拡大に当たって生じると予想された政治的，財政的問題を殊更に大きくしたのである。このような形で，技術志向の米軍再編が長期的に，予想以上の吸収しきれないコスト増につながったとすれば，そもそも財政的な制約の影響を極小化することを一つの根拠として採用された政策の妥当性はむしろ徐々に失われていったと見ることもできるだろう。その上，すでに軍事的能力を量よりも質によって規定することが当然視されるようになっている状況下では，質を犠牲にしてまで再び軍事力の量を重視する政策への極端な揺り戻しが起こるとは考えにくい。こうしたことは，冷戦末期の制約下で行われた軍備の「合理的」選択に起因する，一つの政策的限界を示しているといえよう。

注）

1) Cheney, Richard B., Department of Defense, *Defense Strategy for the 1990s: The Regional Defense Strategy*, January, 1993, pp.2, 6.
2) Aspin, Les, Department of Defense, *Bottom-Up Review*, 1993, pp.2, 7, 13-14. 具体的には，一か所の大規模地域紛争での敵側戦力を40-75万人規模（戦車2,000-4,000両，攻撃用航空機3,000-5,000機などを保有）と想定し，これに対して二か所でほぼ同時に対処し，勝利するために必要な米軍の戦力を，陸軍は10個師団に加えて予備役5個師団，海軍は空母12隻を含む艦艇346隻と攻撃潜水艦45-55隻，空軍は13個戦闘航空団及び7個予備航空団と爆撃機184機，海兵隊は3個海兵遠征軍，総兵力140万人と見積もり，これを1999年までに整備するとした。*Ibid.*, pp.13, 28-29.
3) *Ibid.*, pp.9, 19-23..
4) OMB, *Budget of the United States Government*, Fiscal Year 1996, pp.122-126. 兵力規模縮小の履行状況については，同文書の表10-1を参照。*Ibid.*, p.123.
5) Senate, Committee on Armed Services, "National Defense Authorization Act for Fiscal Year 1995, Committee Report," 103-282, June 14, 1994, pp.2, 4 (1/2).
6) House of Representatives, Committee on Armed Services, "National Defense Authorization Act for Fiscal Year 1995, Committee Report," 103-499, May 10, 1994, p.4.
7) *Ibid.*, p.108. ただしこれは，陸軍の現役，予備役の編成方法に関わる問題として扱われており，総体的な数の増減について触れているわけではない。

8) *Ibid.*, p.336.
9) *Ibid.*, pp.337-338.
10) *Ibid.*, p.338.
11) *Ibid.*, pp.344-345; Senate, Committee on Armed Services, "National Defense Authorization Act for Fiscal Year 1995, Committee Report," 103-282, June 14, 1994, pp.72-74 (2/2) ; *ibid.*, pp.71-72 (2/2).
12) 米軍のソマリア介入はブッシュ政権期に開始されたものであったが，ブッシュはその目的を飢餓への対応に限定しており，ソマリア人勢力の武装解除や北ソマリアへの介入は意図していなかったとされる。Bolton, John R., "Wrong Turn in Somalia," *Foreign Affairs*, Vol.73, No.1, 1994, pp.56-66; Clark, Walter, and Jeffrey Herbst, "Somalia and the Future of Humanitarian Intervention," *Foreign Affairs*, Vol.75, No.2, 1996, pp.70-85. この点についてはブッシュの演説も参照。Bush, George H. W., "Address to the Nation on the Situation in Somalia," December 4, 1992. ソマリアにおける任務が治安維持や政治経済の再建などにまで拡大されたのは，クリントン政権に入ってからのことである。
13) *The Gallup Poll Monthly*, October, 1992, pp.23, 30.
14) 松岡完『ベトナム症候群―超大国を苛む「勝利」への強迫観念―』中央公論新社，2003年，204頁。
15) クリントン，ビル（楡井浩一訳）『マイライフ―クリントンの回想―』下巻，朝日新聞社，2004年，200頁。
16) O'Hanlon, *op.cit.*, p.118.
17) Pace, *op.cit.*, p.245.
18) O'Hanlon, *op.cit.*, p.119.
19) Senate, Committee on Armed Services, "National Defense Authorization Act for Fiscal Year 1995, Committee Report," 103-282, June 14, 1994, p.29 (2/2).
20) House of Representatives, Committee on Armed Services, "National Defense Authorization Act for Fiscal Year 1995, Committee Report," 103-499, May 10, 1994, p.346.
21) *Ibid.*, p.337.
22) Stump, *Ibid.*, pp.344-345; Kempthorne, Senate, Committee on Armed Services, "National Defense Authorization Act for Fiscal Year 1995, Committee Report," 103-282, June 14, 1994, pp.72-74 (2/2).
23) *Ibid.*, pp.65-66 (2/2).
24) House of Representatives, Committee on Armed Services, "National Defense Authorization Act for Fiscal Year 1996, Committee Report," 104-131, June 1, 1995, pp.7-9.
25) *Ibid.*, p.654.
26) これには，F-16やF-15Eの損耗に備えるための予備航空機，PGMの追加，小火器，砲弾，戦術車両，偵察ヘリコプター，輸送用艦船，DDG-51駆逐艦，ドック型輸送揚陸艦（LPD）などが含まれる。また，B-2やUH-60の追加調達予算も求められた。*Ibid.*, pp.9-10.
27) Senate, Committee on Armed Services, "National Defense Authorization Act for Fiscal Year 1996, Committee Report," 104-112, July 12, 1995, p.2.
28) OMB, *Budget of the United States Government*, Fiscal Year 1996, pp.126-127.
29) House of Representatives, Committee on Armed Services, "National Defense Authori-

zation Act for Fiscal Year 1996, Committee Report," 104-131, June 1, 1995, pp.9-10. ただしここで研究開発費の中心は、ならず者国家によるWMDの脅威に対処するために、BMDプログラムを再活性化することに重きが置かれるとされている。上院も研究開発予算の重要性を主張していた。特に上院は陸軍が進めていた"Force XXI"を支持しており、陸軍関連の技術基盤に対する投資の増額を求めている。Senate, Committee on Armed Services, "National Defense Authorization Act for Fiscal Year 1996, Committee Report," 104-112, July 12, 1995, p.131.

30) House of Representatives, Committee on Armed Services, "National Defense Authorization Act for Fiscal Year 1996, Committee Report," 104-131, June 1, 1995, p.216.

31) Senate, Committee on Armed Services, "National Defense Authorization Act for Fiscal Year 1996, Committee Report," 104-112, July 12, 1995, p.3.

32) *Ibid.*, pp.419-420; House of Representatives, Committee on Armed Services, "National Defense Authorization Act for Fiscal Year 1996, Committee Report," 104-131, June 1, 1995, p.655.

33) *Ibid.*, pp.653-654; Bingaman, Senate, Committee on Armed Services, "National Defense Authorization Act for Fiscal Year 1996, Committee Report," 104-112, July 12, 1995, pp.418-419.

34) Senate, Committee on Armed Services, "National Defense Authorization Act for Fiscal Year 1995, Committee Report," 103-282, June 14, 1994, p.27 (2/2) ; House of Representatives, Committee on Armed Services, "National Defense Authorization Act for Fiscal Year 1995, Committee Report," 103-499, May 10, 1994, p.345.

35) Senate, Committee on Armed Services, "National Defense Authorization Act for Fiscal Year 1996, Committee Report," 104-112, July 12, 1995, p.300; House of Representatives, Committee on Armed Services, "National Defense Authorization Act for Fiscal Year 1996, Committee Report," 104-131, June 1, 1995, p.127.

36) OMB, *Budget of the United States Government*, Fiscal Year 1997, p.48.

37) OMB, *Budget of the United States Government*, Fiscal Year 1997, pp.48-49. ここで具体的な投資の対象として挙げられた近代化プログラムには、DDG-51、C-17、Joint Standoff Weapon、V-22、F/A-18E/F、新型攻撃潜水艦、F-22などが含まれる。また、JSFやコマンチといった新型兵器の開発予算も計上することとされた。

38) OMB, *Budget of the United States Government*, Fiscal Year 1997, p.47.

39) Senate, Committee on Armed Services, "National Defense Authorization Act for Fiscal Year 1997, Committee Report," 104-267, May 13, 1996, pp.334-335.

40) House of Representatives, Committee on Armed Services, "National Defense Authorization Act for Fiscal Year 1997, Committee Report," 104-563, May 7, 1996, p.10. 同時に、チェチェンや中央アジア地域におけるロシアの行動も脅威であることが示された。

41) *Ibid.*, pp.360-361.

42) *Ibid.*, p.11; Senate, Committee on Armed Services, "National Defense Authorization Act for Fiscal Year 1997, Committee Report," 104-267, May 13, 1996, p.11.

43) House of Representatives, Committee on Armed Services, "National Defense Authorization Act for Fiscal Year 1997, Committee Report," 104-563, May 7, 1996, pp.13-15. ただし共和党内からも、1997年度予算に必ずしも軍事的能力の向上に寄与しない「ばらまき型」

の予算が含まれているとの懸念も示されている。Senate, Committee on Armed Services, "National Defense Authorization Act for Fiscal Year 1997, Committee Report," 104-267, May 13, 1996, pp.434, 437.
44）*Ibid.*, pp.107-108.
45）ここで言及された各軍のコンセプト開発の取り組みとして，陸軍の"Force XXI"，海兵隊の"Warfighting Laboratory"，海軍の"Arsenal Ship"，空軍の"New World Vistas"が挙げられる。
46）Senate, Committee on Armed Services, "National Defense Authorization Act for Fiscal Year 1997, Committee Report," 104-267, May 13, 1996, pp.108-109; House of Representatives, Committee on Armed Services, "National Defense Authorization Act for Fiscal Year 1997, Committee Report," 104-563, May 7, 1996, pp.15-17.
47）Joint Chiefs of Staff, *Joint Vision 2010*, 1996, pp.4-8.
48）*Ibid.*, pp.8-16.
49）*Ibid.*, pp.20-25.
50）Cohen, William S., Department of Defense, *Quadrennial Defense Review 1997*, May 1997, Section 2.
51）軍事委員会がQDRを肯定的に評価した面もあった。それにはたとえば，軍構造の縮小や予算削減が進む中で，PKOなどの任務が増加しているといった問題を理解した上で，QDRがそのような状況を認めるものとなったことや，ミサイル防衛の優先順位を高めるべきであることを指摘した点などが挙げられる。しかし同時に，いずれについても問題を認識したことを評価するにとどまり，行政府の対応が依然として不十分であることも表明されている。House of Representatives, Committee on Armed Services, "National Defense Authorization Act for Fiscal Year 1998, Committee Report," 105-132, June 16, 1997, pp.10, 16.
52）*Ibid.*, p.12.
53）*Ibid.*, p.10; Senate, Committee on Armed Services, "National Defense Authorization Act for Fiscal Year 1998, Committee Report," 105-29, June 17, 1997, p.4.
54）House of Representatives, Committee on Armed Services, "National Defense Authorization Act for Fiscal Year 1998, Committee Report," 105-132, June 16, 1997, pp.15-16, 19-20.
55）Senate, Committee on Armed Services, "National Defense Authorization Act for Fiscal Year 1997, Committee Report," 104-267, May 13, 1996, pp.109-110. 委員会はその後，2000年度予算をめぐっても，短期的な成果を求める技術への投資と，長期的な技術的優越の確保を求めるリスクの高い研究への投資との間のバランスに懸念を表明し続けている。そこで批判点として例示されているのは，研究開発予算要求の33％がすでに配備中のシステムの改修に充てられることになっている一方，新たな能力の開発にかかわる予算が25％ほどまで低下しているということであった。Senate, Committee on Armed Services, "National Defense Authorization Act for Fiscal Year 2000, Committee Report," 106-50, May 17 1999, p.141.
56）Senate, Committee on Armed Services, "National Defense Authorization Act for Fiscal Year 1998, Committee Report," 105-29, June 17, 1997, p.205.
57）House of Representatives, Committee on Armed Services, "National Defense Autho-

rization Act for Fiscal Year 1998, Committee Report," 105-132, June 16, 1997, pp.13, 17. これに対して議会民主党からは，1998年度予算が米国の軍事的要請に見合わない規模となっているとの反対意見が出ており，共和党と民主党との間で戦略と予算との間のギャップに関する見解が真っ向から対立していたことが窺える。Dellums, *ibid.*, pp.768-769.

58）House of Representatives, Committee on Armed Services, "National Defense Authorization Act for Fiscal Year 1997, Committee Report," 104-563, May 7, 1996, pp.13-15.

59）House of Representatives, Committee on Armed Services, "National Defense Authorization Act for Fiscal Year 1998, Committee Report," 105-132, June 16, 1997, p.20; Senate, Committee on Armed Services, "National Defense Authorization Act for Fiscal Year 1998, Committee Report," 105-29, June 17, 1997, p.11.

60）以下の世論調査を参照。*The Gallup Poll Monthly*, February, 1993, p.13; May, 1993, p.12; August, 1993, p.46; January, 1994, p.38; February, 1994, p.14. また，空爆が効果的でなかった場合の地上兵力投入について，世論の反対は53％と過半数を超えていた。*The Gallup Poll Monthly*, April, 1994, p.30.

61）North Atlantic Treaty Organization, Regional Headquarters Allied Forces Southern Europe, AFSOUTH Factsheets, "Operation Deliberate Force," 〈http://www.afsouth.nato.int/factsheets/DeliberateForceFactSheet.htm〉.

62）North Atlantic Treaty Organization, Regional Headquarters Allied Forces Southern Europe, AFSOUTH Factsheets, "Peace Implementation Force-IFOR," 〈http://www.afsouth.nato.int/operations/IFOR/IFORFactSheet.htm〉; Global Security Web Site, "Operation Joint Endeavor," 〈http://www.globalsecurity.org/military/ops/joint_endeavor.htm〉.

63）その後，IFORの任務は規模を縮小しつつSFOR（Stabilization Force）に引き継がれ，米軍も引き続きボスニアでの活動を続けていた。

64）House of Representatives, Committee on Armed Services, "National Defense Authorization Act for Fiscal Year 1997, Committee Report," 104-563, May 7, 1996, pp.353-355; House of Representatives, Committee on Armed Services, "National Defense Authorization Act for Fiscal Year 1998, Committee Report," 105-132, June 16, 1997, pp.781-782. ここではベトナム化のみならず，テロ攻撃による大規模な死者の発生が撤退につながった「ベイルート化」，ないし何世代にもわたって駐留継続を余儀なくされる「韓国化」の懸念も表明されていた。

65）JCS, *Joint Vision 2010*, p.14.

66）House of Representatives, Committee on Armed Services, "National Defense Authorization Act for Fiscal Year 1999, Committee Report," 105-532, May 12, 1998, p.9. ここで取り上げられているQDRの能力要求については，Cohen, *Quadrennial Defense Review 1997*, Section 3 を参照。

67）House of Representatives, Committee on Armed Services, "National Defense Authorization Act for Fiscal Year 1999, Committee Report," 105-532, May 12, 1998, p.15; Senate, Committee on Armed Services, "National Defense Authorization Act for Fiscal Year 1999, Committee Report," 105-189, May 11, 1998, p.13.

68）House of Representatives, Committee on Armed Services, "National Defense Authorization Act for Fiscal Year 1999, Committee Report," 105-532, May 12, 1998, p.13.

69) *Ibid.*, p.19.
70) *Ibid.*, p.11.
71) *Ibid.*, p.12.
72) OMB, *Budget of the United States Government*, Fiscal Year 1999, p.151.
73) House of Representatives, Committee on Armed Services, "National Defense Authorization Act for Fiscal Year 1999, Committee Report," 105-532, May 12, 1998, pp.16-17, 130-132.
74) Clinton, William J., "Address before a Joint Session of the Congress on the State of the Union," January 19, 1999.
75) House of Representatives, Committee on Armed Services, "National Defense Authorization Act for Fiscal Year 2000, Committee Report," 106-162, May 24, 1999, p.11. 具体的には，国防予算の増額が社会保障改革の達成度に依存していたことが批判の対象となっている。
76) OMB, *Budget of the United States Government*, Fiscal Year 2000, p.170.
77) House of Representatives, Committee on Armed Services, "National Defense Authorization Act for Fiscal Year 2000, Committee Report," 106-162, May 24, 1999, pp.12-13. こうした近代化項目には，ミサイル防衛，B-2アップグレード，EA-6B，F-15，F-16，JSF，V-22，AH-64D，RAH-66プログラムの増額などが含まれている。
78) *Ibid.*, pp.152-153.
79) Senate, Committee on Armed Services, "National Defense Authorization Act for Fiscal Year 2000, Committee Report," 106-50, May 17 1999, pp.8, 141. 特に上院は，JV2010のテーマでもある情報の優越に，米軍があらゆる面で依存していることを指摘し，それを強化するために情報インフラを強化する必要性を強調した。*Ibid.*, p.7.
80) 4月の調査では，コソボ介入に価値があるという回答が24％であったのに対して，価値がないという回答は68％にのぼった。*The Gallup Poll Monthly*, April, 1999, p.14.
81) 世論のコソボ介入に対する支持は，空爆直前になっても過半数を超えない状況にあった。支持は46％にとどまる一方で，不支持が43％にのぼっていた。*The Gallup Poll Monthly*, March, 1999, p.12.
82) 1999年3月25日の調査では，死傷者なしと予測するものが18％，1-9人が10％，10-24人が12％，25-49人が6％，50-99人が6％，100-499人が8％，500-999人が1％，1,000人以上が7％，意見なしが32％であった。*Ibid.*, p.15.
83) たとえば，開戦直後の世論調査では空爆で目的達成が可能とする意見が，不可能とする意見とほぼ同程度であった（3月25日の調査では，可能44％，不可能40％）が，その後不可能とする意見が可能とする意見を若干上回った（3月30-31日の調査では，可能41％，不可能47％）。*Ibid.*, p.13.
84) 5月下旬までの調査は，世論が作戦開始以来ほぼ一貫して地上兵力の派遣に反対する態度をとってきたことを示している。*The Gallup Poll Monthly*, May, 1999, p.27.
85) "Regarding the use of United States Armed Forces as part of a NATO peacekeeping operation implementing a Kosovo peace agreement," H. CON. RES. 42, Introduced in House, March 8, 1999.
86) "Regarding the use of United States Armed Forces as part of a NATO peacekeeping operation implementing a Kosovo peace agreement," H. CON. RES. 42, Engrossed as

Agreed to or Passed by House, March 11, 1999.

87) 賛成219票に対し，反対191票の僅差であった。Washington Post Website, The U.S. Congress Votes Database, 106th Congress, House, 1st Session, Vote 49（H. CON. RES. 42）〈http://projects.washingtonpost.com/congress/〉．

88) Clinton, William J., "Statement by the President to the Nation," March 24, 1999.

89) North Atlantic Treaty Organization, Regional Headquarters Allied Forces Southern Europe, AFSOUTH Factsheets, "Operation Allied Force," 〈http://www.afsouth.nato.int/operations/detforce/force.htm〉．

90) Benbow, Tim, *The Magic Bullet?: Understanding the Revolution in Military Affairs*, Brassey's, 2004, p.79. 衛星誘導兵器は，レーザー誘導兵器に比して，天候や地形の影響を受けにくく，さらにその他のプラットフォームや地上兵力による目標の特定を必要としないというメリットを有する。

91) 空爆には米国を含め14カ国が参加したが，その中で米軍機の出撃比率は約60％であった。Department of Defense, *Report to Congress, Kosovo/Operation Allied Force/After-Action Report*, January 31, 2000, p.78.

92) 三井光夫「NATOによるユーゴ（コソヴォ）空爆の全容—軍事的視点からの分析—」『防衛研究所紀要』第4巻，第2号，2001年11月，48頁。さらに，クリントン政権は空爆終了後の地上兵力投入にも消極的な姿勢を示しており，空爆時の主導的役割と比較するときわめて控えめな形で関与するにとどまっている。コソボの戦後安定化を担ったKFOR（Kosovo Force）では総数5万人程度の兵員を投入することが予定されており，また，議会に対してもその旨は説明されていた。すでに述べたように，議会ではコソボへの関与を全NATO軍の15％以下に抑制することが決議されていたが，特に下院軍事委員会ではコソボへの地上展開について，長期的かつ終わりなき関与になる可能性が指摘され，さらにそれによって湾岸地域と朝鮮半島で同時に戦闘を遂行することが困難になるとの懸念も示された。House of Representatives, Committee on Armed Services, "National Defense Authorization Act for Fiscal Year 2000, Committee Report," 106-162, May 24, 1999, p.10. 実際には，米軍の負担率はNATO軍全体の約10％にとどまった。O'Hanlon, Michael E., *Global Military Capacity for Humanitarian Intervention*, Brookings Institution Press, 2003, p.35.

93) House of Representatives, Committee on Armed Services, "National Defense Authorization Act for Fiscal Year 2000, Committee Report," 106-162, May 24, 1999, pp.10, 13-14.

94) Senate, Committee on Armed Services, "National Defense Authorization Act for Fiscal Year 1999, Committee Report," 105-189, May 11, 1998, p.3.

95) House of Representatives, Committee on Armed Services, "National Defense Authorization Act for Fiscal Year 2000, Committee Report," 106-162, May 24, 1999, p.10.

96) たとえば1996年度予算法案に対して，民主党議員からはB-2の調達予算を組むことに対する反対意見があがり，「B-2の追加予算が含まれていることそれ自体が，委員会報告書に反対する正当な理由となる」とまで述べられている。House of Representatives, Committee on Armed Services, "National Defense Authorization Act for Fiscal Year 1996, Committee Report," 104-131, June 1, 1995, pp.653-654, 656.

97) Senate, Committee on Armed Services, "National Defense Authorization Act for

Fiscal Year 2000, Committee Report," 106-50, May 17 1999, p.9.
98) OMB, *Budget of the United States Government*, Fiscal Year 2000, p.170.

終章 軍備をめぐる政策選択の論理

　本書は，冷戦の終焉と前後して進められた軍備をめぐる政策転換，そしてその後の政策の履行に焦点を当て，米国のパワーが軍事技術の発展を基礎としながら再構成されていく過程を追った。国際システムレベルではソ連という決定的な脅威の後退を経験し，同時に国内政治レベルでは厳しい財政的制約やリスク管理の問題を課され，総体的には国防予算が大幅に削減されていく中で，米国は冷戦後，なぜ，いかにして積極的に軍事技術の開発を推し進めたのか。その一方で，調達費の大幅な削減はいかなる形で正当化されたのか。本章ではここまでの議論をまとめた上で，全体の結論を提示する。

第1節 米国における政策転換の経緯とその要因

(1) 通常兵器技術に対するレーガン政権期の投資

　軍事技術開発への積極的な投資は，冷戦の終わりを迎えて初めて開始されたものではない。レーガン政権期には一方でSDIを中心とした戦略兵器分野の技術開発が進められたが，同時に通常兵器に対する投資の強化も試みられていった。その最大の目的は，ソ連に対する量的な劣位を相殺することにあった。同時に，ソ連が軍事技術開発への投資を進めることで将来的に質の面で脅威が高まるという懸念があったことも，通常兵器技術開発への投資を後押しした。この時に重点的な投資の対象となった技術領域には，精密誘導技術や標的捕捉技術等，冷戦後のRMAの進展に重要な技術的背景を提供するものが数多く含まれていた。また，個別の兵器システムの中にも，B-2やATF (F-22)，V-22など，冷戦後の米国の軍事戦略において大きな役割を担うものが含まれていた。

しかし，1980年代に対ソ戦略の文脈で計画された，これらの通常兵器技術の多くは，冷戦中には完成を見なかった。1980年代後半にゴルバチョフが政権を担当するようになると，ソ連との軍縮交渉に大きな進展が見られるようになった。また，ゴルバチョフがペレストロイカやグラスノスチを政策の方針として打ち出し，ソ連内部にも変化があらわれるようになると，米国の側でも徐々にソ連の脅威を見直そうとする機運が高まっていった。このような状況は，国防予算の縮小を促す圧力となり，調達は大幅な削減の対象となっていったが，研究開発への投資は維持されていった。ここで全てではないにせよ，レーガン政権期に計画された各種の新技術への投資が打ち切られなかったことが，冷戦後の米国におけるRMAの進展や，その後の米軍トランスフォーメーションにもつながっていった。

(2) 脅威の変容と研究開発の維持／調達の削減

　ではなぜ，対ソ戦略の文脈で計画された技術開発への投資が，その脅威が後退する中でなお維持されていったのであろうか。このメカニズムを理解するために，本書ではまず，冷戦終焉直前の米国の国防予算に大きな変化が「生じなかった」理由を検討した。ゴルバチョフの登場，特に1988年末の一方的軍縮宣言を受け，米国内ではソ連の脅威を再検討する機運が高まっていった。ここでもう一点，この時期の米国の国防予算に対して決定的かつ制約的な影響を与えていたのが，レーガン政権期に累積した財政赤字の問題であった。このような状況の中，国防総省や軍は軍事力の効率化を求める必要性を痛感していた。そのために有効であると考えられたのが，技術開発を推進して新旧兵器の置き換えを進め，兵器システムあたりの能力や多機能性を高めるという措置であった。その重要な根拠となったのが，レーガン政権期に計画されていた各種新技術や新たな兵器システムの利用可能性が高まっていたことであった。つまり，技術の動向が財政赤字の問題とあいまって，効率性の追求という軍や国防総省の選好を強化し始めていたのである。強い財政的な制約がかかる中でこのような方針を実現するに当たり，国防総省や軍では同時に調達予算を犠牲にすることも視野に入れていた。

　しかし，ソ連の変容に伴う脅威の再評価はしばらくの間，必ずしもソ連の脅威が確実に後退しているという判断には結び付かなかった。特に議会では，

調達の削減が短期的な脅威への対処能力を低下させるリスクの高い方策と見られた。さらに，そのような状況下で失敗や遅延のリスクの高い技術開発に，全てを賭けることにも大きな懸念が示されていた。そのため，1989年の議論は軍事調達・技術開発の大規模な方針転換には結び付かなかったのである。しかし，こうした形で研究開発を中心とした軍の近代化，効率化を目指し，財政的制約を乗り越える措置の重要性が主張されたこと，その実現を妨げたのが依然として根強いソ連への警戒心であったことは，逆にいえば，脅威が後退すれば，あるいはそのような認識が定着することで，こうした措置の実施が可能になることを意味してもいたのである。

　1989年末に生じた東欧諸国の体制転換と冷戦の終結宣言を受けて，米国内では国防予算削減の流れが不可逆のものとなったと理解されるようになった。冷戦の終焉は，財政赤字に起因する国防予算への縮小圧力に対して，軍事的な観点からの抵抗力を低下させた。そのため，軍事力の効率性を追求することがさらに重要な政策上の課題となった。しかし同時に，ソ連の脅威の後退によって，前年度に懸念されていた問題もその重要性を低下させた。つまり，調達量を大幅に削減することで生じる短期的リスクや，不確実な技術開発の成果に依存することの長期的リスクがある程度受け入れ可能なものと見られるようになったのである。そのため，財政問題を解決するためにも脅威の後退という状況を捉えて積極的に研究開発への投資を促していくべきであるとの議論が受け入れられるようになっていった。これに対して，調達を維持することの妥当性は大きく損なわれ，軍事力の量的削減が促された。財政的な観点からも，調達を削減することで軍事力の効率化を促進することが重要な目標となった。こうして，1991年度予算においては研究開発への投資が維持される一方，調達費が大幅に削減されることになったのである。

　むろん，ソ連の脅威の影響を中心としたこのような分析は，冷戦が終焉に向かう中で相対的に懸念の度合いを高めつつあった，第三世界における諸問題が重要ではなかったということを主張するものではない。調達を削減し，研究開発予算を維持するという措置の背景として，特に1990年の予算編成をめぐる議論において，第三世界の問題が低強度紛争の文脈で語られるにとどまらなかったことは重要である。国防総省や軍には，技術拡散が進むにつれて第三世界の諸国がソ連型の兵器を獲得し，高強度紛争で用いられる技術のレ

ベルが高まっていくとの想定があった。このことは，対ソ戦略の文脈で計画された新兵器の開発プログラムを，ソ連の脅威が後退したあともなお維持していくためには無視しえない背景であった。とはいえ，いかにソ連型の兵器が拡散し，第三世界の脅威の高度化につながっているとは言っても，それがソ連に匹敵するレベルにあったとは考えにくい。にもかかわらず，研究開発予算の規模が維持されるに至ったことを説明するには，やはり国内レベルの財政的制約と，それに伴う軍事力の効率化という選好の影響が重要な推進力となっていたことを見逃しえないのである。

(3)湾岸戦争による政策転換の「加速」

ただしこの段階では，第三世界の脅威の高度化や各種技術の有効性の高まりといった研究開発の推進の根拠は，あくまでも仮説の域を出なかった。この仮説に具体的な裏付けを与える役割を果たしたのが，湾岸戦争であった。第三世界における新たな脅威への対処が必要になってくるという主張が，イラクのクウェート侵攻によって現実のものとなったためである。加えて，そうした脅威に対してステルス技術や情報通信技術等を駆使した兵器の運用が有効であることの実証例として扱われたことも重要である。その結果，湾岸戦争を通じて明らかになった，米軍が「獲得すべき能力」の認識は，科学技術の可能性をめぐる新たな認識に強く裏打ちされながら，旧来型の兵器システムと新たな兵器システムとの置き換えを加速させていったのである。

湾岸戦争の影響としてもう一つ重要であったのが，先端技術を駆使した戦闘の有効性と人命の尊重という論理が結び付けられたことであった。湾岸戦争において先端技術の有効性が明らかになったことと，死傷者の発生数が予想外に抑制されたことが，こうした主張につながった。このような主張は，それ以前の軍備の調達や研究開発を支持する根拠としては，あまり見られなかったものである。湾岸戦争が多くの点で，それ以前に提起されていた研究開発の論理を実証した点で重要であったとすれば，この点は新たに生み出された認識ともいえるであろう。ただし，この時期には後にしばしば指摘されるような，死傷者の発生を嫌忌する世論の反対を乗り越えるという政治的な観点からではなく，軍事力の効率化に際して必要な人命保護の手段という側面がまだ強かった。

(4) 定着する技術依存型の軍備

　経済重視の方針，さらに重要なことに財政赤字の大幅削減方針を打ち出したクリントン政権のもとでは，1990年代後半まで国防予算に対する厳しい締め付けが行われた。その中で，議会や軍を中心に調達予算の再拡大への圧力は高まっていった。しかし，調達拡大の動きは，クリントン政権が積極的に米軍の海外派兵を行ったことに対して向けられた批判——より少ない兵力でより多くの任務をこなそうとすることで生じる米軍の摩耗——にもかかわらず，冷戦期のような形で軍備の量的な再拡大を目指す動きにつながったわけではなかった。むしろ強調されたのは，軍の近代化を加速させることにより，より高い能力を有した軍事力を構築することの重要性であった。同時に，調達の再拡大が目指される中でも，もはやそのために研究開発予算の縮小を行うことが政治的に難しい状況も生じていた。

　すでに冷戦末期からソ連崩壊の時期にかけて，行政府の側で軍事，財政の両面における軍備の効率性を追求する方針は確立されており，さらにそれは立法作業を経て議会にも受容されるものとなっていた。軍の再編における技術の重要性については冷戦後にも，一連の戦略文書の公表や議会の予算法案作成などを通じて確認されていった。加えて，軍の再編過程で繰り返し実施された対外介入が，ソマリアなど一部の例外を除けばある程度の成果を残したことによって，こうした技術依存型の軍備の有効性を示すような既成事実が積み上げられていったことも重要であろう。このような過程を経て，冷戦後における技術依存型の軍備の重要性について，少なくとも軍事的な文脈においては行政府と立法府の間のコンセンサスが強化されていったと解釈することができる。いい換えれば，国内レベルで生じた財政赤字の拡大といった問題を乗り越える手段として，一旦その妥当性を明らかにした研究開発中心の軍備計画の「成功」体験は，研究開発予算の下方硬直性を生む，あるいはそのような状態を正当化しうるような流れを生み出したのである。

(5) 各要因の影響とその連鎖

　本書では，研究開発と調達の選択に影響を与える要因として，脅威認識と軍事戦略，各組織の選好，財政，経済産業，技術といった要因を取り上げ，さらにこれらの相互関係に着目した。以下では改めて，ここまでに明らかにし

てきた政策転換の経緯を要因ごとに整理し直し，説明の有効性と限界について補足しておく。

5-1 脅威認識，軍事戦略，各組織の選好

　対外的な脅威や戦略，あるいはそこに軍の組織的選好が介在するにせよ，これらが軍備への投資に一義的な根拠を与えることは確かである。しかし，ソ連の脅威が変容し，後退していく中で，レーガン政権とブッシュ政権が同じ戦略的文脈に基づいて軍事技術開発を正当化しようとする試みには限界があった。実際に，1989年初頭には，競争戦略の見直しを求める声が高まっていた。脅威の変容や財政赤字の拡大によって軍事支出の見直しを迫られる中，国防総省や各軍は研究開発予算を維持し，そのために調達を削減することによって，軍の効率化を追求しようとした。このような国防総省や各軍の選好は，議会が依然として根強いソ連の脅威への懸念を表明していた1989年には予算に反映されたとはいえなかった。しかし，冷戦の終焉がより一層明らかになった1990年には，議会の予算にもこのような選好が反映されるようになった。

　ここでは，第三世界の脅威が高度な技術を持つものとなるという見通しがあったことも重要である。もともとソ連との戦争を想定して開発されたさまざまな研究開発プログラムへの投資を生き残らせるには，新たな脅威がそれに見合うだけの強度を持っているとの想定が必要であった。第三世界が高度な技術を保有するという認識に加え，ソ連から第三世界に対して先端技術が流出するという懸念が高まったことも，先端技術への投資継続を正当化する必要条件となった。ただし，こうした軍事の論理は，当時の根本的に脅威の後退が進み，かつ，強い財政制約がかかる政治状況下では十分条件になりえなかった。

5-2 財政

　財政要因はこれまでにもしばしば軍事支出を制約する要因となることが指摘されてきた。冷戦末期には財政赤字が拡大し，また，国防総省の抱える負債が莫大な利子の問題を生み出していた。財政赤字を解消するための軍事支出の抑制という主張は，ソ連の脅威の後退に伴って軍事的観点からの支出の正当化が困難となる状況下，ますます力を持つようになっていった。このこ

とが，軍事支出の総体的な低下を招いた一因であったといえよう。

　また，財政赤字の問題は調達を縮小するべきであるという主張の重要な根拠ともなったが，同時に研究開発予算を維持するべきであるという主張に直ちにつながったわけでもなかった。特に，研究開発プログラムにはしばしばスケジュールの遅延や予期せぬ技術的な不都合が発生し，その結果として予算超過が発生して新技術の取得コストが大幅に上昇するという懸念があったことは，大きな問題であった。GAOや一部の議員からはこうした懸念のもと，財政的制約下での研究開発に対する積極的な投資に疑問を呈する声も上がっていた。このような主張は，財政要因それ自体は調達，研究開発を問わず軍事支出を制約する要因であったことを示しているといえよう。さらに重要なことは，ソ連の脅威が後退するにつれて，軍事的根拠に基づいた国防支出の正当性が失われていったことであった。その結果，財政的制約の問題は軍備をめぐる支出をより一層厳しく圧迫することになった。

5-3 経済産業上の利益

　従来，経済産業上の利益は軍拡を推進する大きな要因の一つとして注目されてきたが，冷戦終焉の前後には軍需の縮小が経済や産業に与える影響が，国防予算の削減に伴って生じた政策的な問題の一つとして認識されていた。つまり，経済産業上の利益をめぐる問題はこの時期，国防予算の縮小を食い止める根拠というよりは，その結果として生じたものであったと解釈することが可能である。また，経済産業的な利益の観点から研究開発への投資が支持され，調達が否定されたわけでもなかった。もちろん，軍事技術開発の是非は産業技術基盤の問題とも密接に結び付いていたことも確かであり，経済産業的な利益を追求するという観点から軍備の正当化がなされる部分もあったが，それが主たる根拠となったわけではない。そこでむしろ重要な正当化の根拠となったのは，あくまでも産業技術基盤の衰退がもたらす安全保障上の問題であった。

　他方，調達予算の削減も産業の縮小を促し，生産ラインの閉鎖が安全保障上の懸念となることもしばしば指摘されたが，それはソ連の脅威が変容し，財政赤字が拡大している状況下では，ある程度仕方のないものと見られていた。実際に，この時期の決定はその後「最後の晩餐」を経て，防衛産業の合理的

縮小を目指す業界の大再編にもつながっていくものとなった。むろん，国防関連の研究開発投資がレーガン政権期から続く「非顕在的な『産業政策』の推進」[1]であると見れば，そもそもその誘因を本書で用いたような資料に照らし合わせて実証的に明らかにしていくことは難しい。

　しかし，少なくともこのような言説が，この時期の軍備計画や国防予算を正当化するに当たって説得力のないものとなりつつあったということを改めて確認することができたということは，強調しておきたい点である。このことと，第1章で示した雇用の縮小や産業技術投資の比率低下に関するデータを照らし合わせてみると，冷戦末期から冷戦後にかけて，経済産業的な利害が研究開発投資を推し進める主要因であったという説明の妥当性は，それほど高いようには思われない。

5-4　技術の動向

　本書が技術要因について指摘したのは，軍や議会，国防総省といった軍備の決定に関わるアクターの選好が，脅威や財政の動向の影響を受けるとともに，その時々に利用可能な技術の動向の影響も受けた上で形成されているという側面であった。レーガン政権期には，精密誘導技術や標的捕捉技術といった分野を含む通常兵器技術分野に対して，集中的な投資が行われた。また，JSTARS，V-22，ATF，LHX，A-12といったプログラムは，次世代の米軍の能力を大幅に改善するものとして，各軍が研究開発プログラムの最優先項目に位置づけていたものであった。これらの開発はレーガン政権期には完了せず，ブッシュ政権期に引き継がれていったが，これらの開発が一定程度進められていたことが，この時期に軍事的，財政的効率性を追求する際の背景となった。ただし，先端兵器であるからといって必ずしもその開発が支持されるわけではないことは，国防総省がV-22の開発を二度，三度と中止する決定を下したこと，A-12プログラムが次世代の海軍航空の中核を担うとされていたにもかかわらず，最終的には中止が決定されたことからも明らかであろう。

　こうして見ると，当時の米国において科学技術上の可能性の高まりが意識されていたことは，それ自体が研究開発を中心とする軍備政策への転換，さらにはRMAの進展を促した十分条件であるとはいえない。つまり，技術開

発の是非や方向性の最終的な決定は政治の側にゆだねられるとしても，その要請がいかにして形成されるかという点に目を向ければ，それはファレルがいうような「社会的諸力」によってのみ説明されるものではない。だが同時に，それなくして軍備政策の転換を計画することが困難であったという点では，少なくとも新たな科学技術への期待が必要条件であったということもまた確かであろう。政治的な動向のみに目を向けることで科学技術が発展するメカニズムを説明可能な場合であっても，それは技術の影響がなかったことを示しているわけではないのである。

5-5 諸要因の連鎖的影響

　こうして見ると，個々の要因に焦点を当てるだけでは，米国の政策転換の問題をそれぞれ部分的にしか説明することができないことが改めて明らかになる。この点は本書が指摘してきた，軍拡に関する従来の三つのモデルを個別に検討することの限界とも一致する。ソ連の脅威の後退は，一方で調達削減の主張に結び付きながらも，他方では研究開発の推進力となっていった。この経緯が，国際システムレベルに分析の焦点を当てる作用・反作用モデルでしばしば試みられるような，質的軍拡と量的軍拡を個別に論じる見方や，説明を国際システムレベルか国内レベルのいずれかに還元してしまう議論では見落とされてしまう軍備をめぐる政策メカニズムの一側面として捉えられる。

　実際の政策転換の流れを，その過程でキーワードとなった「効率化」と「リスクの許容」という要件を取り込みつつうまく説明するには，軍事，財政，技術といった諸要因の複合的，ないし連鎖的な影響に目を向ける必要があった。効率化の論理は，軍事的，財政的な観点からの軍備縮小圧力と，そこで能力を維持するための技術が利用可能であるという認識があって初めて成立するものであった。しかし，こうした選好はそれのみでは実現には至らなかった。なぜなら，技術の利用を中心に据えた効率化の試みは，研究開発の不確実性に伴うスケジュールの遅れや開発失敗というリスクを伴うものと見られていたからである。リスク自体の様相は技術開発の動向に左右されるものではあったが，その許容度は脅威の動向に規定されるものであった。冷戦の終焉と前後して脅威の後退という状況が明らかになったことは，調達への投資による軍備の量的維持，あるいは拡大の妥当性を低下させた一方で，研究開

発のリスクを受け入れる余地を広げた。その結果，米国では一定のリスクを受容しながら軍備の効率化を進めるという政策の説得力が高まり，研究開発重視の政策転換が加速したのである。

軍拡をめぐる従来の議論においてしばしば対置されてきた，国際システム，国内の諸要因，「技術の要請」（あるいは技術のモメンタム）という三つの見方は，必ずしも相互排除的なものでもなければ，常に異なるモデルとして扱うべきものでもない。少なくともこの時期の米国における軍備問題を考察する際には，諸モデルを切り離して説明をいずれかの要因に還元してしまう方法は，あまり有効ではないといえるだろう。むろん，これらの見方をいかにして一つのメカニズムとして捉えていくかが重要であるとすれば，ブザンらのように軍拡の誘因が相互強化的に作用するという見方もまた，否定されるものではない。ただしそれは，軍拡の誘因と帰結との間の関係を説明する一つの類型にすぎない。これらのモデルの組み合わせ方によっては，脅威の後退や財政的制約といった要因がかえって質的軍拡の積極的な推進を促す場合があることも説明しうるのである。

このように，技術の模倣対象となる国家を想定しにくい一極構造下での軍事力の選択性という問題を理解するためには，軍拡のさまざまな推進，制約要因を同時に捉え，ミクロな要因の連鎖から選択の根拠を理解する作業の重要性は高まる。その上でもう一点，近年の国際政治学における問題関心に引き付けて本書の意味を主張するならば，それは技術と政治の関係を実際の政治的，社会的変化と具体例に照らし合わせながら明らかにした点にあったということを付け加えておきたい。安全保障分野に限っていえば，湾岸戦争以降急速に高まった新たな軍事技術への関心は，RMAの考察を中心とした多くの議論を経て，また，現実に米国が対外介入を繰り返し，その成果を目に見える形で明らかにしてきたことによって，一通り落ち着いてきたように思われる。しかしそのことは，必ずしもその技術的な含意を政治の問題と絡めて考察する作業が終わったことを意味するわけではない。

国際政治における科学技術の動向への関心は古く[2]，国家と科学技術の関係という問題についてはさまざまな研究の蓄積がなされてきたようにも見えるが，その一方で，その理論的検討は「ほとんどなされてこなかった」という指摘がこれまでにも繰り返しなされてきた[3]。しかし現在，サイバーやロボティク

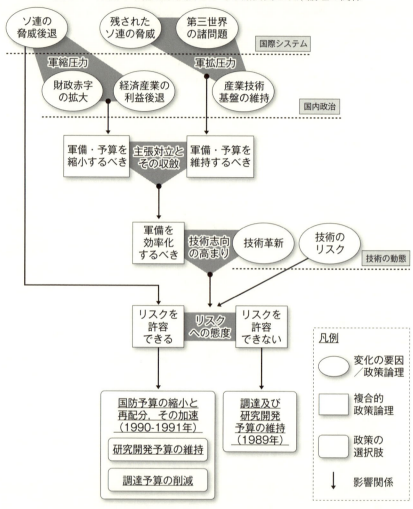

図 8-1：米国の軍備政策転換をめぐる諸要因と政策論理の関係

ス，宇宙開発などの分野における急速な技術発展，その社会的認知，あるいは実際の影響の増大によって，国際政治分野においても技術と社会のかかわり方を見直す機運が改めて高まってきているといえるだろう。その中で本書が試みたのは，特に技術と政治のかかわりをめぐるこれまでの考察の不十分さを補いながら，その具体的な関係性を明らかにする作業でもあった。

本書でも取り上げてきたように，技術の役割やそのリスクに対するアクターの解釈の多様性は，アクターごとの選好の差異を明らかにし，それがすり合わされていく議論の過程を理解する上で見逃しえないものであった。その意味では，とりわけ1990年代以降の軍拡研究においてもたびたび取り入れられるようになっている「技術の社会構成主義」のような視角にも，見るべき点は大いにあるといえよう。ただ同時に，本書が技術の動向に言及しながら繰り返しアクターの言説の差異や変化について論じてきたように，また，一般的にもしばしばこうしたアプローチに対する批判点として提起されてきているように，技術の動向を無視して，あるいは社会的要因と完全に切り離して扱うことはあまり有効な方法ではなさそうである。いずれにせよ，このような問題についてすでに一定の研究蓄積のある軍拡理論を用いつつ，先端兵器の開発を進めようとする米国の軍備政策を一事例として問い直すことは，国際政治と科学技術の関係をいかにして捉えるか，という問題の再検討を進める上でも有益な作業となるように思われる。

第2節　政策的示唆と今後の課題

　本書で示した米国の政策転換は，後に何をもたらしたのか。また，それを踏まえるならば，本書の議論はいかなる政策的な示唆を持ちうるのか。今後，「軍備の政治学」に関する議論をどのような方向で展開していく必要があるのかを検討する作業と重ねながら，簡単に考察しておきたい。

　冷戦の終焉と前後して進められた軍事的，財政的効率化の試み，そこで決定づけられた調達削減を進めながら技術開発を重視していくという軍備の指針は，冷戦後のRMAや米軍のトランスフォーメーション戦略に技術的基礎を提供するものとなった。冒頭でも述べたように，このことが冷戦後に米国の軍事的優位を強化する一因となってきた。だが，こうした措置は冷戦後の米国に利益ばかりをもたらしたわけではない。一つには，調達の削減によってレーガン軍拡期の兵器システムを退役させることができない状況が生まれたことが問題視された。W・ブッシュ政権のもとで発表されたQDR2001では，米軍自体が直面している問題として，冷戦後の予算的制約が軍事的即応性を低下させている点，さらに冷戦終焉以降の兵員の減少に対して任務が増加し

続けている点、1980年代に調達された装備の老朽化にもかかわらず、資金難から代替戦力の調達がなされてこなかった点などが問題視されるようになった。このような問題がその後も決定的な解決に至らなかったことで、オバマ政権もまた装備調達政策のマネジメントをめぐる重要な決断を迫られた。

　また、冷戦期に計画され、冷戦後もなお開発を継続することが決定された、RAH-66やF-22、B-2などのいくつかの重要なプログラムが、調達の段階で、あるいは全規模生産に入る前に打ち切られ始めたことも、今後検討すべき重要な政策上の課題を提起する出来事であったといえよう。ウォルフォウィッツはW・ブッシュ政権の国防副長官として在任していた時期に、いくつかの兵器システムの取得プログラムが持つ惰性について言及しながら、冷戦終焉から十数年を経てもなお、米国が冷戦型の軍事戦略思考から逃れられないでいることを指摘した。本書でも分析したこれらのプログラムを含め、新冷戦期に計画された多くの兵器システムプログラムは、あくまでも言説上の転換によって冷戦の終焉という逆風を乗り切ったのであって、兵器としての物質的な特徴自体に何らかの変更が加えられたものはそう多くはなかったのである。

　このことは、冷戦型の思考に基づいて計画された兵器システムの物質的な特徴と、冷戦末期に生じた言説上の転換を背景とするその後の政策との間に、何らかの形でギャップが生じている可能性を示唆するものと考えられるだろう。加えて、イラク戦争を決定的な転換点として、対外介入の実施をめぐっても技術重視、効率性重視による問題が明らかになり始めた。確かに、1998年の爆撃作戦や1999年のコソボ介入、2001年のアフガニスタン介入などは、技術上の優越を背景とした軍備が米国の世界戦略に有効な手段をもたらすことを示すものであった。しかし他方で、イラクの占領統治作戦は、過度の「効率化」がもたらす弊害という、それまでのトランスフォーメーションのプロセスに対するアンチテーゼを提起した。

　本書の議論を踏まえるならば、こうした問題は端的に「二つの読み違い」、あるいは「合理的決定が生み出した不合理」と表現できるものであろう。その一つは、脅威の後退、つまり将来的な脅威や必要な能力の予測を背景に策定した軍備計画というのが、実際の脅威の動向や能力上の要請にそぐわない状況を招いたことである。またそこで、冷戦後に対処すべき脅威が第三世界

に移行し，しかもそれが技術的に高度化されたものとなっていくという見通しが立てられたことも後の問題とつながっている。このような見通しは冷戦期に計画された研究開発プログラムを維持するための重要な背景となっていたが，実際に米軍が困難に直面するような場面はむしろ，国家間戦争のための軍事力が必ずしも通用するとは限らない戦後統治やテロリズム対策といった，非通常型のものが増えていった。こうしたことは，近年しばしば指摘される米軍の量的な不足や，ハイテク・アプローチの限界といった問題の背景となっている。

　もう一つには，冷戦末期に財政的な面での軍備の効率化を狙い，そのために研究開発への積極的な投資を進めたことが，調達段階でのコストの暴騰を招きかねないということも挙げられる。さらに，冷戦末期以降の調達削減が装備の老朽化等の問題に拍車をかける，という状況も生まれた。この背景には，本来は機能の違いから，トレードオフ関係に置かれることが必ずしも妥当でないにもかかわらず，調達の削減によって研究開発の財源を捻出するという選択が行われたことがある。脅威の後退を背景として進められた調達の削減は，当時の国防予算縮小問題に対処する上で，そして研究開発予算を捻出するという観点からも合理的な措置であるように見えた。しかし，そのような決定によって軍備の量的な縮小が進んだこと，そのような状況下でクリントン政権が対外介入を繰り返したことによって，装備の老朽化が進み，兵器の近代化を求める声はますます高まっていった。

　研究開発の成果があがり，兵器ユニットあたりの能力が著しく向上すれば，この問題は縮小した軍事力の規模を質によって相殺するという形で解決されるはずであった。しかし，研究開発の成果を具体的な軍事力に体現するには，それをある程度の規模で生産する必要があり，そのためには調達予算を計上しなければならない。つまり，冷戦の終焉と前後して行われたのは，研究開発の成果を待つ形で大規模調達を先送りするという措置であったともいい換えられる。このような措置は，1990年代後半から現在にかけて，能力は高いが価格も高い兵器を調達することにつながった。その結果として，軍の効率化を目指した冷戦末期の決定は長期的に見れば，財政的にも問題を投げかけるものとなったのである。

　もっとも，近年では国防予算を取り巻く厳しい状況ともあいまって，国防総

省が先端装備に多くの資金をつぎ込み続けなければならない状況を問題視し，こうしたトレンドを覆そうと試み始めている[9]。また，制度的な側面での改善策も進められてきた。進化的取得・スパイラル開発（Evolutionary Acquisition /Spiral Development：EA/SD）方式の導入はその代表的な例の一つとして位置づけられるであろう[10]。しかしいずれにせよ，こうした問題は，一見すると当時は合理的に見えた政策転換の狙いが長期的には外れつつあることを示唆している。その背景にあるのが脅威の後退と財政的制約ゆえに研究開発への投資を進めるという選択だったのだとすれば，冷戦の終焉前後にこうした措置が取られたことの合理性と問題点を見直していくことは，現在の米国の安全保障政策を考える上でも欠かせない視点であるといえよう。その後，軍備をめぐる技術依存の高まりが，軍や議会の選好，防衛産業セクターの再編，加えて世論の意識等をも交えて再制度化されていったのだとすれば，問題が発生したところで劇的な修正に取り組む政策的試みも困難となってくるかもしれない。実際に，オバマ政権に至るまで，先端技術に基づく安全保障戦略のトレンドは維持され，情報通信分野のほか，宇宙利用や兵器の無人化といった領域への投資は，再び訪れた強い財政制約のもとでなお続いているのである。

　最後に，本書で論じた米国の軍備選択の帰結が，他国にもたらす直接，間接の波及効果の問題についても若干の考察を付け加えておきたい。こうした問題が明らかになる中でなお，米国型の軍備モデルはグローバルに波及し，同様に強い制約を引き受けながら軍事力の高度化を進める国家が増えている。それは一方で，米国のモデルが世界的に認知され，敵対勢力や同盟国による模倣の対象となってきたこととも関係している。敵対的な勢力にとってみれば，米国に対峙するにはこうした模倣が一つの選択肢として有効なものとなり，それによって新たな「競争的」作用・反作用関係が生じる可能性もあるだろう。近年の中国の動向は，その一例として挙げられる。

　しかし，先端技術への依存傾向を高めるこうした国家は同時に，巨額の国防予算と高い技術力を有した米国ですら容易には解決しかねるコストとリスクの問題を背負うことにもなっている。その結果，現代の特徴として見られるのは，米国を含む同盟諸国や緊密な友好国間の共同開発・調達といった協調的手法を通じてリスクとコストの分散を図ろうとする動きである。ただし，

欧州の例に顕著なように，同盟諸国にとってもこうした選択肢は利益ばかりをもたらすわけではない。米国中心の技術協力が進むことで自国の防衛産業や技術基盤の衰退が進むことにもなりかねないためである[11]。そのため，技術的な対米依存を懸念する諸国からは，たとえ同盟関係にある場合でも，自前の技術開発や生産能力向上にも取り組み，別の面で競争的な関係を併存させることにもなる。

　このように，米国が軍備をめぐる技術志向性を高める選択をとってきたことは，敵対勢力，同盟国を含む各国の態度――競争か，協調か――に影響を与えうる問題とも重なってくる[12]。各国はその結果として，先端技術の追求に際して競争と協力の入れ子関係に置かれ，安全保障政策の自律性と装備調達の効率性をいかにバランスさせるか，という問題に改めて直面するようになっているのである。

　軍備の問題をめぐるこうした国際的動きの延長線上にあるという点では，日本もまた例外ではない。国際的には，防衛装備品移転三原則を成立させるなど，国際共同開発・生産のネットワークに加入するための動きを活性化させている。同時に国内的には，研究開発費の高騰や高度な技術的要求に対処するために，従来は防衛産業セクターに閉じられがちであった装備調達への取り組みに民間の研究機関の参加を促すなど，制度変更を含めて装備調達政策の効率化を進めつつある。その際，一方で公共政策全体の調整という文脈では，安全保障戦略上の誘因や財政的制約の影響，省庁横断的な資源利用の推進，さらに技術的リスクのマネジメントといった要素が大きく影響していることが推測されよう。しかし他方で，こうした要因に基づく政策転換の試みに対して，日本ではある種の社会規範，学術にまつわる諸規範などを背景にした強い反対論も噴出するなど，ひとえに政策の合理化という観点のみに基づいて理解することが困難な状況も生じている。

　本書で展開した分析枠組みや議論は，その延長線上にこうした国際協力をめぐる関係論としての諸問題や，各国内政治の比較論的な視座を含みうるものであり，それらの要素を組み入れた上で「軍備の政治学」に関する分析枠組みの射程を広げていくことが必要になるのかもしれない。しかしいずれにせよ，本書で示した冷戦後の技術志向型のトレンドの動機と展開，そしてそれを理解するための政策選択の基本的なメカニズムが明らかにされていなけ

終章　軍備をめぐる政策選択の論理　305

れば，こうした現在の諸問題に応えていくことも難しい。今後，米国の動向のみならずグローバルな軍事力の変容プロセスを分析していく上でも，こうした政策トレンドを踏まえつつ，より広い視座から軍備をめぐる誘因と制約，マネジメントの過程，そしてそれらが政策的帰結や国際システム全体に与える影響を一貫して考察していく作業が重要な課題になってくるのであろう。

注）

1）室山，前掲書，123頁。
2）たとえば，Wright, Quincy, *A Study of War*, The University of Chicago Press, 1970 [1942] を参照。
3）国際政治における科学技術のインパクトについて論じる研究を上げれば枚挙にいとまがないが，その多くは政策志向性が強く，また，事実関係の描写にとどまっていた。この点についてスコルニコフは，科学技術要因が「静態的な所与のものとして，あるいは中を開けられないブラックボックスから出て来たものとして」扱われる傾向にあったことを指摘する。スコルニコフ，前掲書，15-16頁。軍事技術問題に限らず，国際政治と科学技術の関係にアプローチしようとする論者の中ではとりわけ，同イシューをめぐっては理論的検討が「ほとんどなされてこなかった」こと自体が共通の問題意識となってきた。Taylor, *op.cit.*, p.2; Herrera, Geoffrey L., *Technology and International Transformation: The Railroad, the Atom Bomb, and the Politics of Technological Change*, State University of New York Press, 2006, p.3.
4）Rumsfeld, Donald H., Department of Defense, *Quadrennial Defense Review Report*, September 30, 2001, p.8.
5）*Ibid.*, pp.9, 47.
6）高橋杉雄「オバマ政権の国防政策―『ハード・チョイス』への挑戦―」『国際安全保障』第37巻，第1号，2009年6月，32-37頁。
7）Wolfowitz, Paul, "Thinking about the Imperatives of Defense Transformation," Heritage Lecture No.831, The Heritage Foundation Website, April 30, 2004 〈http://www.heritage.org/Research/NationalSecurity/hl831.cfm〉.
8）軍事力投入の過度の効率化を示す重要な例が，イラク開戦前に投入すべき兵力の規模をめぐって生じた意見の対立であった。陸軍のエリック・シンセキ（Eric K. Shinseki）参謀総長は上院軍事委員会において，イラクの戦後安定化に必要な兵力を数十万規模に見積もり，加えて友好，同盟国の支援が必要であると証言していた。また，国防総省のスタッフの中にもアフガニスタン，バルカン半島における任務を継続し，なおかつ朝鮮半島に展開しながらイラクで平和維持任務を担うには，陸軍は十分な規模を有していないという見解を示すものがあったようである。ところが，シンセキをはじめとするこうした見方に対し，ウォルフォウィッツはシンセキの試算を「見当違い」のものと断じ，10万人というはるかに少ない兵力見積もりを提示している。また，国防総省高官の中には5万人規模の展開で十分であるという見解を示すものもあったことが報道されている。実際の派兵規模はウォルフォウィッツらの試算に近いものとなったが，占領統治局面にお

いては米軍の死傷者数に顕著な増加傾向があらわれることになった。Slevin, Peter, "Bush to Cast War as Part of Regional Strategy: In Speech Tonight, President to Portray Iraq Effort as 'Battle for the Future of the Muslim World'," *Washington Post*, February 26, 2003; Allen, Mike, and Jonathan Weisman, "Democrats Denounce White House on Cost of War," *Washington Post*, February 27, 2003; Morgan, Dan, "Iraq Disorder Worries Senators; Rumsfeld Acknowledges Problems, Defends U.S. Military," *Washington Post*, May 15, 2003.

9) Hedgpeth, Dana, "Gates Details $100 Billion in Defense Cuts," *The Washington Post*, September 15, 2010.

10) EA/SD方式の目的は，①より迅速に新たな能力を米兵に付与すること，②兵器システムの改善に当たってより有効な形でフィードバックを行い，その後の開発に役立てること，③新技術を利用する際に伴う技術開発のリスクを緩和すること，④兵器ライフサイクルの過程で新技術を定期的に導入し，急速な技術変化に対応することにある。これにより，脅威，技術，戦場における要請の急速な変化に対応すると同時に，プログラムのコストや防衛産業の関与のあり方を適切な形で管理するのがその狙いである。Pagliano, Gary J., and Ronald O'Rourke, *Evolutionary Acquisition and Spiral Development in DoD Programs: Policy Issues for Congress*, CRS Report for Congress, updated April 8, 2004, pp.1-2. ただし，このような手法もまた万能ではなく，取得計画がきわめて短期的な展望のもとで設定されるため，特に大規模なプログラムでは最終的なデザインやコストの見通し，兵器生産の規模やスケジュール，雇用に対する長期的な影響が不確実なものとなるなど，EA/SD方式自体が抱える問題も指摘される。

11) 実際にこうした問題意識から，欧州では必ずしも十分とはいえないものの，米国との協力を進める傍ら，独自の兵器開発や生産を進めることで対米依存を和らげる措置をとっている。鈴木一人「欧州における武器輸出政策」拓殖大学海外事情研究所『海外事情』2008年3月，33-51頁；鈴木一人「EUの拡大と共通防衛安全保障政策における制度の柔軟性―『能力問題』を中心に―」『日本EU学会年報』第24号，2004年，67-95頁。しかし欧州経済情勢の悪化が進むにつれて，このような措置にも徐々に揺らぎが見えてきている。

12) さらにいえば，技術開発や調達のグローバル化に伴うこうした影響は米国にとっても，冷戦末期から現在に至るまで一貫して問題となってきた。本書で論じたように，制約下で軍備の技術依存が進むことで技術開発や調達にかかるリスクとコストは高まっていくが，この場合に多国間協力を通じて緩和する利点は大きい一方，それが国内の市場や政策の自律性に影響を与えることは，程度の差こそあれ米国にとっても変わりないためである。その結果，グローバル化の流れに逆行しようとする動きが強まってきていることも，米国が冷戦終焉に臨んで下した決定の帰結を十分にコントロールしきれていないことと同時に，技術依存がますます進む現在の文脈においてこの問題がいかに根深いかを示しているといえよう。佐藤丙午「防衛産業のグローバル化と安全保障―安全保障の政治経済と米国の戦略―」日本国際政治学会編『国際政治』第153号，2008年，58-73頁。

主要参考文献

Adamsky, Dima P., "Through the Looking Glass: The Soviet Military-Technical Revolution and the American Revolution in Military Affairs," *The Journal of Strategic Studies*, Vol.31, No.2, 2008, pp.257-294.

——, *The Culture of Military Innovation: The Impact of Cultural Factors on the Revolution in Military Affairs in Russia, the US, and Israel*, Stanford University Press, 2010.

Alic, John. A., et al. (eds.), *Beyond Spinoff: Military and Commercial Technologies in a Changing World*, Harvard Business School Press, 1992.

Allison, Graham T., and Gregory Treverton (eds.), *Rethinking America's Security: Beyond Cold War to New World Order*, W. W. Norton, 1992.

Andres, Richard B., Craig Wills, and Thomas E. Griffith Jr., "Winning with Allies: The Strategic Values of the Afghan Model," *International Security*, Vol.30, No.3, 2005/2006, pp.124-160.

Arena, Mark V., et al., *Historical Cost Growth of Completed Weapon System Programs*, RAND, 2006.

Art, Robert J., "A Defensible Defense: America's Grand Strategy after the Cold War," *International Security*, Vol.15, No.4, 1991, pp.5-53.

Art, Robert J., and Kenneth Waltz (eds.), *The Use of Force: Military Power and International Politics*, 6th edition, Rowman & Littlefield Publishers, 2004.

Bacevich, Andrew J., "Morality and High Technology," *The National Interest*, Fall 1996, pp.37-47.

Bauer, Henry H., "Barriers against Interdisciplinarity: Implications for Studies of Science, Technology and Society (STS) ," *Science, Technology, & Human Values*, Vol.15, No.1, 1990, pp.105-119.

Benbow, Tim, *The Magic Bullet?: Understanding the Revolution in Military Affairs*, Brassey's, 2004.

Biddle, Stephen D., "Victory Misunderstood: What the Gulf War Tells Us about the Future of Conflict," *International Security*, Vol.21, No.2, 1996, pp.139-179.

——, "The Gulf War Debate Redux: Why Skill and Technology are the Right Answer," *International Security*, Vol.22, No.2, 1997, pp.163-174.

——, "Allies, Airpower, and Modern Warfare: The Afghan Model in Afghanistan and Iraq," *International Security*, Vol.30, No.3, 2005/2006, pp.161-176.

Bijker, Wiebe E., "Sociohistorical Technology Studies," in Jasanoff, et al. (eds.), 1995, pp.229-256.

Bijker, Wiebe E., Thomas P. Hughes, and Trevor J. Pinch (eds.) *The Social Construction of Technological Systems: New Directions in the Sociology and History of Technology*, MIT Press, 1987.

Birkler, John, et al., *Competition and Innovation in the U.S. Fixed-Wing Military Aircraft Industry*, prepared for the Office of the Secretary of Defense, RAND, 2003.

Bitzinger, Richard A., *Towards a Brave New Arms Industry?*, Adelphi Paper 356, International Institute for Strategic Studies, 2003.

Blechman, Barry M. (ed.), *Technology and the Limitation of International Conflict*, The Johns Hopkins Foreign Policy Institute, School of Advanced International Studies, 1989.

Boot, Max, "The New American Way of War," *Foreign Affairs*, Vol.82, No.4, 2003, pp.41-58.

――, "The Struggle to Transform the Military," *Foreign Affairs*, Vol.84, No.2, 2005, pp.103-118.

――, *War Made New: Technology, Warfare, and the Course of History, 1500 to Today*, Gotham Books, 2006.

Bridgstock, Martin, et al., *Science Technology and Society: An Introduction*, Cambridge University Press, 1998.

Brooks, Harvey, "The Military Innovation System and the Qualitative Arms Race," *Daedalus*, Vol.104, No.3, 1975.

Brooks, Stephen G., and William C. Wohlforth, "Power, Globalization, and the End of the Cold War: Reevaluating a Landmark Case for Ideas," *International Security*, Vol.25, No.3, 2000/2001, pp.5-53.

――, *World Out of Balance: International Relations and the Challenge of American Primacy*, Princeton University Press, 2008.

Bucchi, Massimiano, *Science in Society: An Introduction to Social Studies of Science*, Routledge, 2004 (first published in Italian, translated by Adrian Belton, 2002).

Buzan, Barry, *An Introduction to Strategic Studies*, Palgrave Macmillan, 1987.

Byman, Daniel L., and Matthew C. Waxman, "Kosovo and the Great Air Power Debate," *International Security*, Vol.24, No.4, 2000, pp.5-38.

Campen, Alan D., Douglas H. Dearth, and R. Thomas Goodden (eds.), *Cyber War: Security, Strategy and Conflict in the Information Age*, AFCEA International Press, 1996.

Chin, Simon, "The United States, 1969-1980," in Krepinevich, Andrew, Simon Chin, and Todd Harrison, *Strategy in Austerity*, Center for Strategic and Budgetary Assessment, 2012, pp.36-79.

Clark, Walter, and Jeffrey Herbst, "Somalia and the Future of Humanitarian Intervention," *Foreign Affairs*, Vol.75, No.2, 1996, pp.70-85.

———, *Learning from Somalia: The Lessons of Armed Humanitarian Intervention*, Westview Press, 1997.

Clark, Wesley K., *Waging Modern War: Bosnia, Kosovo, and the Future of Combat*, Public Affairs, 2001.

Cohen, Eliot A., "the Mystique of U.S. Air Power," *Foreign Affairs*, Vol.73, No.1, 1994, pp.109-124.

———, "A Revolution in Warfare," *Foreign Affairs*, Vol.75, No.2, 1996, pp.37-54.

Cordesman, Anthony H., *The Gulf and Transition, US Policy Ten Years after the Gulf War: The Challenge of Providing USCENTCOM and US Power Projection Forces with Adequate Capabilities*, Center of Strategic and International Studies, revised October 16, 2000.

———, *The Quadrennial Defence Review and Force Transformation: Notes for a Cautionary Analyis*, Center for Strategic and International Studies, October 29, 2001.

Cordesman, Anthony H., and Jennifer K. Moravitz, *Western Military Balance and Defense Efforts: A Comparative Summary of Military Expenditures; Manpower; Land, Air, Naval, and Nuclear Forces*, Center for Strategic and International Studies, January 2002.

Crane, Conrad C., "Sky High: Illusions of Air Power," *The National Interest*, Fall 2001, pp.116-122.

Cropsey, Seth, "Bottom Line vs. Front Line," *The National Interest*, Fall 1993, pp.75-78.

Daalder, Ivo H., and Michael E. O'Hanlon, "Unlearning the Lessons of Kosovo," *Foreign Policy*, No.116, 1999, pp.128-140.

David, Matthew, *Science in Society*, Palgrave Macmillan, 2005.

Deitchman, Seymour J., *Military Power and the Advance of Technology: General Purpose Military Forces for the 1980s and Beyond*, Westview Press, 1983.

Der Derian, James, "Virtuous War/Virtual Theory," *International Affairs*, Vol.76, No.4, 2000, pp.771-788.

———, *Virtuous War: Mapping the Military-Industrial-Media-Entertainment*, Westview Press, 2001.

Dombrowski, Peter (ed.), *Guns and Butter: The Political Economy of Internation-*

al Security, Lynne Rienner Publishers, 2005.

Dombrowski, Peter, and Eugene Gholz, *Buying Military Transformation: Technological Innovation and the Defense Industry*, Columbia University Press, 2006.

Dunlap, Charles J., Jr., "Technology and the 21st Century Battlefield: Recomplicating Moral Life for the Statesman and the Soldier," Strategic Studies Institute, January 15, 1999.

Dunne, Paul, "The Political Economy of Military Expenditure: An Introduction," *Cambridge Journal of Economics*, Vol.14, 1990, pp.395-404.

Dusek, Val, *Philosophy of Technology: An Introduction*, Blackwell Publishing, 2006.

Eaton, Gregory William, "Fiscal Oversight of the Budget for Defense Research, Development, Test and Evaluation: Fiscal Years 1983-1992," Naval Postgraduate School, December 1992.

Edelstein, Michael, "What Price Cold War?: Military Spending and Private Investment in the U.S. 1946-1979," *Cambridge Journal of Economics*, Vol.14, 1990, pp.421-437.

Edgar, Alistair, "The MRCA/Tornado: The Politics and Economy of Collaborative Procurement," in Haglund (ed.), 1989, pp.46-85.

Ellison, John N., Jeffrey W. Frumkin, and Timothy W. Stanley, *Mobilizing U.S. Industry*, Westview Press, 1988.

Erdmann, Andrew P. N., "The U.S. Presumption of Quick, Countless War," *Orbis: Journal of World Affairs*, Vol.42, No.3, 1999, pp.363-381.

Evangelista, Matthew, *Innovation and the Arms Race: How the United States and the Soviet Union Develop New Military Technology*, Cornell University Press, 1988.

Farrell, Theo, *Weapons without a Cause: The Politics of Weapons Acquisition in the United States*, Macmillan Press Ltd., 1997.

Fischer, Beth A., "US Foreign Policy under Reagan and Bush," in Leffler and Westad (eds.), 2010, pp.267-288.

Fordham, Benjamin O., "The Political and Economic Sources of Inflation in the American Military Budget," *The Journal of Conflict Resolution*, Vol.47, No.5, 2003, pp.574-593.

Forsberg, Randall (ed.), *The Arms Production Dilemma: Contraction and Restraint in the World Combat Aircraft Industry*, MIT Press, 1994.

Gansler, Jacques S., *Defense Conversion: Transforming the Arsenal of Democracy*, The MIT Press, 1995.

Gerschenkron, Alexander, *Economic Backwardness in Historical Perspective: A Book of Essays*, Belknap Press of Harvard University Press, 1962.

Gholz, Eugene, and Harvey M. Sapolsky, "Restructuring the U.S. Defense Industry," *International Security*, Vol.24, No.3, 1999, pp.5-51.

Gillespie, John V., et al., "An Optimal Control Model of Arms Races," *The American Political Science Review*, Vol.71, No.1, 1977, pp.226-244.

Gilpin, Robert M., *War and Change in World Politics*, Cambridge University Press, 1981.

——, *Global Political Economy: Understanding the International Economic Order*, Princeton University Press, 2001.

Glaser, Charles L., "When Are Arms Races Dangerous?: Rational versus Suboptimal Arming," *International Security*, Vol.28, No.4, 2004, pp.44-84.

Gleditsch, Nils P., et al. (eds.), *The Peace Dividend*, Elsevier Science B. V., 1996.

Goldman, Emily O., and Thomas G. Mahnken (eds.), *The Information Revolution in Military Affairs in Asia*, Palgrave Macmillan, 2004.

Gompert, David, "How to Defeat Serbia," *Foreign Affairs*, Vol.73, No.4, 1994, pp.30-47.

Gompert, David, Richard L. Kugler, and Martin C. Libicki, *Mind the Gap: Promoting A Transatlantic Revolution in Military Affairs*, National Defense University Press, 1999.

Gongora, Thierry, and Harald von Riekhoff (eds.), *Toward a Revolution in Military Affairs?: Defense and Security at the Dawn of the Twenty-First Century*, Green Wood Press, 2000.

Granger, John V., *Technology and International Relations*, W. H. Freeman and Company, 1979.

Gray, Colin S., "Strategic Sense, Strategic Nonsense," *The National Interest*, Fall 1992, pp.11-19.

——, *Explorations in Strategy*, Praeger Publishers, 1996.

——, *Strategy for Chaos: Revolution in Military Affairs and The Evidence of History*, Frank Cass Publishers, 2002.

——, *Another Bloody Century: Future of Warfare*, Weidenfeld & Nicolson, 2005.

Gummett, Philip, et al. (eds.), *Military R&D after the Cold War: Conversion and Technology Transfer in Eastern and Western Europe*, NATO Advanced Science Institute Series, Kluwer Academic Publishers, 1996.

Haas, Mark L., "The United States and the End of the Cold War: Reactions to Shifts in Soviet Power, Policies, or Domestic Politics?," *International Organiza-*

tion, Vol.61, No.1, 2007, pp.145-179.

Haas, Richard N., *Intervention: The Use of American Military Force in the Post-Cold War World*, revised edition, Brookings Institution Press, 1999.

Hacker, Barton C., "Military Institutions, Weapons, and Social Change: Toward a New History of Military Technology," *Technology and Culture*, Vol.35, No.4, 1994, pp.768-834.

Haglund, David G. (ed.), *Defence Industrial Base and the West*, Routledge, 1989.

Haglund, David G., and Marc L. Busch, "'Techno-Nationalism' and the Contemporary Debate over the American Defence Industrial Base," in Haglund (ed.), 1989, pp.234-277.

Hamlett, Patrick W., "Technology and the Arms Race," *Science, Technology & Human Values*, Vol.15, No.4, 1990, pp.461-473.

Herrera, Geoffrey L., *Technology and International Transformation: The Railroad, the Atom Bomb, and the Politics of Technological Change*, State University of New York Press, 2006.

Herz, John H., *International Politics in the Atomic Age*, Columbia University Press, 1959.

Hieronymi, Otto (ed.), *Technology and International Relations*, St. Martin's Press, 1987.

Hook, Steven W., and John Spanier, *American Foreign Policy since World War II*, fifteenth edition, CQ Press, 2002.

Horowitz, Michael C., *Diffusion of Military Power: Causes and Consequences for International Politics*, Princeton University Press, 2010.

Huntington, Samuel P., "Arms Races: Prerequisites and Results," *Public Policy*, Vol.8, 1958, pp.41-86.

Ikenberry, G. John, and Charles A. Kupchan, "Legitimation of Hegemonic Power," in Rapkin, David P. (ed.), *World Leadership and Hegemony*, International Political Economy Yearbook, Vol.5, Lynne Rienner Publishers, 1990, pp.49-69.

Intriligator, Michael D., "The Peace Dividend: Myth or Reality?," in Gleditsch, et al. (eds.), 1996.

Jaffe, Lorna S., "The Development of the Base Force: 1989-1992," Joint History Office, Office of the Chairman of the Joint Chiefs of Staff, July 1993.

Jasanoff, Sheila, et al. (eds.), *Handbook of Science and Technology Studies*, revised edition, Sage Publications, 1995.

Johnson, James T., "The Broken Tradition," *The National Interest*, Fall 1996, pp.27-36.

Johnson, Stuart E., and Martin C. Libicki (eds.), *Dominant Battlespace Knowledge*, University Press of the Pacific, 1996 [2003].

Joslyn, Mark R., "The Determinants and Consequences of Recall Error about Gulf War Preferences," *American Journal of Political Science*, Vol.47, No.3, 2003, pp.440-452.

Kagan, Frederick W., "The U.S. Military's Manpower Crisis," *Foreign Affairs*, Vol.85, No.4, 2006, pp.97-110.

Kaldor, Mary, *The Imaginary War: Understanding the East-West Conflict*, Basil Blackwell, 1990.

Kanter, Arnold, *Defense Politics: A Budgetary Perspective*, University of Chicago Press, 1979.

Kapstein, Ethan B., *The Political Economy of National Security: A Global Perspective*, University of South Carolina Press, 1992.

Kapstein, Eathan B., and Michael Mastanduno (eds.), *Unipolar Politics: Realism and State Strategies after the Cold War*, Columbia University Press, 1999.

Katzenstein, Peter J., *Cultural Norms and National Security: Police and Military in Postwar Japan*, Cornell University Press, 1998.

Katzenstein, Peter J. (ed.), *The Culture of National Security: Norms and Identity in World Politics*, Columbia University Press, 1996.

Keaney, Thomas A., "The Linkage of Air and Ground Power in the Future of Conflict," *International Security*, Vol.22, No.2, 1997, pp.147-150.

Keller, William W., *Arm in Arm: The Political Economy of the Global Arms Trade*, Basic Books, 1995.

Keohane, Robert O., and Joseph S. Nye, Jr., *Power and Interdependence*, 3rd edition, Addison-Wesley, 1977 [2000].

Kitfield, James, *War & Destiny: How the Bush Revolution in Foreign and Military Affairs Redefined American Power*, Potomac Books, 2007.

Korb, Lawrence J., "Review: Spending without Strategy: The FY 1988 Annual Defense Department Report," *International Security*, Vol.12, No.1, 1987, pp.166-174.

Kosiak, Steven, *Matching Resources with Requirements: Options for Modernizing the U.S. Air Force*, Center for Strategic Budgetary Assessment, August 2004.

Koubi, Vally, "Military Technology Races," *International Organization*, Vol.53, No.3, 1999, pp.537-565.

Krepinevich, Andrew F., Jr., "Cavalry to Computer: The Pattern of Military Revolutions," *The National Interest*, Fall 1994, pp.30-42.

―――, *The Military-Technical Revolution: A Preliminary Assessment*, the Office of Net Assessment, Center for Strategic and Budgetary Assessments, 1992 [2002].

Kugler, Jacek, A. F. K. Organski, and Daniel J. Fox, "Deterrence and the Arms Race: The Impotence of Power," *International Security*, Vol.4, No.4, 1980, pp.105-138.

Kupchan, Charles A., *The End of the American Era: U.S. Foreign Policy and the Geopolitics of the Twenty-First Century*, Random House, 2002.

Laird, Robbin F., and Holger H. Mey, *The Revolution in Military Affairs: Allied Perspectives*, University Press of the Pacific Honolulu, 1999 [2005].

Lambeth, Benjamin S., *NATO's Air War For Kosovo: A Strategic and Operational Assessment*, RAND, 2001.

Larson, Eric V., et al., *Defense Planning in a Decade of Change: Lessons from the Base Force, Bottom-Up Review, and Quadrennial Defense Review*, RAND, 2001.

Latham, Andrew, "Conflict and Competition over the NATO Defence Industrial Base: the Case of the European Fighter Aircraft", in Haglund (ed.), 1989, pp.86-116.

Layne, Christopher, "The Unipolar Illusion: Why New Great Powers Will Arise," *International Security*, Vol.17, No.4, 1993, pp.5-51.

―――, "The Unipolar Illusion Revisited: The Coming End of the United States' Unipolar Moment," *International Security*, Vol.31, No.2, 2006, pp.7-41.

Leffler, Melvyn P., and Odd Arne Westad (eds.), *The Cambridge History of the Cold War*, volume III, Cambridge University Press, 2010.

Lewis, James A., *Globalization and National Security: Maintaining U.S. Technological Leadership and Economic Strength*, Center for Strategic and International Studies, 2004.

Lieber, Keir A., *War and the Engineers: The Primacy of Politics over Technology*, Cornell University Press, 2005.

Lindsay, James M., *Congress and the Politics of U.S. Foreign Policy*, Johns Hopkins University Press, 1994.

Lorell, Mark A., et al., *Going Global?: U.S. Government Policy and the Defense Aerospace Industry*, Project Air Force, RAND, 2002.

Luttwak, Edward N., "Toward Post-Heroic Warfare," *Foreign Affairs*, Vol.74, No.3, 1995, pp.109-122.

―――, "A Post-Heroic Military Policy," *Foreign Affairs*, Vol.75, No.4, 1996, pp.33-44.

MacKenzie, Donald, *Inventing Accuracy: A Historical Sociology of Nuclear Missile Guidance*, MIT Press, 1990.

Magyar, Karl P. (ed.), *United States Post-Cold War Defense Interests: A Review of the First Decade*, Palgrave Macmillan, 2004.

Mahnken, Thomas G., and James R. FitzSimonds, "Revolutionary Ambivalence: Understanding Officer Attitudes toward Transformation," *International Security*, Vol.28, No.2, 2003, pp.112-148.

Mahnken, Thomas G., and Barry D. Watts, "What the Gulf War Can (and Cannot) Tell Us about the Future of Warfare," *International Security*, Vol.22, No.2, 1997, pp.151-162.

Margiotta, Franklin D., and Ralph Sanders (eds.), *Technology, Strategy and National Security*, University Press of the Pacific, 1985.

Markusen, Ann, and Joel Yudken, *Dismantling the Cold War Economy*, Basic Books, 1992.

Matthews, Ron, and John Treddenick (eds.), *Managing the Revolution in Military Affairs*, Palgrave, 2001.

Mazarr, Michael J. (ed.), *Information Technology and World Politics*, Palgrave Macmillan, 2002.

McConnell, James M., "Shifts in Soviet Views on the Proper Focus of Military Development," *World Politics*, Vol.37, No.3, 1985, pp.317-343.

Mearsheimer, John J., Barry R. Posen, and Eliot A. Cohen, "Reassessing Net Assessment," *International Security*, Vol.13, No.4, 1989, pp.128-179.

Mintz, Alex (ed.), *The Political Economy of Military Spending in the United States*, Routledge, 1992.

Mintz, Alex, and Chi Huang, "Defense Expentitures, Economic Growth, and The 'Peace Dividend'," *The American Political Science Review*, Vol. 84, No.4, 1990, pp.1283-1293.

Mitchell, Gordon R., *Strategic Deception: Rhetoric, Science, and Politics in Missile Defense Advocacy*, Michigan State University Press, 2000.

Moodie, Michael L., and Brenton C. Fischmann, "Alliance Armaments Cooperation: NATO Industrial Base," in Haglund (ed.), 1989, pp.25-45.

Moran, Theodore H., *American Economic Policy and National Security*, Council of Foreign Relations, 1993.

Mulcahy, Kevin V., "Review: Bush Administration and National Security: Process Programs, Policy," *Public Administration Review*, Vol.50, No.1, 1990, pp.115-119.

Murray, Williamson, "Clausewitz Out, Computer In: Military Culture and Technological Hubris," *The National Interest*, Summer 1997, pp.57-64.

Murray, Williamson (ed.), "Army Transformation: A View from the U.S. Army War College," Strategic Studies Institute, July 2001.

Narizny, Kevin, "Both Guns and Butter, or Neither: Class Interests in the Political Economy of Rearmament," *American Journal of Political Science*, Vol.97, No.2, 2003.

Nye, Joseph S., Jr., *Power in the Global Information Age: From Realism to Globalization*, Routledge, 2004.

Nye, Joseph S., Jr., and William A. Owens, "America's Information Edge," *Foreign Affairs*, Vol.75, No.2, 1996, pp.20-36.

Odom, William E., "Transforming the Military," *Foreign Affairs*, Vol.76, No.4, 1997, pp.54-64.

Ogburn, William F. (ed.), *Technology and International Relations*, University of Chicago Press, 1949.

O'Hanlon, Michael E., "Can High Technology Bring U. S. Troops Home?," *Foreign Policy*, No.113, 1998/1999, pp.72-86.

——, *Technological Change and the Future of Warfare*, Brookings Institution Press, 2000.

——, "A Flawed Masterpiece," *Foreign Affairs*, Vol.81, No.3, 2001, pp.47-63.

——, *Defense Policy Choices for the Bush Administration 2001-2005*, Brookings Institution Press, 2001.

——, *Expanding Global Military Capacity for Humanitarian Intervention*, Brooking Institution Press, 2003.

O'Hanlon, Michael E., and Peter W. Singer, "The Humanitarian Transformation: Expanding Global Intervention Capacity," *Survival*, Vol.46. No.1, 2004, pp.77-100.

Orme, John, "The Utility of Force in a World of Scarcity," *International Security*, Vol.22, No.3, 1997/1998, pp.138-167.

Ostrom, Charles W., Jr., "Evaluating Alternative Foreign Policy Decision-Making Models: An Empirical Test between an Arms Race Model and an Organizational Politics Model," *The Journal of Conflict Resolution*, Vol.21, No.2, 1977, pp.235-266.

——, "A Reactive Linkage Model of the U.S. Defense Expenditure Policymaking Process," *The American Political Science Review*, Vol.72, No.3, 1978, pp.941-957.

Owens, William A., *Lifting the Fog of War*, reprinted, Johns Hopkins University Press, 2001.

Paarlberg, Robert L., "Knowledge as Power: Science, Military Dominance, and U.S. Security," *International Security*, Vol.29, No.1, 2004, pp.122-151.

Pace, Scott, et al., *The Global Positioning System: Assessing National Policies*, Critical Technologies Institute, RAND, 1995.

Pape, Robert A., "The True Worth of Air Power," *Foreign Affairs*, Vol.83, No.2, 2004, pp.116-130.

Pinch, Trevor J., and Wiebe E. Bijker, "The Social Construction of Facts and Artifacts: Or How the Sociology of Science and the Sociology of Technology Might Benefit Each Other," in Bijker, Hughes, and Pinch (eds.), 1987, pp.17-50.

Posen, Barry, *Sources of Military Doctrine: France, Britain and Germany between the World Wars*, Cornell University Press, 1984 [1986].

——, "Command of the Commons: The Military Foundation of U.S. Hegemony," *International Security*, Vol.28, No.1, 2003, pp.5-46.

Pravda, Alex, "The Collapse of the Soviet Union," in Leffler and Westad (eds.), 2010, pp.356-377.

Press, Daryl G., "The Myth of Air Power in the Persian Gulf War and the Future of Warfare," *International Security*, Vol.26, No.2, 2001, pp.5-44.

Powell, Colin L., "U.S. Forces: Challenges Ahead," *Foreign Affairs*, 1992, pp.32-45.

Reynolds, David, "Science, Technology, and the Cold War," in Leffler and Westad (eds.), 2010, pp.378-399.

Reppy, Judith, "The United States," in Ball, Nicole, and Milton Leitenberg (eds.), *The Structure of the Defense Industry: An International Survey*, Croom Helm, 1983, pp.21-49.

——, "Review Essay: The Technological Imperative in Strategic Thought," *Journal of Peace Research*, Vol.27, No.1, 1990, pp.101-106.

Reppy, Judith, et al. (eds.), *Conversion of Military R&D*, Macmillan Press, 1998.

Roland, Alex, "Technology, Ground Warfare, and Strategy: The Paradox of American Experience," *Journal of Military History*, Vol.55, No.4, 1991, pp.447-468.

Roman, Peter J., and David W. Tarr, "The Joint Chiefs of Staff: From Service Parochialism to Jointness," *Political Science Quarterly*, Vol.113, No.1, 1998, pp.91-111.

Rumsfeld, Donald H., "Transforming the Military," *Foreign Affairs*, Vol.81, No.3, 2002, pp.20-32.

Russett, Bruce M., *Prisoners of Insecurity: Nuclear Deterrence, the Arms Race and*

Arms Control, W. H. Freeman & Co Ltd., 1983.

Saitou, Kousuke, "Politicization of Risk in Military Acquisition: A Case Study of the A-12 Program and its Termination," *Inter-Faculty*, Vol. 4, March 2013, pp.75-94.

Samuels, Richard J., *"Rich Nation, Strong Army" : National Security and the Technological Transformation of Japan*, Cornell University Press, 1994.

Sapolsky, Harvey M., et al. (eds.), *U. S. Defense Innovation since the Cold War: Creation without Destruction*, Routledge, 2009.

Sapolsky, Harvey M., Eugene Gholz, and Caitlin Talmadge, *US Defense Politics: The Origin of Security Policy*, Routledge, 2009.

Sarkesian, Sam C., John A. Williams, and Stephen J. Cimbala, *US National Security: Policymakers, Processes & Politics*, fourth edition, Lynne Rienner Publishers, 2008.

Schelling, Thomas C., *Arms and Influence*, Yale University Press, 1966.

Schlesinger, James, "Raise the Anchor or Lower the Ship: Defense Budgeting and Planning," *The National Interest*, Fall 1998, pp.3-12.

Shultz, Richard H., "The Low-Intensity Conflict Environment of the 1990s," *Annals of the American Academy of Political and Social Science*, Vol.517, 1991, pp.120-134.

Sismond, Sergio., *An Introduction to Science and Technology Studies*, Blackwell Publishing, 2004.

Skålnes, Lars S., "U. S. Statecraft in a Unipolar World," in Dombrowski (ed.), *Guns and Butter: The Political Economy of International Security*, 2005.

Sloan, Elinor C., *The Revolution in Military Affairs*, McGill-Queen's University Press, 2002.

Solana, Javier, "NATO's Success in Kosovo," *Foreign Affairs*, Vol.78, No.6, 1999, pp.114-120.

Spanier, John W., and Eric M. Uslaner, *American Foreign Policy Making and the Democratic Dilemmas*, sixth edition, Macmillan Publishing Company, 1994.

Spinardi, Graham, *From Polaris to Trident: The Development of US Fleet Ballistic Missile Technology*, Cambridge University Press, 1994 [2008].

Stein, Robert M., and Kenneth N. Bickers, "Congressional Elections and the Pork Barrel," *The Journal of Politics*, Vol.56, No.2, 1994, pp.377-399.

Suzuki, Kazuto, *Policy Logics and Institutions of European Space Policy Collaboration*, Ashgate Publishing, 2003.

Szyliowicz, Joseph S. (ed.), *Technology and International Affairs*, Praeger, 1981.

Tucker, Robert W., and David C. Hendrickson, "America and Bosnia," *The National Interest*, Fall 1993, pp.14-27.

Taylor, Mark Z., "The Politics of Technological Change: International Relations versus Domestic Institutions," paper prepared for the Massachusetts Institute of Technology, Department of Political Science, work in progress colloquia, April 1, 2005.

Vuono, Carl E., "Desert Storm and the Future of Conventional Forces," *Foreign Affairs*, Vol.70, No.2, 1991, pp.49-68.

Wallace, Michael D., "Arms Races and Escalation: Some New Evidence," *The Journal of Conflict Resolution*, Vol.23, No.1, 1979, p.3-16.

Walt, Stephen M., *The Origin of Alliances*, Cornell University Press, 1987 [1990].

Waltz, Kenneth N., *Man, the State, and War: A Theoretical Analysis*, Columbia University Press, 1959 [2001] .

——, *Theory of International Politics*, Mcgraw-Hill College, 1979.

Ward, Michael D., "Differential Paths to Parity: A Study of the Contemporary Arms Race," *The American Political Science Review*, Vol.78, No.2, 1984, pp.297-317.

Wendt, Alexander, *Social Theory of International Politics*, Cambridge University Press, 1999.

——, "Why a World State is Inevitable," *European Journal of International Relations*, Vol.9, No.4, 2003, pp.491-542.

Winner, Langdon, *Autonomous Technology: Technics-Out-of-Control as a Theme in Political Thought*, MIT Press, 1977.

Wohlforth, William C., "The Stability of a Unipolar World," *International Security*, Vol.24, No.1, 1999, pp.5-41.

Wright, Quincy, *A Study of War*, The University of Chicago Press, 1942 [1970] .

Zakheim, Dov S., "Tough Choices: Toward a True Strategic Review," *The National Interest*, Spring 1997, pp.32-43.

Zegveld, Walter, Christien Enzing, *SDI and Industrial Technology Policy*, St. Martin's Press, 1987.

アイケンベリー，G・ジョン（鈴木康雄訳）『アフター・ヴィクトリー―戦後構築の論理と行動―』NTT出版，2004年．
赤根谷達雄「第三世界への武器移転問題と武器移転管理体制」『レヴァイアサン』11，木鐸社，1992年，27-50頁．
赤根谷達雄，落合浩太郎編著『「新しい安全保障論」の視座』亜紀書房，2001年．
秋本茂樹「情報通信技術（IT）革命と米国国防産業・技術基盤について―我が国防衛産業・技術基盤へのインプリケーション―」防衛庁防衛研究所『防衛研究所紀要』第5巻，第3号，2003年3月，29-65頁．
足立研幾『オタワプロセス―対人地雷禁止レジームの形成―』有信堂，2004年．
――「通常兵器ガヴァナンスの発展と変容―レジーム間の相互作用を中心に―」日本国際政治学会編『国際政治』第148号，2007年，104-117頁．
――『レジーム間相互作用とグローバル・ガヴァナンス―通常兵器ガヴァナンスの発展と変容―』有信堂，2009年．
アリソン，グレアム・T（宮里政玄訳）『決定の本質―キューバ・ミサイル危機の分析―』中央公論社，1977年．
イグナティエフ，マイケル（金田耕一他訳）『ヴァーチャル・ウォー―戦争とヒューマニズムの間―』風行社，2003年．
――（中山俊宏訳）『軽い帝国―ボスニア，コソボ，アフガニスタンにおける国家建設―』風行社，2003年．
石津朋之「シー・パワー―その過去，現在，将来―」立川京一他編著『シー・パワー―その理論と実践―』芙蓉書房出版，2008年，13-57頁．
石津朋之他編著『エア・パワー―その理論と実践―』芙蓉書房出版，2005年．
今田高俊『自己組織性―社会理論の復活―』創文社，1986年．
ウォルト，スティーブン・M（奥山真司訳）『米国世界戦略の核心―世界は「アメリカン・パワー」を制御できるか？―』五月書房，2008年．
上野英詞「冷戦後における米国の通常戦力計画の見直し」防衛庁防衛研究所『防衛研究所紀要』第3巻，第2号，2000年11月，16-41頁．
梅本哲也『アメリカの世界戦略と国際秩序―覇権，核兵器，RMA―』国際政治・日本外交叢書，ミネルヴァ書房，2010年．
江上能義『テクノロジーと現代政治―巨大化する「技術」をどこまで制御できるか―』学陽書房．
江畑謙介『兵器と戦略』朝日選書505，朝日新聞社，1994年．
エリュール，ジャック（島尾永康，竹岡敬温訳）『技術社会』すぐ書房，1975年．
大嶽秀夫『政策過程』現代政治学叢書11，東京大学出版会，1990年．
オストリー，シルヴィア，リチャード・R・ネルソン（新田光重訳）『テクノ・ナショナリズムの終焉―テクノ・グローバリズムと国際経済統合の深化―』大村

書店，1998年．

加藤朗「マルチメディア時代の軍事技術の極限化と国家の存続」日本国際政治学会編『国際政治』第113号，1996年，25-40頁．

──「9.11以後の米国の情報体制─『新しい戦争』，RMA，帝国化による強化─」日本国際問題研究所『米国の情報体制と市民社会に関する調査』平成14年度外務省委託研究，2003年，1-14頁．

金森修『サイエンス・ウォーズ』東京大学出版会，2000年．

金森修，中島秀人編著『科学論の現在』勁草書房，2002年．

カルドー，メアリー（芝生瑞和，柴田郁子訳）『兵器と文明─そのバロック的現在の退廃─』技術と人間，1986年．

ガルブレイス，ジョン・K（小原敬士訳）『軍産体制論─いかにして軍部を抑えるか─』小川出版，1970年．

──（都留重人他訳）『新しい産業国家』第三版，ガルブレイス著作集，TBSブリタニカ，1980年．

川上高司『米軍の前方展開と日米同盟』同文舘出版，2004年．

菅英輝「アメリカにおける科学技術開発と『軍・産・官・学』複合体」日本国際政治学会編『国際政治』第83号，1986年，107-125頁．

ギャディス，ジョン・L（五味俊樹他訳）『ロング・ピース─冷戦史の証言「核・緊張・平和」─』芦書房，2002年．

ギルピン，ロバート（大蔵省世界システム研究会訳）『世界システムの政治経済学─国際関係の新段階─』東洋経済新報社，1990年．

久保田ゆかり「日本の防衛調達の制度疲労と日米関係─日米防衛産業の比較制度分析─」国際安全保障学会編『国際安全保障』第38巻，第2号，2010年9月，47-66頁．

久保文明，砂田一郎，松岡泰，森脇俊雅『アメリカ政治』有斐閣，2006年．

クラウゼヴィッツ，カール（篠田英雄訳）『戦争論』（上・中・下）岩波文庫，1968年．

クランツバーグ，メルヴィン（橋本毅彦訳）「コンテクストのなかの技術」(新田義弘他編，1994年)．

クリステンセン，クレイトン・M（伊豆原弓訳）『イノベーションのジレンマ─技術革新が巨大企業を滅ぼすとき─』翔泳社，2000年．

黒川修司「軍拡競争の理論的考察─計量分析を中心として─」日本国際政治学会編『国際政治』第63号，1979年，138-155頁．

ケーガン，ロバート（山岡洋一訳）『ネオコンの論理』光文社，2003年．

ケネディ，ポール（鈴木主税訳）『大国の興亡─1500年から2000年までの経済の変遷と軍事闘争─』上下巻，草思社，1988年［決定版，1993年］．

三枝博音『技術の哲学』岩波全書セレクション,岩波書店,2005年。
齊藤孝祐「冷戦後における米国の対外介入政策―軍改革の影響を中心に―」『国際政治経済学研究』第18号,2007年2月,39-52頁。
――「冷戦終焉期における米国の軍事R&D―JSTARS取得プログラムを中心に―」『国際政治経済学研究』第21号,2008年3月,39-50頁。
――「米国の対イスラエル武器輸出―その特殊性と潜在的問題―」『中東研究』第510号,(2010/2011 Vol.Ⅲ),2011年1月,112-117頁。
――「財政圧力と防衛産業保護の論理」『海外事情』第59巻,第11号,2011年11月,80-96頁。
――「米国の安全保障政策における無人化兵器への取り組み―イノベーションの実行に伴う政策調整の諸問題―」国際安全保障学会編『国際安全保障』第42巻,第2号,2014年9月,34-49頁。
――「米国のサードオフセット戦略―その歴史的文脈と課題―」『外交』vol.40,都市出版,2016年,80-86頁。
斎藤優「科学技術と安全保障」日本国際政治学会編『国際政治』第83号,1986年,12-21頁。
佐藤英夫『対外政策』現代政治学叢書20,東京大学出版会,1989年。
佐藤丙午「アメリカの武器輸出政策―冷戦の『戦後処理』に見るクリントン政権の対応―」防衛庁防衛研究所『防衛研究所紀要』第3巻,第1号,2000年6月,80-98頁。
――「アメリカの経済安全保障政策と武器貿易―DTSIと同盟国の防衛協力―」防衛庁防衛研究所『防衛研究所紀要』第5巻,第1号,2002年8月,73-89頁。
――「武器輸出のトレンドと国際政治」『海外事情』第56巻,第3号,2008年,2-15頁。
――「防衛産業のグローバル化と安全保障―安全保障の政治経済と米国の戦略―」日本国際政治学会編『国際政治』第153号,2008年,58-73頁。
産軍複合体研究会『アメリカの核軍拡と産軍複合体』新日本出版社,1988年。
サンドラー,トッド,キース・ハートレー(深谷庄一監訳)『防衛の経済学』日本評論社,1999年。
シュワーツコフ,H・ノーマン,ピーター・ペトリー(沼澤洽治訳)『シュワーツコフ回想録―少年時代・ヴェトナム最前線・湾岸戦争―』新潮社,1994年。
スコルニコフ,ユージン・B(薬師寺泰蔵,中馬清福監訳)『国際政治と科学技術』NTT出版,1995年。
鈴木一人「国際協力体制の歴史的ダイナミズム:制度主義と『政策論理』アプローチの接合―欧州宇宙政策を例にとって―」『政策科学』第8巻,第3号,2001年,113-132頁。

――「欧州共同防衛調達と戦略産業政策」日本国際問題研究所『新しい米欧関係と日本―欧州の自立と矜持―』2004年，87-109頁．

――「EUの拡大と共通防衛安全保障政策における制度の柔軟性―『能力問題』を中心に―」『日本EU学会年報』第24号，2004年，67-95頁．

――「欧州における武器輸出政策」『海外事情』第56巻，第3号，2008年，33-51頁．

――「軍事宇宙インフラにおける民間企業の役割」国際安全保障学会編『国際安全保障』第36巻，第2号，2008年9月，51-74頁．

――「構成主義的政策決定過程分析としての『政策論理』―日本の宇宙政策を例として―」小野耕二編著『構成主義的政治理論と比較政治』ミネルヴァ書房，2009年，245-275頁．

鈴木佑司「技術移転と技術依存―南北間不平等構造の一考察―」日本国際政治学会編『国際政治』第83号，1986年，39-53頁．

ゼングハース，ディーター（高柳先男他編訳）『軍事化の構造と平和』中央大学出版部，1986年．

高木徹『ドキュメント戦争広告代理店―情報操作とボスニア紛争―』講談社，2002年．

高橋杉雄「情報革命と安全保障」防衛庁防衛研究所『防衛研究所紀要』第4巻，第2号，2001年11月，89-104頁．

――「情報RMAと国防変革構想」近藤重克，梅本哲也共編『ブッシュ政権の国防政策』JIIA研究6，日本国際問題研究所，2002年，135-162頁．

――「RMAと日本の防衛政策」石津朋之編『戦争の本質と軍事力の諸相』彩流社，2004年，265-284頁．

――「オバマ政権の国防政策―『ハード・チョイス』への挑戦―」国際安全保障学会編『国際安全保障』第37巻，第1号，2009年6月，25-46頁．

土山實男『安全保障の国際政治学―焦りと傲り―』有斐閣，2004年．

ディグラス，ロバート（藤岡惇訳）『アメリカ経済と軍拡』ミネルヴァ書房，1987年．

手嶋龍一『ニッポンFSXを撃て―日米冷戦への導火線・新ゼロ戦計画―』新潮社，1991年．

トフラー，アルビン，ハイジ・トフラー（徳山二郎訳）『アルビン・トフラーの戦争と平和―21世紀，日本への警鐘―』フジテレビ出版，1993年．

中村好寿『軍事革命（RMA）―〈情報〉が戦争を変える―』中央公論新社，2001年．

西川純子編『冷戦後のアメリカ軍事産業―転換と多様化の模索―』日本経済新聞社，1997年．

西山淳一「安全保障における民間企業の役割」国際安全保障学会編『国際安全保障』

第36巻，第2号，2008年9月，25-50頁。
西脇文昭「アメリカの冷戦後戦略とその問題点—国防政策報告書の分析から—」日本国際政治学会編『国際政治』第110号，1995年。
新田義弘他編『テクノロジーの思想』岩波講座現代思想13，1994年。
ノックス，マクレガー，ウィリアムソン・マーレー（今村伸哉訳）『軍事革命とRMAの戦略史—軍事革命の史的変遷1300〜2050年—』芙蓉書房出版，2004年。
バーバー，ベンジャミン・R（鈴木主税，浅岡政子訳）『予防戦争という論理—アメリカはなぜテロとの戦いで苦戦するのか—』阪急コミュニケーションズ，2004年。
パウエル，コリン・L，ジョセフ・E・パーシコ（鈴木主税訳）『マイ・アメリカン・ジャーニー—コリン・パウエル自伝—』角川書店，1995年。
広島市立大学広島平和研究所編『人道危機と国際介入—平和回復の処方箋—』有信堂高文社，2003年。
廣瀬淳子『アメリカ連邦議会—世界最強議会の政策形成と政策実現—』公人社，2004年。
福田毅『アメリカの国防政策—冷戦後の再編と戦略文化—』昭和堂，2011年。
藤垣裕子『専門知と公共性—科学技術社会論の構築へ向けて—』東京大学出版会，2003年。
藤垣裕子編『科学技術社会論の技法』東京大学出版会，2005年。
平和安全保障研究所『軍事技術（通常兵器）の新傾向と安全保障への影響』2000年。
防衛庁防衛局防衛政策課研究室『情報RMAについて』2000年。
ポースト，ポール（山形治生訳）『戦争の経済学』バジリコ，2007年。
ボロス，マイケル，ジョン・サイズマン（芹沢幸子訳）「産業競争力と米国の国家安全保障」『レヴァイアサン』11，1992年，81-129頁。
マクニール，ウィリアム・H（高橋均訳）『戦争の世界史—技術と社会と軍隊—』刀水書房，2002年。
増田祐司「世界秩序の変動と科学技術—『権力としての科学技術』の国際的展開—」日本国際政治学会編『国際政治』第83号，1986年，22-38頁。
待鳥聡史「財政再建と民主主義—アメリカ連邦議会の予算編成改革分析—」有斐閣，2003年。
松岡完「ベトナム症候群のゆくえ—敗戦の記憶と冷戦後アメリカの軍事介入政策—」アメリカ学会編『アメリカ研究』第36号，2002年3月，37-53頁。
――「湾岸戦争再考—ベトナム症候群はなぜ生き延びたか—」『筑波法政』第34号，2003年，11-44頁。
――『ベトナム症候群—超大国を苛む「勝利」への強迫観念—』中央公論新社，2003年。

―――『ケネディとベトナム戦争―反乱鎮圧戦略の挫折―』錦正社，2013年。
松村博行「アメリカにおける軍民両用技術概念の確立過程―スピン・オフの限界から軍民両用技術の台頭へ―」『立命館国際関係論集』創刊号，2000年，58-80頁。
―――「軍民統合の政治経済学―クリントン政権期の軍民統合政策の特徴とその含意―」関下稔，中川涼司編『ITの国際政治経済学―交錯する先進国・途上国関係―』晃洋書房，2004年。
松村昌廣『日米同盟と軍事技術』勁草書房，1999年。
―――『軍事技術覇権と日本の防衛―標準化による米国の攻勢―』芦書房，2009年。
松本三和夫『科学技術社会学の理論』木鐸社，1998年。
道下徳成，石津朋之，長尾雄一郎，加藤朗『現代戦略論―戦争は政治の手段か―』勁草書房，2000年。
宮脇岑生『現代アメリカの外交と政軍関係―大統領と連邦議会の戦争権限の理論と現実―』流通経済大学出版会，2004年。
村上泰亮『反古典の政治経済学―進歩史観の黄昏―』上巻，中央公論新社，1992年。
―――『反古典の政治経済学―21世紀への序説―』下巻，中央公論新社，1992年。
村田純一「技術の哲学」(新田義弘他編，1994年，3-44頁)。
村山裕三「米国防衛産業の軍民転換と冷戦後の武器輸出市場」日本国際政治学会編『国際政治』第108号，1995年，27-41頁。
―――『アメリカの経済安全保障戦略―軍事偏重からの転換と日米摩擦―』PHP研究所，1996年。
―――「マルチメディア時代の産業・技術政策―アメリカの新たな競争力戦略―」日本国際政治学会編『国際政治』第113号，1996年，41-57頁。
―――『テクノシステム転換の戦略―産官学連携への道筋―』NHKブックス876，日本放送出版協会，1999年。
―――『経済安全保障を考える―海洋国家日本の選択―』NHKブックス962，日本放送出版協会，2003年。
室山義正『米国の再生―そのグランドストラテジー―』有斐閣，2002年。
メルマン，セイモア（高木郁朗訳）『ペンタゴン・キャピタリズム―軍産複合から国家経営体へ―』朝日新聞社，1972年。
モーゲンソー，ハンス・J（現代平和研究会訳）『国際政治―権力と平和―』改訂第五版，福村出版，1986年。
森聡「米国の『オフセット戦略』と『国防革新イニシアティブ』」『米国の対外政策に影響を与える国内的諸要因』日本国際問題研究所，2016年，53-67頁。
森本敏編『ミサイル防衛―新しい安全保障の構図―』JIIA選書9，日本国際問題研究所，2002年。
薬師寺泰蔵『テクノヘゲモニー――国は技術で興り滅びる―』中央公論社，1989年。

山田敦『ネオ・テクノ・ナショナリズム―グローカル時代の技術と国際関係―』有斐閣，2001年．

山本武彦「序・科学技術『革命』下の国際システム」日本国際政治学会編『国際政治』第83号，1986年，1-11頁．

山本吉宣「軍備競争―理論的考察と経験分析―」国際法学会編『国際法外交雑誌』第74巻，第5号，1976年，56-121頁．

――『「帝国」の国際政治学―冷戦後の国際システムとアメリカ―』東信堂，2006年．

レンズ，シドニー（小原敬士訳）『軍産複合体制』岩波書店，1971年．

ワインバーガー，キャスパー・W（角間隆監訳）『平和への戦い』ぎょうせい，1995年．

渡瀬義男，片山信子「アメリカの会計監査院と議会予算局―財政民主主義の制度基盤―」渋谷博史，渡瀬義男編『アメリカの連邦財政』日本経済評論社，2006年，35-80頁．

あとがき

　本書は，2011年3月に筑波大学人文社会科学研究科に提出した学位論文『冷戦終焉と米国の軍備政策―「量」から「質」への転換―』を加筆，修正したものである。

　著者がもともと国際政治の問題に関心を持ち始めたのは，1991年に湾岸戦争発生のニュースを見たことがきっかけであった。小学生だったわたしは，その意味を十分理解することができなかったが，「戦争が起こった」という事実に漠然と衝撃を受けた。ただ，それが本やテレビ映像を通じて当時知っていた戦争―第二次世界大戦やベトナム戦争―のイメージとはずいぶんと違ったものであることだけがわかった。その後，具体的に国際政治問題を勉強し始めた大学在学時には，コソボ介入や同時多発テロの発生，イラク戦争が始まった時期と重なったこともあり，冷戦後安全保障への関心をより一層強めることになった。そうした中で，（今思えば短絡的ではあったが）修士論文のテーマとして米国による冷戦後武力行使の正当化問題を，さらに博士論文のテーマとして本書のもととなる装備調達の問題に取り組むようになった。その作業には著者の力不足ゆえに随分と時間がかかり，気が付いたら学生に「湾岸戦争の頃には生まれていない」とか，「同時多発テロは歴史上の出来事」などといわれるようになっていた。それでも何とか本書を形にすることができたのは，これまでにご支援・ご助言いただいた多くの方々のおかげである。

　筑波大学大学院の指導教官である赤根谷達雄先生には，ゼミや講義を通じて多くの示唆に富んだコメントをいただいた。その中には，わたし一人では到底思い付きもしなかったものも数多くあり，学位論文の執筆を進めるに当たってきわめて大きな助けとなった。また，副査をつとめていただいた筑波大学の松岡完先生，首藤もと子先生には，ゼミや論文審査を通じて，さらには拙い原稿に丁寧に目を通していただく中で，多くの有益なコメントを賜った。同じく副査をつとめていただいた鈴木一人先生（北海道大学）には，先生が筑波大学におられたころから現在に至るまで，きわめて忍耐強く，かつ，容赦ないご指導を賜った。いつまでたっても改善されない論文を，構想の段階からもっとも多く読んでいただいたという点では，先生には一番苦労をおかけしたかもしれない。

このほかにも，本書をまず学位論文という形で完成させるまでの過程で，多くの方々から貴重なコメントや支援をいただいた。鈴木創先生（筑波大学）には，アメリカ政治論の観点から著者の見逃していた視点をご教示いただいた。また，本書の構想の一部については，日本国際政治学会において報告の機会を得たが，その際には松村昌廣先生（桃山学院大学），佐藤丙午先生（拓殖大学）から貴重なアドバイスをいただいた。筑波大学大学院の在籍中には，明石純一先生（筑波大学），足立研幾先生（立命館大学），新垣拓先生（防衛研究所），江崎智絵先生（防衛大学校），高橋和宏先生（防衛大学校）に大学院入学以来の身近な先輩として，研究の遂行に当たって親身かつ辛辣なコメントをいただくなど，大変お世話になった。筑波大学大学院の同輩，後輩である浅野康子氏，高橋美野梨氏，武田悠氏，矢吹命大氏，和田龍太氏には研究会やゼミでの議論等を通じて多くの刺激をいただき，同時に原稿執筆に当たってもずいぶんとご協力をいただいた。

　このようなさまざまな方々のご助力にもかかわらず，博士論文の提出から出版に至るまで，ずいぶんと時間がかかってしまったが，その間，各所でさまざまな経験をさせていただいたことも，本書に大きな影響を与えている。特に，一般財団法人平和・安全保障研究所の日米パートナーシッププログラム（第二期）では，ディレクターの土山實男先生（青山学院大学），田所昌幸先生（慶應義塾大学）はもとより，第一線の研究者・実務家の方々との議論から大きな刺激を受けた。また，国際交流基金の若手研究者派遣事業（KAKEHASHIプロジェクト）に参加させていただいたことも，普段狭まりがちな視野を無理やりにでも広げていくのに大きく役立った。何より，これらのプログラムを通じて，同世代の研究者とも広くつながりを得られたのは，本書の執筆に当たって少なからぬ刺激を与えてくれるのみならず，今後の研究活動にもつながる大きな財産になるものであった。ここで全ての方のお名前を挙げることはできないが，改めて感謝申し上げる次第である。

　本書で用いた資料の中心となっているのは，米国議会公聴会のものである。また，行政府から公表されている報告書の類にもずいぶんと当たっている。これらの資料を閲覧，収集するに当たり，アメリカ大使館レファレンス資料室のスタッフの方々には大変な便宜をはかっていただいた。また，米国議会図書館で資料収集を行った際には，技術報告書部門のスタッフの方々にも親身

にお手伝いいただいた。こうした資料収集の一部は，松下国際財団による研究助成の交付を受けて可能となったものである。また、刊行に際しては、アメリカ研究振興会から出版助成を受けている。審査に貴重な時間を割いてくださった委員の先生方をはじめ、関係の方々に厚く御礼申し上げたい。なお、本書の再構成に当たり，JSPS科研費15K16999の成果を一部反映させていることも付言しておく。

　最後になったが、本書は川名晋史先生（東京工業大学）からの紹介を受けて（川名先生には内容についても有益なコメントを多数いただいた），白桃書房の大矢栄一郎社長にご尽力をいただいたことではじめて出版が可能になったものである。出版のいろはもわからないままに，いろいろとわがままを申し上げてしまったが，最初の単著を同社から出版させていただくことができたのは，大変幸いなことであった。ここに記して感謝を申し上げたい。

　もちろん，著者の未熟さゆえに、本書でやり残したことはまだまだたくさんある。逆にわからないことが増えたとさえいえる。今後は，本書の執筆を通じて得られた多くの方々の助けを糧としながら，新たな課題に取り組んでいきたいと思う。

■著者略歴

齊藤孝祐（さいとう　こうすけ）
1980年　千葉県生まれ
2003年　筑波大学第三学群国際総合学類卒業
2011年　筑波大学大学院人文社会科学研究科国際政治経済学専攻修了
　　　　博士（国際政治経済学）
現　在　横浜国立大学研究推進機構　特任准教授

■ 軍備の政治学
　　―制約のダイナミクスと米国の政策選択―

■ 発行日――2017年5月26日　初版発行　　　　　　〈検印省略〉

■ 著　者――齊藤孝祐

■ 発行者――大矢栄一郎

■ 発行所――株式会社　白桃書房
　　　　　〒101-0021　東京都千代田区外神田5-1-15
　　　　　☎03-3836-4781　📠03-3836-9370　振替00100-4-20192
　　　　　http://www.hakutou.co.jp/

■ 印刷・製本――藤原印刷

©Kosuke Saito 2017 Printed in Japan　ISBN 978-4-561-96135-2 C3031

本書のコピー，スキャン，デジタル化等の無断複製は著作権法上での例外を除き禁じられています。本書を代行業者等の第三者に依頼してスキャンやデジタル化することは，たとえ個人や家庭内の利用であっても著作権法上認められておりません。

JCOPY　〈㈳出版者著作権管理機構　委託出版物〉
本書の無断複写は著作権法上の例外を除き禁じられています。複写される場合は，
そのつど事前に，㈳出版者著作権管理機構（電話03-3513-6969，FAX 03-3513-6979，
e-mail：info@jcopy.or.jp）の許諾を得てください。
落丁本・乱丁本はおとりかえいたします。

好評書

川名晋史【著】
基地の政治学 本体 3,300 円
—戦後米国の海外基地拡大政策の起源

税所哲郎【編著】
産業クラスター戦略による地域創造の新潮流 本体 3,000 円

畢 滔滔【著】
**なんの変哲もない
取り立てて魅力もない地方都市
それがポートランドだった** 本体 3,100 円
—「みんなが住みたい町」をつくった市民の選択

上田和勇【編著】
アジア・オセアニアにおける災害・経営リスクのマネジメント 本体 2,600 円

矢作敏行・川野訓志・三橋重昭【編著】
地域商業の底力を探る 本体 3,400 円
—商業近代化からまちづくりへ

──────── 東京 白桃書房 神田 ────────
本広告の価格は本体価格です。別途消費税が加算されます。